S-粗集与粗决策

史开泉　崔玉泉　著

国家自然科学基金资助

山东大学
聊城大学
出版基金资助

科学出版社

北京

内 容 简 介

本书给出了S-粗集的两类形式:单向S-粗集和双向S-粗集以及S-粗集的遗传、记忆特征,提出S-粗决策,给出S-决策分析模型;S-粗集与生命科学、人工智能系统交叉,进行了多视角的讨论. 提出了函数S-粗集的两类形式:函数单向S-粗集和函数双向S-粗集,并给出函数S-粗集在系统(金融系统,投资系统)中规律挖掘、规律发现的讨论,这些讨论是开展粗系统理论与应用研究的理论基础. 该书的特点是视野宽,视角新,学科渗透性强.

本书适合数学、经济、金融、管理、系统科学等专业的大学生、研究生、教师以及广大工程技术研究人员阅读参考.

图书在版编目(CIP)数据

S-粗集与粗决策/史开泉,崔玉泉著.—北京:科学出版社,2006
ISBN 978-7-03-016544-2

Ⅰ.S… Ⅱ.①史…②崔… Ⅲ.粗决策 Ⅳ.O175

中国版本图书馆CIP数据核字(2005)第141450号

责任编辑:张 扬 姚庆爽/责任校对:钟 洋
责任印制:钱玉芬/封面设计:陈 敬

科学出版社 出版
北京东黄城根北街16号
邮政编码:100717
http://www.sciencep.com

双青印刷厂 印刷
科学出版社发行 各地新华书店经销

*

2006年5月第 一 版 开本:B5(720×1000)
2009年1月第二次印刷 印张:13
印数:3 001—4 000 字数:241 000

定价:32.00元

序　言

在经济、金融、管理、工程等若干领域中，人们经常接收到这样的信息，这类信息不能用精确的集合表示，从它们的特征上看，这类信息是粗糙的，或称为粗信息. 因为不能用精确的数学方法表示这类信息，使得人们对它的认识能力与对它的开发使用能力降低，人们为此而丢失了这类重要的信息资源. 在计算机与计算技术广泛使用的今天，因为没有合适的数学方法描述这类信息，利用计算机去识别这类信息遇到了困难，一些重要的应用研究因此而搁浅. 波兰数学家 Z. Pawlak 教授 1982 年提出粗集(rough sets)，给出粗集的一般性研究. Z. Pawlak 教授的工作给人们研究粗信息和它的特性提供了理论支持. 由此，对粗信息的理论研究与应用研究得到广泛地开展并取得了很多优秀的成果. 粗集的应用涉猎到下列一些领域：系统管理、系统识别、系统状态分析、系统决策、金融系统、风险投资分析系统、数据挖掘、知识发现等. 粗集已成为粗系统理论与应用研究的基石.

先观察 Z. Pawlak 教授提出的粗集$(R_{-}(X),R^{-}(X))$，这里 X 是元素论域 U 上的有限元素集合，$X\subset U$，$R_{-}(X)$是 $X\subset U$ 的下近似，$R^{-}(X)$是 $X\subset U$ 的上近似，R 是元素等价关系. 我们从 Z. Pawlak 粗集的结构能够得到：①如果给定集合 $X\subset U$，R-元素等价类，则 $R_{-}(X)$，$R^{-}(X)$就确定，粗集$(R_{-}(X),R^{-}(X))$就确定. ②不允许集合 $X\subset U$(或 R-元素等价类$[x]_R$)之内的元素离开集合 X；也不允许集合 $X\subset U$(或R-元素等价类$[x]_R$)之外的元素进入集合 X. 容易看到：Z. Pawlak 粗集是具有静态特性的集合 X 的粗集. 因此，Z. Pawlak 粗集的应用范围是十分有限的. 特别是对于动荡不定的金融系统、投资系统、智能系统、目标多变的识别-分析系统、动态数据挖掘、动态知识发现的研究遇到困难.

下面是一个通俗的例子：假期中，$[x]_A$，$[x]_B$，$[x]_C$ 是赴 A，B，C 三地旅游的人组成的集合($[x]_A$，$[x]_B$，$[x]_C$可以看成是赴 A，B，C 三地的等价类). 因为受到诱惑，一些不想赴 A 地旅游的人，加入到$[x]_A$ 中，使得$[x]_A$ 的边界向外扩张(card$([x]_A)$变大). 因为一些原因，$[x]_B$ 中的某些人取消了本次旅游的打算，这些人离开$[x]_B$，使得$[x]_B$ 的边界向内收缩(card$([x]_B)$变小). 因为某些原因，$[x]_C$ 中的某些人取消了赴 C 地旅游的打算，一些不打算去 C 地旅游的人改变了主意，这些人参加到$[x]_C$ 中，使得$[x]_C$ 的边界向内收缩又向外扩张，或者 card$([x]_C)$变小同时 card$([x]_C)$变大. 前两者使得集合 $X\subset U$ 的边界具有了单向动态特性($[x]_A$ 向外扩张，$[x]_B$ 向内收缩)，后者使得集合 $X\subset U$ 的边界具有了双向动态特性($[x]_C$ 向内收缩又向外扩张). 如果集合 $X\subset U$ 具有了动态特性(单向动态特性，双向动态特性)，那么具有动态特性的集合 $X\subset U$ 具有粗集吗？如果有，这个粗集是一个什么样子？利用 Z. Pawlak 教授的工作，2002 年史开泉教授给出动态集合的描述，以此提出 S-粗集（singular rough sets）. S-粗集具有两类形式：单向 S-粗集（one direction singular rough sets）和双向 S-粗集（two direction singular rough sets），本书给出 S-粗集的一般性讨论. 因为 S-粗集具有动态特性，对于动态数据挖掘、动态知识发现、系统动态粗特性的研究，S-粗集提供了理论支持. 人们自然要问：Z. Pawlak 粗集、S-粗集能够应用于系统中的规律挖掘、规律发现研究吗？回答是否定的. 这是因为 Z. Pawlak 粗集、S-粗集的共同特征是：它们都是以 R-元素等价类 $[x]$ 定义的，R-元素等价类 $[x]$ 不具有规律特征. **什么是规律？一个函数就是一个规律**. 利用 Z. Pawlak 粗集，S-粗集对数据挖掘、知识发现的研究固然有重要的理论意义与应用意义；过热的投资系统中隐藏着"投资破产的杀机"，令人沮丧的规律一旦从系统中挖掘出来并被人们认识，将减少人间悲剧的发生. 在 S-粗集的基础上，2005 年史开泉教授利用动态函数集合 $Q\subset\mathscr{D}(Q=Q^{\circ},Q=Q^{*})$ 提出函数 S-粗集（function singular rough sets），函数 S-粗集具有两类形式：函数单向 S-粗集（function one direction singular rough sets）和函数双向 S-粗集（function two direction singular rough sets），本书给出函数 S-粗集的一般性讨论. 函数 S-粗集对于变化多端的金融系统、风险投资系统、系统状态识别系统、故障诊断系统等诸多系统中的规律识别，系统状态的规律生成及规律挖掘、规律发现的研究，提供了理论支持和新的研究思想.

如果浓缩本书的内容和研究思想，读者能够得到这样的认识：Z. Pawlak 粗集是 S-粗集的特例，S-粗集是函数 S-粗集的特例；反之，函数 S-粗集是 S-粗集的一般形式，S-粗集是 Z. Pawlak 粗集的一般形式.

应该回答读者一个问题：在 Z. Pawlak 粗集 $(R_{-}(X),R^{-}(X))$ 中，集合 $X\subset U$ 是静态的. 静态集是动态集的特例. 在工程、经济、金融诸多系统中，人们遇到的集合 $X\subset U$（信息集合）多是动态的. 为了找回被静态集合丢掉的动态特性并把动态特性返还给静态集合 $X\subset U$，这里用"singular"一词表示这种"返还"，因为这个原因，才有本书中的 S-粗集、函数 S-粗集这两个名称与概念.

本书内容分作 8 章，第 1 章简单介绍 Z. Pawlak 粗集，作为本书的概念、研究思路的导引；从第 2 ~ 7 章展开了对 S-粗集，函数 S-粗集的讨论，讨论了 S-粗集的结构、S-粗集的分解-还原、S-粗集的遗传、S-粗集的记忆、函数 S-粗集的结构与生成、函数 S-粗集的应用、S-粗决策等；第 8 章给出 S-粗集与其他学科交叉、渗透、嫁接的讨论. 这些内容对于粗集的理论研究与应用研究具有启发性、可借鉴性. 本书的内容对于工程系统中的诸多领域的应用工作者具有重要的参考价值，对于那些正在攻读各个领域的硕士学位、博士学位的年轻一代具有启迪性. 这是因为，作者在每一章的开头都给出一段文字作为阅读该章的导引，引导读者去想问题，去讨论问题. 作者试图利用本书的内容搭建沟通智能系统、生命系统、经济系统、管理系统、识别系统之间的桥梁，因为这些系统都具有遗传、记忆特征. 作者试图为这些系统的研究提供一个新思路、新手段. 如果本书能为这些系统的研究帮一点忙，作者将深感欣慰.

本书仅是对 S-粗集、函数 S-粗集的理论与应用研究的开始，书中涉猎的内容具有良好的后继理论研究，后继应用研究的前景. 或许利用本书的讨论，读者将对粗集概念的内涵有更深的理解，将获得一些更新的、富有创意的成果，我们祈盼着这些新成果的问世. 本书的取材是我们在最近几年发表与待发表的 50 余篇学术论文，我的学生王洪凯博士、胡海清博士、刘华文博士、管延勇博士、张萍硕士等发表的论文也纳入本书中. 为了能把 Z. Pawlak 粗集用最通俗的语言进行介绍又能把国内的一些重要研究介绍给读者，本书中引用国内一些朋友的研究，这里向他们致以深深的感谢！

在本书撰著过程中，我的学生胡海清博士、王洪凯博士、张萍硕士、崔明辉硕士等不辞劳苦地为本书排版与打印，向他们表示感谢. 感谢国家自然科学基金委的支持. 山东大学数学与系统科学学院院长、长江学者、博士生导师刘建亚教授对本书的出版给予了热情的支持，这里表示深深的感谢！感谢聊城大学科研处、数学院为完成本书终稿提供帮助. 感谢科学出版社的编辑们为本书的问世提供了多方面的支持与帮助.

因为作者的学识浅陋，书中的不足与错误请同行给予批评、指正.

史开泉　崔玉泉

2005 年 9 月

目　　录

第 1 章 Z. Pawlak 粗集的概念与应用

§ 1.1 Z. Pawlak 粗集与它的结构

设 U 是一个有限元素论域，X 是 U 上的有限元素集合，$X\subset U$，R 是 U 上的元素等价关系，$[x]$ 是 R-元素等价类，如图 1.1 所示.

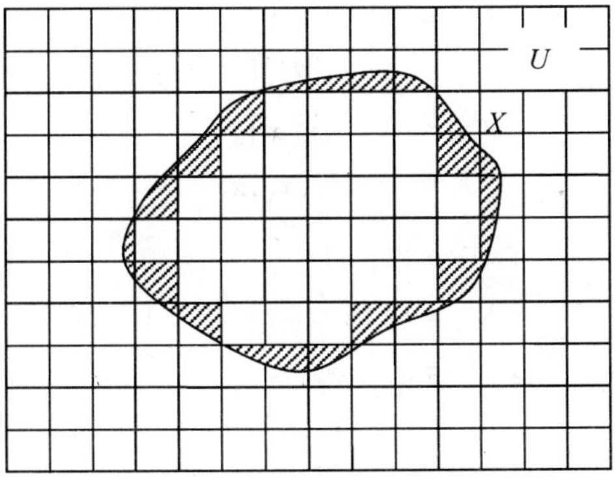

图 1.1

图中的每一个小方块是 R-元素等价类$[x]$，阴影内的白色方块是 $X\subset U$ 的下近似 $R_-(X)$

定义 1.1.1 称 $R_-(X)$ 是集合 $X\subset U$ 的下近似，而且

$$\begin{aligned} R_-(X) &= \cup [x] \\ &= \{x \mid x\in U, [x]\subseteq X\} \end{aligned} \tag{1.1.1}$$

定义 1.1.2 称 $R^-(X)$ 是集合 $X\subset U$ 的上近似，而且

$$\begin{aligned} R^-(X) &= \cup [x] \\ &= \{x \mid x\in U, [x]\cap X\neq\varnothing\} \end{aligned} \tag{1.1.2}$$

定义 1.1.3 由 $R_-(X)$，$R^-(X)$ 构成的集合对，称作 $X\subset U$ 的 R-粗集，简称 $X\subset U$ 的粗集，而且

$$(R_-(X), R^-(X)) \tag{1.1.3}$$

定义 1.1.4 称 $B_{nR}(X)$ 是 $X\subset U$ 的 R-边界，而且

$$B_{nR}(X) = R^-(X) - R_-(X) \tag{1.1.4}$$

例 设论域 $U=\{x_0, x_1, x_2, x_3, x_4, x_5, x_6, x_7, x_8, x_9, x_{10}\}$，$U$ 上的 R-元素价类

$[x]_1,[x]_2,[x]_3,[x]_4,[x]_5$,而且

$$\begin{aligned}[x]_1 &= \{x_0,x_1\}\\ [x]_2 &= \{x_2,x_6,x_9\}\\ [x]_3 &= \{x_3,x_5\}\\ [x]_4 &= \{x_4,x_8\}\\ [x]_5 &= \{x_7,x_{10}\}\end{aligned} \tag{1.1.5}$$

取 U 上的子集 $X=\{x_0,x_3,x_4,x_5,x_8,x_{10}\}\subset U$,则有 $X\subset U$ 的下近似 $R_-(X)$,上近似 $R^-(X)$;而且

$$\begin{aligned}R_-(X) &= \cup[x]\\ &= \{x \mid x\in U,[x]\subseteq X\}\\ &= [x]_3\cup[x]_4\\ &= \{x_3,x_4,x_5,x_8\}\end{aligned} \tag{1.1.6}$$

$$\begin{aligned}R^-(X) &= \cup[x]\\ &= \{x \mid x\in U,[x]\cap X\neq\varnothing\}\\ &= [x]_1\cup[x]_3\cup[x]_4\cup[x]_5\\ &= \{x_0,x_1,x_3,x_4,x_5,x_7,x_8,x_{10}\}\end{aligned} \tag{1.1.7}$$

$X\subset U$ 的粗集$(R_-(X),R^-(X))$是

$$(R_-(X),R^-(X))=\{\{x_3,x_4,x_5,x_8\},\{x_0,x_1,x_3,x_4,x_5,x_7,x_8,x_{10}\}\} \tag{1.1.8}$$

为了容易接受 Z. Pawlak 粗集的概念,这里利用一个通俗的例子给出解释.

图 1.2 是一块长方形的牛皮,它们由许多块小长方形组成.

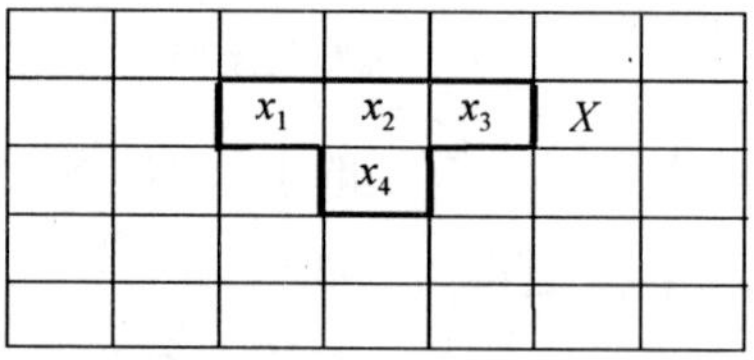

图 1.2

具有规则边界的集合 X

如果图 1.2 中的每一块长方形的牛皮可做一双皮鞋,图 1.2 中粗线所包围的牛皮可做 4 双皮鞋,它们分别用 x_1,x_2,x_3,x_4 表示,如图 1.2 所示. 所做成的皮鞋用集合 X 表示,则有 $X=\{x_1,x_2,x_3,x_4\}$. 这里的集合 X 是我们在数学分析、高等代数、高等数学等课程中经常遇到的,它是一个精确集,换句话说,粗线所包围的牛皮能做而且只能做 4 双皮鞋,所用的皮革不多不少. 在生活与实际中,我们见到的牛皮

是否都是方方正正的？回答是否定的. 我们给出图 1.3.

图 1.3 是一块自然形状的牛皮.

如果制作皮鞋的用皮尺寸不变,图 1.3 中曲线围成的牛皮(白色方块)只能做 4 双皮鞋,它们用 x_1, x_2, x_3, x_4 表示(长方形),如图 1.3 所示;图中带有阴影的部分是做 4 双皮鞋剩下来的牛皮(俗称边角料). 人们自然想到,阴影部分可以通过拼接的方式,使它成为长方形的牛皮,它们也可以做皮鞋使用,例如,阴影部分,通过拼接,大约可做 2.53 双皮鞋. 因此,图 1.3 中的曲线边界围成的牛皮大约可做 6.53 双皮鞋.

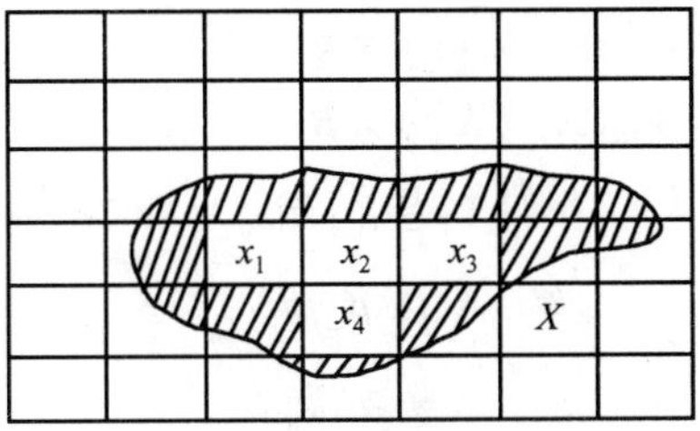

图 1.3

具有非规则边界的集合 X

比较图 1.2 和图 1.3,容易得到这样的事实:图 1.2 能用精确的整数表示皮鞋的数目(4 双);图 1.3 不能用精确的整数表示皮鞋的数目(6.53 双). 图 1.2 能用普通集(精确集)表示,或者 $X=\{x_1,x_2,x_3,x_4\}$;图 1.3 不能用普通集(精确集)表示. 这个通俗的例子,一般人都能接受.

如果我们把图 1.2 或图 1.3 中的每一个长方形看成是一个由有限点(元素)构成的 R-元素等价类$[x]$,则图 1.2 可以用 R-元素等价类$[x]$精确表示,图 1.3 不可以用 R-元素等价类$[x]$精确表示. 等价类是数学中的一个普通概念.

对于图 1.3,如何用集合的概念来描述;或者,用集合的概念如何去表达图 1.3?波兰数学家 Z. Pawlak 教授于 1982 年提出粗集(rough sets)[1]的概念. 由此,数学中又增加了一个新的理论与应用分支. 粗集理论及其应用在最近几年中,在国际、国内成为研究的热点,有很多重要的理论与应用研究问世.

§1.2 集合 X 的下近似与上近似关系[2,3]

给定集合 $X,Y\subset U$, $R_-(X)$, $R^-(X)$ 分别是 $X\subset U$ 的下近似,上近似;$R_-(Y)$, $R^-(Y)$ 分别是 $Y\subset U$ 的下近似,上近似;则有

1° $R_-(X)\subseteq X\subseteq R^-(X)$ (1.2.1)

2° $R_-(\varnothing)=R^-(\varnothing)=\varnothing, R_-(U)=R^-(U)=U$ (1.2.2)

3°　$R^{-}(X\cup Y)=R^{-}(X)\cup R^{-}(Y)$　(1.2.3)

4°　$R_{-}(X\cap Y)=R_{-}(X)\cap R_{-}(Y)$　(1.2.4)

5°　$X\subseteq Y\Rightarrow R_{-}(X)\subseteq R_{-}(Y)$　(1.2.5)

6°　$X\subseteq Y\Rightarrow R^{-}(X)\subseteq R^{-}(Y)$　(1.2.6)

7°　$R_{-}(X\cup Y)\supseteq R_{-}(X)\cup R_{-}(Y)$　(1.2.7)

8°　$R^{-}(X\cap Y)\subseteq R^{-}(X)\cap R^{-}(Y)$　(1.2.8)

9°　$R_{-}(\sim X)=\sim R^{-}(X)$　(1.2.9)

10°　$R^{-}(\sim X)=\sim R_{-}(X)$　(1.2.10)

11°　$R_{-}(R_{-}(X))=R^{-}(R_{-}(X))=R_{-}(X)$　(1.2.11)

12°　$R^{-}(R^{-}(X))=R_{-}(R^{-}(X))=R^{-}(X)$　(1.2.12)

证明　1°　若 $x\in R_{-}(X)$，则$[x]\subseteq X$；而 $x\in[x]$，因此

$$x\in X \text{ 且 } R_{-}(X)\subseteq X$$

若 $x\in X$，因为 $x\in[x]\cap X$，则$[x]\cap X\neq\varnothing$，因此

$$x\in R_{-}(X) \text{ 且 } X\subseteq R_{-}(X)$$

2°　因为空集包含在每一个集合中，$R_{-}(\varnothing)\subseteq\varnothing$而且$\varnothing\subseteq R_{-}(\varnothing)$，所以

$$R_{-}(\varnothing)=\varnothing$$

假设 $R^{-}(\varnothing)\neq\varnothing$. 则存在 x，而且 $x\in R^{-}(\varnothing)$，则有

$$[x]\cap\varnothing\neq\varnothing$$

因为$[x]\cap\varnothing=\varnothing$，与假设矛盾，所以

$$R^{-}(\varnothing)=\varnothing$$

由 1°，$R_{-}(U)\subseteq U$，若使 $U\subseteq R_{-}(U)$，对于 $x\in U$，因$[x]\subseteq U$，则 $x\in R_{-}(U)$，所以

$$R_{-}(U)=U$$

由 1°，$R^{-}(U)\supset U$，但 $R^{-}(U)\subseteq U$，所以

$$R^{-}(U)=U$$

3°　若 $x\in R^{-}(X\cup Y)$，当且仅当$[x]\cap(X\cup Y)\neq\varnothing\Rightarrow([x]\cap X)\neq\varnothing\vee[x]\cap Y\neq\varnothing\Rightarrow x\in R^{-}(X)\vee x\in R^{-}(Y)\Rightarrow x\in R^{-}(X)\cup R^{-}(Y)\Rightarrow R^{-}(X\cup Y)=R^{-}(X)\cup R^{-}(Y)$.

4°　若 $x\in R_{-}(X\cap Y)$，当且仅当$[x]\subseteq X\cap Y\Rightarrow[x]\subseteq X\wedge[x]\subseteq Y\Rightarrow x\in R_{-}(X)\cap R_{-}(Y)\Rightarrow R_{-}(X\cap Y)=R_{-}(X)\cap R_{-}(Y)$.

5°　当且仅当 $X\cap Y=X$，由 4°得到 $R_{-}(X\cap Y)=R_{-}(X)$. 因为 $R_{-}(X)\cap R_{-}(Y)=R_{-}(X)\Rightarrow R_{-}(X)\subseteq R_{-}(Y)$.

6° 当且仅当 $X\cup Y=Y, X\subseteq Y\Rightarrow R^-(X\cup Y)=R^-(Y)$. 由 3°知 $R^-(X)\cup R^-(Y)=R^-(Y)\Rightarrow R^-(X)\subseteq R^-(Y)$.

7° 因为 $X\subseteq X\cup Y$ 而且 $Y\subseteq X\cup Y\Rightarrow R_-(X)\subseteq R_-(X\cup Y)$，又因为 $R_-(Y)\subseteq R_-(X\cup Y)\Rightarrow R_-(X)\cup R_-(Y)\subseteq R_-(X\cup Y)$.

8° 因为 $X\cap Y\subseteq X$ 而且 $X\cap Y\subseteq Y\Rightarrow R^-(X\cap Y)\subseteq R^-(X)$，又因为 $R^-(X\cap Y)\subseteq R^-(Y)\Rightarrow R^-(X\cap Y)\subseteq R^-(X)\cap R^-(Y)$.

9° 当且仅当 $[x]\subseteq X, [x]\cap(\sim X)=\varnothing\Rightarrow x\,\overline{\in}\,R^-(\sim X)$ 而且 $x\in R_-(X)\Rightarrow x\in\sim R^-(\sim X)\Rightarrow R_-(X)=\sim R^-(\sim X)$.

10° 在 9°中用 $\sim X$ 代替 X，则有 $R^-(X)=\sim R_-(\sim X)$.

11° 由 1°得到 $R_-(R_-(X))\subseteq R_-(X), x\in R_-(X)\Rightarrow[x]\subseteq X\Rightarrow R_-([x])\subseteq R_-(X)$，因为 $R_-([x])=[x]\Rightarrow[x]\subseteq R_-(X)$ 而且 $x\in R_-(R_-(X))\Rightarrow R_-(X)\subseteq R_-(R_-(X))$. 由 1°得到 $R_-(X)\subseteq R^-(R_-(X))$，当 $x\in R^-(R_-(X))\Rightarrow[x]\cap R_-(X)\neq\varnothing$，存在 $y\in[x], y\in R_-(X)\Rightarrow[y]\subseteq X$，因此 $[x]=[y]\Rightarrow[x]\subseteq X$ 而且 $x\in R_-(X)\Rightarrow R^-(R_-(X))\subseteq R_-(X)$.

12° 若 $x\in R^-(R^-(X)), [x]\cap R^-(X)\neq\varnothing$，对于某些 $y\in[x], y\in R^-(X)\Rightarrow[y]\cap X\neq\varnothing$，而且 $[y]=[x]\Rightarrow[x]\cap X\neq\varnothing\Rightarrow x\in R^-(X)\Rightarrow R^-(X)\supset R^-(R^-(X))$ 且 $R^-(X)\subset R^-(R^-(X))\Rightarrow R^-(R^-(X))=R^-(X)$.

由 1°得到 $R_-(R^-(X))\subseteq R^-(X)$，若 $R_-(R^-(X))\supset R^-(X)$ 成立，当 $x\in R^-(X), [x]\cap X\neq\varnothing\Rightarrow[x]\subseteq R^-(X)$. 因为，若 $y\in[x]$，则 $[y]\cap X=[x]\cap X\neq\varnothing$，即 $y\in R^-(X)\Rightarrow x\in R_-(R^-(X))$，因此 $R_-(R^-(X))\supset R^-(X)$.

§1.3 知识的属性依赖发现

Z. Pawlak 粗集是以 R-元素等价类 $[x]$ 定义的，R 是属性集. 例如，属性 α_1 = 红色，α_2 = 甜味，属性集 $R=\{\alpha_1,\alpha_2\}$；具有属性 α_1,α_2 的苹果 x_1,x_2,x_3,x_4 构成关于属性 α_1,α_2 的 R-元素等价类 $[x]_{(\alpha_1,\alpha_2)}=\{x_1,x_2,x_3,x_4\}$；元素 x_1,x_2,x_3,x_4 关于属性 α_1,α_2 不可分辨，记作

$$\underset{\alpha_1,\alpha_2}{\mathrm{IND}}(\{x_1,x_2,x_3,x_4\}) \tag{1.3.1}$$

因此，等价关系 R 称作不可分辨关系.

如果在属性集 R 中再增加一个属性 α_3 = 产地山东，则有属性集 $R'=\{\alpha_1,\alpha_2,\alpha_3\}$，$R'$-元素等价类 $[x]_{(\alpha_1,\alpha_2,\alpha_3)}=\{x_2,x_3\}$，或者

$$\underset{\alpha_1,\alpha_2,\alpha_3}{\mathrm{IND}}(\{x_2,x_3\}) \tag{1.3.2}$$

如果属性集 $R'=\{\alpha_1,\alpha_2,\alpha_3\}$ 中删除属性 α_2,α_3，则有属性集 $R''=\{\alpha_1\}$，R''-元素等

价类$[x]_{(\alpha_1)}=\{x_2,x_2,x_3,x_4,x_5,x_6,x_7,x_8\}$,或者

$$\underset{\alpha_1}{\mathrm{IND}}(\{x_1,x_2,x_3,x_4,x_5,x_6,x_7,x_8\})\tag{1.3.3}$$

这个简单的事实告诉我们:如果属性集 R 中的属性减少,则 R-元素等价类$[x]$中的元素个数增加;如果属性集 R 中的属性增多,则 R-元素等价类$[x]$的元素个数减少. 显然,属性集 R 中的属性个数变化,引起 R-元素等价类$[x]$中元素个数的变化. 因此,R-元素等价类$[x]$具有颗粒特征. 一个 R-元素等价类$[x]$称作一个知识$[x]$. 因此,R-元素等价类$[x]$与知识$[x]$是两个等价概念,知识$[x]$具有颗粒特征.

容易得到:

命题1 知识$[x]$具有颗粒特征. 依赖于属性集 R 中的属性增加,知识$[x]_{R'}$从知识$[x]_R$中被挖掘,$R\subset R'$.

命题2 依赖于属性集 R 中的属性减少,知识$[x]_{R''}$依赖于知识$[x]_R$被发现,$R''\subset R$.

例 设$[x]_R=\{x_1,x_2,x_3,x_4,x_5\}$是 U 上的知识,$R=\{\alpha_1,\alpha_2,\alpha_3\}$是知识$[x]_R$的属性集,若存在属性 α_4,而且 $R'=R\cup\{\alpha_4\}=\{\alpha_1,\alpha_2,\alpha_3,\alpha_4\}$是知识$[x]_{R'}$的属性集,而且$[x]_{R'}=\{x_2,x_4,x_5\}$. 显然$[x]_{R'}\subset[x]_R$. 知识$[x]_{R'}$是依赖于对属性集 R 的属性补充得到的. 在未对属性集 R 进行属性补充之前,$\{x_2,x_4,x_5\}$是潜藏在$\{x_1,x_2,x_3,x_4,x_5\}$中,因为对属性集的属性补充,使得$\{x_2,x_4,x_5\}$从$\{x_1,x_2,x_3,x_4,x_5\}$中被挖掘出来. 这个简单的事实告诉人们如何从庞大的数据中去寻找人们所需要的数据.

在§1.4 ~ §1.8 中,引入苗夺谦先生的工作[4].

§1.4　知识的颗粒特征

近似空间

近似空间是指一个二元序对 $A=(U,R)$,U 是一个非空有限集,称作论域,R 是一个二元等价关系,$R\subseteq U\times U$,也称作 U 上的一个不可分辨关系. $U/R=\{[u]_R\mid u\in U\}$,表示 R 在 U 上的一个划分,由 U 中每个对象 u 所在的 R-等价类$[u]_R$组成.

知识库

$K=(U,R)$称作知识库,其中 R 是一等价关系. 对于$\forall X\subseteq R$, 由 X 产生的等价关系记作 $\mathrm{IND}(X)$,$\mathrm{IND}(X)=\bigcap_{R\in X}R$. 它表达了智能体利用知识库中的一部分知识 X 所能达到的最高的认知程度. $\mathrm{IND}(R)$表达了知识库 $K=(U,R)$的最高的分辨

表示程度.

知识的粒度

设 $K=(U,R)$ 是一知识库,$R\subseteq\mathscr{R}$ 是一等价关系,R 称作知识;$R\subseteq U\times U$.

定义 1.4.1 称 $\mathrm{GD}(R)$ 是知识 $R\subseteq\mathscr{R}$ 的粒度,如果

$$\mathrm{GD}(R)=|R|/|U|^2 \tag{1.4.1}$$

其中 $|R|$ 表示 $R\subseteq U\times U$ 的基数.

当 R 是相等关系,即 $R=\omega$ 时,R 的粒度达到最小值 $|U|/|U|^2=1/|U|$.

当 R 是论域关系,即 $R=\delta$ 时,R 的粒度达到最大值 $|U|^2/|U|^2=1$.

一般情况下,$1/|U|\leqslant\mathrm{GD}(R)\leqslant 1$. 知识的粒度能够表达对知识的分辨能力,$\mathrm{GD}(R)$ 越小,分辨能力越强. 当 $(u,v)\in R$ 时,表明对象 u,v 在 R 下不可分辨,属于 R 的同一个等价类. 否则,它们可分辨,属于不同的 R-等价类. 因此 $\mathrm{GD}(R)$ 表示在 U 中随机选择两个对象,这两个对象 R-不可分辨的可能性的大小. 可能性越大,即 $\mathrm{GD}(R)$ 越大,表明 R 的分辨能力越弱,否则越强.

定义 1.4.2 称 $\mathrm{DIS}(R)$ 是知识 R 的分辨度,如果

$$\mathrm{DIS}(R)=1-\mathrm{GD}(R) \tag{1.4.2}$$

显然 $0\leqslant\mathrm{DIS}(R)\leqslant 1-1/|U|$.

命题 1 若 R 是知识库 $K=(U,R)$ 中的知识,而且 $U/R=\{X_1,X_2,\cdots,X_n\}$,则

$$\mathrm{GD}(R)=\sum_{i=1}^{n}|X_i|^2/|U|^2 \tag{1.4.3}$$

证明 $\forall(u,v)\in R$,有 $u,v\in$ 某一 X_i,故 R 的元是通过在 U/R 的每个等价类 X_i 中任取二元(可以相同)组成的,自然有 $|R|=\sum_{i=1}^{n}|X_i|^2$,所以 $\mathrm{GD}(R)=|R|/|U|^2=\sum_{i=1}^{n}|X_i|^2/|U|^2$.

由命题 1 得到:$\mathrm{DIS}(R)=1-\mathrm{GD}(R)=1-\sum_{i=1}^{n}|X_i|^2/|U|^2$. 分辨度 $\mathrm{DIS}(R)$ 的大小直接反映了对知识的分辨能力.

知识粒度、分辨度与熵的关系

我们知道,熵值也是知识颗粒状的一种度量. 设 $K=(U,R)$ 是一知识库,$R\subseteq\mathscr{R}$ 是一知识,在 R 对 U 形成均匀划分的情况下,R 的熵值 $H(R)$ 较大. 而此时,知识的粒度 $\mathrm{GD}(R)$ 较小(这相当于和一定的几个自然数,当它们彼此接近时平方之和较小),分辨度 $\mathrm{DIS}(R)$ 较大.

表1.1说明，当 R 由最粗的论域关系 δ 变为最细的相等关系 ω 时，熵值 $H(R)$ 由0增大到 $\log_2(|U|)$，而分辨度由0增大到 $1-1/|U|$.

表1.1　$H(R)$，GD(R)与DIS(R)的比较

R	δ	ω	一般的 R
$H(R)$	0	$\log_2(\|U\|)$	$0\leqslant H(R)\leqslant \log_2(\|U\|)$
GD(R)	0	$1/\|U\|$	$1/\|U\|\leqslant \mathrm{GD}(R)\leqslant 1$
DIS(R)	0	$1-1/\|U\|$	$0\leqslant \mathrm{DIS}(R)\leqslant 1-1/\|U\|$

§1.5　知识粒度与属性的依赖

信息系统与粒度

称序对 $I=(U,A)$ 是信息系统，其中 U 是一有限对象集，称作论域．A 是有限属性集．$\forall a\in A$，定义 U 上的一个等价关系 θ_a：$u\theta_a v\Leftrightarrow a(u)=a(v)$，其中 $a(u)$ 表示对象 $u\in U$ 关于属性 $a(\in A)$ 的值．容易验证：这样定义的二元关系是一等价关系．θ_a 在 U 上产生的划分是 $U/\theta_a=\{[u]_{\theta_a}|u\in U\}$．为方便计，常将 U/θ_a 记为 U/a．因此，$[u]_{\theta_a}$ 也可写为 $[u]_a=\{v\in U|a(u)=a(v)\}$，由 U 中所有与 u 的 a-不可分辨的对象 v 组成．设 $X\subseteq A$ 是一个属性子集，由 X 产生的不可分辨关系是 $\mathrm{IND}(X)=\bigcap\limits_{x\in X}\theta_x$，将 $U/\mathrm{IND}(X)$ 简记为 U/X．因此，在以下的论述中，等价关系、属性、特征、知识、划分等概念不加区别地直接使用它们．

命题1　设 $I=(U,A)$ 是一信息系统，$X,Y\subseteq A$，则有：

1° 若 $X\rightarrow Y$，则 $\mathrm{GD}(X)\leqslant \mathrm{GD}(Y)$.　　(1.5.1)

2° 若 $X\leftrightarrow Y$，则 $\mathrm{GD}(X)=\mathrm{GD}(Y)$.　　(1.5.2)

证明　1°由 $X\rightarrow Y$ 知 $\mathrm{IND}(X)\subseteq \mathrm{IND}(Y)$，$|\mathrm{IND}(X)|\leqslant|\mathrm{IND}(Y)|$，而 $\mathrm{GD}(X)=\mathrm{GD}(\mathrm{IND}(X))=|\mathrm{IND}(X)|/|U|^2$，$\mathrm{GD}(Y)=\mathrm{GD}(\mathrm{IND}(Y))=|\mathrm{IND}(Y)|/|U|^2$，从而有 $\mathrm{GD}(X)\leqslant \mathrm{GD}(Y)$.

2° 由 $X\leftrightarrow Y$ 知，$X\rightarrow Y$ 且 $X\leftarrow Y$，因此 $\mathrm{GD}(X)\leqslant\mathrm{GD}(Y)$ 且 $\mathrm{GD}(Y)\leqslant\mathrm{GD}(X)$，从而有 $\mathrm{GD}(X)=\mathrm{GD}(Y)$.

利用命题1得到：

命题2　设 $I=(U,A)$ 是一信息系统，$X,Y\subseteq A$，则有：

1° 若 $X\rightarrow Y$，则 $\mathrm{DIS}(X)\geqslant \mathrm{DIS}(Y)$.　　(1.5.3)

2° 若 $X\leftrightarrow Y$，则 $\mathrm{DIS}(X)=\mathrm{DIS}(Y)$.　　(1.5.4)

特别地，若 $X\subseteq Y\subseteq A$，$Y\rightarrow X$，从而有 $\mathrm{GD}(Y)\leqslant\mathrm{GD}(X)$ 且 $\mathrm{DIS}(Y)\geqslant\mathrm{DIS}(X)$，说明对于 A 的属性子集，随着属性的增加粒度减小，分辨度增加．

属性重要度

设 $I=(U,A)$ 是一信息系统，$X\subseteq A$ 是一属性子集，$x\in A$ 是一属性，我们考虑 x

对于 X 的重要度,即 X 中增加属性 x 之后分辨度的提高程度,提高程度越大,认为 x 对于 X 越重要.

定义 1.5.1 设 $X\subseteq A$ 是一属性子集,$x\in A$ 是一属性,x 对于 X 的重要度,记为 $\mathrm{SIG}_X(x)$,如果

$$\mathrm{SIG}_X(x)=1-|X\cup\{x\}|/|X| \tag{1.5.5}$$

其中 $|X|$ 表示 $|\mathrm{IND}(X)|$.

设 $U/\mathrm{IND}(X)=U/X=\{X_1,X_2,\cdots,X_n\}$,则 $|X|=|\mathrm{IND}(X)|=\sum_{i=1}^{n}|X_i|^2$.

定义 1.5.1 的合理性的解释:在 U 中随机选取两个对象,共有 $|U|^2$ 种选法,其中有 $|X|$ 种在属性子集 X 下不可分辨. X 中增加属性 x 之后不可分辨的情况有 $|X\cup\{x\}|$ 种,显然有 $|X\cup\{x\}|\leqslant|X|$. 从而 $|X|-|X\cup\{x\}|$ 表示了 X 中由于属性 x 的加入,不可分辨的减少量,也就是可分辨的增加量,即原来在 X 下不可分辨而现在在 $X\cup\{x\}$ 下可分辨的选法种数.

$(|X|-|X\cup\{x\}|)/|X|=1-|X\cup\{x\}|/|X|$ 则表示了可分辨的提高程度.

当 $\mathrm{IND}(X)=\omega$ 时,对 $\forall x\in A$,有 $\mathrm{SIG}_X(x)=1-|X\cup\{x\}|/|X|=1-|\omega|/|\omega|=1-|U|/|U|=0$. 此时 X 已经产生了最细的等价关系,任何属性 $x\in A$ 对它不重要. 当 $\mathrm{IND}(X)=\delta$ 时,对 $\forall x\in A$,有 $\mathrm{SIG}_X(x)=1-|X\cup\{x\}|/|X|=1-|x|/|U|^2$,此时 x 越细,$\mathrm{SIG}_X(x)$ 越大,x 对于 X 越重要. 另外,当 $X=\varnothing$ 时,将 $\mathrm{SIG}_X(x)$ 记为 $\mathrm{SIG}_x(x)$,且 $\mathrm{SIG}_x(x)=1-|x|/|U|^2$,$\mathrm{SIG}_x(x)$ 表明了 x 的重要程度. 在一般的情况下有:$0\leqslant\mathrm{SIG}_X(x)\leqslant1-1/|U|$. 当 $\mathrm{IND}(X)=\delta$,而 $\mathrm{IND}(x)=\omega$ 时,$\mathrm{SIG}_X(x)$ 达到最大值 $1-1/|U|$.

命题 3 属性 x 的重要度与它的分辨度相等,即 $\mathrm{SIG}(x)=\mathrm{DIS}(x)$ (1.5.6)

命题 4 下列结论等价

1) 若 x 对于 X 不重要,则

$$\mathrm{SIG}_X(x)=0 \tag{1.5.7}$$

2) 若 x 对 X 冗余,则

$$X\cup\{x\}\longleftrightarrow X \tag{1.5.8}$$

3) $X\rightarrow x$ (1.5.9)

4) $\mathrm{IND}(X\cup\{x\})=\mathrm{IND}(X)$ (1.5.10)

5) $\forall u,v\in U$,若 u,v 在 X 下不可分辨,则 u,v 在 x 下不可分辨. 或者若 $u(\mathrm{IND}(X))v$,则 $u\theta_x v$(θ_x 表示 x 产生的等价关系).

证明 5)是 3)的定义,4)是 2)的定义. 只需证明:

1° 2)与 3)等价. 由 $X\cup\{x\}\longleftrightarrow X$ 知 $X\rightarrow X\cup\{x\}$,即 $\mathrm{IND}(X)\subseteq\mathrm{IND}(X\cup\{x\})$,而 $\mathrm{IND}(X\cup\{x\})=\mathrm{IND}(X)\cap\theta_x$. 所以,$\mathrm{IND}(X)=\mathrm{IND}(X)\cap\theta_x$,$\mathrm{IND}(X)\subseteq\theta_x$,根据定义有 $X\rightarrow x$. 反之亦然.

2°　1)与 2)等价．若 $\mathrm{SIG}_X(x)=0$，则 $|X\cup\{x\}|=|X|$，显然有 $\mathrm{IND}(X\cup\{x\})\subseteq\mathrm{IND}(X)$，所以，根据定义有 $X\cup\{x\}\longleftrightarrow X$. 反之亦然．

特别是，当 $x\in X$ 时，$\mathrm{SIG}_X(x)=0$.

命题 5　设 $X,Y\subseteq A$，若 $X\longleftrightarrow Y$，则对 $\forall x\in A$，有

$$\mathrm{SIG}_X(x)=\mathrm{SIG}_Y(x) \tag{1.5.11}$$

证明　由 $X\longleftrightarrow Y$ 知：$\mathrm{IND}(X)=\mathrm{IND}(Y)$，$|\mathrm{IND}(X)|=|\mathrm{IND}(Y)|$ 即 $|X|=|Y|$，而 $\mathrm{IND}(X\cup\{x\})=\mathrm{IND}(X)\cap\theta_x$，$\mathrm{IND}(Y\cup\{x\})=\mathrm{IND}(Y)\cap\theta_x$，所以 $\mathrm{IND}(X\cup\{x\})=\mathrm{IND}(Y\cup\{x\})$，$|\mathrm{IND}(X\cup\{x\})|=|\mathrm{IND}(Y\cup\{x\})|$，即 $|X\cup\{x\}|=|Y\cup\{x\}|$. 从而有 $\mathrm{SIG}_X(x)=1-|X\cup\{x\}|/|X|=1-|Y\cup\{x\}|/|Y|=\mathrm{SIG}_Y(x)$.

命题 6　设 $X,Y\subseteq A$，若 $X\rightarrow Y$ 且 $\mathrm{SIG}_X(x)>0$，则 $\mathrm{SIG}_Y(x)>0$. 特别是，若 $Y\subseteq X$，则有

$$\mathrm{SIG}_X(x)>0\Rightarrow\mathrm{SIG}_Y(x)>0 \tag{1.5.12}$$

证明　由 $X\rightarrow Y$ 知 $\mathrm{IND}(X)\subseteq\mathrm{IND}(Y)$. 因为 $\mathrm{SIG}_X(x)>0$，即 $1-|X\cup\{x\}|/|X|>0$，所以有 $|X\cup\{x\}|<|X|$. 即 $\exists(u,v)\in\mathrm{IND}(X)$，而 $(u,v)\overline{\in}\mathrm{IND}(X\cup\{x\})$，从而有 $\exists(u,v)\in\mathrm{IND}(Y)$，而 $(u,v)\overline{\in}\mathrm{IND}(Y\cup\{x\})$（由于 u，v 在 X 下不可分辨而在 $X\cup\{x\}$ 下可分辨，说明 u，v 在 x 下可分辨，当然在 $Y\cup\{x\}$ 下也可分辨）. 所以 $\mathrm{IND}(Y\cup\{x\}\subset\mathrm{IND}\{Y\})$，$|\mathrm{IND}(Y\cup\{x\})|<|\mathrm{IND}(Y)|$. 易得 $\mathrm{SIG}_Y(x)=1-|Y\cup\{x\}|/|Y|>0$.

命题说明，在 $X\rightarrow Y$ 的情况下，若 $x\in A$ 对 X 重要（即 $\mathrm{SIG}_X(x)>0$），则 x 对 Y 也重要，其等价命题是：若 $x\in A$ 对 Y 不重要，即 $\mathrm{SIG}_Y(x)=0$，可知 x 对 X 也不重要，有 $\mathrm{SIG}_X(x)=0$.

应当指出：在 $X\rightarrow Y$ 的情况下（包括 $X\supseteq Y$ 的情况），$\forall x\in A$，未必有 x 对 Y 比对 X 更重要，即 $\mathrm{SIG}_Y(x)\geqslant\mathrm{SIG}_X(x)$. 利用图 1.4 说明如下：从图中可看出，由于 x 的加入，使得 X,Y 的可分辨序对的增加量分别是 $|X|-|X\cup\{x\}|$ 与 $|Y|-|Y\cup\{x\}|$（即在 X 下不可分辨而在 $X\cup\{x\}$ 下可分辨序对 (u,v) 的数目）. 有 $|X|-|X\cup\{x\}|\leqslant|Y|-|Y\cup\{x\}|$，但由于 $|X|\leqslant|Y|$，故无法比较 $\mathrm{SIG}_X(x)=(|X|-|X\cup\{x\}|)/|X|$ 与

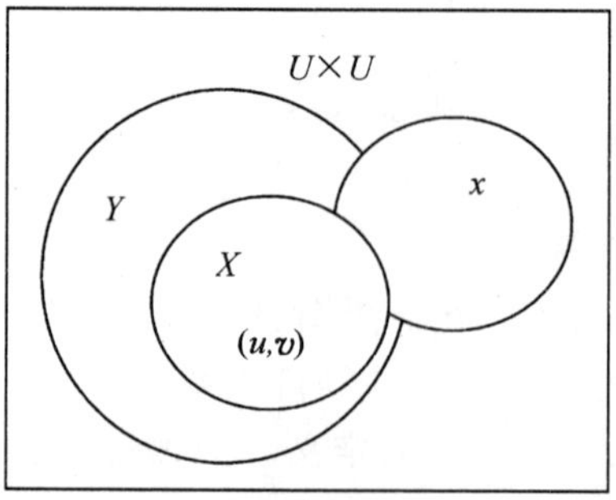

图 1.4

X，Y，x 表示 $\mathrm{IND}(X)$，$\mathrm{IND}(Y)$，$\mathrm{IND}(x)$；$x\cap X$ 表示 $\mathrm{IND}(X\cap\{x\})$，$x\cap Y$ 表示 $\mathrm{IND}(Y\cap\{x\})$

$SIG_Y(x)=(|Y|-|Y\cup\{x\}|)/|Y|)$的大小，即在 $X\to Y$ 的情况下，不能说$\forall x\in A$对 Y 比对更细的 X 做出更大的贡献.

利用前面的概念得到：

命题 7 设 $X,Y\subseteq A$，则有

$$(1-SIG_X(Y))/(1-SIG_Y(X))=GD(Y)/GD(X) \tag{1.5.13}$$

其中 $SIG_X(Y)$表示 $SIG_X(IND(Y))$，且 $SIG_X(Y)=1-|X\cup Y|/|X|$.

证明 因为 $SIG_X(Y)=1-|X\cup Y|/|X|$，$SIG_Y(X)=1-|X\cup Y|/|Y|$，所以$(1-SIG_X(Y))/(1-SIG_Y(X))=(|X\cup Y|/|X|)/(|X\cup Y|/|Y|)=|Y|/|X|=GD(Y)/GD(X)$.

命题 8 设 $X,Y\subseteq A$，则

$$SIG_X(Y)/SIG_Y(X)=DIS(Y)/DIS(X)=SIG(Y)/SIG(X) \tag{1.5.14}$$

其中 $SIG_X(Y)=SIG_X(IND(Y))$.

由关系式 $GD(Y)=1-DIS(Y)$，$DIS(Y)=SIG(Y)$，容易由命题 7 得到.

命题 7 说明：对于 $X,Y\subseteq A$，若 $SIG(X)\geqslant SIG(Y)$（或 $GD(X)\leqslant GD(Y)$），则 X 对 Y 比 Y 对 X 更重要，即 $SIG_Y(X)\geqslant SIG_X(Y)$.

命题 9 设 $X\subseteq A$，

1° 若$\forall x\in RED(X)$，则

$$SIG_{(RED(X)-\{x\})}(x)>0 \tag{1.5.15}$$

2° 若$\forall x\in X-RED(X)$（若 $RED(X)\neq\varnothing$），则 $SIG_{RED(X)}(x)=0$ (1.5.16)

1°指出：约简中的每一元素对于约简中的其余元都是重要的.

2°指出：约简外的每一元素对于约简都是不重要的(其中 $RED(X)$为 X 的约简).

证明 1° 根据 $RED(X)$的定义[2]，$IND(RED(X)-\{x\})\supset IND(RED(X))$. 从而有 $|IND(RED(X))|<|IND(RED(X)-\{x\})|$，$SIG_{(RED(X)-\{x\})}=1-|IND(RED(X))|/|IND(RED(X)-\{x\})|>0$.

2° 根据 $RED(X)$的定义[2]，有 $IND(RED(X)\cup\{x\})=IND(RED(X))$. 从而有$|IND(RED(X))\cup\{x\})|=|IND(RED(X))|$，$SIG_{RED(X)}(x)=1-|IND(RED(X)\cup\{x\})|/|IND(RED(x))|=0$.

命题 10 设 $X\subseteq A$，则 $CORE(X)=RED(X)$的充要条件是$\forall x\in X-CORE(X)$（若 $X-CORE(X)\neq\varnothing$），有 $SIG_{CORE(X)}(x)=0$.

这里 $CORE(X)$是属性子集的核[2].

证明 属性子集 X 的核 $CORE(X)$成为约简的充要条件是$|CORE(X)|=|X|$.（一般情况下，有 $CORE(X)$较粗，即$|CORE(X)|\geqslant|X|$.）

当 $CORE(X)=RED(X)$时，有$|CORE(X)|=|X|$，$\forall x\in X-CORE(X)$，有$|X|\leqslant$

$|CORE(X)\cup\{x\}|\leqslant|CORE(X)|$，从而 $|CORE(X)|=|CORE(X)\cup\{x\}|$，$SIG_{CORE(X)}(x))=1-|CORE(X)\cup\{x\}|/|CORE(X)|=0$.

当 $\forall x\in X-CORE(X)=SIG_{CORE(X)}(x)=0$ 时，有 $|CORE(X)\cup\{x\}|=|CORE(X)|$，从而 $(CORE(X)\cup\{x\})\longleftrightarrow CORE(X)$，即 $IND(CORE(X))\cap\theta_x=IND(CORE(X))$，从而有 $IND(CORE(X))\subseteq\theta_x(\forall x\in X-CORE(X))$. 所以 $IND(CORE(X))\bigcap_{x\in X-CORE(X)}\theta_x=IND(X-CORE(X))$，这样 $IND(X)=IND(CORE(X))\cap IND(X-CORE(X))=IND(CORE(X))$，从而 $CORE(X)$ 构成 X 的约简.

命题 10 包含两方面意义：一方面可以根据 $CORE(X)$ 以外的任何属性 x 对 $CORE(X)$ 不重要判断 $CORE(X)=RED(X)$；另一方面，可以根据 $\exists x\in X-CORE(X)$ 使得 $SIG(x)>0$，判断出 $CORE(X)\neq RED(X)$.

命题 11　设 $x\to y$，$\forall x\in A$，则

$$SIG_X(x)\geqslant SIG_X(y) \tag{1.5.17}$$

证明　由 $x\to y$ 知 $X\cup\{x\}\to X\cup\{y\}$，从而有 $IND(X\cup\{x\})\subseteq IND(X\cup\{y\})$，$|IND(X\cup\{x\})|\leqslant|IND(X\cup\{y\})|$，即 $|X\cup\{x\}|\leqslant|X\cup\{y\}|$，$SIG_X(x)=1-|X\cup\{x\}|/|X|\geqslant1-|X\cup\{y\}|/|X|=SIG_X(y)$.

特别是，设 $X,Y,Z\subseteq A$，若 $X\subseteq Y$，则 $SIG_Z(X)\leqslant SIG_Z(Y)$；表明度量 $SIG_Z(X)$ 随 X 中属性的增加而增大.

§1.6　重要度与最小约简

重要度可以用作属性选择标准，以在 $CORE(X)$ 的基础上通过逐个增加属性构成 X 的最小约简，下面给出其一般步骤的讨论：

1°　计算核 $CORE(X)$：$\forall x\in X$，计算 $SIG_{X-\{x\}}$，所有 SIG 值大于 0 的属性构成核 $CORE(X)$，$CORE(X)$ 可能为 $\varnothing$.

2°　$RED(X)\leftarrow CORE(X)$.

3°　判断 $IND(RED(X))=IND(X)$？若成立，则转 6°，否则转 4°.

4°　计算所有 $x\in X-RED(X)$ 的 $SIG_{RED(X)}(x)$ 值，取 x_1 满足

$$SIG_{RED(X)}(x_1)=\max_{x\in X-RED(X)}\{SIG_{RED(X)}(x)\}$$

5°　$RED(X)\leftarrow RED(X)\cup\{x_1\}$，转入到 3°.

6°　输出最小约简 $RED(X)$.

下面给出一个例子：

例　考虑表 1.2 给的信息系统.

表 1.2　一个信息系统

U	A			
	a	b	c	d
1	1	0	2	1
2	2	1	0	0
3	0	1	2	0
4	1	2	2	1
5	1	2	0	0

1）核 $\mathrm{CORE}(A)=\{b\}$.

2）计算得

$$\begin{aligned}\mathrm{SIG}_{\mathrm{CORE}(A)}(a)&=\mathrm{SIG}_{\{b\}}(a)=1-|\{a,b\}|/|\{b\}|\\&=1-(1+1+1+1+2\times2)/(1+2\times2+2\times2)=2/9\end{aligned}$$

$$\begin{aligned}\mathrm{SIG}_{\mathrm{CORE}(A)}(c)&=\mathrm{SIG}_{\{b\}}(c)=1-|\{b,c\}|/|\{b\}|\\&=1-(1+1+1+1+1)/9=4/9\end{aligned}$$

$$\begin{aligned}\mathrm{SIG}_{\mathrm{CORE}(A)}(d)&=\mathrm{SIG}_{\{b\}}(d)=1-|\{b,d\}|/|\{b\}|\\&=1-(1+2\times2+1+1)/9=2/9\end{aligned}$$

最大的 $\mathrm{SIG}_{\{b\}}(c)=4/9>0$.

3）设 $A_1=\mathrm{CORE}(A)\cup\{c\}=\{b,c\}$. 计算得

$$\mathrm{SIG}_{\{b,c\}}(a)=1-|\{a,b,c\}|/|\{b,c\}|=1-5/5=0$$

$$\mathrm{SIG}_{\{b,c\}}(d)=1-|\{b,c,d\}|/|\{b,c\}|=1-5/5=0$$

最大的 SIG 值为 0，故得最小约简为 $\{b,c\}$.

表 1.3　等价类表

X	$\mathrm{IND}(X)$的等价类
$\{a\}$	$\{1,4,5\}$, $\{2\}$, $\{3\}$
$\{b\}$	$\{1\}$, $\{2,3\}$, $\{4,5\}$
$\{c\}$	$\{1,3,4\}$, $\{2,5\}$
$\{d\}$	$\{1,4\}$, $\{2,3,5\}$

§1.7　决策系统与决策协调度

将信息系统的属性集 A 分解为 $A=C\cup D(C\cap D=\varnothing)$，则信息系统成为决策系统. 因此，决策系统可形式定义为 $T=(U,C\cup D,V,f)$，其中 C 为条件属性集，D 为

决策属性集．

与信息系统提供关于 U 中对象的信息不同，对于决策系统，我们关心的是通过条件属性 C 预测或表示决策属性集 D．通过对决策系统的粗分析之后，希望得到一系列的决策规则（CD 规则）．我们更感兴趣的是关于预测或表达 D，C 中的属性是否都必要，能否用 C 中最小的属性子集达到与 C 相同的预测或表达 D 的功能．

在决策系统 $T=(U, C\cup D, V, f)$ 中，决策属性集 D 往往是固定的，$X\subseteq C$ 是变量，$\mathrm{IND}(X)\subseteq U\times U$ 是条件属性也是预测或表达属性．$\mathrm{IND}(D)\subseteq U\times U$ 是决策属性也是被预测或被表达的属性．为方便计，将 $\mathrm{IND}(X)\subseteq U\times U$，$\mathrm{IND}(D)\subseteq U\times U$ 记为 $X\subseteq U\times U$，$D\subseteq U\times U$，如图 1.5，图中重叠部分表示 $X\cup D\subseteq U\times U$．从统计的观点看，$X\cup D$ 是由在条件 X 与决策 D 下不可分辨的序对 (u, v) 构成（其中 u, v 表示两条决策规则），$(u, v)\in X\cup D$ 说明这两条规则的前件和后继相同，是两条相同的决策规则，而 $|X\cup D|/|X|$ 表示在决策系统中任取两条前件相同的规则，它们的后继也相同（即它们协调）的可能性大小，从而，$|X\cup D|/|X|$ 可以反映数据 D 对 X 的依赖程度．

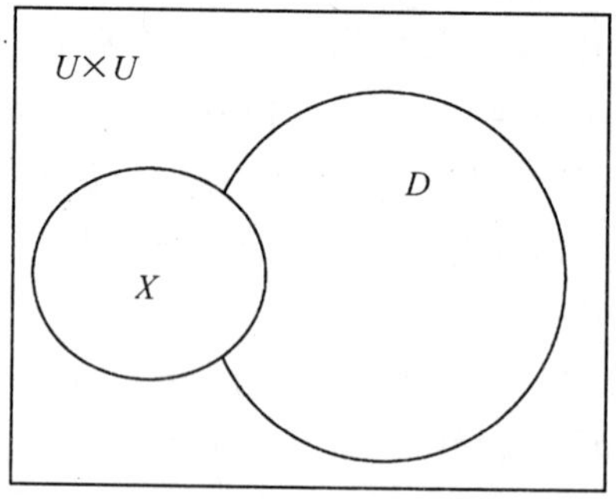

图 1.5

$X\subset U\times U, D\subseteq U\times U$

定义 1.7.1　设 $T=(U, C\cup D, V, f)$ 是一决策系统，$X\subseteq C$ 是一属性子集，$X\to D$ 的协调度，记为 $\mathrm{CON}(X\to D)$，如果

$$\mathrm{CON}(X\to D)=|X\cup D|/|X| \tag{1.7.1}$$

其中 $|X|=|\mathrm{IND}(X)|$，表示 $\mathrm{IND}(X)\subseteq U\times U$ 的基数．

最好的情况是 $X\to D$ 成立，此时 $\mathrm{CON}(X\to D)$ 达到 1．最坏的情况是 $\mathrm{IND}(X)=\delta$ 而 $\mathrm{IND}(D)=\omega$（即所有规则的前件都相同而后件都不相同），此时 $\mathrm{CON}(X\to D)=1/|U|$ 达到最小值，一般情况有 $1/|U|\leqslant \mathrm{CON}(X\to D)\leqslant 1$．

$\mathrm{CON}(X\to D)$ 是用 X 表达或预测 D 的一种优劣性度量，一般来讲（并非绝对），$\mathrm{CON}(X\to D)$ 越大，X 越是 D 的优良的预测属性集．

根据定义，容易发现协调度与重要度有如下的关系：

命题 1 1° $CON(X\to D)=1-SIG_X(D)$. (1.7.2)

2° 当 $GD(X)=GD(D)$ 时,有 $CON(X\to D)=CON(D\to X)$. (1.7.3)

证明略.

下面给出一个例子:

例 在决策表 1.4 中, 将根据两个变量"Smoke"(S)和"Body Mass Index"(BMI)预测"Heart Disease"(HD).

表 1.4 一个决策表

No	S	BMI	HD
1	no	normal	no
2	no	obese	no
3	no	normal	no
4	no	obese	no
5	yes	normal	yes
6	yes	normal	yes
7	yes	obese	no
8	yes	obese	yes
9	no	normal	no

为此,首先计算出 U 的各个划分, 如表 1.5.

表 1.5 等价类表

X:等价类
{S}: {1,2,3,4,9}, {5,6,7,8}
{BMI}: {1,3,5,6,9}, {2,4,7,8}
{S,BMI}: {1,3,9}, {2,4}, {5,6}, {7,8}
D
{HD}: {1,2,3,7,9}, {5,6,8}

$X\cup D$ 的划分的等价类是

$$\{S\}\cup\{HD\}:\{1,2,3,4,9\},\{5,6,8\},\{7\}$$

$$\{BMI\}\cup\{HD\}:\{1,3,9\},\{5,6\},\{2,4,7\},\{8\}$$

$$\{S,BMI\}\cup\{HD\}:\{1,3,9\},\{2,4\},\{5,6\},\{7\},\{8\}$$

因此有

$$CON(\{S\}\to\{HD\})=|\{S\}\cup\{HD\}|/|\{S\}|=35/41$$

$$CON(\{BMI\}\to\{HD\})=|\{BMI,HD\}|/|\{BMI\}|=23/41$$

$$CON(\{S,BMI\}\to\{HD\})=|\{S,BMI,HD\}|/|\{BMI\}|=19/21$$

从而 $CON(\{S,BMI\}\to\{HD\})\to CON(\{S\}\to\{HD\})>CON(\{BMI\}\to\{HD\})$.

以上结论说明,S 比 BMI 更能导致 HD,S 与 HD 的联系比 BMI 更紧.

§1.8　粗集在决策中的应用

协调度表示随机选取两个前件相同的规则,它们的后继也相同(即它们协调)的可能性,即在 X 的条件类中任取两元,它们属于同一个决策类的可能性. 若 CON($X \to D$)较大,说明用 IND(X)划分论域所得到的 IND(X)的等价类中有尽可能多的序对(u,v)属于同一个 D-决策类. 因此,可用协调度作为构造单变量决策树的属性选取的度量,跟节点选取 CON($x \to D$)最大的条件属性 $x \in C$,第二层的检验属性从 C-$\{x\}$ 中以同样方法选取,其余类推.

下面给出一个应用例子:

例　根据协调度构造单变量决策树,如表 1.6 所示.

表 1.6　白天天气分类

No	属性				分类(d)
	Outlook(a_1)	Temperature(a_2)	Humidity(a_3)	Windy(a_4)	
1	Sunny	Hot	High	False	N
2	Sunny	Hot	High	True	N
3	Overcast	Hot	High	False	P
4	Rain	Mild	High	False	P
5	Rain	Cool	Normal	False	P
6	Rain	Cool	Normal	True	N
7	Overcast	Cool	Normal	True	P
8	Sunny	Mild	High	False	N
9	Sunny	Mild	Normal	False	P
10	Rain	Mild	Normal	False	P
11	Sunny	Mild	Normal	True	P
12	Overcast	Mild	High	True	P
13	Overcast	Hot	Normal	False	P
14	Rain	Mild	High	True	N

为此,首先计算各个等价类,如表 1.7 所示;再计算各个条件属性 a_i($1 \leqslant i \leqslant 4$)与分类 d 的并的等价类,如表 1.8 所示,因此,各个协调度 CON($a_i \to d$)($1 \leqslant i \leqslant 4$)是

$$\mathrm{CON}(a_1 \to d) = |\{a_1, d\}| / |\{a_1\}| = 7/11$$
$$\mathrm{CON}(a_2 \to d) = |\{a_2, d\}| / |\{a_2\}| = 19/34$$
$$\mathrm{CON}(a_3 \to d) = |\{a_3, d\}| / |\{a_3\}| = 31/49$$
$$\mathrm{CON}(a_4 \to d) = |\{a_4, d\}| / |\{a_4\}| = 29/50$$

有 CON($a_1 \to d$)最大,故根节点选为属性 a_1 即 Outlook,而 a_1 的三个等价类中,第 2

个等价类{3,7,12,13}中的各个元均属于P类,第一个等价类与第三个等价类中既有N元也有P元,因此,对它们做同样的处理.

表 1.7 等价类表

a_i	等价类
a_1:	{1,2,8,9,11}, {3,7,12,13}, {4,5,6,10,14}
a_2:	{1,2,3,13}, {4,8,10,11,12,14}, {5,6,7,9}
a_3:	{1,2,3,4,8,12,14}, {5,6,7,9,10,11,13}
a_4:	{1,3,4,5,8,9,10,13}, {2,6,7,11,12,14}
分类 d:	{1,2,6,8,14}, {3,4,5,7,9,10,11,12,13}

表 1.8 $a_i \cup d(1 \leqslant i \leqslant 4)$的等价类表

$a_i \cup d$	等价类
$\{a_1,d\}$:	{1,2,8}, {9,11}, {3,7,12,13}, {4,5,10}, {6,14}
$\{a_2,d\}$:	{1,2}, {3,13}, {4,10,11,12}, {8,14}, {5,7,9}, {6}
$\{a_3,d\}$:	{1,2,8,14}, {3,4,12}, {5,7,9,10,11,13}, {6}
$\{a_4,d\}$:	{1,8}, {3,4,5,9,10,13}, {2,6,14}, {7,11,12}

首先考虑{1,2,8,9,11}

$$\mathrm{CON}(a_2 \to d) = |\{a_2,d\}|/|\{a_2\}| = 7/9$$
$$\mathrm{CON}(a_3 \to d) = |\{a_3,d\}|/|\{a_3\}| = 1$$
$$\mathrm{CON}(a_4 \to d) = |\{a_4,d\}|/|\{a_4\}| = 7/13$$

$\mathrm{CON}(a_3 \to d)$最大,选 a_3 作为类{1,2,8,9,11}的检验属性. 再考虑{4,5,6,10,14}

$$\mathrm{CON}(a_2 \to d) = |\{a_2,d\}|/|\{a_2\}| = 7/13$$
$$\mathrm{CON}(a_3 \to d) = |\{a_3,d\}|/|\{a_3\}| = 7/13$$
$$\mathrm{CON}(a_4 \to d) = |\{a_4,d\}|/|\{a_4\}| = 1$$

a_4 为{4,5,6,10,14}的检验属性,由于 $\mathrm{CON}(a_3 \to d) = 1$, $\mathrm{CON}(a_4 \to d) = 1$,故所构造的决策树可对所有的训练事例正确地分类.

这里特别给出说明:Z. Pawlak 粗集的应用非常广泛,这里介绍的仅是其中一个应用侧面. Z. Pawlak 粗集的理论研究和更多的应用,请读者阅读:张文修先生的著作[3],刘清先生的著作[5],王国胤先生的著作[6],曾黄麟先生的著作[2],及文献[7]~[13];这些文献能使读者对 Z. Pawlak 粗集有更多的理解,开拓读者的理论研究与应用研究的思路.

第2章　变异粗集

1982年波兰数学家 Z. Pawlak 教授提出粗集；给出粗集的数学结构，给出粗集的一般性讨论；粗集在数据挖掘、知识发现、知识推理、证据合成、决策简化、系统检测识别、风险估计等诸多领域中得到了应用，仔细分析 Z. Pawlak 粗集和粗集的数学结构，我们能够获得这样的共识：在 Z. Pawlak 粗集中 $R_-(X)$，$R^-(X)$ 是以 R-元素等价类 $[x]$ 来定义的，或者说粗集 $(R_-(X), R^-(X))$ 依赖于 R-元素等价类 $[x]$ 而存在．在 Z. Pawlak 粗集中存在这样的事实：$[x]$ 是由具有属性 α_1 = 红色，α_2 = 甜味，α_3 = 质量 100 克的苹果 x_1, x_2, x_3, x_4, x_5 构成的 R-元素等价类 $[x]$，或者 $[x] = \{x_1, x_2, x_3, x_4, x_5\}_{(\alpha_1,\alpha_2,\alpha_3)}$. 显然，在 x_1, x_2, x_3, x_4, x_5 中存在等价关系 R. 从这个事实的反面，我们能够得到：具有属性 $[\alpha] = \{\alpha_1, \alpha_2, \alpha_3\}$，一定能找到苹果 x_1, x_2, x_3, x_4, x_5；x_1, x_2, x_3, x_4, x_5 构成 R-元素等价类 $[x] = \{x_1, x_2, x_3, x_4, x_5\}_{(\alpha_1,\alpha_2,\alpha_3)}$. 我们自然要想：能否用 α-属性等价类 $[\alpha]$ 定义粗集（属性粗集）？或者给定有限属性论域 V，$\alpha \subset V$ 是有限属性集，$[\alpha]$ 是属性等价类，$X_-(\alpha)$ 是 $a \subset V$ 的下近似，$X^-(\alpha)$ 是 $\alpha \subset V$ 的上近似？如果存在 $\alpha \subset V$ 的粗集（属性粗集）$(X_-(\alpha), X^-(\alpha))$，$(X_-(\alpha), X^-(\alpha))$ 能解决什么样的问题？

应当确认一个重要概念：元素论域 U 对应着属性论域 V，元素等价类 $[x]$ 对应着属性等价类 $[\alpha]$；反之，属性论域 V 对应着元素论域 U，属性等价类 $[\alpha]$ 对应着元素等价类 $[x]$.

在数据挖掘研究中，在巨型数据库中寻找一个人们需要的数据，有时变得十分困难，这个要寻找的数据又十分庞大. 利用 R-元素等价类与 α-属性等价对应的概念，人们不去寻找这个数据而去寻找这个数据对应的属性数据却十分容易，显然，人们间接地、容易地找到了要寻找的数据. 犹如我们要认识一个人，这人不在，认识这个人的照片，间接认识了这人. 基于这样的认识，文献[14]提出变异粗集，给出了它的结构.

如果把以 R-元素等价类 $[x]$ 定义的粗集（Z. Pawlak rough sets）称作粗集的原生体，把以 α-属性等价类 $[\alpha]$ 定义的粗集称作粗集的变异体，容易看到变异体具有原生体的基本特征，还具有原生体不具有的特征．"变异"是"生物学"中的概念，利用这个概念本章讨论 Z. Pawlak 粗集的变异和它的变异结构.

§2.1　变异粗集和它的结构

约定　U 是有限元素论域，V 是 U 对应的有限属性论域；R 是 U 上的等价关系，$[x]$ 是 R-元素等价类；$[\alpha]$ 是 α-属性等价类．

定义 2.1.1　给定属性集 $\alpha\subset V$，称 $X_-(\alpha)$ 是 α 的下近似，而且

$$\begin{aligned}X_-(\alpha) &= \cup[\alpha]\\ &= \{\alpha \mid \alpha\subset V,[\alpha]\subseteq\alpha\}\end{aligned} \tag{2.1.1}$$

定义 2.1.2　给定属性集 $\alpha\subset V$，称 $X^-(\alpha)$ 是 α 的上近似，而且

$$\begin{aligned}X^-(\alpha) &= \cup[\alpha]\\ &= \{\alpha \mid \alpha\subset V,[\alpha]\cap\alpha\neq\varnothing\}\end{aligned} \tag{2.1.2}$$

这里 $X\subset U$.

定义 2.1.3　由 $X_-(\alpha)$，$X^-(\alpha)$ 构成的集合对，称作 $X\subset U$ 的粗集 $(R_-(X),R^-(X))$ 的变异粗集，而且

$$(X_-(\alpha),X^-(\alpha)) \tag{2.1.3}$$

如果 $\cup[\alpha]$ 是 U 上的 R-元素等价类族 $\cup[x]$ 生成 V 上的 α-属性等价类族.

定义 2.1.4　称 $B_{n\alpha}(\alpha)$ 是属性集 $\alpha\subset V$ 的 α-边界，如果

$$B_{n\alpha}(\alpha)=X^-(\alpha)-X_-(\alpha) \tag{2.1.4}$$

在不引起误解、混乱的条件下，$(X_-(\alpha),X^-(\alpha))$ 称作 $(R_-(X),R^-(X))$ 的变异粗生成，简称 $\alpha\subset V$ 的变异粗集 $(X_-(\alpha),X^-(\alpha))$.

容易得到：

定理 2.1.1（下近似变异-对偶定理）　设 V 是有限属性论域，$\alpha\subset V$ 是属性集，$[\alpha]$ 是 α-属性等价类；U 是有限元素论域，$X\subset U$ 是元素集，$[x]_R$ 是 R-元素等价类，则 $X_-(\alpha)$ 与 $R_-(X)$ 对偶，而且

$$X_-(\alpha)\Longleftrightarrow R_-(X) \tag{2.1.5}$$

定理 2.1.2（上近似变异-对偶定理）　设 V 是有限属性论域，$\alpha\subset V$ 是属性集，$[\alpha]$ 是 α-属性等价类；U 是有限元素论域，$X\subset U$ 是元素集，$[x]_R$ 是 R-元素等价类，则 $X^-(\alpha)$ 与 $R^-(X)$ 对偶，而且

$$X^-(\alpha)\Longleftrightarrow R^-(X) \tag{2.1.6}$$

定理 2.1.3（边界变异-对偶定理）　设 V 是有限属性论域，$\alpha\subset V$ 是属性集，$B_{n\alpha}(\alpha)$ 是 $\alpha\subset V$ 的 α-边界；U 是有限元素论域，$X\subset U$ 是元素集，$B_{nR}(X)$ 是 $X\subset U$ 的 R-边界，则 $B_{n\alpha}(\alpha)$ 与 $B_{nR}(X)$ 对偶，而且

$$B_{n\alpha}(\alpha)\Longleftrightarrow B_{nR}(X) \tag{2.1.7}$$

定理 2.1.1～2.1.3 由定义 2.1.1～2.1.4 与 Z. Pawlak 粗集直接得到，证明略.

定理 2.1.4（变异粗集与 Z. Pawlak 粗集的变异-对偶定理）　设 V 是有限属性论域，$\alpha\subset V$ 是属性集，$[\alpha]$ 是 α-属性等价类；U 是有限元素论域，$X\subset U$ 是元素集，$[x]$ 是 R-元

素等价类,则变异粗集$(X_-(\alpha),X^-(\alpha))$与 Z. Pawlak 粗集$(R_-(X),R^-(X))$对偶,而且

$$(X_-(\alpha),X^-(\alpha))\Longleftrightarrow(R_-(X),R^-(X)) \tag{2.1.8}$$

证明　因为$X_-(\alpha)=\cup[\alpha]\Longleftrightarrow R_-(X)=\cup[x]$,$X^-(\alpha)=\cup[\alpha]\Longleftrightarrow R^-(X)=\cup[x]$,则有$\{\alpha|\alpha\subset V,[\alpha]\subseteq\alpha\}\Longleftrightarrow\{x|x\in U,[x]\subseteq X\}$;$\{\alpha|\alpha\subset V,[a]\cap\alpha\neq\varnothing\}\Longleftrightarrow\{x|x\in U,[x]\cap X\neq\varnothing\}$;或者$X_-(\alpha)\Longleftrightarrow R_-(X)$,$X^-(\alpha)\Longleftrightarrow R^-(X)$,利用定义 2. 1. 1 ~2. 1. 3 和 Z. Pawlak 的粗集定义,则有

$$(X_-(\alpha),X^-(\alpha))\Longleftrightarrow(R_-(X),R^-(X))$$

由定理 2. 1. 1 ~2. 1. 4 得到:

Z. Pawlak 粗集的变异-对偶原理

$X\subset U$的粗集$(R_-(X),R^-(X))$的存在伴随着$\alpha\subset V$的粗集$(X_-(\alpha),X^-(\alpha))$的生成;它们具有相同的结构,具有不同的特征.

§2. 2　$[\alpha/R]$知识与$[\alpha/R]$知识挖掘判定定理

约定　U是有限元素论域,U上的R-元素等价类$[x]$称作U上的R-知识;V是有限属性论域,V上的$[\alpha]$-属性等价类称作V上的α-知识.

定义 2. 2. 1　称$[\alpha/R]$是R-知识$[x]$生成的非等模变异知识,简称$[\alpha/R]$知识,如果$\forall x_i\in[x]$,x_i具有属性$\alpha_i\in\alpha\subset V,i=1,2,\cdots,t$,而且

$$\text{card}([\alpha/R])\neq\text{card}([x]) \tag{2.2.1}$$

$\text{card}([\alpha/R])$称作$[\alpha/R]$知识的模,$\text{card}([\alpha/R])\in N^+$.
其中$[x]\in U,[\alpha/R]\in V$.

例如,$[x]$是U上的R-知识,$[x]=\{x_1,x_2,x_3,x_4,x_5,x_6,x_7\}$,$\forall x_i\in[x]$具有属性$\cup\alpha=\{\alpha_1,\alpha_2,\alpha_3\}$,$i=1,2\cdots,7$;则$[\alpha/R]=\{\alpha_1,\alpha_2,\alpha_3\}$是$R$-知识$[x]$生成的非等模变异知识,而且$7=\text{card}([x])\neq\text{card}([\alpha/R])=3$.

定义 2. 2. 2　称$[\alpha/R]^*$是R-知识$[x]$生成的等模变异知识,简称$[a/R]^*$知识,如果$\forall x_i\in[x]$,x_i具有属性$\alpha_i\in\alpha\subset V,i=1,2,\cdots,t$,而且

$$\text{card}([\alpha/R]^*)=\text{card}([x]) \tag{2.2.2}$$

定义 2. 2. 3　称φ是$[\alpha/R]$知识关于R-知识$[x]$的萎缩变异度,而且

$$\varphi=\text{card}([\alpha/R])/\text{card}([x]) \tag{2.2.3}$$

如果$[\alpha/R]$知识,R-知识$[x]$的模满足

$$\text{card}([a/R])\leqslant\text{card}([x]) \tag{2.2.4}$$

定义 2.2.4 称 ψ 是[α/R]知识关于 R-知识[x]的膨胀变异度,而且

$$\psi = \text{card}([x])/\text{card}([\alpha/R]) \tag{2.2.5}$$

如果[α/R]知识,R-知识[x]的模满足

$$\text{card}([x]) \leqslant \text{card}([\alpha/R]) \tag{2.2.6}$$

定义 2.2.5 称 GRD([α/R])是[α/R]知识的粒度,如果

$$\text{GRD}([\alpha/R]) = \text{card}([\alpha/R])/\text{card}(V) \tag{2.2.7}$$

由定义 2.2.1 ~2.2.5 得到:

命题 1 $\varphi=\psi$ 的[α/R]知识必是[α/R]*知识,反之亦真.

命题 2 $\varphi=\psi$ 的[α/R]知识,它的粒度 GRD([α/R])是一个常数 λ,反之亦真.
命题 1、2 是直接的事实.

定理 2.2.1 ([α/R]知识上的粒度链定理) 若$[\alpha/R] = \{[\alpha/R]_i \mid i=1,2,\cdots,n\}$是[$\alpha/R$]知识族,而且

$$[\alpha/R]_1 \subseteq [\alpha/R]_2 \subseteq \cdots \subseteq [\alpha/R]_n \tag{2.2.8}$$

则

$$\text{GRD}([\alpha/R]_1) \leqslant \text{GRD}([\alpha/R]_2) \leqslant \cdots \leqslant \text{GRD}([\alpha/R]_n) \tag{2.2.9}$$

推论 1 若$[\alpha/R]^* = \{[\alpha/R]_i^* \mid i=1,2,\cdots,n\}$,则$\forall [\alpha/R]_k^* \in [\alpha/R]^*$,$k\in(1,2,\cdots,n)$

$$\text{GRD}([\alpha/R]_k^*) = \text{GRD}([x]_k) \tag{2.2.10}$$

其中$[x]_k \in [X]$,$[X] = \{[x]_i \mid i=1,2,\cdots,n\}$.

推论 2 $[\alpha/R]^*$上的$[\alpha/R]_i^*$ 知识关于 $\text{GRD}([a/R]^*)$满足

$$\text{IND}([\alpha/R]^*)_{\text{GRD}([\alpha/R]^*)} \tag{2.2.11}$$

推论 3 $[\alpha/R]^*$上的$[\alpha/R]_i$ 知识关于 $\text{GRD}([\alpha/R]^*)$,若

$$\text{IND}([\alpha/R]^*)_{\text{GRD}([\alpha/R]^*)} \tag{2.2.12}$$

则

$$\text{IND}([x])_{\text{GRD}([x])} \tag{2.2.13}$$

其中$[x] = \{[x]^i \mid i=1,2,\cdots,n\}$,GRD([$x$])是知识[$x$]的粒度[14].

定理 2.2.1,推论 1 ~3,由定义 2.2.1 ~2.2.4,知识[x]的粒度[14]直接得到,证明略.

定理 2.2.2 ([α/R]知识可分离的第一判定定理) 若$[\alpha/R] = \{[\alpha/R]_i \mid i=1,2,\cdots,n\}$是[$\alpha/R$]知识族,则[$\alpha/R$]上的知识关于 GRD([$\alpha/R$])可分离的充分必要条件是$\forall [\alpha/R]_i, [\alpha/R]_j \in [\alpha/R]$,$i\neq j$,满足

$$f(\varphi_i)-f(\varphi_j)\neq 0 \tag{2.2.14}$$

其中 $f(\varphi_i)$ 是 $[\alpha/R]_i$ 知识的萎缩变异度函数．

证明 1°　不失一般性，任取 $[\alpha/R]_i\in[\alpha/R]$，由定义 2.2.3：$\varphi_i=\mathrm{card}([\alpha/R]_i)/\mathrm{card}([x])$；对于给定的 R-知识 $[x]\subset U$，任意的 $[\alpha/R]_i,[\alpha/R]_j\in[\alpha/R]$，而且 $\mathrm{card}([\alpha/R]_i)\leqslant\mathrm{card}([\alpha/R]_j)$，则有 $\varphi_i=\mathrm{card}([\alpha/R]_j)/\mathrm{card}([x])\leqslant\mathrm{card}([\alpha/R]_j)/\mathrm{card}([x])=\varphi_j$，$\mathrm{card}([x])^{-1}\mathrm{card}([\alpha/R]_i)/\mathrm{card}(V)\leqslant\mathrm{card}([x])^{-1}\mathrm{card}([\alpha/R]_j)/\mathrm{card}(V)$，或者 $\mathrm{card}([x])^{-1}\mathrm{GRD}([\alpha/R]_i)\leqslant\mathrm{card}([x])^{-1}\mathrm{GRD}([\alpha/R]_j)$．显然，$\mathrm{GRD}([\alpha/R]_i)$ 是模 $\mathrm{card}([\alpha/\mathrm{R}]_i)$ 的函数；令 $f(\varphi_i)=\mathrm{card}([x])^{-1}\mathrm{GRD}([\alpha/R]_i)$，$f(\varphi_j)=\mathrm{card}([x])^{-1}\mathrm{GRD}([\alpha/R]_j)$，则有

$$f(\varphi_i)-f(\varphi_j)\neq 0$$

利用[14]中的知识析出定理，[14]中的知识筛子原理，$f(\varphi_i)-f(\varphi_j)\neq 0$，$[\alpha/R]_i$ 知识从 $\{[\alpha/R]_i,[\alpha/R]_j\}$ 中被分离，或者 $[\alpha/R]_i$ 知识从 $\{[\alpha/R]_i,[\alpha/R]_j\}$ 中被挖掘出来．

2°　若 $[\alpha/R]_i$ 是从 $\{[\alpha/R]_i,[\alpha/R]_j\}$ 中被挖掘到的知识，则有 $\mathrm{GRD}([\alpha/R]_i)\leqslant\mathrm{GRD}([\alpha/R]_j)$；反之，若 $[\alpha/R]_j$ 是从 $\{[\alpha/R]_i,[\alpha/R]_j\}$ 中被挖掘到的知识，则有 $\mathrm{GRD}([\alpha/R]_j)\leqslant\mathrm{GRD}([\alpha/R]_i)$，必有

$$f(\varphi_i)-f(\varphi_j)\neq 0$$

定理 2.2.3 （$[\alpha/R]$知识可分离的第二判定定理）　若 $[\alpha/R]=\{[\alpha/R]_j|j=1,2,\cdots,n\}$ 是 $[\alpha/R]$ 知识族，则 $[\alpha/R]$ 知识关于 $\mathrm{GRD}([\alpha/R])$ 可分离的充分必要条件是 $\forall[\alpha/R]_i,[\alpha/R]_j\in[\alpha/R]$，$i\neq j$，满足

$$f(\psi_i)-f(\psi_j)\neq 0 \tag{2.2.15}$$

其中 $f(\psi_i)$ 是 $[\alpha/R]_i$ 知识膨胀变异度函数．

由定理 2.2.2, 2.2.3 直接得到：

推论 4　若 $[X]=\{[x]^i|i=1,2,\cdots,m\}$ 是 R-知识 $[x]$ 族，则 $[X]$ 上的知识可分离的充分必要条件是 $\forall[x]^i,[x]^j\in[X]$，$i\neq j$，满足

$$f(\lambda_i)-f(\lambda_j)\neq 0 \tag{2.2.16}$$

其中 $f(\lambda_i)$ 是 R-知识 $[x]^i$ 的粒度函数．

由定理 2.2.2, 2.2.3，推论 4 得到：

$[\alpha/R]$ 上知识的下端挖掘准则

在一个由 $[X]$ 生成的变异知识族 $[\alpha/R]$ 中，若 $[\alpha/R]_j$ 是 $[\alpha/R]$ 中可被挖掘的知识，则 $[\alpha/R]_j$ 的萎缩变异度函数 $f(\varphi_j)$ 满足

$$f(\varphi_j)=\min\{f(\varphi_1),f(\varphi_2),\cdots,f(\varphi_n)\} \tag{2.2.17}$$

其中 $f(\varphi_k)$ 是 $[\alpha/R]_k \in [\alpha/R]$ 的萎缩变异度函数, $k=1,2,\cdots,n$.

[α/R]上知识的上端挖掘准则

在一个由[X]生成的变异知识族[α/R]中,若 $[\alpha/R]_i$ 是[α/R]中可被挖掘的知识,则 $[\alpha/R]_i$ 的膨胀变异度函数 $f(\psi_i)$ 满足

$$f(\psi_i)=\max\{f(\psi_1),f(\psi_2),\cdots,f(\psi_n)\} \tag{2.2.18}$$

其中 $f(\psi_t)$ 是 $[\alpha/R]_t \in [\alpha/R]$ 的膨胀变异度函数, $t=1,2,\cdots,n$.

图 2.1 给出变异粗集 $(X_-(\alpha),X^-(\alpha))$ 的直观示意.

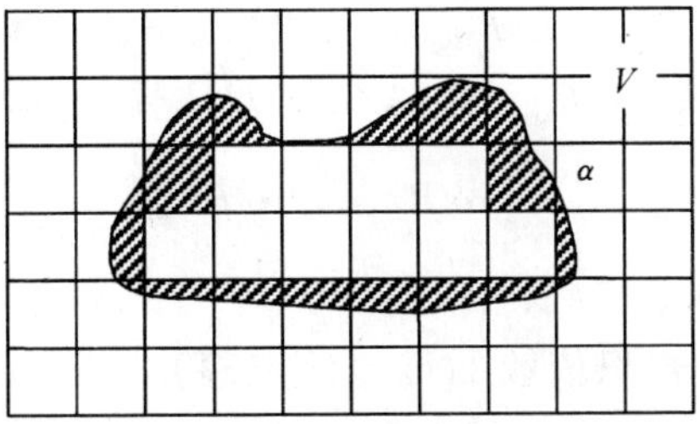

图 2.1

V 是有限属性论域, $\alpha \subset V$ 是属性集,阴影内的白色方块是 $X_-(\alpha)$, $B_{n\alpha}(\alpha)$ 是边界,图中任意一个白色方块是 α-属性等价类[α]

§2.3 变异知识[α/R]和它的依赖特性

2.1 节给出变异粗集 $(X_-(\alpha),X^-(\alpha))$, 变异粗集 $(X_-(\alpha),X^-(\alpha))$ 是 Z. Pawlak 粗集的对偶形式,变异粗集 $(X_-(\alpha),X^-(\alpha))$ 与 Z. Pawlak $(R_-(X),R^-(X))$ 共同构成 $X \subset U$ 生成的粗系统. 利用变异粗集,2.2 节给出变异知识[α/R](α-知识[α/R]),给出变异知识[α/R]的颗粒特性和颗粒性的度量形式. 变异知识[α/R]是 R-知识[x]的对偶形式. 在 Z. Pawlak 粗集中, R-知识[x]存在着知识依赖特性,在变异粗集中,变异知识[α/R]是否也存在着知识依赖特性? 因为知识依赖在知识发现,数据挖掘中具有重要的应用. 如果变异知识[α/R]也具有依赖特性,人们则获得两套等价形式的数据挖掘工具,显然,变异知识[α/R]的依赖性的讨论是非常必要的.

利用 2.1 节中的变异粗集,给出变异知识依赖性的讨论,给出变异知识的依赖性定理与应用.

[α/R]知识依赖与依赖性定理

在下面的讨论中,变异知识的依赖性是以知识的颗粒特征作为讨论的基点,

$[\alpha/R]$是 V 上的有限变异知识集，$[\alpha/R]=\{[\alpha/R]_i \mid i=1,2,\cdots,n\}$.

定义 2.3.1　称 $\mathrm{GRD}([\alpha/R]_i)$是变异知识$[\alpha/R]_i\in[\alpha/R]$的粒度，如果

$$\mathrm{GRD}([\alpha/R]_i)=\mathrm{card}([\alpha/R]_i)/\mathrm{card}(V) \tag{2.3.1}$$

定义 2.3.2　设$[\alpha/R]_p,[\alpha/R]_q\in[\alpha/R],p\neq q,p,q\in(1,2\cdots,n)$；若

$$[\alpha/R]_p\subseteq[\alpha/R]_q \tag{2.3.2}$$

称$[\alpha/R]_q$单依赖于$[\alpha/R]_p$，而且

$$[\alpha/R]_p\Rightarrow[\alpha/R]_q \tag{2.3.3}$$

定义 2.3.3　设$[\alpha/R]_p,[\alpha/R]_q\in[\alpha/R]$，$p\neq q,p,q\in(1,2,\cdots,n)$，若$[\alpha/R]_p\Rightarrow[\alpha/R]_q$而且$[\alpha/R]_q\Rightarrow[\alpha/R]_p$，称$[\alpha/R]_q$双依赖于$[\alpha/R]_p$，而且

$$[\alpha/R]_p\Leftrightarrow[\alpha/R]_q \tag{2.3.4}$$

由定义 2.3.1 ~ 2.3.3 得到：

定理 2.3.1（$[\alpha/R]$知识依赖的传递性定理）　设$[\alpha/R]_i,[\alpha/R]_j,[\alpha/R]_k\in[\alpha/R]$，若$[\alpha/R]_i\Rightarrow[\alpha/R]_j,[\alpha/R]_j\Rightarrow[\alpha/R]_k,i\neq j\neq k,i,j,k\in(1,2,\cdots,n)$，则

$$[\alpha/R]_i\Rightarrow[a/R]_k \tag{2.3.5}$$

证明　因为$[\alpha/R]_i\Rightarrow[\alpha/R]_j$，则有 $\mathrm{IND}([\alpha/R]_i)\subseteq\mathrm{IND}([\alpha/R]_j)$，$\mathrm{card}([\alpha/R]_i)\leqslant\mathrm{card}([\alpha/R]_j)$，容易得到：$\mathrm{GRD}([\alpha/R]_i)\leqslant\mathrm{GRD}([\alpha/R]_j)$，同理得到：$\mathrm{GRD}([\alpha/R]_j)\leqslant\mathrm{GRD}([\alpha/R]_k)$；显然有

$$\mathrm{GRD}([\alpha/R]_i)\leqslant\mathrm{GRD}([\alpha/R]_k)$$

或者

$$\mathrm{IND}([\alpha/R]_i)\subseteq\mathrm{IND}([\alpha/R]_k)$$

因此有

$$[\alpha/R]_i\Rightarrow[\alpha/R]_k$$

定理 2.3.2（$[\alpha/R]$知识依赖的前件扩张性定理）　设$[\alpha/R]_i,[\alpha/R]_j,[\alpha/R]_k\in[\alpha/R]$，若$[\alpha/R]_i\Rightarrow[\alpha/R]_j,[\alpha/R]_j\Rightarrow[\alpha/R]_k$，则

$$[\alpha/R]_i\cup[\alpha/R]_j\Rightarrow[\alpha/R]_k \tag{2.3.6}$$

证明　因为$[\alpha/R]_i\Rightarrow[\alpha/R]_j$，则有 $\mathrm{IND}([\alpha/R]_i)\subseteq\mathrm{IND}([\alpha/R]_j)$；同理，因为$[\alpha/R]_j\Rightarrow[\alpha/R]_k$，则有 $\mathrm{IND}([\alpha/R]_j)\subseteq\mathrm{IND}([\alpha/R]_k)$，显然有

$$\mathrm{IND}([\alpha/R]_i)\cup\mathrm{IND}([\alpha/R]_j)\subseteq\mathrm{IND}([\alpha/R]_j)\cup\mathrm{IND}([\alpha/R]_k)$$

$$\mathrm{IND}([\alpha/R]_i\cup[\alpha/R]_j)\subseteq\mathrm{IND}([\alpha/R]_j\cup[\alpha/R]_k)=\mathrm{IND}([\alpha/R]_k)$$

因此有

$$[\alpha/R]_i\cup[\alpha/R]_j\Rightarrow[\alpha/R]_k$$

利用定理 2.3.1,2.3.2 直接得到:

定理 2.3.3($[\alpha/R]$知识依赖的依赖分离性定理) 设$[\alpha/R]_i,[\alpha/R]_j,[\alpha/R]_k\in[\alpha/R]$,若$[\alpha/R]_i\Rightarrow[\alpha/R]_j\cup[\alpha/R]_k,i\neq j\neq k,i,j,k\in(1,2,\cdots,n)$,则

$$[\alpha/R]_i\Rightarrow[\alpha/R]_j,[\alpha/R]_i\Rightarrow[\alpha/R]_k \tag{2.3.7}$$

定理 2.3.4($[\alpha/R]$知识依赖的前件扩张依赖性定理) 设$[\alpha/R]_i,[\alpha/R]_j,[\alpha/R]_k,[\alpha/R]_t\in[\alpha/R]$,若$[\alpha/R]_i\Rightarrow[\alpha/R]_j$,而且$[\alpha/R]_j\cup[\alpha/R]_k\Rightarrow[\alpha/R]_t$,$i\neq j\neq k\neq t,i,j,k,t\in(1,2,\cdots,n)$,则

$$[\alpha/R]_i\cup[\alpha/R]_k\Rightarrow[\alpha/R]_t \tag{2.3.8}$$

定理 2.3.5($[\alpha/R]$知识依赖的前件,后件有限扩张定理) 设$[\alpha/R]_i,[\alpha/R]_j,[\alpha/R]_k,[\alpha/R]_t\in[\alpha/R]$,若$[\alpha/R]_i\Rightarrow[\alpha/R]_j$而且$[\alpha/R]_k\Rightarrow[\alpha/R]_t,i\neq j\neq k\neq t,i,j,k,t\in(1,2,\cdots,n)$则

$$[\alpha/R]_i\cup[\alpha/R]_k\Rightarrow[\alpha/R]_j\cup[\alpha/R]_t \tag{2.3.9}$$

证明 因为$[\alpha/R]_i\Rightarrow[\alpha/R]_j,[\alpha/R]_k\Rightarrow[\alpha/R]_t$,则有$\mathrm{IND}([\alpha/R]_i)\subseteq\mathrm{IND}([\alpha/R]_j),\mathrm{IND}([\alpha/R]_k)\subseteq\mathrm{IND}([\alpha/R]_t)$,显然有

$$\mathrm{IND}([\alpha/R]_i\cup[\alpha/R]_k)\subseteq\mathrm{IND}([\alpha/R]_j\cup[\alpha/R]_t)$$

因此有

$$[\alpha/R]_i\cup[\alpha/R]_k\Rightarrow[\alpha/R]_j\cup[\alpha/R]_t$$

利用定理 2.3.1 ~2.3.5,容易得到变异知识$[\alpha/R]$的双依赖定理,这些讨论略.

利用上面的讨论,容易证明下面的命题.

命题 1 $[\alpha/R]_i,[\alpha/R]_j\in[\alpha/R],i\neq j,i,j\in(1,2,\cdots,n)$,而且$\mathrm{IND}([\alpha/R]_i\cup[\alpha/R]_j)=\mathrm{IND}([\alpha/R]_j)$,必有$[\alpha/R]_i\Rightarrow[\alpha/R]_j$.

命题 2 $[\alpha/R]_i,[\alpha/R]_j\in[\alpha/R],i\neq j,i,j\in(1,2,\cdots,n)$,而且$[\alpha/R]_i\Rightarrow[\alpha/R]_j,[\alpha/R]_j\Rightarrow[\alpha/R]_i$,必有$[\alpha/R]_i$与$[\alpha/R]_j$不可分辨.

知识依赖在知识发现中的应用

利用前面给出的结果,讨论知识发现. 本节的例子取自文献[15]~[17],[15]~[17]中给出双枝模糊决策的讨论. 因为决策约束的不同导致决策结论的不同,因此,如果由文献[15]~[17]得到一组模糊决策结论,则利用这些模糊决策结论能够获得一组模糊决策约束集,它们记作$\alpha_1,\alpha_2,\cdots,\alpha_n$;$\forall i=1,2,\cdots,n$,它们是$\alpha$-知识$[\alpha/R]$. 在本节中取$i=1,2,3$,而且$\alpha=\{\alpha_1,\alpha_2,\alpha_3\}$,则有决策的$\alpha$-知识$[\alpha/R]$,见表 2.1.

表 2.1　双枝模糊决策的决策约束知识

决策约束类	α-知识$[\alpha/R]$			
$V\|\alpha_1$	$[\alpha/R]_{1,1}=\{\beta_1,\beta_4,\beta_5\}$,	$[\alpha/R]_{1,2}=\{\beta_2,\beta_8\}$,	$[\alpha/R]_{1,3}=\{\beta_3\}$,	$[\alpha/R]_{1,4}=\{\beta_6,\beta_7\}$
$V\|\alpha_2$	$[\alpha/R]_{2,1}=\{\beta_1,\beta_3,\beta_5\}$,	$[\alpha/R]_{2,2}=\{\beta_6\}$,	$[\alpha/R]_{2,3}=\{\beta_2,\beta_4,\beta_7,\beta_8\}$	
$V\|\alpha_3$	$[\alpha/R]_{3,1}=\{\beta_1,\beta_5\}$,	$[\alpha/R]_{3,2}=\{\beta_2,\beta_7,\beta_8\}$	$[\alpha/R]_{3,3}=\{\beta_3,\beta_4,\beta_6\}$	

由表 2.1 得到

$$\begin{aligned}V|\mathrm{IND}(\alpha)&=V|(\mathrm{IND}(\alpha_1))\cap V|(\mathrm{IND}(\alpha_2))\cap V|(\mathrm{IND}(\alpha_3))\\&=\{[\alpha/R]_1,[\alpha/R]_2,[\alpha/R]_3,[\alpha/R]_4,[\alpha/R]_5,[\alpha/R]_6\}\\&=\{\{\beta_1,\beta_5\},\{\beta_2,\beta_8\},\{\beta_3\},\{\beta_4\},\{\beta_6\},\{\beta_7\}\}\end{aligned}$$

因为

$$\begin{aligned}V|\mathrm{IND}(\alpha-\alpha_2)&=V|(\mathrm{IND}(\alpha_1)\cap\mathrm{IND}(\alpha_3))\\&=\{[\alpha/R]_1,[\alpha/R]_2,[\alpha/R]_3,[\alpha/R]_4,[\alpha/R]_5,[\alpha/R]_6\}\\&=\{\{\beta_1,\beta_5\},\{\beta_2,\beta_8\},\{\beta_3\},\{\beta_4\},\{\beta_6\},\{\beta_7\}\}\end{aligned}$$

显然

$$[\alpha/R]_{(\alpha_1,\alpha_3)}=\{V|\mathrm{IND}(\alpha-\alpha_2)\}\Rightarrow\{V|\mathrm{IND}(\alpha)\}=[\alpha/R]_{(\alpha_1,\alpha_2,\alpha_3)}$$

或者

$$[\alpha/R]_{(\alpha_1,\alpha_3)}\subseteq[\alpha/R]_{(\alpha_1,\alpha_2,\alpha_3)}$$

由此得到：在相同的决策结论的条件下，在决策约束 $\alpha=\{\alpha_1,\alpha_2,\alpha_3\}$ 中潜藏着决策约束 $\alpha'=\{\alpha_1,\alpha_3\}$，或者说，在相同的决策结论条件下，从知识$[\alpha/R]=\{\alpha_1,\alpha_2,\alpha_3\}$中挖掘到知识$[\alpha/R]'=\{\alpha_1,\alpha_3\}$.

讨论

利用 2.2 节，本节给出 α-知识$[\alpha/R]$的依赖性的讨论，给出 α-知识$[\alpha/R]$的依赖性定理，α-知识$[\alpha/R]$是变异粗集中的一个重要的基本概念，α-知识$[\alpha/R]$在知识挖掘研究中有重要的应用，本节给出 α-知识$[\alpha/R]$的依赖特性的应用例子，例子告诉人们这样的事实：如果双枝模糊决策结论[15~17]知道了，那么实现这个双枝模糊决策结论的决策约束是什么？显然，这是一个双枝模糊决策[15~17]的反问题，这个反问题具有重要的应用前景. 由此可以看到：变异 S-粗集与双枝模糊决策[15~17]相结合，并以 α-知识$[\alpha/R]$为研究基点，是模糊决策研究的一个新方向.

§2.4　$[\alpha/R]$知识-$[R]$知识生成与它的依赖性定理

变异粗集$(X_-(\alpha),X^-(\alpha))$是 Z. Pawlak 粗集$(R_-(X),R^-(X))$的对偶形式；这里 $\alpha\subset V$ 是元素集合 $X\subset U$ 对应的 V 上的属性集合，集合 X 是 U 上的元素集合.

显然,变异粗集$(X_{-}(\alpha),X^{-}(\alpha))$是依赖于粗集$(R_{-}(X),R^{-}(X))$而存在;变异粗集$(X_{-}(\alpha),X^{-}(\alpha))$从另一个侧面揭露了系统的粗特性;粗集$(R_{-}(X),R^{-}(X))$与变异粗集$(X_{-}(\alpha),X^{-}(\alpha))$构成了系统的对偶粗结构.依据变异粗集$(X_{-}(\alpha),X^{-}(\alpha))$,2.2节给出了$[\alpha/R]$知识的概念,2.3节给出$[\alpha/R]$知识的依赖性.在变异粗集$(X_{-}(\alpha),X^{-}(\alpha))$中:$X_{-}(\alpha)=\cup[\alpha]=\{\alpha|\alpha\subset V,[\alpha]\subseteq\alpha\}$,$X^{-}(\alpha)=\cup[\alpha]=\{\alpha|\alpha\subset V,[\alpha]\cap\alpha\neq\varnothing\}$;在Z. Pawlak粗集$(R_{-}(X),R^{-}(X))$中:$(R_{-}(X)=\cup[x]=\{x|x\in U,[x]\subseteq X\}$,$R^{-}(X)=\cup[x]=\{x|x\in U,[x]\cap X\neq\varnothing\}$,我们能够得到一个共识:变异粗集$(X_{-}(\alpha),X^{-}(\alpha))$,粗集$(R^{-}(X),R^{-}(X))$分别以知识$[\alpha]$($\alpha$-属性等价类),知识$[R]$($R$-元素等价类)来定义的,或者说$(X_{-}(\alpha),X^{-}(\alpha))$依赖于$[\alpha]$而存在,$(R_{-}(X),R^{-}(X))$依赖于$[R]$而存在,人们自然提出这样的问题:$[\alpha/R]$知识与$[R]$知识是否能生成新知识?如果新知识存在,这些新知识存在怎样的依赖特征?这些问题在系统故障诊断,间接数据挖掘,疾病的推理诊断与疾病跟踪识别中,人们常常遇到.这些问题在本节中给出讨论.

在数据挖掘与知识发现研究中存在这样的事实:如果挖掘$[R]$知识遇到困难,利用依赖推理,挖掘$[\alpha/R]\cup[R]$知识(或者$[\alpha/R]\cap[R]$知识)却非常容易,显然,人们先把$[\alpha/R]\cup[R]$(或者$[\alpha/R]\cap[R]$)挖掘出来,再利用知识分离(知识析出,知识淹没),容易得到$[R]$知识.本节给出生成知识的依赖性讨论,这些讨论对于研究间接数据挖掘是必要的.

$[R]$知识与$[\alpha/R]$知识的颗粒关系

约定 在下面的讨论中,$[R]$是U上的R-知识,$[\alpha/R]$是U上的R-知识$[R]$变异生成的V上的α-知识,$[R]$知识,$[\alpha/R]$知识分别满足:$\mathrm{card}([R])\leqslant\mathrm{card}([\alpha/R])$或者$\mathrm{card}([\alpha/R])\leqslant\mathrm{card}([R])$或者$\mathrm{card}([R])=\mathrm{card}([\alpha/R])$;$\mathrm{card}(U)=\mathrm{card}(V)$.

定义 2.4.1 设$[R]$是U上的知识,$\mathrm{GRD}([R])$称作$[R]$知识的粒度,如果

$$\mathrm{GRD}([R])=\mathrm{card}([R])/\mathrm{card}(U) \tag{2.4.1}$$

定义 2.4.2 设$[\alpha/R]$是$[R]$知识变异生成的V上的知识,$\mathrm{GRD}([\alpha/R])$称作$[\alpha/R]$知识的粒度,如果

$$\mathrm{GRD}([\alpha/R])=\mathrm{card}([\alpha/R])/\mathrm{card}(V) \tag{2.4.2}$$

由定义2.4.1、2.4.2得到:

命题1 若$\mathrm{GRD}([R])\leqslant\mathrm{GRD}([\alpha/R])$,必有

$$\mathrm{card}([R])\leqslant\mathrm{card}([\alpha/R]) \tag{2.4.3}$$

命题2 若$\mathrm{GRD}([\alpha/R])\leqslant\mathrm{GRD}([R])$,必有

$$\mathrm{card}([\alpha/R])\leqslant\mathrm{card}([R]) \tag{2.4.4}$$

命题 3　若 $\mathrm{GRD}([\alpha/R]) = \mathrm{GRD}([R])$,必有

$$\mathrm{card}([\alpha/R]) = \mathrm{card}([R]) \tag{2.4.5}$$

命题 1 ~ 3 是直接的事实,由命题 1 ~ 3 得到:

定理 2.4.1($[R]$知识粒度和-积定理)　若$[R] = \{[R]_i \mid i = 1,2,\cdots,m\}$是 U 上的知识族,$\mathrm{GRD}([R]_i)$是$[R]_i \in [R]$知识的粒度,则

$$\prod_{i=1}^{m} \mathrm{GRD}([R]_i) \leqslant \sum_{j=1}^{m} \mathrm{GRD}([R]_j) \tag{2.4.6}$$

定理 2.4.2($[\alpha/R]$知识粒度和-积定理)　若$[\alpha/R] = \{[\alpha/R]_i \mid i = 1,2,\cdots,m\}$是 V 上的知识族,$\mathrm{GRD}([\alpha/R]_i)$是$[\alpha/R]_i \in [\alpha/R]$知识的粒度,则

$$\prod_{i=1}^{m} \mathrm{GRD}([\alpha/R]_i) \leqslant \sum_{j=1}^{m} \mathrm{GRD}([\alpha/R]_j) \tag{2.4.7}$$

定理 2.4.3($[R]$知识-$[\alpha/R]$知识粒度和-积第一关系定理)　设$[R] = \{[R]_i \mid i = 1,2,\cdots,m\}$,$[\alpha/R] = \{[\alpha/R]_j \mid j = 1,2,\cdots,m\}$分别是$[R]$知识族,$[\alpha/R]$知识族,若$[R]_i \in [R]$,$[\alpha/R]_j \in [\alpha/R]$,而且 $\mathrm{card}([R]_i) \leqslant \mathrm{card}([\alpha/R]_j)$,则存在 $\eta \in R^+$ 满足

$$\eta \sum_{j=1}^{m} \mathrm{GRD}([\alpha/R]_j) = \prod_{i=1}^{m} \mathrm{GRD}([R]_i) \tag{2.4.8}$$

定理 2.4.4($[R]$知识-$[\alpha/R]$知识粒度和-积第二关系定理)　设$[R] = \{[R]_i \mid i = 1,2,\cdots,m\}$,$[\alpha/R] = \{[\alpha/R]_j \mid j = 1,2,\cdots,m\}$分别是$[R]$知识族,$[\alpha/R]$知识族,若$[R]_i \in [R]$,$[\alpha/R]_j \in [\alpha/R]$,而且 $\mathrm{card}([\alpha/R]_j) \leqslant \mathrm{card}([R]_i)$,则存在 $\varphi \in R^+$ 满足

$$\varphi \sum_{i=1}^{m} \mathrm{GRD}([R]_i) = \prod_{j=1}^{m} \mathrm{GRD}([\alpha/R]_j) \tag{2.4.9}$$

定理 2.4.5($[R]$知识-$[\alpha/R]$知识粒度和-积第三关系定理)　设$[R] = \{[R]_i \mid i = 1,2,\cdots,m\}$,$[\alpha/R] = \{[\alpha/R]_j \mid j = 1,2,\cdots,m\}$分别是$[R]$知识族,$[\alpha/R]$知识族,若$[R]_i \in [R]$,$[\alpha/R]_j \in [\alpha/R]$,而且 $\mathrm{card}([R]_i) = \mathrm{card}([\alpha/R]_j)$,则存在 $\lambda \in R^+$ 满足

$$\lambda \sum_{i=1}^{m} \mathrm{GRD}([R]_i) = \prod_{j=1}^{m} \mathrm{GRD}([\alpha/R]_j) \tag{2.4.10}$$

定理 2.4.1 ~ 2.4.5 的证明是直接的,证明略,η,φ,λ 是变异知识的颗粒特征值.

由定理 2.4.1 ~ 2.4.5,容易得到:

知识平面 π 上的知识颗粒间接度量原理

知识族$[R]$与变异知识族$[\alpha/R]$生成的知识平面 $\pi = [R] \times [\alpha/R]$上的所有

知识对$([R]_i,[\alpha/R]_i)\subset\pi$,如果$\mathrm{card}([R]_i)=\mathrm{card}([\alpha/R]_i)$,则$[\alpha/R]$上的知识粒度是$[R]$上知识颗粒的度量.

$[\alpha/R]$知识-$[R]$知识生成与生成依赖定理

定义 2.4.3 设$[\alpha/R]_i\in[\alpha/R]$,$[R]_j\in[R]$,称$[\alpha/R]_i\cup[R]_j$是$[\alpha/R]_i$关于$[R]_j$生成的1阶膨胀知识.

定义 2.4.4 设$[\alpha/R]_i\in[\alpha/R]$,$[R]_j\in[R]$,若

$$\mathrm{GRD}([\alpha/R]_i)\leqslant\mathrm{GRD}([\alpha/R]_i\cup[R]_j)\tag{2.4.11}$$

称$([\alpha/R]_i\cup[R]_j)$是1阶膨胀依赖于$[\alpha/R]_i$,而且

$$[\alpha/R]_i\Rightarrow([\alpha/R]_i\cup[R]_j)\tag{2.4.12}$$

定义 2.4.5 设$[\alpha/R]_i\in[\alpha/R]$,$[R]_j\in[R]$;称$[\alpha/R]_i\cap[R]_j$是$[\alpha/R]_i$关于$[R]_j$生成的1阶萎缩知识.

定义 2.4.6 设$[\alpha/R]_i\in[\alpha/R]$,$[R]_j\in[R]$,若

$$\mathrm{GRD}([\alpha/R]_i)\geqslant\mathrm{GRD}([\alpha/R]_i\cap[R]_j)\tag{2.4.13}$$

称$([\alpha/R]_i\cap[R]_j)$是1阶萎缩依赖于$[\alpha/R]_i$,而且

$$([\alpha/R]_i\cap[R]_j)\Rightarrow[\alpha/R]_i\tag{2.4.14}$$

由定义2.4.3~2.4.6得到:

定理 2.4.6(膨胀生成的依赖传递性定理) 若$[\alpha/R]_i,[\alpha/R]_j,[\alpha/R]_k\in[\alpha/R]$,而且$[\alpha/R]_i\Rightarrow[\alpha/R]_j$,$[\alpha/R]_j\Rightarrow[\alpha/R]_k$,对于给定的$[R]_p\in[R]$,则

$$[\alpha/R]_i\cup[R]_p\Rightarrow[\alpha/R]_k\cup[R]_p\tag{2.4.15}$$

证明 因为$[\alpha/R]_i\Rightarrow[\alpha/R]_j$,$[\alpha/R]_j\Rightarrow[\alpha/R]_k$,则有$[\alpha/R]_i\Rightarrow[\alpha/R]_k$;或者$\mathrm{GRD}([\alpha/R]_i)\leqslant\mathrm{GRD}([\alpha/R]_j)$,$\mathrm{GRD}([\alpha/R]_j)\leqslant\mathrm{GRD}([\alpha/R]_k)$,则有

$$\mathrm{GRD}([\alpha/R]_i)\leqslant\mathrm{GRD}([\alpha/R]_k)\tag{2.4.16}$$

设$[R]_p\in[R]$的粒度是$\mathrm{GRD}([R]_p)$,$[\alpha/R]_i\cup[R]_p$的粒度记作$\mathrm{GRD}([\alpha/R]_i\cup[R]_p)$, 显然有

$$\mathrm{GRD}([\alpha/R]_i\cup[R]_p)\leqslant\mathrm{GRD}([\alpha/R]_k\cup[R]_p)\tag{2.4.17}$$

由定义2.4.4得到

$$[\alpha/R]_i\cup[R]_p\Rightarrow[\alpha/R]_k\cup[R]_p$$

定理 2.4.7(萎缩生成的依赖传递性定理) 若$[\alpha/R]_i,[\alpha/R]_j,[\alpha/R]_k\in[\alpha/R]$,而且$[\alpha/R]_i\Rightarrow[\alpha/R]_j$,$[\alpha/R]_j\Rightarrow[\alpha/R]_k$;对于给定的$[R]_p\in[R]$,则

$$[\alpha/R]_i \cap [R]_p \Rightarrow [\alpha/R]_k \cap [R]_p \tag{2.4.18}$$

证明　因为$[\alpha/R]_i \Rightarrow [\alpha/R]_j$，$[\alpha/R]_j \Rightarrow [\alpha/R]_k$，则有$[\alpha/R]_i \Rightarrow [\alpha/R]_k$，而且

$$\mathrm{GRD}([\alpha/R]_i) \leqslant \mathrm{GRD}([\alpha/R]_k)$$

设 $\mathrm{GRD}([R]_p)$是$[R]_p$ 的粒度，$\mathrm{GRD}([\alpha/R]_i \cap [R]_p)$是$[\alpha/R]_i \cap [R]_p$ 的粒度，则有

$$\mathrm{GRD}([\alpha/R]_i \cap [R]_p) \leqslant \mathrm{GRD}([\alpha/R]_k \cap [R]_p) \tag{2.4.19}$$

由式(2.4.19)容易得到

$$[\alpha/R]_i \cap [R]_p \Rightarrow [\alpha/R]_k \cap [R]_p$$

定理 2.4.8(膨胀生成的依赖分离定理)　设$[\alpha/R]_i$，$[\alpha/R]_j$，$[\alpha/R]_k \in [\alpha/R]$，而且$[\alpha/R]_i \Rightarrow [\alpha/R]_j$，$[\alpha/R]_j \Rightarrow [\alpha/R]_k$，对于给定的$[R]_p \in [R]$，若

$$[\alpha/R]_i \cup [R]_p \Rightarrow ([\alpha/R]_j \cup [\alpha/R]_k) \cup [R]_p \tag{2.4.20}$$

则

1°　$$[\alpha/R]_i \cup [R]_p \Rightarrow [\alpha/R]_j \cup [R]_p \tag{2.4.21}$$

2°　$$[\alpha/R]_i \cup [R]_p \Rightarrow [\alpha/R]_k \cup [R]_p \tag{2.4.22}$$

证明　只证明(2.4.22)．如果$[\alpha/R]_i \cup [R]_p \Rightarrow [\alpha/R]_j \cup [R]_p$ 成立，则有$\mathrm{GRD}([\alpha/R]_i \cup [R]_p) \leqslant \mathrm{GRD}([\alpha/R]_j \cup [R]_p)$成立，设 $\mathrm{GRD}([\alpha/R]_j \cup [R]_k)$是$[\alpha/R]_j \cup [R]_k$ 的粒度，利用 $\mathrm{GRD}([\alpha/R]_i) \leqslant \mathrm{GRD}([\alpha/R]_j) \leqslant \mathrm{GRD}([\alpha/R]_k)$，则有不等式

$$\mathrm{GRD}([\alpha/R]_i \cup [R]_p) \leqslant \mathrm{GRD}([\alpha/R]_j \cup [R]_p) \leqslant \mathrm{GRD}([\alpha/R]_k \cup [R]_p)$$

或者

$$\mathrm{GRD}([\alpha/R]_i \cup [R]_p) \leqslant \mathrm{GRD}([\alpha/R]_k \cup [R]_p)$$

显然有

$$[\alpha/R]_i \cup [R]_p \Rightarrow [\alpha/R]_k \cup [R]_p$$

式(2.4.21)的证明与式(2.4.22)的证明相似，证明略．

定理 2.4.9(萎缩生成的依赖分离定理)　设$[\alpha/R]_i$，$[\alpha/R]_j$，$[\alpha/R]_k \in [\alpha/R]$，而且$[\alpha/R]_i \Rightarrow [\alpha/R]_j$，$[\alpha/R]_j \Rightarrow [\alpha/R]_k$，对于给定的$[R]_p \in [R]$，若

$$[\alpha/R]_i \cap [R]_p \Rightarrow ([\alpha/R]_j \cup [\alpha/R]_k) \cap [R]_p \tag{2.4.23}$$

则

1°　$$[\alpha/R]_i \cap [R]_p \Rightarrow [\alpha/R]_j \cap [R]_p \tag{2.4.24}$$

2°　$$[\alpha/R]_i \cap [R]_p \Rightarrow [\alpha/R]_k \cap [R]_p \tag{2.4.25}$$

定理 2.4.9 的证明与定理 2.4.8 的证明类似，证明略．

定理 2.4.10(双重膨胀-膨胀的依赖性定理) 设$[\alpha/R]_i$,$[\alpha/R]_j$,$[\alpha/R]_k$,$[\alpha/R]_p \in [\alpha/R]$,对于给定的$[R]_q \in [R]$,若

$$[\alpha/R]_i \cup [R]_q \Rightarrow [\alpha/R]_j \cup [R]_q \tag{2.4.26}$$

$$([\alpha/R]_j \cup [\alpha/R]_k) \cup [R]_q \Rightarrow [\alpha/R]_p \cup [R]_q \tag{2.4.27}$$

则

$$([\alpha/R]_i \cup [\alpha/R]_k) \cup [R]_q \Rightarrow [\alpha/R]_p \cup [R]_q \tag{2.4.28}$$

证明 因为$[\alpha/R]_i \cup [R]_q \Rightarrow [\alpha/R]_j \cup [R]_q$, 则有

$$\mathrm{GRD}([\alpha/R]_i \cup [R]_q) \leqslant \mathrm{GRD}([\alpha/R]_j \cup [R]_q)$$

或者 $\mathrm{GRD}([\alpha/R]_i) \leqslant \mathrm{GRD}([\alpha/R]_j)$,则有

$$[\alpha/R]_i \Rightarrow [\alpha/R]_j \tag{2.4.29}$$

因为$([\alpha/R]_j \cup [\alpha/R]_k) \cup [R]_q \Rightarrow [\alpha/R]_p \cup [R]_q$, 则有 $\mathrm{GRD}(([\alpha/R]_j \cup [\alpha/R]_k) \cup [R]_q) \leqslant \mathrm{GRD}([\alpha/R]_p \cup [R]_p)$,或者 $\mathrm{GRD}([\alpha/R]_j \cup [\alpha/R]_k) \leqslant \mathrm{GRD}([\alpha/R]_p)$,则有

$$[\alpha/R]_j \cup [\alpha/R]_k \Rightarrow [\alpha/R]_p \tag{2.4.30}$$

利用 $\mathrm{GRD}([\alpha/R]_i) \leqslant \mathrm{GRD}([\alpha/R]_j)$,得到 $\mathrm{GRD}([\alpha/R]_i \cup [\alpha/R]_k) \leqslant \mathrm{GRD}([\alpha/R]_j \cup [\alpha/R]_k)$,因此有

$$\mathrm{GRD}([\alpha/R]_i \cup [\alpha/R]_k) \leqslant \mathrm{GRD}([\alpha/R]_j \cup [\alpha/R]_k) \leqslant \mathrm{GRD}([\alpha/R]_p) \tag{2.4.31}$$

显然,对于给定的$[R]_q \in [R]$,利用式(2.4.31),则有

$$\mathrm{GRD}(([\alpha/R]_i \cup [\alpha/R]_k) \cup [R]_q) \leqslant \mathrm{GRD}([\alpha/R]_p \cup [R]_q)$$

$$([\alpha/R]_i \cup [\alpha/R]_k) \cup [R]_q \Rightarrow [\alpha/R]_p \cup [R]_q$$

定理 2.4.11(双重萎缩-萎缩的依赖性定理) 设$[\alpha/R]_i$,$[\alpha/R]_j$,$[\alpha/R]_k$,$[\alpha/R]_p \in [\alpha/R]$,对于给定的$[R]_q \in [R]$,若

$$[\alpha/R]_i \cap [R]_q \Rightarrow [\alpha/R]_j \cap [R]_q \tag{2.4.32}$$

$$([\alpha/R]_j \cup [\alpha/R]_k) \cap [R]_q \Rightarrow [\alpha/R]_p \cap [R]_q \tag{2.4.33}$$

则

$$([\alpha/R]_i \cup [\alpha/R]_k) \cap [R]_q \Rightarrow [\alpha/R]_p \cap [R]_q \tag{2.4.34}$$

定理 2.4.11 的证明与定理 2.4.10 的证明类似,证明略.

定理 2.4.12(传递双重膨胀-膨胀的依赖性定理) 设$[\alpha/R]_i$,$[\alpha/R]_j$,$[\alpha/R]_k$,$[\alpha/R]_p \in [\alpha/R]$,对于给定的$[R]_q \in [R]$,若

$$[\alpha/R]_i \cup [R]_q \Rightarrow [\alpha/R]_j \cup [R]_q \tag{2.4.35}$$

$$[\alpha/R]_k \cup [R]_q \Rightarrow [\alpha/R]_p \cup [R]_q \tag{2.4.36}$$

则

$$([\alpha/R]_i \cup [\alpha/R]_k) \cup [R]_q \Rightarrow ([\alpha/R]_j \cup [\alpha/R]_p) \cup [R]_q \tag{2.4.37}$$

证明　因为$[\alpha/R]_i \cup [R]_q \Rightarrow [\alpha/R]_j \cup [R]_q$,则有 $\mathrm{GRD}([\alpha/R]_i \cup [R]_q) \leqslant \mathrm{GRD}([\alpha/R]_j \cup [R]_q)$或者 $\mathrm{GRD}([\alpha/R]_i) \leqslant \mathrm{GRD}([\alpha/R]_j)$,则有

$$[\alpha/R]_i \Rightarrow [\alpha/R]_j \tag{2.4.38}$$

因为$[\alpha/R]_k \cup [R]_q \Rightarrow [\alpha/R]_p \cup [R]_q$,则有 $\mathrm{GRD}([\alpha/R]_k \cup [R]_q) \leqslant \mathrm{GRD}([\alpha/R]_p \cup [R]_q)$, 或者 $\mathrm{GRD}([\alpha/R]_k) \leqslant \mathrm{GRD}([\alpha/R]_p)$,则有

$$[\alpha/R]_k \Rightarrow [\alpha/R]_p \tag{2.4.39}$$

利用式(2.4.38)、式(2.4.39)得到

$$[\alpha/R]_i \cup [\alpha/R]_k \Rightarrow [\alpha/R]_j \cup [\alpha/R]_p$$

对于给定的$[R]_q \in [R]$,则有

$$\mathrm{GRD}(([\alpha/R]_i \cup [\alpha/R]_k) \cup [R]_q) \leqslant \mathrm{GRD}(([\alpha/R]_j \cup [\alpha/R]_p) \cup [R]_q)$$

容易得到

$$([\alpha/R]_i \cup [\alpha/R]_k) \cup [R]_q \Rightarrow ([\alpha/R]_j \cup [\alpha/R]_p) \cup [R]_q$$

定理 2.4.13 (传递双重萎缩-萎缩的依赖性定理)　设$[\alpha/R]_i$,$[\alpha/R]_j$, $[\alpha/R]_k$,$[\alpha/R]_p \in [\alpha/R]$,对于给定的$[R]_q \in [R]$,若

$$[\alpha/R]_i \cap [R]_q \Rightarrow [\alpha/R]_j \cap [R]_q \tag{2.4.40}$$

$$[\alpha/R]_k \cap [R]_q \Rightarrow [\alpha/R]_p \cap [R]_q \tag{2.4.41}$$

则

$$([\alpha/R]_i \cup [\alpha/R]_k) \cap [R]_q \Rightarrow ([\alpha/R]_j \cup [\alpha/R]_p) \cap [R]_q \tag{2.4.42}$$

证明　因为$[\alpha/R]_i \cap [R]_q \Rightarrow [\alpha/R]_j \cap [R]_q$,则有

$$\mathrm{GRD}([\alpha/R]_i \cap [R]_q) \leqslant \mathrm{GRD}([\alpha/R]_j \cap [R]_q)$$

设 $\mathrm{GRD}([\alpha/R]_i) \geqslant \mathrm{GRD}([\alpha/R]_j) \geqslant \mathrm{GRD}([\alpha/R]_q)$,则有

$$[\alpha/R]_i \Rightarrow [\alpha/R]_j \tag{2.4.43}$$

因为$[\alpha/R]_k \cap [R]_q \Rightarrow [\alpha/R]_p \cap [R]_q$,则有

$$\mathrm{GRD}([\alpha/R]_k \cap [R]_q) \leqslant \mathrm{GRD}([\alpha/R]_p \cap [R]_q)$$

设 $\mathrm{GRD}([\alpha/R]_k)\geqslant\mathrm{GRD}([\alpha/R]_p)\geqslant\mathrm{GRD}([\alpha/R]_q)$，则有

$$[\alpha/R]_k\Rightarrow[\alpha/R]_p \tag{2.4.44}$$

由式(2.4.43)、式(2.4.44)得到

$$[\alpha/R]_i\cup[\alpha/R]_k\Rightarrow[\alpha/R]_j\cup[\alpha/R]_p \tag{2.4.45}$$

对于给定的 $[R]_q\in[R]$，有

$$\mathrm{GRD}(([\alpha/R]_i\cup[\alpha/R]_k)\cap[R]_q)\leqslant\mathrm{GRD}(([\alpha/R]_j\cup[\alpha/R]_p)\cap[R]_q) \tag{2.4.46}$$

容易得到

$$([\alpha/R]_i\cup[\alpha/R]_k)\cap[R]_q\Rightarrow([\alpha/R]_j\cup[\alpha/R]_p)\cap[R]_q$$

由定理 2.4.6～2.4.13 得到：

知识平面 π 上的生成依赖方向不变性原理

知识平面 π 上的 $[\alpha/R]$ 知识与 $[R]$ 知识，无论它们是膨胀生成还是萎缩生成，生成依赖的方向保持不变.

讨论

本节给出 $[\alpha/R]$ 知识与 $[R]$ 知识生成概念，给出生成知识的生成依赖性定理，生成依赖方向不变性原理，这些重要的理论结果在数据挖掘，知识发现研究中都具有重要的应用.

§2.5　$[\alpha/R]$知识-$[R]$知识 k 阶生成与它的依赖性定理

因为变异粗集 $(X_-(\alpha),X^-(\alpha))$ 的存在，使得知识 $[\alpha/R]$ 的存在，知识 $[\alpha/R]_i$ 与知识 $[\alpha/R]_j$ 之间存在着依赖关系. 知识 $[\alpha/R]$ 与知识 $[R]$ 之间存在着 $[\alpha/R]\cup[R]$ 生成，$[\alpha/R]\cap[R]$ 生成，利用知识生成得到知识生成依赖性定理. 在知识发现的研究中，知识 $[\alpha/R]$ 要从数据库中直接提取出来是困难的，甚至是不可能的，即使利用知识 $[\alpha/R]$-知识 $[R]$ 生成来提取，往往也是困难的，这是人们在知识发现中经常遇到的事实，这个事实利用化学工程中“蒸馏”的概念解释是直接的. 在化学工业生产中，一种化学成分从原始的化工原料中一次成功提取是困难的，人们采用“二次蒸馏”、“三次蒸馏”、“多次蒸馏”方式容易得到这种化学成分. 把化学工业生产实践引入到我们的知识发现研究中，如果 $[\alpha/R]\cup[R]$（或 $[\alpha/R]\cap[R]$）不能够被发现，我们是否利用 $[\alpha/R]\cup(\bigcup_{i=1}^{m}[R]_i)$（或 $[\alpha/R]\cap(\bigcup_{i=1}^{m}[R]_i)$）能够发现？$[\alpha/R]\cup(\bigcup_{i=1}^{m}[R]_i)$ 与

$[\alpha/R]_k\cup(\bigcup_{p=1}^{m}[R]_p)$之间,或$[\alpha/R]\cap(\bigcup_{i=1}^{m}[R]_i)$与$[\alpha/R]_i\cap(\bigcup_{p=1}^{m}[R]_p)$之间存在着什么样的依赖特征？如果知识$[\alpha/R]$直接发现遇到困难,利用$[\alpha/R]_i\cup(\bigcup_{p=1}^{m}[R]_p)$(或$[\alpha/R]_i\cap(\bigcup_{p=1}^{m}[R]_p)$)却容易得到知识$[\alpha/R]$,则人们得到一个新的知识发现工具和方法,本节以这样的思路给出讨论.

在这一节中,给出知识$[\alpha/R]$-知识$[R]$ k 阶生成概念,给出 k 阶生成的依赖性定理,k 阶生成依赖一致性原理. 这里,$[R]$表示$[R]$知识对应的$[\alpha/R]$知识,它是由属性构成.

$[\alpha/R]$知识-$[R]$知识的 k 阶生成

定义 2.5.1　设$[\alpha/R]_i$是 V 上的知识,$[R]_i$是 U 上的知识,$i=1,2,\cdots,m$,称

$$[\alpha/R]_i\cup[R]_i \tag{2.5.1}$$

是$[\alpha/R]$关于$[R]$的 1 阶膨胀知识,简称$[\alpha/R]$的 1 阶膨胀生成.

定义 2.5.2　设$[\alpha/R]_i$是 V 上的知识,$[R]_i$是 U 上的知识,$i=1,2,\cdots,m$,称

$$[\alpha/R]_i\cup(\bigcup_{i=1}^{k}[R]_i) \tag{2.5.2}$$

是$[\alpha/R]$关于$[R]$的 k 阶膨胀知识,简称$[\alpha/R]$的 k 阶膨胀生成.

定义 2.5.3　设$[\alpha/R]_i$是 V 上的知识,$[R]_i$是 U 上的知识,$i=1,2,\cdots,m$,称

$$[\alpha/R]_i\cap[R]_i \tag{2.5.3}$$

是$[\alpha/R]$关于$[R]$的 1 阶萎缩知识,简称$[\alpha/R]$的 1 阶萎缩生成.

定义 2.5.4　设$[\alpha/R]_i$是 V 上的知识,$[R]_i$是 U 上的知识,$i=1,2,\cdots,m$,称

$$[\alpha/R]_i\cap(\bigcup_{i=1}^{k}[R]_i) \tag{2.5.4}$$

是$[\alpha/R]$关于$[R]$的 k 阶萎缩知识,简称$[\alpha/R]$的 k 阶萎缩生成.

由定义 2.5.1 ~2.5.4 得到:

定理 2.5.1([α/R]的 k 阶膨胀生成颗粒序列定理)　若$[\alpha/R]_j\cup(\bigcup_{i=1}^{k}[R]_i)$是$[\alpha/R]$的 k 阶膨胀生成,则存在序列

$$\begin{aligned}\mathrm{GRD}([\alpha/R]_j\cup[R]_i)&\leqslant\mathrm{GRD}([\alpha/R]_j\cup(\bigcup_{i=1}^{2}[R]_i))\\&\leqslant\cdots\leqslant\mathrm{GRD}([\alpha/R]_j\cup(\bigcup_{i=1}^{k}[R]_i))\end{aligned} \tag{2.5.5}$$

定理 2.5.2（$[\alpha/R]$的 k 阶萎缩生成颗粒序列定理） 若$[\alpha/R]_j \cap (\bigcup_{i=1}^{k}[R]_i)$是$[\alpha/R]$的 k 阶萎缩生成，则存在序列

$$\begin{aligned}\mathrm{GRD}([\alpha/R]_j \cap [R]_i) &\leqslant \mathrm{GRD}([\alpha/R]_j \cap (\bigcup_{i=1}^{2}[R]_i)) \\ &\leqslant \cdots \leqslant \mathrm{GRD}([\alpha/R]_j \cap (\bigcup_{i=1}^{k}[R]_i))\end{aligned} \tag{2.5.6}$$

定理 2.5.1、2.5.2 的证明是直接的，证明略.

$[\alpha/R]$知识-$[R]$知识的 k 阶生成依赖定理

定义 2.5.5 设$[\alpha/R]_i \in [\alpha/R]$；$[R]_j \in [R]$，$j=1,2,\cdots,m$；若

$$\mathrm{GRD}([\alpha/R]_i) \leqslant \mathrm{GRD}([\alpha/R]_i \cup (\bigcup_{j=1}^{k}[R]_j)) \tag{2.5.7}$$

称$([\alpha/R]_i \cup (\bigcup_{j=1}^{k}[R]_j))$ k 阶膨胀依赖于$[\alpha/R]_i$，而且

$$[\alpha/R]_i \Rightarrow ([\alpha/R]_i \cup (\bigcup_{i=1}^{k}[R]_j)) \tag{2.5.8}$$

若 $k=1$，称$([\alpha/R]_i \cup [R]_j)$1 阶膨胀依赖于$[\alpha/R]_i$，而且

$$[\alpha/R]_i \Rightarrow ([\alpha/R]_i \cup [R]_j) \tag{2.5.9}$$

为了符号简化，式(2.5.8)、式(2.5.9)分别记作

$$[\alpha/R]_i \Rightarrow ([\alpha/R]_i, [R]_j)^k \tag{2.5.10}$$

$$[\alpha/R]_i \Rightarrow ([\alpha/R]_i, [R]_j)^1 \tag{2.5.11}$$

定义 2.5.6 设$[\alpha/R]_i \in [\alpha/R]$；$[R]_j \in [R]$，$j=1,2,\cdots,m$；若

$$\mathrm{GRD}([\alpha/R]_i) \leqslant \mathrm{GRD}([\alpha/R]_i \cap (\bigcup_{j=1}^{k}[R]_j)) \tag{2.5.12}$$

称$([\alpha/R]_i \cap (\bigcup_{j=1}^{k}[R]_j))$ k 阶萎缩依赖于$[\alpha/R]_i$，而且

$$[\alpha/R]_i \Rightarrow ([\alpha/R]_i \cap (\bigcup_{j=1}^{k}[R]_j)) \tag{2.5.13}$$

若 $k=1$，称$([\alpha/R]_i \cap [R]_j)$1 阶萎缩依赖于$[\alpha/R]_i$，而且

$$[\alpha/R]_i \Rightarrow ([\alpha/R]_i \cap [R]_j) \tag{2.5.14}$$

为了符号简化，式(2.5.13)、式(2.5.14)分别记作

$$[\alpha/R]_i \Rightarrow ([\alpha/R]_i, [R]_j)^{-k} \tag{2.5.15}$$

$$[\alpha/R]_i \Rightarrow ([\alpha/R]_i, [R]_j)^{-1} \tag{2.5.16}$$

由定义 2.5.5、2.5.6 得到：

定理 2.5.3（k 阶膨胀生成的依赖传递定理）　若$[\alpha/R]_i,[\alpha/R]_j,[\alpha/R]_k\in[\alpha/R]$，而且$[\alpha/R]_i\Rightarrow[\alpha/R]_j,[\alpha/R]_j\Rightarrow[\alpha/R]_k$；对于给定的$[R]_p\in[R],p=1,2,\cdots,k$；则

$$([\alpha/R]_i,[R]_p)^k\Rightarrow([\alpha/R]_k,[R]_p)^k \tag{2.5.17}$$

证明　由 2.4 节中定理 2.4.6 得到

$$\lambda=1,[\alpha/R]_i\cup[R]_\lambda\Rightarrow[\alpha/R]_k\cup[R]_\lambda$$

$$\lambda=2,([\alpha/R]_i\cup(\bigcup_{\lambda=1}^{2}[R]_\lambda))\Rightarrow([\alpha/R]_k\cup(\bigcup_{\lambda=1}^{2}[R]_\lambda))$$

$$\vdots$$

$$\lambda=k,([\alpha/R]_i\cup(\bigcup_{\lambda=1}^{k}[R]_\lambda))\Rightarrow([\alpha/R]_k\cup(\bigcup_{\lambda=1}^{k}[R]_\lambda))$$

令

$$([\alpha/R]_i\cup(\bigcup_{\lambda=1}^{k}[R]_\lambda))=([\alpha/R]_i,[R]_\lambda)^k$$

$$([\alpha/R]_k\cup(\bigcup_{\lambda=1}^{k}[R]_\lambda))^k=([\alpha/R]_k,[R]_\lambda)^k$$

则

$$([\alpha/R]_i,[R]_\lambda)^k\Rightarrow([\alpha/R]_k,[R]_\lambda)^k$$

定理 2.5.4（k 阶萎缩生成的依赖传递定理）　若$[\alpha/R]_i,[\alpha/R]_j,[\alpha/R]_k\in[\alpha/R]$，而且$[\alpha/R]_i\Rightarrow[\alpha/R]_j,[\alpha/R]_j\Rightarrow[\alpha/R]_k$；对于给定的$[R]_p\in[R],p=1,2,\cdots,k$；则

$$([\alpha/R]_i,[R]_p)^{-k}\Rightarrow([\alpha/R]_k,[R]_p)^{-k} \tag{2.5.18}$$

证明　由 2.4 节中定理 2.4.7 得到

$$\lambda=1,[\alpha/R]_i\cap[R]_\lambda\Rightarrow[\alpha/R]_k\cap[R]_\lambda$$

$$\lambda=2,([\alpha/R]_i\cap(\bigcup_{\lambda=1}^{2}[R]_\lambda))\Rightarrow([\alpha/R]_k\cap(\bigcup_{\lambda=1}^{2}[R]_\lambda))$$

$$\vdots$$

$$\lambda=k,([\alpha/R]_i\cap(\bigcup_{\lambda=1}^{k}[R]_\lambda))\Rightarrow([\alpha/R]_k\cap(\bigcup_{\lambda=1}^{k}[R]_\lambda))$$

令

$$([\alpha/R]_i\cap(\bigcup_{\lambda=1}^{k}[R]_\lambda))=([\alpha/R]_i,[R]_\lambda)^{-k}$$

$$([\alpha/R]_k\cap(\bigcup_{\lambda=1}^{k}[R]_\lambda))^{-k}=([\alpha/R]_k,[R]_\lambda)^{-k}$$

则

$$([\alpha/R]_i,[R]_\lambda)^{-k}\Rightarrow([\alpha/R]_k,[R]_\lambda)^{-k}$$

定理 2.5.5（k 阶膨胀生成的依赖分离定理） 若$[\alpha/R]_i,[\alpha/R]_j,[\alpha/R]_k\in[\alpha/R]$，对于给定的$[R]_p\in[R]$，$p=1,2,\cdots,k$；而且

$$([\alpha/R]_i,[R]_p)^k\Rightarrow[\alpha/R]_j\cup([\alpha/R]_k,[R]_p)^k \tag{2.5.19}$$

则

1° $$([\alpha/R]_i,[R]_p)^k\Rightarrow([\alpha/R]_j[R]_p)^k \tag{2.5.20}$$

2° $$([\alpha/R]_i,[R]_p)^k\Rightarrow([\alpha/R]_k,[R]_p)^k \tag{2.5.21}$$

证明 1°、2°的证明与定理 2.5.3 的证明类似.

定理 2.5.6（k 阶萎缩生成的依赖分离定理） 设$[\alpha/R]_i,[\alpha/R]_j,[\alpha/R]_k\in[\alpha/R]$，对于给定的$[R]_p\in[R]$，$p=1,2,\cdots,k$；若

$$([\alpha/R]_i,[R]_p)^{-k}\Rightarrow[\alpha/R]_j\cup([\alpha/R]_k,[R]_p)^{-k} \tag{2.5.22}$$

则

1° $$([\alpha/R]_i,[R]_p)^{-k}\Rightarrow([\alpha/R]_j,[R]_p)^{-k} \tag{2.5.23}$$

2° $$([\alpha/R]_i,[R]_p)^{-k}\Rightarrow([\alpha/R]_k,[R]_p)^{-k} \tag{2.5.24}$$

证明 1°、2°的证明与定理 2.5.4 的证明类似.

定理 2.5.7（双重膨胀-k 阶膨胀生成的依赖性定理） 设$[\alpha/R]_i,[\alpha/R]_j,[\alpha/R]_k,[\alpha/R]_p\in[\alpha/R]$，对于给定的$[R]_q\in[R]$，$q=1,2,\cdots,k$；若

$$([\alpha/R]_i,[R]_q)^k\Rightarrow([\alpha/R]_j,[R]_q)^k \tag{2.5.25}$$

$$(([\alpha/R]_j\cup[\alpha/R]_k),[R]_q)^k\Rightarrow([\alpha/R]_p,[R]_q)^k \tag{2.5.26}$$

则

$$(([\alpha/R]_i\cup[\alpha/R]_k),[R]_q)^k\Rightarrow([\alpha/R]_p,[R]_q)^k \tag{2.5.27}$$

证明 由 2.4 节中定理 2.4.10，得到

$$\lambda=1,([\alpha/R]_i\cup[\alpha/R]_k)\cup[R]_\lambda\Rightarrow([\alpha/R]_p\cup[R]_\lambda)$$

$$\lambda=2,(([\alpha/R]_i\cup[\alpha/R]_k)\cup(\bigcup_{\lambda=1}^{2}[R]_\lambda))\Rightarrow([\alpha/R]_p\cup(\bigcup_{\lambda=1}^{2}[R]_\lambda))$$

$$\vdots$$

$$\lambda=k,(([\alpha/R]_i\cup[\alpha/R]_k)\cup(\bigcup_{\lambda=1}^{k}[R]_\lambda))\Rightarrow([\alpha/R]_p\cup(\bigcup_{\lambda=1}^{k}[R]_\lambda))$$

令

$$(([\alpha/R]_i\cup[\alpha/R]_k),[R]_q)^k=(([\alpha/R]_i\cup[\alpha/R]_k)\cup(\bigcup_{\lambda=1}^{k}[R]_\lambda))$$

$$([\alpha/R]_p,[R]_q)^k=([\alpha/R]_p\cup(\bigcup_{\lambda=1}^{k}[R]_\lambda))$$

则有

$$(([\alpha/R]_i \cup [\alpha/R]_k),[R]_q)^k \Rightarrow ([\alpha/R]_p,[R]_q)^k$$

定理 2.5.8(双重膨胀-k 阶萎缩生成的依赖性定理)　设$[\alpha/R]_i,[\alpha/R]_j,[\alpha/R]_k,[\alpha/R]_p \in [\alpha/R]$,对于给定的$[R]_q \in [R]$,$q=1,2,\cdots,k$;若

$$([\alpha/R]_i,[R]_q)^{-k} \Rightarrow ([\alpha/R]_j,[R]_q)^{-k} \tag{2.5.28}$$

$$(([\alpha/R]_j \cup [\alpha/R]_k),[R]_q)^{-k} \Rightarrow ([\alpha/R]_p,[R]_q)^{-k} \tag{2.5.29}$$

则

$$(([\alpha/R]_i \cup [\alpha/R]_k),[R]_q)^{-k} \Rightarrow ([\alpha/R]_p,[R]_q)^{-k} \tag{2.5.30}$$

定理 2.5.8 的证明与定理 2.5.7 的证明类似,证明略.

定理 2.5.9(传递双重膨胀-k 阶膨胀生成的依赖性定理)　$[\alpha/R]_i,[\alpha/R]_j,[\alpha/R]_k,[\alpha/R]_p \in [\alpha/R]$, 对于给定的$[R]_q \in [R]$,$q=1,2,\cdots,k$;若

$$([\alpha/R]_i,[R]_q)^k \Rightarrow ([\alpha/R]_j,[R]_q)^k \tag{2.5.31}$$

$$([\alpha/R]_k,[R]_q)^k \Rightarrow ([\alpha/R]_p,[R]_q)^k \tag{2.5.32}$$

则

$$(([\alpha/R]_i \cup [\alpha/R]_k),[R]_q)^k \Rightarrow (([\alpha/R]_j \cup [\alpha/R]_p),[R]_q)^k \tag{2.5.33}$$

定理 2.5.9 的证明与定理 2.5.7 的证明类似,证明略.

定理 2.5.10(传递双重萎缩-k 阶萎缩生成的依赖性定理)　设$[\alpha/R]_i,[\alpha/R]_j,[\alpha/R]_k,[\alpha/R]_p \in [\alpha/R]$, 对于给定的$[R]_q \in [R]$,$q=1,2,\cdots,k$;若

$$([\alpha/R]_i,[R]_q)^{-k} \Rightarrow ([\alpha/R]_j,[R]_q)^{-k} \tag{2.5.34}$$

$$([\alpha/R]_k,[R]_q)^{-k} \Rightarrow ([\alpha/R]_p,[R]_q)^{-k} \tag{2.5.35}$$

则

$$(([\alpha/R]_j \cup [\alpha/R]_p),[R]_q)^{-k} \Rightarrow (([\alpha/R]_i \cup [\alpha/R]_k),[R]_q)^{-k} \tag{2.5.36}$$

证明与定理 2.5.7、定理 2.5.3 类似.

$[\alpha/R]$知识-$[R]$知识的 k 阶生成依赖一致性原理

知识平面 π 上的$[\alpha/R]$知识与$[R]$知识,它们的 k 阶膨胀生成依赖保持一致性,它们的 k 阶萎缩生成依赖保持一致性,依赖一致性与阶数 k 的大小无关.

讨论

本节给出$[\alpha/R]$知识与$[R]$知识 k 阶生成概念,给出 k 阶生成的依赖性定理,k 阶生成依赖一致性原理,这些重要理论结果中潜藏着数据挖掘的新算法和算法的应用.

第 3 章　S-粗集

从 Z. Pawlak 粗集($R_-(X)$,$R^-(X)$)的结构中,我们能够得到下面的事实:如果给定元素集合 $X \subset U$,元素等价关系 R,则粗集($R_-(X)$,$R^-(X)$)就确定,不允许 X 之内的元素 x 迁移到 X 之外,也不允许 X 之外的元素 x 迁入到 X 之内. 我们能够说: Z. Pawlak 粗集是具有静态特性的集合 $X \subset U$ 的粗集,或者说 Z. Pawlak 粗集是一个静态粗集.

看一个例子:设$[x]_A$,$[x]_B$,$[x]_C$ 是赴 A,B,C 三地旅游的集团(它们可以看成是关于旅游地 A,B,C 的元素等价类). 因为某些原因,$[x]_A$ 中的某几个取消本次旅游计划,显然, card($[x]_A$)变小,使得包含$[x]_A$ 的集合 $X \subset U$ 的边界向内收缩,X 具有单向动态特性. 某些原因,一些不准备赴 A,B,C 三地旅游的人 $x_i,x_j,x_k \in U$,他们分别参加到$[x]_A$,$[x]_B$,$[x]_C$ 中,使 card($[x]_A$),card($[x]_B$),card($[x]_C$)变大,包含$[x]_A$,$[x]_B$,$[x]_C$ 的集合 $X \subset U$ 的边界向外扩张. 因为某些原因,$[x]_B$ 中的某几个人取消本次旅游计划,使得 card($[x]_B$)变小. 显然,包含$[x]_A$,$[x]_B$,$[x]_C$ 的集合 $X \subset U$ 的边界既向外扩张,又向内收缩,X 具有了双向动态特性. 显然,利用 Z. Pawlak 定义的粗集讨论上面这个例子遇到困难. 人们自然要问:具有动态特性(单向动态特性或者双向动态特性)的集合 $X \subset U$ 具有粗集吗? 如果具有粗集,这个粗集的结构是什么? 这个粗集与 Z. Pawlak 粗集有什么区别与联系? 史开泉教授于 2002 年提出 S-粗集(singular rough sets)[18,19],S-粗集具有两类形式:单向 S-粗集(one direction S-rough sets),双向 S-粗集(two direction S-rough sets),给出 S-粗集的结构与特性. 从本章开始,讨论 S-粗集的一些基本特性与应用.

§3.1　元素迁移 f 与元素迁移 $\bar{f}$ 概念

定义 3.1.1　设 $X = \{x_1,x_2,\cdots,x_m\} \subset U$ 是有限元素集合,$\alpha = \{\alpha_1,\alpha_2,\cdots,\alpha_k\} \subset V$ 是 X 的属性集,$Y = \{y_1,y_2,\cdots,y_m\}$ 是 X 的特征值集合,称$[a,b]$是 Y 生成的特征值离散区间

$$a = \min_{i=1}^{m}(y_i)$$

$$b = \max_{j=1}^{m}(y_j),\ y_i,y_j \in R^+ \tag{3.1.1}$$

对于元素 $x_p,x_q \in U$,$x_p,x_q \overline{\in} X$;显然 x_p,x_q 的特征值 $y_p,y_q \overline{\in} [a,b]$;如果存在变换 $f \in F$, 使得 $f(y_p)$,$f(y_q) \in [a,b]$,则有 $x_p,x_q \in X$;变换 $f \in F$ 称作元素迁移,它用下面的式子表示

$$x_p, x_q \in U, x_p, x_q \overline{\in} X \Rightarrow f(x_p), f(x_q) \in X \tag{3.1.2}$$

显然有

$$\begin{aligned} X &= \{x_1, x_2, \cdots, x_m\} \subset \{x_1, x_2, \cdots, x_m, f(x_p), f(x_q)\} \\ &= X \cup \{f(x_p), f(x_q)\} \end{aligned}$$

定义 3.1.2　m 个元素迁移 f_i 构成集合 F,F 称作元素迁移族,而且

$$F = \{f_1, f_2, \cdots, f_m\}$$

把定义 3.1.1、3.1.2 的概念应用到属性集 $\alpha = \{\alpha_1, \alpha_2, \cdots, \alpha_k\}$ 中,它用下面的式子表示

$$\exists \beta_i \in V, \beta_i \overline{\in} \alpha \Rightarrow f(\beta_i) = \alpha_i' \in \alpha \tag{3.1.3}$$

显然有

$$\{\alpha_1, \alpha_2, \cdots, \alpha_k\} \subset \{\alpha_1, \alpha_2, \cdots, \alpha_k, f(\beta_i)\} \Leftrightarrow \alpha \subset \alpha \cup \{f(\beta_i)\}$$

定义 3.1.3　设 $X = \{x_1, x_2, \cdots, x_m\} \subset U$ 是有限元素集合, $\alpha = \{\alpha_1, \alpha_2, \cdots, \alpha_k\} \subset V$ 是 X 的属性集合,$Y = \{y_1, y_2, \cdots, y_m\}$ 是 X 的特征值集合,称$[a, b]$是 Y 生成的特征值离散区间

$$a = \min_{i=1}^{m}(y_i)$$

$$b = \max_{j=1}^{m}(y_j), y_i, y_j \in R^+ \tag{3.1.4}$$

对于元素 $x_\lambda \in X$,如果存在变换 $\bar{f} \in \bar{F}$,使得 $\bar{f}(y_\lambda) \overline{\in} [a, b]$,则有 $x_\lambda \overline{\in} X$;变换 $\bar{f} \in \bar{F}$ 称作元素迁移,它用下面的式子表示

$$x_\lambda \in X \Rightarrow \bar{f}(x_\lambda) = u_\lambda \overline{\in} X \tag{3.1.5}$$

其中 y_λ 是 x_λ 的特征值,$y_\lambda \in R^+$.

显然有

$$X - \{\bar{f}(x_\lambda)\} = X \backslash \{\bar{f}(x_\lambda)\} \subset X$$

定义 3.1.4　n 个元素迁移 $\bar{f}_j$ 构成集合 $\bar{F}$,$\bar{F}$ 称作元素迁移族,而且

$$\bar{F} = \{\bar{f}_1, \bar{f}_2, \cdots, \bar{f}_n\}$$

把定义 3.1.3、定义 3.1.4 的概念应用到属性集 $\alpha = \{\alpha_1, \alpha_2, \cdots, \alpha_k\}$ 中,它用下面的式子表示

$$\exists \alpha_t \in \alpha \Rightarrow \bar{f}(\alpha_t) = \beta_t \overline{\in} \alpha \tag{3.1.6}$$

显然有

$$\{\alpha_1, \alpha_2, \cdots, \alpha_k\} - \{\bar{f}(\alpha_t)\} = \alpha \backslash \{\bar{f}(\alpha_t)\} \subset \alpha$$

解释定义 3.1.1 ~ 3.1.4 的例子,略.

概括定义 3.1.1 ~3.1.4,我们得到:对于某几个在集合 X 之外的元素,这几个元素被 f 迁移到 X 之内;对于某几个在 X 之内的元素,这几个元素被 $\bar{f}$ 迁移到 X 之外.

约定　3.2、3.3 节中,U 是有限元素论域,$[x]$ 是 U 上的 R-元素等价类;V 是 U 对应的一个有限属性论域,$F=\{f_1,f_2,\cdots,f_m\}$,$\bar{F}=\{\bar{f}_1,\bar{f}_2,\cdots,\bar{f}_n\}$ 是元素迁移族,$\mathscr{F}=F\cup\bar{F}$.

§3.2　单向 S-粗集

定义 3.2.1　称 $X^{\circ}\subset U$ 是 U 上的一个单向奇异集合(one direction singular set),简称单向 S-集合,如果

$$X^{\circ}=X\cup\{u\mid u\in U,u\bar{\in}X,f(u)=x\in X\} \tag{3.2.1}$$

称 X^f 是 X$\subset U$ 的 f-扩张,而且

$$X^f=\{u\mid u\in U,u\bar{\in}X,f(u)=x\in X\} \tag{3.2.2}$$

其中 X 是 Z. Pawlak 粗集$(R_-(X),R^-(X))$中的集合,$X\subset U$.

这里应当特别指出:X 与 X^f 是性态不同的集合;"扩张"一词的意义是:集合 X 中的元素得到补充, X 变成 X°,$X^{\circ}\cup$ 中元素的个数多于 X 中的元素的个数,card(X) <card$(X^{\circ}\cup)$.

定义 3.2.2　设 X°是 U 上的单向 S-集合,$X^{\circ}\subset U$,称$(R,F)_{\circ}(X^{\circ})$是单向S-集合 X° 的下近似,如果

$$\begin{aligned}(R,F)_{\circ}(X^{\circ})&=\cup[x]\\&=\{x\mid x\in U,[x]\subseteq X^{\circ}\}\end{aligned} \tag{3.2.3}$$

称$(R,F)^{\circ}(X^{\circ})$是单向 S-集合 $X^{\circ}\cup$ 的上近似,如果

$$\begin{aligned}(R,F)^{\circ}(X^{\circ})&=\cup[x]\\&=\{x\mid x\in U,[x]\cap X^{\circ}\neq\varnothing\}\end{aligned} \tag{3.2.4}$$

其中 $F\neq\varnothing$.

定义 3.2.3　设 X°是 U 上的单向 S-集合,$X^{\circ}\subset U$;$(R,F)_{\circ}(X^{\circ})$,$(R,F)^{\circ}(X^{\circ})$分别是 X° 的下近似,上近似, 称

$$((R,F)_{\circ}(X^{\circ}),(R,F)^{\circ}(X^{\circ})) \tag{3.2.5}$$

是 $X^{\circ}\subset U$ 的单向 S-粗集(one direction singular rough sets).

称 $B_{nR}(X^{\circ})$是 $X^{\circ}\subset U$ 的 R-边界,而且

$$B_{nR}(X^{\circ})=(R,F)^{\circ}(X^{\circ})-(R,F)_{\circ}(X^{\circ})$$

显然,在定义 3.2.1 ~3.2.3 中元素 $u\in U,u\bar{\in}X$, $\cup f(u)=x\in X$, $\cup f(u)$关于 X 的关系具有特征函数值$\chi_X^{f(u)}=1$.

定义 3.2.4　称 $A_s(X^\circ)$是$((R,F)_\circ(X^\circ),(R,F)^\circ(X^\circ))$生成的副集合(assistant set);如果 $A_s(X^\circ)$是由具有特征函数值 $0<\chi_X^{f(u)}<1$ 的元素构成,而且

$$A_s(X^\circ)=\{x\mid u\in U,u\bar{\in}X,\cup f(u)=x\tilde{\in}X\} \tag{3.2.6}$$

对于集合 $A_s(X^\circ)$给出解释:因为元素迁移$f\in F$,导致 $A_s(X^\circ)$的存在:U 上某几个元素 x,它们不能被$f\in F$ 完整的由 X 之外迁入到 X 之内,这些元素构成了集合 $A_s(X^\circ)$,这些元素 x 与集合 X 具有特征函数的形式是 $0<\chi_X^{f(u)}<1$. 在式(3.2.6)中使用了一个特别的记号“$\tilde{\in}$”,它表示$f(u)$与集合 X 的关系:元素 $u\in U,u\bar{\in}X$,在$f\in F$ 的作用下变成$f(u)$, $f(u)=x$ 不能被$f\in F$ 完全迁入集合 X 内.

§3.3　双向 S-粗集与单向 S-粗集对偶

定义 3.3.1　称 $X^*\subset U$ 是 U 上的一个双向奇异集合(two direction singular sets),简称双向 S-集合,如果

$$X^*=X'\cup\{u\mid u\in U,u\bar{\in}X,\ f(u)=x\in X\} \tag{3.3.1}$$

称 X'是 $X\subset U$ 的亏集,而且

$$X'=X-\{x\mid x\in X,\ \bar{f}(x)=u\bar{\in}X\} \tag{3.3.2}$$

称 $X^{\bar{f}}$是 $X\subset U$ 的$\cup\bar{f}$-萎缩,而且

$$X^{\bar{f}}=\{x\mid x\in X,\ \bar{f}(x)=u\bar{\in}\ X\} \tag{3.3.3}$$

其中 X 是 Z. Pawlak 粗集$(R_-(X),R^-(X))$中的集合,$X\subset U$;“萎缩”一词的意义是:集合 X 中的元素得到删除,X 变 $X^{\bar{f}}$,$X^{\bar{f}}$中元素的个数少于 X 中元素的个数,$\mathrm{card}(X^{\bar{f}})<\mathrm{card}(X)$,在一般情况下,$X^*\neq X$.

定义 3.3.2　设 X^*是 U 上的双向 S-集合,$X^*\subset U$,称$(R,\mathscr{F})_\circ(X^*)$是双向 S-集合 X^*的下近似,如果

$$\begin{aligned}(R,\mathscr{F})_\circ(X^*)&=\cup[x]\\&=\{x\mid x\in U,[x]\subseteq X^*\}\end{aligned} \tag{3.3.4}$$

称$(R,\mathscr{F})^\circ(X^*)$是双向 S-集合 X^*的上近似,如果

$$\begin{aligned}(R,\mathscr{F})^\circ(X^*)&=\cup[x]\\&=\{x\mid x\in U,[x]\cap X^*\neq\varnothing\}\end{aligned} \tag{3.3.5}$$

其中 $\mathscr{F}=F\cup\overline{F}$, $F\neq\varnothing$, $\overline{F}\neq\varnothing$.

定义 3.3.3　设 X^* 是 U 上的双向 S-集合, $X^*\subset U$; $(R,\mathscr{F})_\circ(X^*)$, $(R,\mathscr{F})^\circ(X^*)$ 分别是 X^* 的下近似,上近似,称

$$((R,\mathscr{F})_\circ(X^*),(R,\mathscr{F})^\circ(X^*)) \tag{3.3.6}$$

是 $X^*\subset U$ 的双向 S-粗集(two direction singular rough sets).
称 $B_{nR}(X^*)$ 是 $X^*\subset U$ 的 R-边界,而且

$$B_{nR}(X^*)=(R,\mathscr{F})^\circ(X^*)-(R,\mathscr{F})_\circ(X^*)$$

定义 3.3.4　称 $A_s(X^*)$ 是 $((R,\mathscr{F})_\circ(X^*),(R,\mathscr{F})^\circ(X^*))$ 生成的副集合(assistant set),如果 $A_s(X^*)$ 是由具有特征函数值 $0<\chi_X^{f(u)}<1$, $-1<\chi_X^{\bar{f}(x)}<0$ 的元素构成,而且

$$A_s(X^*)=\{x\mid u\in U,u\bar{\in}X,f(u)=x\cong X\text{ and }x\in X,\bar{f}(x)=u\underset{\sim}{\in}X\} \tag{3.3.7}$$

对集合 $A_s(X^*)$ 给出解释:因为元素迁移 $f\in F$, $\bar{f}\in\overline{F}$, 导致 $A_s(X^*)$ 的存在; $A_s(X^*)$ 是由式(3.2.6)中的 $A_s(X^\circ)$ 和 $\{x\mid x\in X,\bar{f}(x)=u\underset{\sim}{\in}X\}$ 共同组成. 对于 $\{x\mid x\in X,\bar{f}(x)=u\underset{\sim}{\in}X\}$, 它表示 X 中某几个元素 x 不能被 $\bar{f}\in\overline{F}$ 完整的从 X 之内迁移到 X 之外,这些元素构成了 $\{x\mid x\in X,\bar{f}(x)=u\underset{\sim}{\in}X\}$, 这些元素 x 与集合 X 具有特征函数的形式是: $-1<\chi_X^{\bar{f}(x)}<0$; 在式(3.3.7)中,使用了一个特别的记号"$\underset{\sim}{\in}$",它表示 $\bar{f}(x)=u$ 不完全离开 X. 若 $\bar{f}(x)=u$ 完全离开 X, 则用特征函数 $\chi_X^{\bar{f}(x)}=-1$ 表示.
利用定义 3.2.1 ~3.3.4,得到 S-粗集与 Z. Pawlak 粗集之间的关系:

命题 1　单向 S-粗集,双向 S-粗集是具有动态特性的集合 $X\subset U$ 的粗集.

事实上, U 上存在元素迁移族 F, $\mathscr{F}$; F 使集合 $X\subset U$ 的边界向外扩张, X 边界处于单向运动状态; $\mathscr{F}$ 既使 X 的边界向外扩张又使 X 的边界向内收缩, X 的边界处于双向运动状态.

命题 2　双向 S-粗集是单向 S-粗集的一般形式,单向 S-粗集是双向 S-粗集的特例.

命题 3　单向 S-粗集是 Z. Pawlak 粗集的一般形式, Z. Pawlak 粗集是单向S-粗集的特例.

事实上,若 $F=\varnothing$, 则(3.2.2)中 $X^f=\{u\mid u\in U,u\bar{\in}X,f(u)=x\in X\}=\varnothing$, $A_s(X^\circ)=\varnothing$, $X^\circ=X$, $(R,F)_\circ(X^\circ)=\cup[x]=\{x\mid x\in U,[x]\subseteq X^\circ\}=\{x\mid x\in U,[x]\subseteq X\}=\cup[x]=R_-(X)$; $(R,F)^\circ(X^\circ)=\cup[x]=\{x\mid x\in U,[x]\cap X^\circ\neq\varnothing\}=\{x\mid x\in U,[x]\cap X\neq\varnothing\}=\cup[x]=R^-(X)$;
或者

$$((R,F)_\circ(X^\circ),(R,F)^\circ(X^\circ))_{F=\varnothing}=(R_-(X),R^-(X)) \tag{3.3.8}$$

命题 4　双向 S-粗集是 Z. Pawlak 粗集的一般形式，Z. Pawlak 粗集是双向S-粗集的特例.

事实上，若 $\mathscr{F}=\varnothing$，就有 $F=\varnothing,\overline{F}=\varnothing$；则(3.3.1)中 $X^f=\{u\mid u\in U,u\,\overline{\in}\,X,f(u)=x\in X\}=\varnothing$，(3.3.3)中 $X^{\bar{f}}=\{x\mid x\in X,\bar{f}(x)=u\,\overline{\in}\,X\}=\varnothing$，$A_s(X^*)=\varnothing$，$X^*=X$；$(R,\mathscr{F})_\circ(X^*)=\cup[x]=\{x\mid x\in U,[x]\subseteq X^*\}=\{x\mid x\in U,[x]\subseteq X\}=\cup[x]=R_-(X)$；$(R,\mathscr{F})^\circ(X^*)=\cup[x]=\{x\mid x\in U,[x]\cap X^*\neq\varnothing\}=\{x\mid x\in U,[x]\cap X\neq\varnothing\}=\cup[x]=R^-(X)$；
或者

$$((R,\mathscr{F})_\circ(X^*),(R,\mathscr{F})^\circ(X^*))_{\mathscr{F}=\varnothing}=(R_-(X),R^-(X))\qquad(3.3.9)$$

图 3.1、图 3.2 分别给出单向 S-粗集，双向 S-粗集的直观表示，图 3.3 给出双向 S-粗集的特征函数表示.

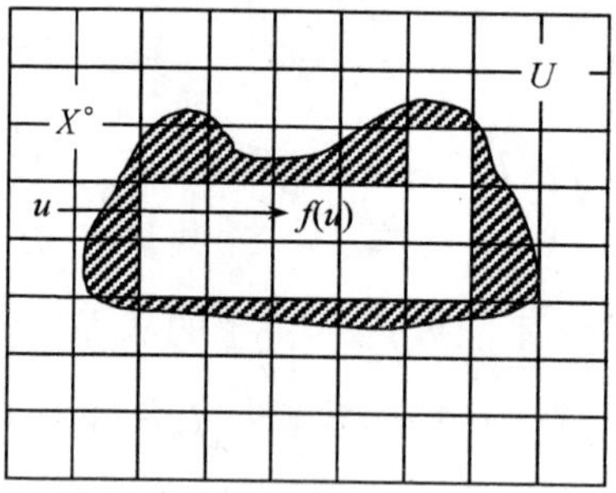

图 3.1

单向 S-集合 $X^\circ=X\cup\{u\mid u\in U,u\,\overline{\in}\,X,f(u)=x\in X\}$，$X^\circ$具有单向动态特性，存在单向 S-粗集 $((R,F)_\circ(X^\circ),(R,F)^\circ(X^\circ))$

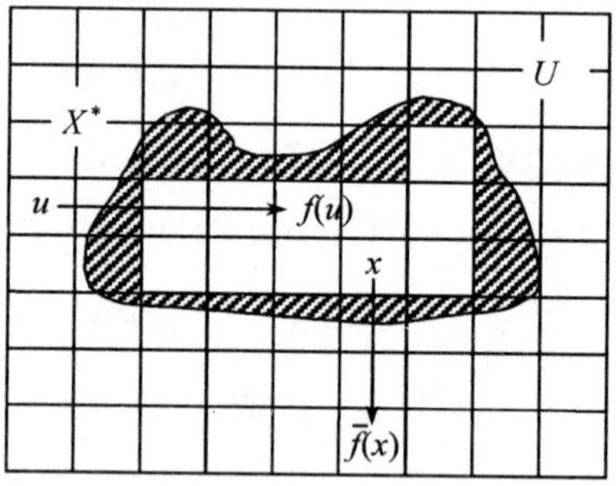

图 3.2

双向 S-集合 $X^*=X\cup\{u\mid u\in U,u\,\overline{\in}\,X,f(u)=x\in X\}-\{x\mid x\in X,\bar{f}(x)=u\,\overline{\in}\,X\}$，$X^*$ 具有双向动态特性，存在双向 S-粗集 $((R,\mathscr{F})_\circ(X^*),(R,\mathscr{F})^\circ(X^*))$

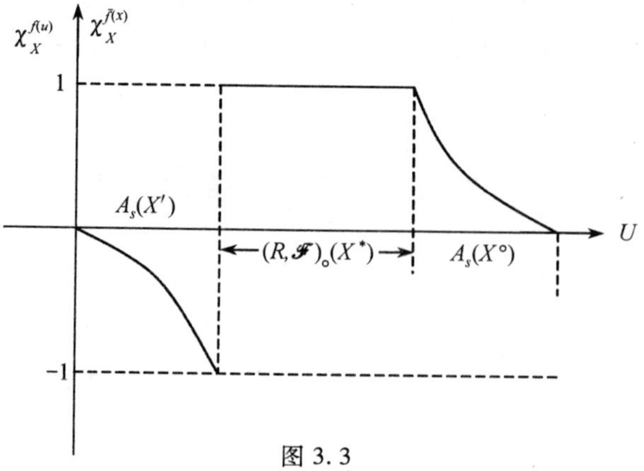

图 3.3

$(R,\mathscr{F})_\circ(X^*)$是 $X^*\subset U$ 的下近似，$A_s(X^\circ)=\{u\mid u\in U,u\,\overline{\in}\,X,f(u)=x\,\widetilde{\in}\,X\}$，$A_S(X')=\{x\mid x\in X,\bar{f}(x)=u\,\underset{\sim}{\in}\,X\}$；$A_s(X^\circ)$，$A_s(X')$分别是 $A_s(X^*)$的一个部分

单向 S-粗集的特征函数表示略.

由 $X^* \subset U$ 的双向 S-粗集得到:

单向 S-粗集对偶

在 $X^* \subset U$ 的双向 S-粗集 $((R,\mathscr{F})_\circ(X^*),(R,\mathscr{F})^\circ(X^*))$ 中,$\mathscr{F}=F\cup\overline{F}$,$F\neq\varnothing$,$\overline{F}\neq\varnothing$;若 $F=\varnothing$,则 $\mathscr{F}=\overline{F}$;(3.3.1)中的

$$\{u \mid u\in U, u\,\overline{\in}\,X,\ f(u)=x\in X\}=\varnothing \tag{3.3.10}$$

$$X^*=X' \tag{3.3.11}$$

$$X'=X-\{x \mid x\in X,\ \overline{f}(x)=u\,\overline{\in}\,X\} \tag{3.3.12}$$

$(R,\mathscr{F})_\circ(X^*)$,$(R,\mathscr{F})^\circ(X^*)$ 分别变成

$$\begin{aligned}(R,\overline{F})_\circ(X') &= \cup[x]\\ &=\{x \mid x\in U,[x]\subseteq X'\}\end{aligned} \tag{3.3.13}$$

$$\begin{aligned}(R,\overline{F})^\circ(X') &= \cup[x]\\ &=\{x \mid x\in U,[x]\cap X'\neq\varnothing\}\end{aligned} \tag{3.3.14}$$

其中 $(R,\overline{F})_\circ(X')$,$(R,\overline{F})^\circ(X')$ 分别是 $X'\subset U$ 的下近似,上近似;式(3.3.13)与式(3.3.14)构成了单向 S-粗集对偶,而且

$$((R,\overline{F})_\circ(X'),(R,\overline{F})^\circ(X')) \tag{3.3.15}$$

$((R,\overline{F})_\circ(X'),(R,\overline{F})^\circ(X'))$ 生成的副集 $A_s(X')$ 是

$$A_s(X')=\{x \mid x\in X,\ \overline{f}(x)=u\,\underset{\sim}{\in}\,X\} \tag{3.3.16}$$

容易得到单向 S-粗集对偶与 Z. Pawlak 粗集的关系,这些讨论,略.

设 $x_1,x_2,x_3,x_4,x_5,x_6,x_7,x_8$ 是 U 上的 8 个红色的苹果;依据给定属性 α_1 = 红色,得到元素等价类 $[x]_{(\alpha_1)}=\{x_1,x_2,x_3,x_4,x_5,x_6,x_7,x_8\}$;在属性 α_1 的条件下,$x_1,x_2,x_3,x_4,x_5,x_6,x_7,x_8$ 是不可分辨的(因为这些苹果都是红色的). 如果增加一个属性 α_2 = 直径 5cm,则在 $x_1\sim x_8$ 中存在 x_1,x_3,x_6;x_1,x_3,x_6 既具有属性 α_1 又具有属性 α_2. 依据 α_1,α_2 得到元素等价类 $[x]_{(\alpha_1,\alpha_2)}=\{x_1,x_3,x_6\}$;在属性 α_1,α_2 的条件下 x_1,x_3,x_6 是不可分辨的. 容易得到 $[x]_{(\alpha_1,\alpha_2)}=\{x_1,x_3,x_6\}\subset\{x_1,x_2,x_3,x_4,x_5,x_6,x_7,x_8\}=[x]_{(\alpha_1)}$;如此等等. 我们能获得这样的认识:依赖于属性 α_1,α_2 的元素等价类 $[x]_{(\alpha_1,\alpha_2)}$ 是依赖于属性 α_1 的元素等价类 $[x]_{(\alpha_1)}$ 的一个分解类. 这个简单的事实告诉我们,随着属性 α 的增加或者对属性集 α 中属性的补充,以 $[x]_\alpha$ 为基础能够得到 $[x]_\alpha$ 的多个不同的元

素分解类,这些分解类中的每一个都是元素等价类. 反之,对属性集 α 中属性的删除,$[x]_{(\alpha_1)}$ 的分解类$[x]_{(\alpha_1,\alpha_2)}$ 能够还原成$[x]_{(\alpha_1)}$. 显然,属性集 α 中属性的补充是依赖元素迁移 $f\in F$,或者说属性集 α 中属性的补充是由元素迁移 $f\in F$ 来完成. 属性集 α 中属性的删除是依赖元素迁移 $\bar{f}\in\bar{F}$,或者说属性集 α 中属性的删除是由元素迁移 $\bar{f}\in\bar{F}$ 来完成. 这个简短的事实使我们得到下面 3 个认识:

1° 设 $\alpha_1,\alpha_2,\cdots,\alpha_t$ 是属性集,$\alpha_1\subseteq\alpha_2\subseteq\cdots\subseteq\alpha_t$;若 $\alpha_i\subseteq\alpha_j$,则有 $[x]_{(\alpha_j)}\subseteq[x]_{(\alpha_i)}$.

2° 设$[x]_{(\alpha_1)},[x]_{(\alpha_2)},\cdots,[x]_{(\alpha_{t-1})},[x]_{(\alpha_t)}$ 是属性集 $\alpha_1,\alpha_2,\cdots,\alpha_{t-1},\alpha_t$ 决定的元素等价类,若$[x]_{(\alpha_t)}\subseteq[x]_{(\alpha_{t-1})}\subseteq\cdots\subseteq[x]_{(\alpha_2)}\subseteq[x]_{(\alpha_1)}$,则有 $\mathrm{card}(\alpha_1)\leqslant\mathrm{card}(\alpha_2)\leqslant\cdots\leqslant\mathrm{card}(\alpha_{t-1})\leqslant\mathrm{card}(\alpha_t)$.

3° $[x]_{(\alpha_1)}$ 分解成$[x]_{(\alpha_1,\alpha_2)}$,$[x]_{(\alpha_1,\alpha_2)}$ 分解成$[x]_{(\alpha_1,\alpha_2,\alpha_3)}$;$[x]_{(\alpha_1,\alpha_2,\alpha_3)}$ 还原成$[x]_{(\alpha_1,\alpha_2)}$,$[x]_{(\alpha_1,\alpha_2)}$ 还原成$[x]_{(\alpha_1)}$,在分解-还原过程中属性 $\alpha_i\in\alpha$ 不被丢失.

利用认识 1°～3°给出 S-粗集的分解与 S-粗集的还原的讨论,S-粗集的分解依赖于元素迁移 $f\in F$ 的存在,S-粗集的还原依赖于元素迁移 $\bar{f}\in\bar{F}$ 的存在. 在下面的讨论中,元素等价类,知识等概念,对它们不加区别,直接使用.

§3.4　分解基,f-分解类与还原基,$\bar{f}$-还原类

定义 3.4.1　设 $\alpha=\{\alpha_1,\alpha_2,\cdots,\alpha_t\}$ 是 V 上的属性集,$f\in F$ 是 V 上的元素迁移,α'是 V 上的一个属性,如果 $\alpha'\bar{\in}\alpha$, $f(\alpha')\in\alpha$,称 α^f是 α 的属性补充集,而且

$$\alpha^f=\{\alpha_1,\alpha_2,\cdots,\alpha_t,\beta\}=\alpha\cup\{\beta\}\tag{3.4.1}$$

其中 $\beta=f(\alpha')$.

定义 3.4.2　设 $\alpha=\{\alpha_1,\alpha_2,\cdots,\alpha_t\}$ 是 V 上的属性集,$\bar{f}\in\bar{F}$是 V 上的元素迁移;如果 $\alpha_j\in\alpha$, $\bar{f}(\alpha_j)\bar{\in}\alpha$,称 $\alpha^{\bar{f}}$是 α 的属性删除集,而且

$$\alpha^{\bar{f}}=\{\alpha_1,\alpha_2,\cdots,\alpha_{j-1},\alpha_{j+1},\cdots,\alpha_t\}=\alpha-\{\bar{f}(\alpha_j)\}\tag{3.4.2}$$

定义 3.4.3　具有属性 α^f的知识$[x]_{\alpha\cup\{f(\alpha')\}}$ 称作具有属性 α 的知识$[x]_\alpha$ 的一个 f-分解类;$[x]_\alpha$ 称作 f-分解类$[x]_{\alpha\cup\{f(\alpha')\}}$ 的分解基,$[x]_\alpha$ 记作$[x]_\alpha^f$.

定义 3.4.4　具有属性 $\alpha^{\bar{f}}$的知识$[x]_{\alpha\setminus\{\bar{f}(\alpha_j)\}}$ 称作具有属性 α 的知识$[x]_\alpha$ 的一个 $\bar{f}$-还原类;$[x]_\alpha$ 称作 $\bar{f}$-还原类$[x]_{\alpha\setminus\{\bar{f}(\alpha_j)\}}$ 的还原基,$[x]_\alpha$ 记作$[x]_\alpha^{\bar{f}}$.

分解基,还原基的解释:知识$[x]_\alpha$ 的 f-分解是从$[x]_\alpha$ 开始的;所有 f-分解类是由$[x]_\alpha$ 得到的,$[x]_\alpha$是 f-分解的基础,简称$[x]_\alpha^f=[x]_\alpha$ 是分解基. 知识$[x]_\alpha$ 的 $\bar{f}$-还原,是从$[x]_\alpha$ 开始的;所有 $\bar{f}$-还原类是由$[x]_\alpha$ 得到的,$[x]_\alpha$是 $\bar{f}$-还原的基础,简称$[x]_\alpha^{\bar{f}}=[x]_\alpha$ 是还原基.

由定义 3.4.1 ~ 3.4.4 容易得到：

命题 1 $[x]_{\alpha\cup\{f(\alpha')\}}$ 的属性集 α^f 与 $[x]_\alpha$ 的属性集 α 满足

$$\mathrm{card}(\alpha)\leqslant\mathrm{card}(\alpha^f) \tag{3.4.3}$$

其中 $\alpha'\,\bar{\in}\,\alpha,\ f(\alpha')\in\alpha$.

命题 2 $[x]_{\alpha\setminus\{\bar{f}(\alpha_j)\}}$ 的属性集 $\alpha^{\bar{f}}$ 与 $[x]_\alpha$ 的属性集 α 满足

$$\mathrm{card}(\alpha^{\bar{f}})\leqslant\mathrm{card}(\alpha) \tag{3.4.4}$$

其中 $\alpha_j\in\alpha,\ \bar{f}(\alpha_j)\,\bar{\in}\,\alpha$.

命题 3 分解基 $[x]_\alpha^f$ 与它的 f-分解类 $[x]_{\alpha\cup\{f(\alpha')\}}$ 满足

$$\mathrm{card}([x]_{\alpha\cup\{f(\alpha')\}})\leqslant\mathrm{card}([x]_\alpha^f) \tag{3.4.5}$$

命题 4 还原基 $[x]_\alpha^{\bar{f}}$ 与它的 $\bar{f}$-还原类 $[x]_{\alpha\setminus\{\bar{f}(\alpha_j)\}}$ 满足

$$\mathrm{card}([x]_\alpha^{\bar{f}})\leqslant\mathrm{card}([x]_{\alpha\setminus\{\bar{f}(\alpha_j)\}}) \tag{3.4.6}$$

其中 $\mathrm{card}([x]_\alpha^f)$，$\mathrm{card}([x]_\alpha^{\bar{f}})$，$\mathrm{card}([x]_{\alpha\cup\{f(\alpha')\}})$，$\mathrm{card}([x]_{\alpha\setminus\{\bar{f}(\alpha_j)\}})$ 分别是 $[x]_\alpha^f$，$[x]_\alpha^{\bar{f}}$，$[x]_{\alpha\cup\{f(\alpha')\}}$，$[x]_{\alpha\setminus\{\bar{f}(\alpha_j)\}}$ 的基数.

命题 1 ~ 4 是直接的事实，证明略. 由定义 3.4.1 ~ 3.4.4 和命题 1 ~ 4 得到定理 3.4.1 ~ 3.4.4.

定理 3.4.1（分解基上有限 f-分解类定理） 设 $[x]_\alpha^f$ 是 f-分解类 $[x]_{\alpha\cup\{f(\alpha')\}}$ 的分解基，则在 $[x]_\alpha^f$ 上存在有限个 f-分解类；如果它们当中的任意两个 f-分解类的属性差集 $\{\alpha\cup\{f(\alpha')\}\}\setminus\alpha$，$\{\alpha\cup\{f(\alpha'')\}\}\setminus\alpha$ 满足

$$\{\{\alpha\cup\{f(\alpha')\}\}\setminus\alpha\}\cap\{\{\alpha\cup\{f(\alpha'')\}\}\setminus\alpha\}=\varnothing$$

则

$$[x]_{\alpha\cup\{f(\alpha')\}}\cap[x]_{\alpha\cup\{f(\alpha'')\}}=\varnothing \tag{3.4.7}$$

定理 3.4.2（还原基上有限 $\bar{f}$-还原类定理） 设 $[x]_\alpha^{\bar{f}}$ 是 $\bar{f}$-还原类 $[x]_{\alpha\setminus\{\bar{f}(\alpha_j)\}}$ 的还原基，则在 $[x]_\alpha^{\bar{f}}$ 上存在有限个 $\bar{f}$-还原类；如果它们当中的任意两个 $\bar{f}$-还原类的属性差集 $\alpha\setminus\{\bar{f}(\alpha_i)\}$，$\alpha\setminus\{\bar{f}(\alpha_j)\}$ 满足 $\{\alpha\setminus\{\bar{f}(\alpha_i)\}\}\cap\{\{\alpha\setminus\{\bar{f}(\alpha_j)\}\}\neq\varnothing$，则

$$[x]_{\alpha\setminus\{\bar{f}(\alpha_i)\}}\cap[x]_{\alpha\setminus\{\bar{f}(\alpha_j)\}}\neq\varnothing \tag{3.4.8}$$

定理 3.4.1 ~ 3.4.2 的证明由定义 3.4.1 ~ 3.4.4 直接得到，证明略.

定理 3.4.3（最小 f-分解类与最大属性集定理） 若 $[x]^\circ_{\alpha\cup\{f(\alpha')\}}$ 是 $[x]_\alpha^f$ 的最小 f-分解类，$(\alpha^f)^\circ\cup$ 是 $[x]^\circ_{\alpha\cup\{f(\alpha')\}}$ 的属性集，则

1° $$[x]^\circ_{\substack{\alpha\cup\{f(\alpha')\}\\ \alpha'\bar{\in}\alpha}}=\{x\} \tag{3.4.9}$$

2° $$\mathrm{card}((\alpha^f)^\circ\cup)=n+m \tag{3.4.10}$$

其中$\{x\}$是一个元素 x 构成的集合.

证明 1° 设 α 是一个属性集，$\alpha=\{\alpha_1,\alpha_2,\cdots,\alpha_n\}$，$\alpha'_i$ 是属性，$\alpha'_i \bar{\in} \alpha, i=1,2,\cdots,m$；$F$ 是 V 上的元素迁移，$F=\{f_1, f_2,\cdots,\cup f_m\}$，构造属性集 $\alpha_1=\alpha\cup\{f_1(\alpha'_1)\}$，$\alpha_2=\alpha\cup\{f_1(\alpha'_1),\cup f_2(\alpha'_2)\},\cdots,\alpha_m=\alpha\cup\{f_1(\alpha'_1), f_2(\alpha'_2),\cdots, f_m(\alpha'_m)\}$，则有

$$\alpha_1\subseteq\alpha_2\subseteq\cdots\subseteq\alpha_m$$

容易得到：$\alpha_1,\alpha_2,\cdots,\alpha_m$ 对应的知识$[x]_{\alpha_1},[x]_{\alpha_2},\cdots,[x]_{\alpha_m}$满足

$$\text{card}([x]_{\alpha_m})\leqslant\text{card}([x]_{\alpha_{m-1}})\leqslant\cdots\leqslant\text{card}([x]_{\alpha_1})$$

或者

$$[x]_{\alpha_m}\subseteq[x]_{\alpha_{m-1}}\subseteq\cdots\subseteq[x]_{\alpha_1}$$

令$[x]_{\alpha_m}=[x]^{\circ}_{\alpha\cup\{f(\alpha')\}}$，则$[x]^{\circ}_{\alpha\cup\{f(\alpha')\}}$是最小 f-分解类. 显然，若$[x]^{\circ}_{\alpha\cup\{f(\alpha')\}}\neq\varnothing$，则存在唯一的$[x]^{\circ}_{\alpha\cup\{f(\alpha')\}}$，它是由一个元素 x 组成，而且$[x]^{\circ}_{\alpha\cup\{f(\alpha')\}}=\{x\}$；对于任何的 f-分解类$[x]_{\alpha\cup\{f(\alpha')\}}$，都有

$$[x]^{\circ}_{\alpha\cup\{f(\alpha')\}}\subset[x]_{\alpha\cup\{f(\alpha')\}}$$

因此，$[x]^{\circ}_{\alpha\cup\{f(\alpha')\}}$是所有 f-分解类中的最小的.

这里指出：空集$\varnothing$在这里仅有理论意义，在系统识别中无实际意义，$\{\varnothing\}$这里不被定义.

2° 设 $\alpha=\{\alpha_1,\alpha_2,\cdots,\alpha_n\}$，$\alpha'_i$是一些属性，$\alpha'_i\bar{\in}\alpha, i=1,2,\cdots,m$；由元素迁移的概念，令 $f_1(\alpha'_1)\in\alpha, f_2(\alpha'_2)\in\alpha,\cdots, f_m(\alpha'_m)\in\alpha$，则有

$$(\alpha^f)^{\circ}=\alpha\cup\{f_1(\alpha'_1), f_2(\alpha'_2),\cdots, f_m(\alpha'_m)\}$$

$$\text{card}((\alpha^f)^{\circ}\cup)=n+m$$

得到式(3.4.10).

容易得到：

定理 3.4.4(最大 $\bar{f}$-还原类与最小属性集定理) 若$[x]^{\bullet}_{\alpha\setminus\{\bar{f}(\alpha_j)\}}$是$[x]^{\bar{f}}_{\alpha}$ 的最大 $\bar{f}$-还原类，$(\alpha^{\bar{f}})^{\bullet}$是$[x]^{\bullet}_{\alpha\setminus\{\bar{f}(\alpha_j)\}}$的属性集，则

1° $[x]^{\bullet}_{\alpha\setminus\{\bar{f}(\alpha_j)\}}=[x]^{*}$ (3.4.11)

2° $\text{card}((\alpha^{\bar{f}})^{\bullet})=1$ (3.4.12)

其中$[x]^{\bullet}$是$(\alpha^{\bar{f}})^{\bullet}$对应的元素等价类.

§3.5 S -粗集的 F-分解定理

约定 在这一节的 F-分解讨论中，仅确认 $f\in F$ 在 F-分解中的作用($\overline{F}=\varnothing$)，

在这个条件下$(R,\mathscr{F})_{\circ}(X^{*})$,$(R,\mathscr{F})^{\circ}(X^{*})$被分别特别的记作$(R,F)_{\circ}(X^{*})$,$(R,F)^{\circ}(X)^{*}$;这些记号不被误解.

定义 3.5.1　称$(R,F)_{\circ}(X^{*})_{\beta}$是下近似$(R,F)_{\circ}(X^{*})_{\alpha}$的$F$-分解,如果$[x]_{\beta}$是$[x]_{\alpha}$的$f$-分解类,而且

$$\begin{aligned}(R,F)_{\circ}(X^{*})_{\beta}&=\cup[x]_{\beta}\\&=\{x\mid x\in U,[x]_{\beta}\subseteq X^{*}\}\end{aligned}\tag{3.5.1}$$

这里$[x]_{\beta}=[x]_{\alpha\cup\{f(\alpha'_i)\}}$,$\alpha$是属性集,$\alpha=\{\alpha_1,\alpha_2,\cdots,\alpha_t\}$,$\alpha'_i$是属性,$\alpha'_i\,\overline{\in}\,\alpha$,$f(\alpha'_i)\in\alpha$,$\beta=\alpha\cup\{f(\alpha'_i)\}$.

定义 3.5.2　称$(R,F)^{\circ}(X^{*})_{\beta}$是上近似$(R,F)^{\circ}(X^{*})_{\alpha}$的$F$-分解,如果$[x]_{\beta}$是$[x]_{\alpha}$的$f$-分解类,而且

$$\begin{aligned}(R,F)^{\circ}(X^{*})_{\beta}&=\cup[x]_{\beta}\\&=\{x\mid x\in U,[x]_{\beta}\cap X^{*}\neq\varnothing\}\end{aligned}\tag{3.5.2}$$

定义 3.5.3　称$((R,F)_{\circ}(X^{*})_{\beta},(R,F)^{\circ}(X^{*})_{\beta})$是$((R,F)_{\circ}(X^{*})_{\alpha},(R,F)^{\circ}(X^{*})_{\alpha})$的一个$F$-分解粗集,若$(R,F)_{\circ}(X^{*})_{\beta}$,$(R,F)^{\circ}(X^{*})_{\beta}$分别是$(R,F)_{\circ}(X^{*})_{\alpha}$,$(R,F)^{\circ}(X^{*})_{\alpha}$的$F$-分解,而且

$$(R,F)_{\circ}(X^{*})_{\beta}\subseteq(R,F)_{\circ}(X^{*})_{\alpha}\tag{3.5.3}$$

$$(R,F)^{\circ}(X^{*})_{\beta}\subseteq(R,F)^{\circ}(X^{*})_{\alpha}\tag{3.5.4}$$

其中属性集α,β满足$\alpha\subseteq\beta$.

由定义 3.5.1 ~ 3.5.3 得到:

定理 3.5.1(S-粗集的第一 F-分解定理)　设$((R,F)_{\circ}(X^{*})_{\beta},(R,F)^{\circ}(X^{*})_{\beta})$是$((R,F)_{\circ}(X^{*})_{\alpha},(R,F)^{\circ}(X^{*})_{\alpha})$的$F$-分解粗集,则

$$((R,F)_{\circ}(X^{*})_{\alpha},(R,F)^{\circ}(X^{*})_{\alpha})=\bigcup_{\substack{\beta=\alpha\cup\{f(\alpha'_i)\}\\ \alpha'_i\overline{\in}\alpha}}((R,F)_{\circ}(X^{*})_{\beta},(R,F)^{\circ}(X^{*})_{\beta})\tag{3.5.5}$$

其中$\alpha=\{\alpha_1,\alpha_2,\cdots,\alpha_t\}$,$\alpha'_i\,\overline{\in}\,\alpha$,$i=1,2,\cdots,m$,$\cup f(\alpha'_i)\in\alpha$.

证明　设α'是属性集,$\alpha'=\{\alpha'_1,\alpha'_2,\cdots,\alpha'_m\}$,$\alpha\cap\alpha'=\varnothing$;利用$F=\{f_1,f_2,\cdots,f_m\}$;则有序列

$$\begin{aligned}&\overline{\alpha}_0=\alpha\\&\overline{\alpha}_1=\alpha\cup\{f_1(\alpha'_1)\}\\&\overline{\alpha}_2=\alpha\cup\{f_1(\alpha'_1),f_2(\alpha'_2)\}\\&\qquad\vdots\end{aligned}$$

$$\bar{\alpha}_{m-1}=\alpha\cup\{f_1(\alpha'_1),f_2(\alpha'_2),\cdots,f_{m-1}(\alpha'_{m-1})\}$$
$$\bar{\alpha}_m=\alpha\cup\{f_1(\alpha'_1),f_2(\alpha'_2),\cdots,f_{m-1}(\alpha'_{m-1}),f_m(\alpha'_m)\}$$

由序列得到

$$\mathrm{card}([x]_{\bar{\alpha}_m})\leqslant\mathrm{card}([x]_{\bar{\alpha}_{m-1}})\leqslant\cdots\leqslant\mathrm{card}([x]_{\bar{\alpha}_1})\leqslant\mathrm{card}([x]_{\bar{\alpha}_0})$$

或者

$$[x]_{\bar{\alpha}_m}\subseteq[x]_{\bar{\alpha}_{m-1}}\subseteq\cdots\subseteq[x]_{\bar{\alpha}_1}\subseteq[x]_{\bar{\alpha}_0}=[x]_\alpha$$

$$\bigcup_{i=1}^{m}[x]_{\bar{\alpha}_i}=[x]_\alpha$$

令 $\beta=\alpha\cup\{f_i(\alpha'_i)\mid f_i\in F,i=1,2,\cdots,m\}=\alpha\cup\{f(\alpha')\}$，则有

$$\bigcup_{\substack{\beta=\alpha\cup\{f(\alpha')\}\\ \alpha'\bar{\in}\alpha}}(R,F)_\circ(X^*)_\beta=(R,F)_\circ(X^*)_\alpha$$

$$\bigcup_{\substack{\beta=\alpha\cup\{f(\alpha')\}\\ \alpha'\bar{\in}\alpha}}(R,F)^\circ(X^*)_\beta=(R,F)^\circ(X^*)_\alpha$$

因此

$$((R,F)_\circ(X^*)_\alpha,(R,F)^\circ(X^*)_\alpha)=\bigcup_{\substack{\beta=\alpha\cup\{f(\alpha'_i)\}\\ \alpha'_i\bar{\in}\alpha}}((R,F)_\circ(X^*)_\beta,(R,F)^\circ(X^*)_\beta)$$

定理 3.5.2（*S*-粗集的第二 *F*-分解定理）　给定属性集 P,Q,R,α；$\alpha\subseteq P\subseteq Q\subseteq R$；而且满足

$$((R,F)_\circ(X^*)_R,(R,F)^\circ(X^*)_R)\subseteq((R,F)_\circ(X^*)_Q,$$
$$(R,F)^\circ(X^*)_Q)\subseteq((R,F)_\circ(X^*)_P,(R,F)^\circ(X^*)_P)\qquad(3.5.6)$$

则

$$((R,F)_\circ(X^*)_\alpha,(R,F)^\circ(X^*)_\alpha)=\bigcup_{\alpha\subseteq Q}((R,F)_\circ(X^*)_Q,(R,F)^\circ(X^*)_Q)\qquad(3.5.7)$$

证明　令 $\bar{R}=R\cup\{f(r')\},r'\bar{\in}R$；$\bar{Q}=Q\cup\{f(q')\},q'\bar{\in}Q$；$\bar{P}=P\cup\{f(p')\}$，$p'\bar{\in}P$；利用定理 3.5.1，容易得到

$$((R,F)_\circ(X^*)_\alpha,(R,F)^\circ(X^*)_\alpha)$$
$$=\bigcup_{\substack{\bar{R}=R\cup\{f(r')\}\\ r'\bar{\in}R}}((R,F)_\circ(X^*)_{\bar{R}},(R,F)^\circ(X^*)_{\bar{R}})\qquad(3.5.8)$$

$$((R,F)_\circ(X^*)_\alpha,(R,F)^\circ(X^*)_\alpha)$$
$$=\bigcup_{\substack{\bar{P}=P\cup\{f(p')\}\\ p'\bar{\in}P}}((R,F)_\circ(X^*)_{\bar{P}},(R,F)^\circ(X^*)_{\bar{P}})\qquad(3.5.9)$$

利用式(3.5.8)、式(3.5.9)而且 $P\cup\{f(p')\}\subseteq Q\cup\{f(q')\}\subseteq R\cup\{f(r')\}$ 得

$$\bigcup_{\substack{\overline{R}=R\cup\{f(r')\}\\ r'\overline{\in}R}}((R,F)_{\circ}(X^{*})_{\overline{R}},(R,F)^{\circ}(X^{*})_{\overline{R}})$$

$$\subseteq\bigcup_{\substack{\overline{Q}=Q\cup\{f(q')\}\\ q'\overline{\in}Q}}((R,F)_{\circ}(X^{*})_{\overline{Q}},(R,F)_{\circ}(X^{*})_{\overline{Q}})$$

$$\subseteq\bigcup_{\substack{\overline{P}=P\cup\{f(p')\}\\ p'\overline{\in}P}}((R,F)_{\circ}(X^{*})_{\overline{P}},(R,F)^{\circ}(X^{*})_{\overline{P}}) \tag{3.5.10}$$

因为 $\alpha\subseteq Q$ 或者 $\mathrm{card}(\alpha)\leqslant\mathrm{card}(Q)$，令 $\overline{Q}=Q$，由式(2.5.8)、式(2.5.9)、式(3.5.10)得到

$$((R,F)_{\circ}(X^{*})_{\alpha},(R,F)^{\circ}(X^{*})_{\alpha})=\bigcup_{\alpha\subseteq Q}((R,F)_{\circ}(X^{*})_{Q},(R,F)^{\circ}(X^{*})_{Q})$$

定理 3.5.3(S-粗集的第三 F-分解定理)　$((R,F)_{\circ}(X^{*})_{\beta},(R,F)^{\circ}(X^{*})_{\beta})$是$((R,F)_{\circ}(X^{*})_{\overline{\alpha}},(R,F)^{\circ}(X^{*})_{\overline{\alpha}})$的 F-分解粗集，则

$$((R,F)_{\circ}(X^{*})_{\overline{\alpha}},(R,F)^{\circ}(X^{*})_{\overline{\alpha}})=\bigcup_{\overline{\alpha}\subseteq\beta}((R,F)_{\circ}(X^{*})_{\beta},(R,F)^{\circ}(X^{*})_{\beta}) \tag{3.5.11}$$

其中 $\overline{\alpha},\beta$ 是属性集，$\overline{\alpha}=\alpha\setminus\{\overline{f}(\alpha_i)\}$，$\alpha_i\in\alpha$，$i=1,2,\cdots,\lambda$；　$\beta=\overline{\alpha}\cup\{f(\alpha'_j)\}$，$\alpha'_j\overline{\in}\alpha$，$j=1,2,\cdots,h$，$\lambda\leqslant h$，且 $\overline{\alpha}\subseteq\beta$.

证明　利用定理 3.5.1 而且 $\overline{\alpha}\subseteq\beta$，容易得到(3.5.11)，证明略.

由定理 3.5.1～3.5.3 得到：

***F*-分解的属性依赖原理**

S-粗集存在着多个 F-分解粗集，它们当中的每一个都是 S-粗集. 每一个 F-分解粗集的存在依赖于属性集 α 的属性的补充，F-分解粗集的结构不因为在 α 中被补充的属性的多和少而改变.

***F*-分解的最大属性集原理**

在 S-粗集的所有 F-分解粗集中，存在一个 F-分解粗集，这个 F-分解粗集的属性集包含的属性个数最多.

§3.6　S-粗集的 $\overline{F}$-还原定理

约定　在这一节的 $\overline{F}$-还原讨论中，仅确认 $\overline{f}\in\overline{F}$ 在 $\overline{F}$-还原中的作用($F=\varnothing$)，在这个条件下$(R,\mathscr{F})_{\circ}(X^{*})$，$(R,\mathscr{F})^{\circ}(X^{*})$被分别特别的记作$(R,\overline{F})_{\circ}(X^{*})$，$(R,\overline{F})^{\circ}(X^{*})$，这些记号不被误解.

设 $\overline{\beta}$ 是被 $\bar{f}\in\overline{F}$ 生成的属性集，$\overline{\beta}=\alpha\backslash\beta=\alpha\backslash\{\beta_1,\beta_2,\beta_3,\cdots,\beta_m\}=\{\alpha_1,\alpha_2,\cdots,\alpha_n\}\backslash\{\bar{f}_1(\alpha_1),\bar{f}_2(\alpha_2),\cdots,\bar{f}_m(\alpha_m)\}$，$\forall\alpha_j\in\alpha$，$\bar{f}_j(\alpha_j)\,\overline{\in}\,\alpha$，$\bar{f}_j(\alpha_j)=\beta_j$，$j=1,2,\cdots,m$；$m<n$.

定义 3.6.1 称 $(R,\overline{F})_\circ(X^*)_{\overline{\beta}}$ 是下近似 $(R,\overline{F})_\circ(X^*)_\alpha$ 的 $\overline{F}$-还原，如果 $[x]_{\overline{\beta}}$ 是 $[x]_\alpha$ 的 $\bar{f}$-还原类，而且

$$
\begin{aligned}
(R,\overline{F})_\circ(X^*)_{\overline{\beta}} &= \cup[x]_{\overline{\beta}} \\
&= \{x\,|\,x\in U,[x]_{\overline{\beta}}\subseteq X^*\}
\end{aligned}
\tag{3.6.1}
$$

其中 $[x]_{\overline{\beta}}=[x]_{\alpha\backslash\{\bar{f}(\alpha_i)\}}$.

定义 3.6.2 称 $(R,\overline{F})^\circ(X^*)_{\overline{\beta}}$ 是上近似 $(R,\overline{F})^\circ(X^*)_\alpha$ 的 $\overline{F}$-还原，如果 $[x]_{\overline{\beta}}$ 是 $[x]_\alpha$ 的 $\bar{f}$-还原类，而且

$$
\begin{aligned}
(R,\overline{F})^\circ(X^*)_{\overline{\beta}} &= \cup[x]_{\overline{\beta}} \\
&= \{x\,|\,x\in U,[x]_{\overline{\beta}}\cap X^*\neq\varnothing\}
\end{aligned}
\tag{3.6.2}
$$

定义 3.6.3 称 $((R,\overline{F})_\circ(X^*)_{\overline{\beta}},(R,\overline{F})^\circ(X^*)_{\overline{\beta}})$ 是 $((R,\overline{F})_\circ(X^*)_\alpha,(R,\overline{F})^\circ(X^*)_\alpha)$ 的 $\overline{F}$-还原粗集，如果 $(R,\overline{F})_\circ(X^*)_{\overline{\beta}}$，$(R,\overline{F})^\circ(X^*)_{\overline{\beta}}$ 分别是 $(R,\overline{F})_\circ(X^*)_\alpha$，$(R,\overline{F})^\circ(X^*)_\alpha$ 的 $\overline{F}$-还原，而且

$$(R,\overline{F})_\circ(X^*)_\alpha\subseteq(R,\overline{F})_\circ(X^*)_{\overline{\beta}} \tag{3.6.3}$$

$$(R,\overline{F})^\circ(X^*)_\alpha\subseteq(R,\overline{F})^\circ(X^*)_{\overline{\beta}} \tag{3.6.4}$$

其中属性集 $\alpha,\overline{\beta}$ 满足 $\overline{\beta}\subseteq\alpha$.

由定义 3.6.1 ~3.6.3 得到：

定理3.6.1（S-粗集的第一 $\overline{F}$-还原定理） 设 $((R,\overline{F})_\circ(X^*)_{\overline{\beta}},(R,\overline{F})^\circ(X^*)_{\overline{\beta}})$ 是 $((R,\overline{F})_\circ(X^*)_\alpha,(R,\overline{F})^\circ(X^*)_\alpha)$ 的 $\overline{F}$-还原粗集，则

$$((R,\overline{F})_\circ(X^*)_\alpha,(R,\overline{F})^\circ(X^*)_\alpha)=\bigcap_{\substack{\overline{\beta}=\alpha\backslash\{\bar{f}(\alpha_i)\}\\ \alpha_i\in\alpha}}((R,\overline{F})_\circ(X^*)_{\overline{\beta}},(R,\overline{F})^\circ(X^*)_{\overline{\beta}}) \tag{3.6.5}$$

证明 取属性集 $\overline{\beta}=\alpha\backslash\beta=\{\alpha_1,\alpha_2,\cdots,\alpha_n\}\backslash\{\beta_1,\beta_2,\beta_3,\cdots,\beta_m\}$，$m<n$；对于每一个 $\bar{f}_i\in\overline{F}$，$i=1,2,\cdots,m$，得到 $[x]_{\alpha\backslash\{\bar{f}_1(\alpha_1)\}}$，$[x]_{\alpha\backslash\{\bar{f}_1(\alpha_1),\bar{f}_2(\alpha_2)\}}$，$\cdots$，$[x]_{\alpha\backslash\{\bar{f}_1(\alpha_1),\bar{f}_2(\alpha_2),\cdots,\bar{f}_m(\alpha_m)\}}$，则有序列

$$\mathrm{card}([x]_{\alpha\backslash\{\bar{f}_1(\alpha_1)\}})\leqslant\mathrm{card}([x]_{\alpha\backslash\{\bar{f}_1(\alpha_1),\bar{f}_2(\alpha_2)\}})\leqslant\cdots\leqslant\mathrm{card}([x]_{\alpha\backslash\{\bar{f}_1(\alpha_1),\cdots,\bar{f}_m(\alpha_m)\}})$$

或者

$$[x]_{\alpha\backslash\{\bar{f}_1(\alpha_1)\}}\subseteq[x]_{\alpha\backslash\{\bar{f}_1(\alpha_1),\bar{f}_2(\alpha_2)\}}\subseteq\cdots\subseteq[x]_{\alpha\backslash\{\bar{f}_1(\alpha_1),\cdots,\bar{f}_m(\alpha_m)\}}$$

显然有

$$\alpha \setminus \{\bar{f}_1(\alpha_1), \cdots, \bar{f}_m(\alpha_m)\} \subseteq \cdots \subseteq \alpha \setminus \{\bar{f}_1(\alpha_1), \bar{f}_2(\alpha_2)\} \subseteq \alpha \setminus \{\bar{f}_1(\alpha_1)\} \subseteq \alpha$$

因此得到

$$(R,\overline{F})_{\circ}(X^*)_{\alpha} \subseteq (R,\overline{F})_{\circ}(X^*)_{\alpha\setminus\{\bar{f}_1(\alpha_1)\}} \subseteq \cdots \subseteq (R,\overline{F})_{\circ}(X^*)_{\alpha\setminus\{\bar{f}_1(\alpha_1),\cdots,\bar{f}_m(\alpha_m)\}}$$

$$(R,\overline{F})^{\circ}(X^*)_{\alpha} \subseteq (R,\overline{F})^{\circ}(X^*)_{\alpha\setminus\{\bar{f}_1(\alpha_1)\}} \subseteq \cdots \subseteq (R,\overline{F})^{\circ}(X^*)_{\alpha\setminus\{\bar{f}_1(\alpha_1),\cdots,\bar{f}_m(\alpha_m)\}}$$

$$((R,\overline{F})_{\circ}(X^*)_{\alpha},(R,\overline{F})^{\circ}(X^*)_{\alpha}) \subseteq ((R,\overline{F})_{\circ}(X^*)_{\alpha\setminus\{\bar{f}_1(\alpha_1)\}},(R,\overline{F})^{\circ}(X^*)_{\alpha\setminus\{\bar{f}_1(\alpha_1)\}})$$

$$\subseteq \cdots \subseteq ((R,\overline{F})_{\circ}(X^*)_{\alpha\setminus\{\bar{f}_1(\alpha_1),\cdots,\bar{f}_m(\alpha_m)\}},(R,\overline{F})^{\circ}(X^*)_{\alpha\setminus\{\bar{f}_1(\alpha_1),\cdots,\bar{f}_m(\alpha_m)\}})$$

因此下式成立:

$$((R,\overline{F})_{\circ}(X^*)_{\alpha},(R,\overline{F})^{\circ}(X^*)_{\alpha}) = \bigcap_{\substack{\bar{\beta}=\alpha\setminus\{\bar{f}(\alpha_i)\} \\ \alpha_i\in\alpha}} ((R,\overline{F})_{\circ}(X^*)_{\bar{\beta}},(R,\overline{F})^{\circ}(X^*)_{\bar{\beta}})$$

定理 3.6.2(S-粗集的第二 $\overline{F}$-还原定理) 给定属性 P,Q,R,α;$R\subseteq Q\subseteq P\subseteq \alpha$,而且满足

$$((R,\overline{F})_{\circ}(X^*)_{P},(R,\overline{F})^{\circ}(X^*)_{P}) \subseteq ((R,\overline{F})_{\circ}(X^*)_{Q},(R,\overline{F})^{\circ}(X^*)_{Q})$$

$$\subseteq ((R,\overline{F})_{\circ}(X^*)_{R},(R,\overline{F})^{\circ}(X^*)_{R}) \tag{3.6.6}$$

则

$$((R,\overline{F})_{\circ}(X^*)_{\alpha},(R,\overline{F})^{\circ}(X^*)_{\alpha}) = \bigcap_{Q\subseteq\alpha} ((R,\overline{F})_{\circ}(X^*)_{Q},(R,\overline{F})^{\circ}(X^*)_{Q}) \tag{3.6.7}$$

证明与定理 3.5.2 的证明相似,证明略.

定理3.6.3(S-粗集的第三 $\overline{F}$-还原定理) 设$((R,\overline{F})_{\circ}(X^*)_{\beta},(R,\overline{F})^{\circ}(X^*)_{\beta})$是$((R,\overline{F})_{\circ}(X^*)_{\bar{\alpha}},(R,\overline{F})^{\circ}(X^*)_{\bar{\alpha}})$的 $\overline{F}$-还原粗集,则

$$((R,\overline{F})_{\circ}(X^*)_{\bar{\alpha}},(R,\overline{F})^{\circ}(X^*)_{\bar{\alpha}}) = \bigcap_{\bar{\alpha}\subseteq\beta} ((R,\overline{F})_{\circ}(X^*)_{\beta},(R,\overline{F})^{\circ}(X^*)_{\beta}) \tag{3.6.8}$$

其中 $\bar{\alpha},\beta$ 是属性集,$\bar{\alpha}=\alpha\setminus\{\bar{f}(\alpha_i)\}$,$\alpha_i\in\alpha$;$\beta=\bar{\alpha}\cup\{f(\alpha'_j)\}$,$\alpha'_j\,\bar{\in}\,\alpha$,$i<j$ 而且 $\bar{\alpha}\subseteq\beta$.

证明 利用定理 3.6.1 直接得到,证明略.

由定理 3.6.1 ~ 3.6.3 得到:

$\overline{F}$-还原的属性依赖原理

S-粗集存在着多个 $\overline{F}$-还原粗集,它们当中的每一个都是 S-粗集. 每一个 $\overline{F}$-还原粗集的存在依赖于属性集 α 中的属性的删除,$\overline{F}$-还原粗集的结构不因为在 α 中被删除的属性的多和少而改变.

$\overline{F}$-还原的最小属性集原理

在 S-粗集的所有 $\overline{F}$-还原粗集中，存在一个 $\overline{F}$-还原粗集，这个 $\overline{F}$-还原粗集的属性集包含的属性个数最少.

§3.7　F-分解-$\overline{F}$-还原的关系与分解基-还原基的不变性

定理 3.7.1（F-分解与 $\overline{F}$-还原的第一关系定理）　设 $((R,F)_{\circ}(X^*)_{\beta},(R,F)^{\circ}(X^*)_{\beta})$ 是 $((R,F)_{\circ}(X^*)_{\alpha},(R,F)^{\circ}(X^*)_{\alpha})$ 的 F-分解，$((R,\overline{F})_{\circ}(X^*)_{\overline{\beta}},(R,\overline{F})^{\circ}(X^*)_{\overline{\beta}})$ 是 $((R,\overline{F})_{\circ}(X^*)_{\alpha},(R,\overline{F})^{\circ}(X^*)_{\alpha})$ 的 $\overline{F}$-还原，则

$$\bigcup_{\substack{\beta=\alpha\cup\{f(\alpha')\}\\ \alpha'\overline{\in}\alpha}}((R,F)_{\circ}(X^*)_{\beta},(R,F)^{\circ}(X^*)_{\beta})$$
$$=\bigcap_{\substack{\overline{\beta}=\alpha\setminus\{\overline{f}(\alpha)\}\\ \alpha_i\in\alpha}}((R,\overline{F})_{\circ}(X^*)_{\overline{\beta}},(R,\overline{F})^{\circ}(X^*)_{\overline{\beta}})\tag{3.7.1}$$

定理 3.7.2（F-分解与 $\overline{F}$-还原的第二关系定理）　设 $((R,F)_{\circ}(X^*)_{Q},(R,F)^{\circ}(X^*)_{Q})$ 是 $((R,F)_{\circ}(X^*)_{\alpha},(R,F)^{\circ}(X^*)_{\alpha})$ 的 F-分解，$((R,\overline{F})_{\circ}(X^*)_{Q},(R,\overline{F})^{\circ}(X^*)_{Q})$ 是 $((R,\overline{F})_{\circ}(X^*)_{\alpha},(R,\overline{F})^{\circ}(X^*)_{\alpha})$ 的 $\overline{F}$-还原，则

$$\bigcup_{\alpha\subseteq Q}((R,F)_{\circ}(X^*)_{Q},(R,F)^{\circ}(X^*)_{Q})$$
$$=\bigcap_{Q\subseteq\alpha}((R,\overline{F})_{\circ}(X^*)_{Q},(R,\overline{F})^{\circ}(X^*)_{Q})\tag{3.7.2}$$

定理 3.7.3（F-分解与 $\overline{F}$-还原的第三关系定理）　设 $((R,F)_{\circ}(X^*)_{\beta},(R,F)^{\circ}(X^*)_{\beta})$ 是 $((R,F)_{\circ}(X^*)_{\overline{\alpha}},(R,F)^{\circ}(X^*)_{\overline{\alpha}})$ 的 F-分解，$((R,\overline{F})_{\circ}(X^*)_{\beta},(R,\overline{F})^{\circ}(X^*)_{\beta})$ 是 $((R,\overline{F})_{\circ}(X^*)_{\overline{\alpha}},(R,\overline{F})^{\circ}(X^*)_{\overline{\alpha}})$ 的 $\overline{F}$-还原，则

$$\bigcup_{\overline{\alpha}\subseteq\beta}((R,F)_{\circ}(X^*)_{\beta},(R,F)^{\circ}(X^*)_{\beta})$$
$$=\bigcap_{\overline{\alpha}\subseteq\beta}((R,\overline{F})_{\circ}(X^*)_{\beta},(R,\overline{F})^{\circ}(X^*)_{\beta})\tag{3.7.3}$$

由定理 3.5.1～3.5.3，定理 3.6.1～3.6.3 容易得到：

定理 3.7.4（f-分解基与 $\overline{f}$-还原基的属性不变性定理）　设 $[x]_{\alpha}^{f}$ 是 f-分解的分解基，$[x]_{\alpha}^{\overline{f}}$ 是 $\overline{f}$-还原的还原基，则

$$\text{card}([x]_{\alpha}^{f})=\text{card}([x]_{\alpha}^{\overline{f}})\tag{3.7.4}$$

其中 card$([x]_\alpha^f)$,card$([x]_\alpha^{\bar{f}})$分别是$[x]_\alpha^f$,$[x]_\alpha^{\bar{f}}$ 的基数,α 是属性集.

属性安全性原理

S-粗集在 F-分解和 $\bar{F}$-还原过程中,属性集 α 中的属性不被丢失.

§3.8　S-粗集的副集 α-生成与 α-生成定理

在 S-粗集(单向 S-粗集,双向 S-粗集)中,存在着特殊集合 $A_s(X^\circ)$,$A_s(X^*)$:$A_s(X^\circ)$,$A_s(X^*)$中的元素具有一些有趣的特征.本节中,讨论 $A_s(X^\circ)$,$A_s(X^*)$的生成与生成特征,$A_s(X^\circ)$,$A_s(X^*)$分别是单向 S-粗集,双向 S-粗集的"副产品".

元素的半迁入与元素的半迁出

定义 3.8.1　称 $A_s(X^\circ)$是单向 S-粗集($(R,F)_\circ(X^\circ)$,$(R,F)^\circ(X^\circ)$)生成的副集(assistant set),如果 $A_s(X^\circ)$是由这样的元素构成:$u\in U$,$u\bar{\in}X$,元素 u 在 $f\in F$ 的作用下不能被完整地迁移到 X 内,而且

$$A_s(X^\circ)=\{x\mid u\in U,u\bar{\in}X,\ f(u)=x\widetilde{\in}X\}\tag{3.8.1}$$

其中"$\widetilde{\in}$"是一个特别的符号,它表示 $u\in U$ 在 $f\in F$ 的作用下 $f(u)$不能完整地进入 X 内.

定义 3.8.2　称 $A_s(X^*)$是双向 S-粗集($(R,\mathscr{F})_\circ(X^*)$,$(R,\mathscr{F})^\circ(X^*)$)生成的副集(assistant set),如果 $A_s(X^*)$是由这样的元素构成:$u\in U$,$u\bar{\in}X$,在 $f\in F$ 的作用下 u 不能完整地迁移到 X 内和 $x\in X$,在 $\bar{f}\in\bar{F}$ 的作用下 x 不能完整地迁移到 X 外,而且

$$A_s(X^*)=\{x\mid u\in U,u\bar{\in}X,\ f(u)=x\widetilde{\in}X\text{ and }x\in X,\ \bar{f}(x)=u\underset{\sim}{\in}X\}\tag{3.8.2}$$

其中"$\underset{\sim}{\in}$"是一个特别的符号,它表示 $x\in X$ 在 $\bar{f}\in\bar{F}$ 的作用下 $\bar{f}(x)$不能完整地离开 X.

定义 3.8.3　设 $u_i\in U$,$u_i\bar{\in}X$,若 $f(u_i)=x_i\widetilde{\in}X$,称元素 $u_i\in U$ 对于集合 X 是半迁入,如果特征函数 $\chi_X^{f(u_i)}$ 满足

$$0<\chi_X^{f(u_i)}<1\tag{3.8.3}$$

显然,当 $\chi_X^{f(u_i)}=1$ 时,表明 $f(u_i)$已经完整地迁移到 X 内,称作 $f(u_i)$对于集合 X 的全迁入.

定义 3.8.4　设 $x_i\in X$,若 $\bar{f}(x_i)=u_i\underset{\sim}{\in}X$,称元素 $x_i\in X$ 对于集合 X 是半迁出,如果特征函数 $\chi_X^{\bar{f}(x_i)}$ 满足

$$-1<\chi_X^{\bar{f}(x_i)}<0 \qquad (3.8.4)$$

显然,当 $\chi_X^{\bar{f}(x_i)}=-1$ 时,表明 $\bar{f}(x_i)$ 已经完整地迁移到 X 外,称作 $\bar{f}(x_i)$ 对于集合 X 的全迁出.

单向副集 $A_s(X^\circ)$ 的 α-生成

定义 3.8.5 设 $A_s(X^\circ)$ 是由单向 S-粗集 $((R,F)_\circ(X^\circ),(R,F)^\circ(X^\circ))$ 生成的副集,对 $\forall\alpha\in(0,1)$,称 $A_s^\alpha(X^\circ)$ 是副集 $A_s(X^\circ)$ 的 α-生成,如果

$$A_s^\alpha(X^\circ)=\{x\mid u\in U,u\,\bar{\in}\,X,\ f(u)=x,\ \cup\chi_X^{f(u)}\geqslant\alpha\} \qquad (3.8.5)$$

定义 3.8.6 设 $A_s(X^\circ)$ 是由单向 S-粗集 $((R,F)_\circ(X^\circ),(R,F)^\circ(X^\circ))$ 生成的副集,对 $\forall\alpha\in(0,1)$,称 $A_{\dot{s}}^\alpha(X^\circ)$ 是副集 $A_s(X^\circ)$ 的 α-强生成,如果

$$A_{\dot{s}}^\alpha(X^\circ)=\{x\mid u\in U,u\,\bar{\in}\,X,\ f(u)=x,\ \cup\chi_X^{f(u)}>\alpha\} \qquad (3.8.6)$$

定理 3.8.1 设 $A_s^\alpha(X^\circ)$,$A_{\dot{s}}^\alpha(X^\circ)$ 分别是副集 $A_s(X^\circ)$ 的 α-生成,α-强生成,对 $\forall\alpha\in(0,1)$,则

$$A_{\dot{s}}^\alpha(X^\circ)\subseteq A_s^\alpha(X^\circ) \qquad (3.8.7)$$

证明 $A_{\dot{s}}^\alpha(X^\circ)=\{x\mid u\in U,u\,\bar{\in}\,X,\ f(u)=x,\ \chi_X^{f(u)}>\alpha\}\subseteq\{x\mid u\in U,u\,\bar{\in}\,X,f(u)=x,\cup\chi_X^{f(u)}\geqslant\alpha\}=A_s^\alpha(X^\circ)$,故 $A_{\dot{s}}^\alpha(X^\circ)\subseteq A_s^\alpha(X^\circ)$.

定理 3.8.2 设 $A_s^\alpha(X^\circ)$,$A_{\dot{s}}^\alpha(X^\circ)$ 分别是副集 $A_s(X^\circ)$ 的 α-生成,α-强生成,若 α_1,$\alpha_2\in(0,1)$,且 $\alpha_1<\alpha_2$,则

$$\begin{aligned}&1^\circ\quad A_s^{\alpha_2}(X^\circ)\subseteq A_s^{\alpha_1}(X^\circ)\\&2^\circ\quad A_{\dot{s}}^{\alpha_2}(X^\circ)\subseteq A_{\dot{s}}^{\alpha_1}(X^\circ)\\&3^\circ\quad A_s^{\alpha_2}(X^\circ)\subseteq A_{\dot{s}}^{\alpha_1}(X^\circ)\end{aligned} \qquad (3.8.8)$$

证明(仅证第三式)

$A_s^{\alpha_2}(X^\circ)=\{x\mid u\in U,u\,\bar{\in}\,X,\ f(u)=x,\ \chi_X^{f(u)}\geqslant\alpha_2\}\subseteq\{x\mid u\in U,u\,\bar{\in}\,X,\ f(u)=x,\ \chi_X^{f(u)}>\alpha_1\}=A_{\dot{s}}^{\alpha_1}$,故 $A_s^{\alpha_2}(X^\circ)\subseteq A_{\dot{s}}^{\alpha_1}(X^\circ)$.

定理 3.8.3 设 $A_s^\alpha(X^\circ)$,$A_{\dot{s}}^\alpha(X^\circ)$ 分别是副集 $A_s(X^\circ)$ 的 α-生成,α-强生成,T 为指标集,$\forall t\in T,\alpha_t\in(0,1)$,则

$$\begin{aligned}&1^\circ\quad \bigcap_{t\in T}A_s^{\alpha_t}(X^\circ)=A_s^{\max_{t\in T}\alpha_t}(X^\circ)\\&2^\circ\quad \bigcup_{t\in T}A_{\dot{s}}^{\alpha_t}(X^\circ)=A_s^{\min_{t\in T}\alpha_t}(X^\circ)\end{aligned} \qquad (3.8.9)$$

证明(仅证第一式)

$x \in \bigcap_{t\in T} A_s^{\alpha_t}(X^\circ) \Leftrightarrow \forall t \in T, x \in A_s^{\alpha_t}(X^\circ) \Leftrightarrow \forall t \in T, \chi_X^{f(x)} \geqslant \alpha_t \Leftrightarrow \cup \chi_X^{f(x)} \geqslant \max \alpha_t \Leftrightarrow x \in A_s^{\max_{t\in T} \alpha_t}(X^\circ)$，故 $\bigcap_{t\in T} A_s^{\alpha_t}(X^\circ) = A_s^{\max_{t\in T}\alpha_t}(X^\circ)$.

由定义 3.8.5、3.8.6，定理 3.8.1 ~ 3.8.3 容易得到下面的命题：

命题 1 若 $\alpha = 0$，则强 α-生成 $A_{\dot{s}}^{\alpha}(X^\circ)$ 与副集 $A_s(X^\circ)$ 满足

$$A_{\dot{s}}^{\alpha}(X^\circ) = A_s(X^\circ) \tag{3.8.10}$$

命题 2 若元素迁移族 $F = \varnothing$，则

$$A_s^{\alpha}(X^\circ) = A_{\dot{s}}^{\alpha}(X^\circ) = A_s(X^\circ) = \varnothing \tag{3.8.11}$$

双向副集 $A_s(X^*)$ 的 α-生成

定义 3.8.7 设 $A_s(X^*)$ 是双向 S-粗集 $((R,\mathscr{F})_\circ(X^*), (R,\mathscr{F})^\circ(X^*))$ 生成的副集，对 $\forall \alpha_1 \in (0,1)$；称 $A_{s^\circ}^{\alpha_1}(X^*)$ 是副集 $A_s(X^*)$ 的 α-上生成，如果

$$A_{s^\circ}^{\alpha_1}(X^*) = \{x \mid u \in U, u \bar{\in} X, f(u) = x, \chi_X^{f(u)} \geqslant \alpha_1\} \tag{3.8.12}$$

定义 3.8.8 设 $A_s(X^*)$ 是双向 S-粗集 $((R,\mathscr{F})_\circ(X^*), (R,\mathscr{F})^\circ(X^*))$ 生成的副集，对 $\forall \alpha_2 \in (-1,0)$；称 $A_{s_\circ}^{\alpha_2}(X^*)$ 是副集 $A_s(X^*)$ 的 α-下生成，如果

$$A_{s_\circ}^{\alpha_2}(X^*) = \{y \mid x \in X, \bar{f}(x) = y, \chi_X^{\bar{f}(x)} \leqslant \alpha_2\} \tag{3.8.13}$$

定义 3.8.9 设 $A_{s^\circ}^{\alpha_1}(X^*)$，$A_{s_\circ}^{\alpha_2}(X^*)$ 分别是副集 $A_s(X^*)$ 的 α-上生成，α-下生成；称 $A_s^{\alpha_1\Delta\alpha_2}(X^*)$ 是副集 $A_s(X^*)$ 的 α-生成，如果

$$A_s^{\alpha_1\Delta\alpha_2}(X^*) = A_{s^\circ}^{\alpha_1}(X^*) \cup A_{s_\circ}^{\alpha_2}(X^*) \tag{3.8.14}$$

其中 $\alpha_1 \in (0,1)$，$\alpha_2 \in (-1,0)$；$\alpha_1\Delta\alpha_2$ 是一个特殊的记号.

定义 3.8.10 称 $A_{\dot{s}}^{\alpha_1\Delta\alpha_2}(X^*)$ 是副集 $A_s(X^*)$ 的 α-强生成，如果

$$A_{\dot{s}}^{\alpha_1\Delta\alpha_2}(X^*) = A_{\dot{s}^\circ}^{\alpha_1}(X^*) \cup A_{\dot{s}_\circ}^{\alpha_2}(X^*) \tag{3.8.15}$$

其中 $A_{\dot{s}^\circ}^{\alpha_1}(X^*) = \{x \mid u \in U, u \bar{\in} X, f(u) = x, \chi_X^{f(u)} > \alpha_1\}$，$A_{\dot{s}_\circ}^{\alpha_2}(X^*) = \{y \mid x \in X, \bar{f}(x) = y, \chi_X^{\bar{f}(x)} < \alpha_2\}$；$\alpha_1 \in (0,1)$，$\alpha_2 \in (-1,0)$.

定理 3.8.4 设 $A_s^{\alpha_1\Delta\alpha_2}(X^*)$，$A_s^{\alpha_3\Delta\alpha_4}(X^*)$ 是副集 $A_s(X^*)$ 的 α-生成，$\forall \alpha_1, \alpha_3 \in (0,1)$，$\forall \alpha_2, \alpha_4 \in (-1,0)$，若 $\alpha_1 \leqslant \alpha_3$，且 $\alpha_4 \leqslant \alpha_2$，则

$$A_s^{\alpha_3\Delta\alpha_4}(X^*) \subseteq A_s^{\alpha_1\Delta\alpha_2}(X^*) \tag{3.8.16}$$

证明 若 $\alpha_1 \leqslant \alpha_3$，则有 $A_{s^\circ}^{\alpha_3}(X^*) = \{x \mid u \in U, u \bar{\in} X, f(u) = x, \chi_X^{f(u)} \geqslant \alpha_3\} \subseteq$

$\{x \mid u \in U, u \overline{\in} X, f(u)=x, \chi_X^{f(u)} \geqslant \alpha_1\} = A_{s^\circ}^{\alpha_1}(X^*)$；若 $\alpha_4 \leqslant \alpha_2$，$A_{s_\circ}^{\alpha_4}(X^*) = \{y \mid x \in X, \bar{f}(x)=y, \chi_X^{\bar{f}(x)} \leqslant \alpha_4\} \subseteq \{y \mid x \in X, \bar{f}(x)=y, \chi_X^{\bar{f}(x)} \leqslant \alpha_2\} = A_{s_\circ}^{\alpha_2}(X^*)$. 故由式(3.8.14)可得 $A_s^{\alpha_3\Delta\alpha_4}(X^*) = A_{s^\circ}^{\alpha_3}(X^*) \cup A_{s_\circ}^{\alpha_4}(X^*) \subseteq A_{s^\circ}^{\alpha_1}(X^*) \cup A_{s_\circ}^{\alpha_2}(X^*) = A_s^{\alpha_1\Delta\alpha_2}(X^*)$，即 $A_s^{\alpha_3\Delta\alpha_4}(X^*) \subseteq A_s^{\alpha_1\Delta\alpha_2}(X^*)$.

定理 3.8.5　设 $A_s^{\alpha_1\Delta\alpha_2}(X^*)$，$A_s^{\overset{\alpha_1\Delta\alpha_2}{\bullet}}(X^*)$ 分别是副集 $A_s(X^*)$ 的 α-生成，α-强生成，对 $\forall \alpha_1 \in (0,1)$，$\forall \alpha_2 \in (-1,0)$，则

$$A_s^{\overset{\alpha_1\Delta\alpha_2}{\bullet}}(X^*) \subseteq A_s^{\alpha_1\Delta\alpha_2}(X^*) \tag{3.8.17}$$

证明　与定理 3.8.1 的证明相似，略去.

定理 3.8.6　设 $A_s^{\alpha_1\Delta\alpha_2}(X^*)$，$A_s^{\overset{\alpha_1\Delta\alpha_2}{\bullet}}(X^*)$ 分别是副集 $A_s(X^*)$ 的 α-生成，α-强生成，I, T 为指标集，$\forall i \in I, \forall t \in T, \alpha_i \in (0,1), \alpha_t \in (-1,0)$，则

$$1^\circ\quad \bigcap_{i \in I}^{t \in T} A_s^{\alpha_i\Delta\alpha_t}(X^*) = A_s^{\max\limits_{i\in I}\alpha_i \Delta \min\limits_{t\in T}\alpha_t}(X^*)$$

$$2^\circ\quad \bigcup_{i \in I}^{t \in T} A_s^{\alpha_i\Delta\alpha_t}(X^*) = A_s^{\min\limits_{i\in I}\alpha_i \Delta \max\limits_{t\in T}\alpha_t}(X^*) \tag{3.8.18}$$

证明（仅证第一式）

$x, y \in \bigcap_{i \in I}^{t \in T} A_s^{\alpha_i\Delta\alpha_t}(X^*) \Leftrightarrow \forall i \in I, \forall t \in T, x, y \in A_s^{\alpha_i\Delta\alpha_t}(X^*) \Leftrightarrow \forall i \in I, \forall t \in T, \chi_X^{f(x)} \geqslant \alpha_i, \chi_X^{\bar{f}(x)} \leqslant \alpha_t \Leftrightarrow \chi_X^{f(x)} \geqslant \max\limits_{i\in I}\alpha_i, \chi_X^{\bar{f}(x)} \leqslant \min\limits_{t\in T}\alpha_t \Leftrightarrow x, y \in A_s^{\max\limits_{i\in I}\alpha_i \Delta \min\limits_{t\in T}\alpha_t}(X^*)$，故得 $\bigcap_{i \in I}^{t \in T} A_s^{\alpha_i\Delta\alpha_t}(X^*) = A_s^{\max\limits_{i\in I}\alpha_i \Delta \min\limits_{t\in T}\alpha_t}(X^*)$.

由定义 3.8.7～3.8.10，定理 3.8.4～3.8.6 容易得到下面的推论：

推论 1　若 $\alpha_1 = \alpha_2 = 0$，则副集 $A_s(X^*)$ 的 α-强生成 $A_s^{\overset{\alpha_1\Delta\alpha_2}{\bullet}}(X^*)$ 与副集 $A_s(X^*)$ 满足

$$A_s^{\overset{\alpha_1\Delta\alpha_2}{\bullet}}(X^*) = A_s(X^*) \tag{3.8.19}$$

推论 2　若元素迁移族 $\mathscr{F} = \varnothing$，则

$$A_s^{\alpha_1\Delta\alpha_2}(X^*) = A_s^{\overset{\alpha_1\Delta\alpha_2}{\bullet}}(X^*) = A_s(X^*) = \varnothing \tag{3.8.20}$$

单向副集 $A_s(X^\circ)$ 的集-生成

定义 3.8.11　设 $A_s(X^\circ)$ 是由单向 S-粗集 $((R,F)_\circ(X^\circ), (R,F)^\circ(X^\circ))$ 生成的副集，$\beta = \{\alpha_1, \alpha_2, \cdots, \alpha_n\}$，$\alpha_i \in (0,1)(i = 1,2,\cdots,n)$；称 $A_s^\beta(X^\circ)$ 是副集 $A_s(X^\circ)$ 的集-生成，如果

$$A_s^{\beta}(X^{\circ}) = \{x \mid u \in U, u \,\bar{\in}\, X, f(u) = x, \chi_X^{f(u)} \geqslant \min_{1 \leqslant i \leqslant n} \alpha_i\} \tag{3.8.21}$$

定义 3.8.12 设 $A_s(X^{\circ})$ 是由单向 S-粗集 $((R,F)_{\circ}(X^{\circ}),(R,F)^{\circ}(X^{\circ}))$ 生成的副集，$\beta=\{\alpha_1,\alpha_2,\cdots,\alpha_n\}$，$\alpha_i \in (0,1)\,(i=1,2,\cdots,n)$；称 $A_{\dot{s}}^{\beta}(X^{\circ})$ 是副集 $A_s(X^{\circ})$ 的集-强生成，如果

$$A_{\dot{s}}^{\beta}(X^{\circ}) = \{x \mid u \in U, u \,\bar{\in}\, X, f(u) = x, \chi_X^{f(u)} > \min_{1 \leqslant i \leqslant n} \alpha_i\} \tag{3.8.22}$$

定理 3.8.7 设 $A_s^{\beta}(X^{\circ})$，$A_{\dot{s}}^{\beta}(X^{\circ})$ 分别是副集 $A_s(X^{\circ})$ 的集-生成，集-强生成，$\beta=\{\alpha_1,\alpha_2,\cdots,\alpha_n\}$，$\alpha_i \in (0,1)$，$1 \leqslant i \leqslant n$. 则

$$A_{\dot{s}}^{\beta}(X^{\circ}) \subseteq A_s^{\beta}(X^{\circ}) \tag{3.8.23}$$

证明 与定理 3.8.1 的证明相似，略去.

定理 3.8.8 设 $A_s^{\beta}(X^{\circ})$，$A_{\dot{s}}^{\beta}(X^{\circ})$ 分别是副集 $A_s(X^{\circ})$ 的集-生成，集-强生成，$\beta_1=\{\alpha_1,\alpha_2,\cdots,\alpha_m\}$，$\beta_2=\{\alpha_{m+1},\alpha_{m+2},\cdots,\alpha_{m+t}\}$，$\alpha_i \in (0,1)$，$1 \leqslant i \leqslant m+t$. 若 $\min\limits_{m+1 \leqslant j \leqslant m+t} \alpha_j < \min\limits_{1 \leqslant i \leqslant m} \alpha_i$，则

$$\begin{aligned} &1^{\circ} \quad A_s^{\beta_1}(X^{\circ}) \subseteq A_s^{\beta_2}(X^{\circ}) \\ &2^{\circ} \quad A_{\dot{s}}^{\beta_1}(X^{\circ}) \subseteq A_{\dot{s}}^{\beta_2}(X^{\circ}) \\ &3^{\circ} \quad A_s^{\beta_1}(X^{\circ}) \subseteq A_{\dot{s}}^{\beta_2}(X^{\circ}) \end{aligned} \tag{3.8.24}$$

证明与定理 3.8.2 的证明相似，略去.

由定义 3.8.11、3.8.12，定理 3.8.7、3.8.8，容易得到下面的推论：

推论 3 单向副集 $A_s(X^{\circ})$ 的 α-生成是单向副集 $A_s(X^{\circ})$ 的集-生成的特例；单向副集 $A_s(X^{\circ})$ 的集-生成是单向副集 $A_s(X^{\circ})$ 的 α-生成的一般形式.

双向副集 $A_s(X^*)$ 的集-生成

定义 3.8.13 设 $A_s(X^*)$ 是双向 S-粗集 $((R,\mathscr{F})_{\circ}(X^*),(R,\mathscr{F})^{\circ}(X^*))$ 生成的副集，$\beta_1=\{\alpha_1,\alpha_2,\cdots,\alpha_m\}$，$\alpha_i \in (0,1)\,(i=1,2,\cdots,m)$. 称 $A_{s^{\circ}}^{\beta_1}(X^*)$ 是副集 $A_s(X^*)$ 的集-上生成，如果

$$A_{s^{\circ}}^{\beta_1}(X^*) = \{x \mid u \in U, u \,\bar{\in}\, X, f(u) = x, \chi_X^{f(u)} \geqslant \min_{1 \leqslant i \leqslant m} \alpha_i\} \tag{3.8.25}$$

定义 3.8.14 设 $A_s(X^*)$ 是双向 S-粗集 $((R,\mathscr{F})_{\circ}(X^*),(R,\mathscr{F})^{\circ}(X^*))$ 生成的副集，$\beta_2=\{\alpha_{m+1},\alpha_{m+2},\cdots,\alpha_{m+t}\}$，$\alpha_j \in (-1,0)\,(j=m+1,m+2,\cdots,m+t)$；称 $A_{s_{\circ}}^{\beta_2}(X^*)$ 是副集 $A_s(X^*)$ 的集-下生成，如果

$$A_{s_\circ}^{\beta_2}(X^*) = \{y \mid x \in X, \bar{f}(x) = y, \cup \chi_X^{\bar{f}(x)} \leqslant \min_{m+1 \leqslant j \leqslant m+t} \alpha_j\} \tag{3.8.26}$$

定义 3.8.15　设 $A_{s^\circ}^{\beta_1}(X^*)$,$A_{s_\circ}^{\beta_2}(X^*)$分别是副集 $A_s(X^*)$的集-上生成,集-下生成;称 $A_s^{\beta_1\Delta\beta_2}(X^*)$是副集 $A_s(X^*)$的集-生成,如果

$$A_s^{\beta_1\Delta\beta_2}(X^*) = A_{s^\circ}^{\beta_1}(X^*) \cup A_{s_\circ}^{\beta_2}(X^*) \tag{3.8.27}$$

定义 3.8.16　称 $A_{\dot{s}}^{\beta_1\dot{\Delta}\beta_2}(X^*)$是副集 $A_s(X^*)$的集-强生成,如果

$$A_{\dot{s}}^{\beta_1\dot{\Delta}\beta_2}(X^*) = A_{\dot{s}^\circ}^{\beta_1}(X^*) \cup A_{\dot{s}_\circ}^{\beta_2}(X^*) \tag{3.8.28}$$

其中 $A_{\dot{s}^\circ}^{\beta_1}(X^*) = \{x \mid u \in U, u \bar{\in} X, f(u) = x, \chi_X^{f(u)} > \min_{1 \leqslant i \leqslant m} \alpha_i\}$, $A_{\dot{s}_\circ}^{\beta_2}(X^*) = \{y \mid x \in X, \bar{f}(x) = y, \chi_X^{\bar{f}(x)} < \min_{m+1 \leqslant j \leqslant m+t} \alpha_j\}$; $\beta_1 = \{\alpha_1, \alpha_2, \cdots, \alpha_m\}$, $\alpha_i \in (0,1)(i = 1,2,\cdots,m)$; $\beta_2 = \{\alpha_{m+1}, \alpha_{m+2}, \cdots, \alpha_{m+t}\}$, $\alpha_j \in (-1,0)(j = m+1, m+2, \cdots, m+t)$.

定理 3.8.9　设 $A_s^{\beta_1\Delta\beta_2}(X^*)$,$A_{\dot{s}}^{\beta_1\dot{\Delta}\beta_2}(X^*)$分别是副集 $A_s(X^*)$的集-生成,集-强生成,$\beta_1 = \{\alpha_1, \alpha_2, \cdots, \alpha_m\}$, $\alpha_i \in (0,1)(i = 1,2,\cdots,m)$; $\beta_2 = \{\alpha_{m+1}, \alpha_{m+2}, \cdots, \alpha_{m+t}\}$, $\alpha_j \in (-1,0)(j = m+1, m+2, \cdots, m+t)$,则

$$A_{\dot{s}}^{\beta_1\dot{\Delta}\beta_2}(X^*) \subseteq A_s^{\beta_1\Delta\beta_2}(X^*) \tag{3.8.29}$$

证明　与定理 3.8.1 的证明相似,略去.

定理 3.8.10　设 $A_s^{\beta_1\Delta\beta_2}(X^*)$,$A_s^{\beta_3\Delta\beta_4}(X^*)$分别是副集 $A_s(X^*)$的两个集-生成,其中 $\beta_1 = \{\alpha_1, \alpha_2, \cdots, \alpha_m\}$, $\beta_3 = \{\alpha_{m+1}, \alpha_{m+2}, \cdots, \alpha_{m+p}\}$, $\alpha_i \in (0,1)(i = 1,2,\cdots,m+p)$; $\beta_2 = \{\alpha'_1, \alpha'_2, \cdots, \alpha'_n\}$, $\beta_4 = \{\alpha'_{n+1}, \alpha'_{n+2}, \cdots, \alpha'_{n+q}\}$, $\alpha'_j \in (-1,0)(j = 1, 2, \cdots, n+q)$.

若 $\min_{1 \leqslant i \leqslant m} \alpha_i \leqslant \min_{m+1 \leqslant i \leqslant m+p} \alpha_i$, $\min_{n+1 \leqslant j \leqslant n+q} \alpha'_j \leqslant \min_{1 \leqslant j \leqslant n} \alpha'_j$,则

$$A_s^{\beta_3\Delta\beta_4}(X^*) \subseteq A_s^{\beta_1\Delta\beta_2}(X^*) \tag{3.8.30}$$

证明　与定理 3.8.4 的证明相似,略去.

由定义 3.8.13～3.8.16,定理 3.8.9、3.8.10,容易得到下面的推论:

推论 4　双向副集 $A_s(X^*)$的 α-生成是双向副集 $A_s(X^*)$的集-生成的特例;双向副集 $A_s(X^*)$的集-生成是双向副集 $A_s(X^*)$的 α-生成的一般形式.

容易得到:

S-粗集的属性非空原理

给定 U 上的属性集 $\alpha = \{\alpha_1, \alpha_2, \cdots, \alpha_m\}$,$\alpha$ 上总存在一个或多个 $\alpha_i \in \alpha$,具有这些属性的元素 $x \in X$ 无论满足 $\chi_X^{\bar{f}(x)} = -1$ 或者 $-1 < \chi_X^{\bar{f}(x)} < 0$,总有

$$\alpha \backslash \alpha' \neq \varnothing \tag{3.8.31}$$

其中 $\alpha'=\{\alpha_1,\alpha_2,\cdots,\alpha_n\}\subset\alpha$.

S-粗集的有限属性原理

给定 U 上的属性集 $\alpha=\{\alpha_1,\alpha_2,\cdots,\alpha_m\}$，$U$ 上总存在一个或多个 $\alpha'\,\bar{\in}\,\alpha$，具有这些属性的元素 $u\,\bar{\in}\,X$ 无论满足 $\chi_X^{f(u)}=1$ 或者 $0<\chi_X^{f(u)}<1$，总存在正整数 $\eta\in N^+$，使得

$$\mathrm{card}(\alpha\cup\alpha')\leqslant\eta \tag{3.8.32}$$

其中 $\alpha'=\{\alpha_{m+1},\alpha_{m+2},\cdots,\alpha_{m+t}\}$；$\eta$ 是系统中的一个常数.

§3.9　S-粗集的副集 η-嵌入与 η-嵌入定理

3.8 节中给出了副集 α-生成的讨论，利用这个思路，本节给出副集的 η-嵌入的讨论. α-生成，η-嵌入是副集具有的独特特征. 3.8、3.9 节从分析的角度来认识副集的特征，从中得到对元素迁入、迁出的关系的认识.

副集和它的分离

定义 3.9.1　称 $\overline{A}_s(X^*)$ 是双向 S-粗集 $((R,\mathscr{F})_\circ(X^*),(R,\mathscr{F})^\circ(X^*))$ 生成的上副集，如果

$$\overline{A}_s(X^*)=\{x\mid u\in U,u\,\bar{\in}\,X,\ \cup f(u)=x\,\bar{\underset{\sim}{\in}}\,X\} \tag{3.9.1}$$

定义 3.9.2　称 $\underline{A_s}(X^*)$ 是双向 S-粗集 $((R,\mathscr{F})_\circ(X^*),(R,\mathscr{F})^\circ(X^*))$ 生成的下副集，如果

$$\underline{A_s}(X^*)=\{x\mid x\in X,\ \bar{f}(x)=u\,\underset{\sim}{\in}\,X\} \tag{3.9.2}$$

这里指出：1° 设 $u_i\in U,u_i\,\bar{\in}\,X$，若 $f(u_i)=x_i\,\bar{\underset{\sim}{\in}}\,X$，称元素 $u_i\in U$ 对于集合 X 是半迁入，如果特征函数 $\chi_X^{f(u_i)}$ 满足 $0<\chi_X^{f(u_i)}<1$；$\chi_X^{f(u_i)}=1$ 表明 $f(u_i)$ 已经完整的迁移到 X 内，称作 $f(u_i)$ 对于集合 X 的全迁入.

2° 设 $x_i\in X$，若 $\bar{f}(x_i)=u_i\,\underset{\sim}{\in}\,X$，称元素 $x_i\in X$ 对于集合 X 是半迁出，如果特征函数 $\chi_X^{\bar{f}(x_i)}$ 满足 $-1<\chi_X^{\bar{f}(x_i)}<0\cup$；$\cup\chi_X^{\bar{f}(x_i)}=-1$ 表明 $\bar{f}(x_i)$ 已经完整地迁移到 X 外，称作 $\bar{f}(x_i)$ 对于集合 X 的全迁出.

命题 1　$\overline{A}_s(X^*)$ 是双向 S-粗集的上副集，$\overline{A}_s(X^*)\neq\varnothing$；反之亦真.

命题 2　$\underline{A_s}(X^*)$ 是双向 S-粗集的下副集，$\underline{A_s}(X^*)\neq\varnothing$；反之亦真.

命题 3　$\overline{A}_s(X^*)$ 是双向 S-粗集的上副集，$F\neq\varnothing$；反之亦真.

命题 4　$\underline{A_s}(X^*)$ 是双向 S-粗集的下副集，$\overline{F}\neq\varnothing$；反之亦真.

命题 1 ~ 4 的证明是直接的,证明略.

单向副集 $A_s(X^\circ)$ 的 η-嵌入

定义 3.9.3　设 $A_s(X^\circ)$ 是由单向 S-粗集 $((R,F)_\circ(X^\circ),(R,F)^\circ(X^\circ))$ 生成的副集,称 $A_s(X^\circ)^\eta$ 是副集 $A_s(X^\circ)$ 的 η-嵌入,如果

$$\eta = \mathrm{card}(A_s(X^\circ)^\eta)/\mathrm{card}(A_s(X^\circ)) \tag{3.9.3}$$

称 η 是 $A_s(X^\circ)^\eta$ 关于 $A_s(X^\circ)$ 的嵌入度,$0 \leqslant \eta \leqslant 1$.
其中 $\mathrm{card}(A_s(X^\circ)^\eta)$,$\mathrm{card}(A_s(X^\circ))$ 分别是副集 $A_s(X^\circ)$ 的 η-嵌入 $A_s(X^\circ)^\eta$ 与副集 $A_s(X^\circ)$ 的基数.

定义 3.9.4　设 $\eta = 1$,称 $A_s(X^\circ)^\eta$ 是由单向 S-粗集 $((R,F)_\circ(X^\circ),(R,F)^\circ(X^\circ))$ 生成的副集 $A_s(X^\circ)$ 的满嵌入.

定义 3.9.5　设 $\eta = 0$,称 $A_s(X^\circ)^\eta$ 是由单向 S-粗集 $((R,F)_\circ(X^\circ),(R,F)^\circ(X^\circ))$ 生成的副集 $A_s(X^\circ)$ 的空嵌入.

定理 3.9.1　若 $A_s(X^\circ)^{\eta_1}$,$A_s(X^\circ)^{\eta_2}$ 分别是副集 $A_s(X^\circ)$ 的 η_1-嵌入集,η_2-嵌入集,$\forall \eta_1,\eta_2 \in (0,1)$,且 $\eta_1 \leqslant \eta_2$,则

$$A_s(X^\circ)^{\eta_1} \subseteq A_s(X^\circ)^{\eta_2} \tag{3.9.4}$$

证明　因为 $\eta_1 \leqslant \eta_2$,即 $\eta_1 = \mathrm{card}(A_s(X^\circ)^{\eta_1})/\mathrm{card}(A_s(X^\circ)) \leqslant \eta_2 = \mathrm{card}(A_s(X^\circ)^{\eta_2})/\mathrm{card}(A_s(X^\circ))$, $\mathrm{card}(A_s(X^\circ)^{\eta_1}) \leqslant \mathrm{card}(A_s(X^\circ)^{\eta_2})$,故 $A_s(X^\circ)^{\eta_1} \subseteq A_s(X^\circ)^{\eta_2}$.

定理 3.9.2　若 $A_s(X^\circ)^\eta$ 是副集 $A_s(X^\circ)$ 的 η-嵌入集,T 是一个指标集,$\forall t \in T$,$\eta_t \in (0,1)$,则

$$1^\circ \quad \bigcap_{t \in T} A_s(X^\circ)^{\eta_t} = A_s(X^\circ)^{\min\limits_{t \in T}\eta_t} \tag{3.9.5}$$

$$2^\circ \quad \bigcup_{t \in T} A_s(X^\circ)^{\eta_t} = A_s(X^\circ)^{\max\limits_{t \in T}\eta_t}$$

证明　1°　$x \in \bigcap\limits_{t \in T} A_s(X^\circ)^{\eta_t} \Leftrightarrow \forall t \in T, x \in A_s(X^\circ) \Leftrightarrow \forall t \in T, x \in A_s(X^\circ)^{\min \eta_t} \Leftrightarrow x \in A_s(X^\circ)^{\min\limits_{t \in T}\eta_t}$.

2°的证明与 1°类似,证明略.

定理 3.9.3　若 $A_s(X^\circ)^\eta = \{A_s(X^\circ)^{\eta_i} \mid i = 1,2\cdots,m;\eta_i \in (0,1)\}$,$A_s(X^\circ)^{\eta_i}$ 是 $A_s(X^\circ)$ 的 η_i-嵌入集,则

$$\bigcup_{\eta_i \in (0,1)} A_s(X^\circ)^{\eta_i} = A_s(X^\circ) \tag{3.9.6}$$

证明 任取 $\eta_1,\eta_2,\cdots,\eta_m$ 而且满足 $\eta_1\leqslant\eta_2\leqslant\cdots\leqslant\eta_m$，由定义 3.9.3 得到序列

$$A_s(X^{\circ})^{\eta_1}\subseteq A_s(X^{\circ})^{\eta_2}\subseteq\cdots\subseteq A_s(X^{\circ})^{\eta_m}$$

令 $A_s(X^{\circ})^{\eta_m}=A_s(X^{\circ})$，则

$$\bigcup_{\eta_i\in(0,1)}A_s(X^{\circ})^{\eta_i}=A_s(X^{\circ})$$

定理 3.9.4 若 $A_s(X^{\circ})^{\eta}$ 是由单向 S-粗集 $((R,F)_{\circ}(X^{\circ}),(R,F)^{\circ}(X^{\circ}))$ 生成的副集 $A_s(X^{\circ})$ 的满嵌入，则

$$A_s(X^{\circ})^{\eta}=A_s(X^{\circ}) \tag{3.9.7}$$

证明 因为 $A_s(X^{\circ})^{\eta}$ 是副集 $A_s(X^{\circ})$ 的满嵌入，故 $\eta=1$，所以 $\mathrm{card}(A_s(X^{\circ})^{\eta})=\mathrm{card}(A_s(X^{\circ}))$，故 $A_s(X^{\circ})^{\eta}=A_s(X^{\circ})$.

定理 3.9.5 若 $A_s(X^{\circ})^{\eta}$ 是由单向 S-粗集 $((R,F)_{\circ}(X^{\circ}),(R,F)^{\circ}(X^{\circ}))$ 生成的副集 $A_s(X^{\circ})$ 的空嵌入，则

$$A_s(X^{\circ})^{\eta}=\varnothing \tag{3.9.8}$$

证明 因为 $A_s(X^{\circ})^{\eta}$ 是副集 $A_s(X^{\circ})$ 的空嵌入，故 $\eta=0$，所以 $\mathrm{card}(A_s(X^{\circ})^{\eta})=0$，故 $A_s(X^{\circ})^{\eta}=\varnothing$.

命题 5 若元素迁移族 $F=\varnothing$，则副集 $A_s(X^{\circ})$ 的 η-嵌入集 $A_s(X^{\circ})^{\eta}$ 满足

$$A_s(X^{\circ})^{\eta}=\varnothing \tag{3.9.9}$$

双向副集 $A_s(X^*)$ 的 $\mu\Delta\gamma$-嵌入

定义 3.9.6 设 $A_s(X^*)$ 是双向 S-粗集 $((R,\mathscr{F})_{\circ}(X^*),(R,\mathscr{F})^{\circ}(X^*))$ 生成的副集，称 $\overline{A}_s(X^*)^{\mu}$ 是副集 $A_s(X^*)$ 的 μ-上嵌入，如果

$$\mu=\mathrm{card}(\overline{A}_s(X^*)^{\mu})/\mathrm{card}(\overline{A}_s(X^*)) \tag{3.9.10}$$

称 μ 是 $\overline{A}_s(X^*)^{\mu}$ 关于副集 $A_s(X^*)$ 的上嵌入度. 其中 $\mathrm{card}(\overline{A}_s(X^*)^{\mu})$，$\mathrm{card}(\overline{A}_s(X^*))$ 分别是副集 $A_s(X^*)$ 的 μ-上嵌入 $\cup\overline{A}_s(X^*)^{\mu}$ 与上副集 $\overline{A}_s(X^*)$ 的基数.

定义 3.9.7 设 $A_s(X^*)$ 是双向 S-粗集 $((R,\mathscr{F})_{\circ}(X^*),(R,\mathscr{F})^{\circ}(X^*))$ 生成的副集，$\underline{A}_s(X^*)^{\gamma}$ 是副集 $A_s(X^*)$ 的 γ-下嵌入，如果

$$\gamma=\mathrm{card}(\underline{A}_s(X^*)^{\gamma})/\mathrm{card}(\underline{A}_s(X^*)) \tag{3.9.11}$$

称 γ 是 $\underline{A}_s(X^*)^{\gamma}$ 关于副集 $A_s(X^*)$ 的下嵌入度. 其中 $\mathrm{card}(\underline{A}_s(X^*)^{\gamma})$，$\mathrm{card}(\underline{A}_s(X^*))$ 分别是副集 $A_s(X^*)$ 的 γ-下嵌入 $\cup\underline{A}_s(X^*)^{\gamma}$ 与下副集 $\underline{A}_s(X^*)$ 的基数.

定义 3.9.8　设 $\overline{A}_s(X^*)^{\mu}$，$\underline{A_s}(X^*)^{\gamma}$ 分别是副集 $A_s(X^*)$ 的 μ-上嵌入集，γ-下嵌入集，称 $A_s(X^*)^{\mu\Delta\gamma}$ 是副集 $A_s(X^*)$ 的 $\mu\Delta\gamma$-嵌入集，如果

$$A_s(X^*)^{\mu\Delta\gamma} = \overline{A}_s(X^*)^{\mu} \cup \underline{A_s}(X^*)^{\gamma} \tag{3.9.12}$$

定义 3.9.9　如果 $\mu=\gamma=1$，称 $A_s(X^*)^{\mu\Delta\gamma}$ 是双向 S-粗集$((R,\mathscr{F})_{\circ}(X^*),(R,\mathscr{F})^{\circ}(X^*))$生成的副集 $A_s(X^*)$ 的满嵌入.

定义 3.9.10　如果 $\mu=\gamma=0$，称 $A_s(X^*)^{\mu\Delta\gamma}$ 是双向 S-粗集$((R,\mathscr{F})_{\circ}(X^*),(R,\mathscr{F})^{\circ}(X^*))$生成的副集 $A_s(X^*)$ 的空嵌入.

定理 3.9.6　若 $A_s(X^*)^{\mu\Delta\gamma}$ 是副集 $A_s(X^*)$ 的 $\mu\Delta\gamma$-嵌入集，$\forall \mu_1,\gamma_1\in(0,1)$，$\forall \mu_2,\gamma_2\in(0,1)$；$\mu_1\leqslant\mu_2,\gamma_1\leqslant\gamma_2$，则

$$A_s(X^*)^{\mu_2\Delta\gamma_2} \supseteq A_s(X^*)^{\mu_1\Delta\gamma_1} \tag{3.9.13}$$

证明　因为 $\mu_1\leqslant\mu_2$，所以 $\mu_1=\text{card}(\overline{A}_s(X^*)^{\mu_1})/\text{card}(\overline{A}_s(X^*))\leqslant \text{card}(\overline{A}_s(X^*)^{\mu_2})/\text{card}(\overline{A}_s(X^*))=\mu_2$，所以 $\text{card}(\overline{A}_s(X^*)^{\mu_1})\leqslant\text{card}(\overline{A}_s(X^*)^{\mu_2})$，即 $\overline{A}_s(X^*)^{\mu_1}\subseteq\overline{A}_s(X^*)^{\mu_2}$，同理可以得出 $\underline{A_s}(X^*)^{\gamma_1}\subseteq\underline{A_s}(X^*)^{\gamma_2}$，由定义 3.9.8 知，$A_s(X^*)^{\mu_2\Delta\gamma_2}=\overline{A}_s(X^*)^{\mu_2}\cup\underline{A_s}(X^*)^{\gamma_2}\supseteq A_s(X^*)^{\mu_1\Delta\gamma_1}=\overline{A}_s(X^*)^{\mu_1}\cup\underline{A_s}(X^*)^{\gamma_1}$，所以

$$A_s(X^*)^{\mu_2\Delta\gamma_2} \supseteq A_s(X^*)^{\mu_1\Delta\gamma_1}$$

定理 3.9.7　若 $A_s(X^*)^{\mu\Delta\gamma}$ 是副集 $A_s(X^*)$ 的 $\mu\Delta\gamma$-嵌入集，$\forall t\in T,\mu,\gamma\in(0,1)$，T 是一个指标集，则

1°　$$\bigcap_{t\in T} A_s(X^*)^{\mu_t\Delta\gamma_t} = A_s(X^*)^{\min\limits_{t\in T}\mu_t\Delta\min\limits_{t\in T}\gamma_t} \tag{3.9.14}$$

2°　$$\bigcup_{t\in T} A_s(X^*)^{\mu_t\Delta\gamma_t} = A_s(X^*)^{\max\limits_{t\in T}\mu_t\Delta\max\limits_{t\in T}\gamma_t}$$

证明　与定理 3.9.2 的证明类似，证明略.

定理 3.9.8　若 $A_s(X^*)^{\mu\Delta\gamma}=\{A_s(X^*)^{\mu_i\Delta\gamma_i}\mid i=1,2\cdots,m;\mu_i,\gamma_i\in(0,1)\}$ 是 $A_s(X^*)$ 的 $\mu\Delta\gamma$-嵌入集构成的集合，则

$$\bigcup_{\mu_i,\gamma_i\in(0,1)} A_s(X^*)^{\mu_i\Delta\gamma_i} = A_s(X^*) \tag{3.9.15}$$

证明　任取 $\mu_1,\mu_2,\cdots,\mu_m$，而且满足 $\mu_1\leqslant\mu_2\leqslant\cdots\leqslant\mu_m$，由定义 3.9.6 得到序列

$$\overline{A}_s(X^*)^{\mu_1} \subseteq \overline{A}_s(X^*)^{\mu_2} \subseteq \cdots \subseteq \overline{A}_s(X^*)^{\mu_m}$$

任取 $\gamma_1,\gamma_2,\cdots,\gamma_m$，而且满足 $\gamma_1\leqslant\gamma_2\leqslant\cdots\leqslant\gamma_m$，由定义 3.9.7 得到序列

$$\underline{A_s}(X^*)^{\gamma_1}\subseteq\underline{A_s}(X^*)^{\gamma_2}\subseteq\cdots\subseteq\underline{A_s}(X^*)^{\gamma_m}$$

令 $A_s(X^*)^{\mu_m\Delta\gamma_m}=\overline{A}_s(X^*)^{\mu_m}\cup \underline{A}_s(X^*)^{\gamma_m}=A_s(X^*)$

所以 $\bigcup_{\mu_i,\gamma_i\in(0,1)} A_s(X^*)^{\mu_i\Delta\gamma_i}=A_s(X^*)$

定理 3.9.9　若 $A_s(X^*)^{\mu\Delta\gamma}$是双向 S-粗集$((R,\mathscr{F})_\circ(X^*),(R,\mathscr{F})^\circ(X^*))$生成的副集 $A_s(X^*)$的满嵌入,则

$$A_s(X^*)^{\mu\Delta\gamma}=A_s(X^*) \tag{3.9.16}$$

证明　因为 $A_s(X^*)^{\mu\Delta\gamma}$是副集 $A_s(X^*)$的满嵌入,故 $\mu=\gamma=1$,所以 $\mathrm{card}(\overline{A}_s(X^*)^{\mu})=\mathrm{card}(\overline{A}_s(X^*))$,$\mathrm{card}(\underline{A}_s(X^*)^{\gamma})=\mathrm{card}(\underline{A}_s(X^*))$,$\overline{A}_s(X^*)^{\mu}=\overline{A}_s(X^*)$,$\underline{A}_s(X^*)^{\gamma}=\underline{A}_s(X^*)$. 故

$$\overline{A}_s(X^*)^{\mu}\cup\underline{A}_s(X^*)^{\gamma}=\overline{A}_s(X^*)\cup\underline{A}_s(X^*)$$

所以

$$A_s(X^*)^{\mu\Delta\gamma}=A_s(X^*)$$

定理 3.9.10　若 $A_s(X^*)^{\mu\Delta\gamma}$是双向 S-粗集$((R,\mathscr{F})_\circ(X^*),(R,\mathscr{F})^\circ(X^*))$生成的副集 $A_s(X^*)$的空嵌入,则

$$A_s(X^*)^{\mu\Delta\gamma}=\varnothing \tag{3.9.17}$$

证明　因为 $A_s(X^*)^{\mu\Delta\gamma}$是副集 $A_s(X^*)$的空嵌入,故 $\mu=\gamma=0$,由定义 3.9.6、定义 3.9.7,$\overline{A}_s(X^*)^{\mu}=\underline{A}_s(X^*)^{\gamma}=\varnothing$,故 $A_s(X^*)^{\mu\Delta\gamma}=\varnothing$.

推论 1　若 $\overline{A}_s(X^*)^{\mu}$ 是 $A_s(X^*)$的 μ-嵌入集,$A_s(X^*)^{\mu\Delta\gamma}$是 $A_s(X^*)$的 $\mu\Delta\gamma$-嵌入集,若 $\overline{A}_s(X^*)^{\mu}=A_s(X^*)^{\mu\Delta\gamma}$,则

$$\overline{F}=\varnothing \tag{3.9.18}$$

命题 6　元素迁移族 $\mathscr{F}=F\cup\overline{F}=\varnothing$,必有

$$\overline{A}_s(X^*)^{\mu\Delta\gamma}=\varnothing \tag{3.9.19}$$

S-粗集具有两种形式:单向 S-粗集,双向 S-粗集;S-粗集依据下面的事实而存在:U 是一个有限元素论域,X 是 U 上的元素子集,$X\subset U$;R 是定义在 U 上的元素等价关系,$[x]$是 R-元素等价类;这里 $X\subset U$ 是 Z. Pawlak 粗集给定的集合,它是具有静态特性的集合.

设 $F,\overline{F}$ 是定义在 U 上的元素迁移,$F=\{f_1,f_2,\cdots,f_m\}$,$\overline{F}=\{\bar{f}_1,\bar{f}_2,\cdots,\bar{f}_n\}$ 而且 $\mathscr{F}=F\cup\overline{F}$. 如果仅考虑元素迁移 F,而且 U 上存在某一些元素 $u\in U,u\,\overline{\in}\,X$,元素 u 在 $f\in F$ 的作用下变成 $f(u)=x\in X$,则集合 X 变成集合 $X^\circ=X\cup\{u\mid u\in U,u\,\overline{\in}\,X,f(u)=x\in X\}$;显然,具有静态特性的集合 $X\subset U$ 变成具有单向动态特性的集合

$X^{\circ} \subset U$,$X^{\circ} \cup$ 发生膨胀;$X^{\circ} \cup$ 称作 $X \subset U$ 的单向 S-集合(one direction singular sets,简称 one direction S-sets),因此有单向 S-粗集($(R,F)_{\circ}(X^{\circ})$,$(R,F)^{\circ}(X^{\circ})$)(one direction singular rough sets,简称 one direction S-rough sets). 如果既考虑元素迁移 F,又考虑元素迁移 $\bar{F}$,而且 U 上存在某一些元素 $u \in U, u \bar{\in} X$,元素 u 在 $f \in F$ 的作用下变成 $f(u)=x \in X$;X 上存在某一些元素 $x \in X$,元素 x 在 $\bar{f} \in \bar{F}$ 的作用下变成 $\bar{f}(x)=u \bar{\in} X$;则集合 X 变成集合 $X^{*}=X \cup \{u \mid u \in U, u \bar{\in} X, f(u)=x \in X\}-\{x \mid x \in X, \bar{f}(x)=u \bar{\in} X\}$,或者 $X^{*}=\{X \cup \{u \mid u \in U, u \bar{\in} X, f(u)=x \in X\}\} \backslash \{x \mid x \in X, \bar{f}(x)=u \bar{\in} X\}$. 显然,具有静态特性的集合 $X \subset U$ 变成具有双向动态特性的集合 $X^{*} \subset U$,X^{*} 既发生膨胀又发生萎缩,X^{*} 称作 $X \subset U$ 的双向 S-集合(two direction singular sets,简称 two direction S-sets),因此有双向 S-粗集($(R,\mathscr{F})_{\circ}(X^{*})$,$(R,\mathscr{F})^{\circ}(X^{*})$)(two direction singular rough sets,简称 two direction S-rough sets),在风险投资系统中,某些风险元素 u 人们事先并不知道,或者 $u \bar{\in} X$;若人们已经发现了元素 u 的存在,在风险投资分析时人们要考虑元素 u 对成功投资的威胁;或者说,风险投资分析必须在集合 $X^{\circ}=X \cup \{u \mid u \in U, u \bar{\in} X, f(u)=x \in X\}$ 上进行,因此由集合 X 产生了集合 X°. 与此相似,在风险投资分析中,X 中的一些元素 $x \in X$ 丧失了对成功投资的威胁;这些元素 x 应当从 X 中删除;与此同时,U 上某些元素 $u \in U, u \bar{\in} X$ 对成功投资产生新的威胁;或者说,风险投资分析必须在集合 $X^{*}=\{X \cup \{u \mid u \in U, u \bar{\in} X, f(u)=x \in X\}\} \backslash \{x \mid x \in X, \bar{f}(x)=u \bar{\in} X\}$ 上进行. 简言之,单向 S-粗集的提出是依赖于风险因素 u 对集合 $X \subset U$ 中的入侵;双向 S-粗集的提出是依赖于风险因素 u 对集合 $X \subset U$ 的入侵和 $X \subset U$ 中的冗余元素 x 的删除.

无论在 S-粗集还是在 Z. Pawlak 粗集中存在着一个共同事实: U 上的元素等价类$[x]$一定对应着 V 上的属性等价类$[\beta]$; 反之,V 上的属性等价类$[\beta]$一定对应着 U 上的元素等价类$[x]$;U 上的元素集 X 一定对应着 V 上的属性集 α,反之, V 上的属性集 α 一定对应着 U 上的元素集 X. S-粗集是以 U 上的元素等价类$[x]$来定义的, S-粗集是否可以用 V 上的属性等价类$[\beta]$来定义? 如果这个新定义符合事实,则人们对 S-粗集的本质拓宽了认识, 人们获得了一个新的研究粗系统的数学方法与数学工具. 这里引入“生物学”中“变异”的概念; 提出变异 S-粗集, 给出它的变异结构,讨论它的变异-对偶特性.

§3.10　单向变异 S-粗集

约定　V 是有限属性论域,α 是 V 上的有限属性集,$\alpha \subset V$;F 是定义在 V 上的元素迁移,$F=\{f_1, f_2, \cdots, f_m\}$,$[\alpha]$是 α-属性等价类.

定义 3.10.1　称 α°是 $\alpha \subset V$ 的单向 S-集合,如果存在 $\beta \in V$, $\beta \bar{\in} \alpha$, $f(\beta)=\alpha' \in \alpha$, 而且

$$\alpha^{\circ} = \alpha \cup \{\beta \mid \beta \in V, \beta \bar{\in} \alpha, f(\beta) = \alpha' \in \alpha\} \tag{3.10.1}$$

α^{f}称作 $\alpha \subset V$ 的f-扩展,而且

$$\alpha^{f} = \{\beta \mid \beta \in V, \beta \bar{\in} \alpha, f(\beta) = \alpha' \in \alpha\} \tag{3.10.2}$$

定义 3.10.2　设 $\alpha^{\circ} \subset V$ 是属性集 $\alpha \subset V$ 的单向 S-集合,称

$$\begin{aligned}(X^{\circ}, F)_{\circ}(\alpha^{\circ}) &= \cup [\alpha] \\ &= \{\alpha \mid \alpha \in V, [\alpha] \subseteq \alpha^{\circ}\}\end{aligned} \tag{3.10.3}$$

是 $\alpha^{\circ} \subset V$ 的下近似;称

$$\begin{aligned}(X^{\circ}, F)^{\circ}(\alpha^{\circ}) &= \cup [\alpha] \\ &= \{\alpha \mid \alpha \in V, [\alpha] \cap \alpha^{\circ} \neq \varnothing\}\end{aligned} \tag{3.10.4}$$

是 $\alpha^{\circ} \subset V$ 的上近似.

其中 $X^{\circ} \subset U$,U 是有限元素论域.

定义 3.10.3　集合对 $((X^{\circ}, F)_{\circ}(\alpha^{\circ}), (X^{\circ}, F)^{\circ}(\alpha^{\circ}))$ 称作单向 S-粗集 $((R, F)_{\circ}(X^{\circ}), (R, F)^{\circ}(X^{\circ}))$ 生成的单向变异 S-粗集,简称单向变异 S-粗集;如果 α-属性等价类族 $\cup[\alpha]$ 是 R-元素等价类族 $\cup[x]$ 的单向变异生成.

定义 3.10.4　称 $B_{n\alpha}(\alpha^{\circ})$ 是 $\alpha^{\circ} \subset V$ 的 α-边界,而且

$$B_{n\alpha}(\alpha^{\circ}) = (X^{\circ}, F)^{\circ}(\alpha^{\circ}) - (X^{\circ}, F)_{\circ}(\alpha^{\circ}) \tag{3.10.5}$$

定义 3.10.5　称 $A_s(\alpha^{\circ})$ 是单向变异 S-粗集 $((X^{\circ}, F)_{\circ}(\alpha^{\circ}), (X^{\circ}, F)^{\circ}(\alpha^{\circ}))$ 生成的副集合,而且

$$A_s(\alpha^{\circ}) = \{\beta \mid \beta \in V, \beta \bar{\in} \alpha, f(\beta) = \alpha' \,\tilde{\in}\, \alpha\} \tag{3.10.6}$$

其中“$\tilde{\in}$”是一个特别的记号,“$\tilde{\in}$”表示 $f(\beta)$ 与 α 的关系具有特征函数 $0 < \chi_{\alpha}^{f(\beta)} < 1$,它的直接意义是:属性 $\beta \in V$ 在 $f \in F$ 的作用下变成 $f(\beta) = \alpha'$, $f(\beta)$ 不被完全迁入到 α 内. 在式(3.10.2)中,属性 $\beta \in V$ 变成 $f(\beta) = \alpha'$, $f(\beta)$ 与 α 的关系具有特征函数 $\chi_{\alpha}^{f(\beta)} = 1$,它的直接意义是:属性 $\beta \in V$ 在 $f \in F$ 的作用下变成 $f(\beta) = \alpha'$, $f(\beta)$ 被完全迁入到 α 内.

属性 $\beta \in V$ 的实际与应用意义

属性集 $\alpha \subset V$ 是人们分析系统时事先确定的,或者说人们已知 α 的存在. 属性 β 是 V 上的属性,它的存在人们事先不能确定,属性 β 具有“突发性”、“不可预测性”,属性 β 广泛地存在于“风险估计”、“预警分析”、“风险管理”、“金融风险分析”等诸多系统中.

由定义 3.10.1 ~ 3.10.5 得到:

命题 1　单向变异 S-粗集是具有单向动态特性的属性集 $\alpha^{\circ}\subset V$ 的粗集.

§3.11　双向变异 S-粗集

约定　V 是有限属性论域,α 是 V 上的有限属性集,$\alpha\subset V$;$F,\bar{F}$ 是定义在 V 上的元素迁移,$F=\{f_1,f_2,\cdots,f_m\}$,$\bar{F}=\{\bar{f}_1,\bar{f}_2,\cdots,\bar{f}_n\}$,$\mathscr{F}=F\cup\bar{F}$,$[\alpha]$ 是 α-属性等价类.

定义 3.11.1　称 α^* 是 $\alpha\subset V$ 的双向 S-集合,如果存在 $\beta_i\in V$, $\beta_i\bar{\in}\alpha$, $f(\beta_i)=\alpha_i'\in\alpha$;存在 $\alpha_j\in\alpha$, $f(\alpha_j)=\beta_j\bar{\in}\alpha$,而且

$$\alpha^*=\hat{\alpha}-\{\alpha\mid\alpha_j\in\alpha,\ \bar{f}(\alpha_j)=\beta_j\bar{\in}\alpha\}\tag{3.11.1}$$

$\alpha^{\bar{f}}$ 称作 $\alpha\subset V$ 的 $\bar{f}$-萎缩,而且

$$\alpha^{\bar{f}}=\{\alpha\mid\alpha_j\in\alpha,\ \bar{f}(\alpha_j)=\beta_j\bar{\in}\alpha\}\tag{3.11.2}$$

其中 $\hat{\alpha}=\alpha\cup\alpha^f=\alpha\cup\{\beta\mid\beta_i\in V,\ \beta_i\bar{\in}\alpha,\ f(\beta_i)=\alpha_i'\in\alpha\}$　(3.11.3)

定义 3.11.2　设 $\alpha^*\subset V$ 是属性集 $\alpha\subset V$ 的双向 S-集合,称

$$\begin{aligned}(X^*,\mathscr{F})_{\circ}(\alpha^*)&=\cup[\alpha]\\&=\{\alpha\mid\alpha\in V,[\alpha]\subseteq\alpha^*\}\end{aligned}\tag{3.11.4}$$

是 $\alpha^*\subset V$ 的下近似,称

$$\begin{aligned}(X^*,\mathscr{F})^{\circ}(\alpha^*)&=\cup[\alpha]\\&=\{\alpha\mid\alpha\in V,[\alpha]\cap\alpha^*\neq\varnothing\}\end{aligned}\tag{3.11.5}$$

是 $\alpha^*\subset V$ 的上近似. 其中 $X^*\subset U$,U 是有限元素论域.

定义 3.11.3　集合对$((X^*,\mathscr{F})_{\circ}(\alpha^*),(X^*,\mathscr{F})^{\circ}(\alpha^*))$称作双向 S-粗集$((R,\mathscr{F})_{\circ}(X^*),(R,\mathscr{F})^{\circ}(X^*))$生成的双向变异 S-粗集, 简称双向变异 S-粗集;如果 α-属性等价类族 $\cup[\alpha]$ 是 R-元素等价类族 $\cup[x]_R$ 的双向变异生成.

定义 3.11.4　称 $B_{n\alpha}(\alpha^*)$是 $\alpha^*\subset V$ 的 α-边界,而且

$$B_{n\alpha}(\alpha^*)=(X^{\circ},\mathscr{F})^{\circ}(\alpha^*)-(X^{\circ},\mathscr{F})_{\circ}(\alpha^*)\tag{3.11.6}$$

定义 3.11.5　称$A_s(\alpha^*)$是双向变异 S-粗集$((X^*,\mathscr{F})_{\circ}(\alpha^*),(X^*,\mathscr{F})^{\circ}(\alpha^*))$生成的副集合,而且

$$A_s(\alpha^*)=\{\beta\mid\beta_i\in V,\ \beta_i\bar{\in}\alpha,\ \cup f(\beta_i)=\alpha_i'\ \tilde{\bar{\in}}\ \alpha\ \text{and}\ \alpha_j\in\alpha,\ \bar{f}(\alpha_j)=\beta_j\underset{\sim}{\in}\alpha\}\tag{3.11.7}$$

其中"$\underset{\sim}{\in}$"是一个特别的记号,"$\underset{\sim}{\in}$"表示$\bar{f}(\alpha_j)$与 α 的关系具有特征函数 $-1<\chi_{\alpha}^{\bar{f}(\alpha_j)}<0$,它的直接意义是:属性 $\alpha_j\in\alpha$ 在$\bar{f}\in\bar{F}$ 的作用下变成$\bar{f}(\alpha_j)=\beta_j$, $\bar{f}(\alpha_j)$不被完全

迁出到 α 外. 在式(3.11.2)中,属性 $\alpha_j\in\alpha$ 变成 $\bar{f}(\alpha_j)=\beta_j$, $\bar{f}(\alpha_j)$ 与 α 的关系具有特征函数 $\chi_{\alpha}^{\bar{f}(\alpha_j)}=-1$,它的直接意义是:属性 $\alpha_j\in\alpha$ 在 $\bar{f}\in\overline{F}$ 的作用下变成 $\bar{f}(\alpha_j)=\beta_j$, $\bar{f}(\alpha_j)$ 被完全迁出到 α 外.

属性 $\alpha_j\in\alpha$ 的实际与应用意义

属性 α_j 是 $\alpha\subset V$ 中可删除的属性, α_j 广泛地存在于"阶段决策"系统中;在一个由多个阶段决策构成的决策系统中, t 阶段决策中的属性 $\alpha_j\in\alpha$ 在 $t+1$ 阶段决策中失效,在 $t+1$ 阶段决策中,属性 $\alpha_j\in\alpha$ 应当从属性集 α 中删除, $\bar{f}(\alpha_j)=\beta_j\,\bar{\in}\,\alpha$,使得 $t+1$ 阶段的决策分析获得简化.

由定义 3.11.1 ~3.11.5 得到:

命题 1 双向变异 S-粗集是具有双向动态特性的属性集 $\alpha^*\subset V$ 的粗集.

容易得到:

定理 3.11.1 单向变异 S-粗集是双向变异 S-粗集的特例,双向变异 S-粗集是单向变异 S-粗集的一般形式.

定理 3.11.2 若 $F=\varnothing$,则单向变异 S-粗集是 Z. Pawlak 变异粗集,而且

$$((X^{\circ},F)_{\circ}(\alpha^{\circ}),(X^{\circ},F)^{\circ}(\alpha^{\circ}))_{F=\varnothing}=(X_{-}(\alpha),X^{-}(\alpha)) \qquad (3.11.8)$$

定理 3.11.3 若 $\mathscr{F}=\varnothing$,则双向变异 S-粗集是 Z. Pawlak 变异粗集,而且

$$((X^{*},\mathscr{F})_{\circ}(\alpha^{*}),(X^{*},\mathscr{F})^{\circ}(\alpha^{*}))_{\mathscr{F}=\varnothing}=(X_{-}(\alpha),X^{-}(\alpha)) \qquad (3.11.9)$$

定理 3.11.4 若 $\overline{F}=\varnothing$,则双向变异 S-粗集退化成单向变异 S-粗集, 而且

$$((X^{*},\mathscr{F})_{\circ}(\alpha^{*}),(X^{*},\mathscr{F})^{\circ}(\alpha^{*}))_{\overline{F}=\varnothing}=((X^{\circ},F)_{\circ}(\alpha^{\circ}),(X^{\circ},F)^{\circ}(\alpha^{\circ})) \qquad (3.11.10)$$

定理 3.11.1 ~ 3.11.4 的证明分别由定义 3.10.1 ~ 3.10.5,定义 3.11.1 ~ 3.11.5,单向 S-粗集,双向 S-粗集,变异粗集直接得到,证明略.

下面讨论单向变异 S-粗集与单向 S-粗集,双向变异 S-粗集与双向 S-粗集的对偶性.

引理 1 若 $[x]$ 是 U 上的 R-元素等价类,则 $[x]$ 具有 V 上的 α-属性等价类 $[\alpha]$.

证明 不失一般性,设 $[x]$ 是 U 上的 R-元素等价类,而且 $[x]=\{x_1,x_2,\cdots,x_n\}$,则 $x_1,x_2,\cdots,x_n$ 关于 R 满足

$$\mathrm{IND}(x_1,x_2,\cdots,x_n)$$

因为 R-元素等价类 $[x]=\{x_1,x_2,\cdots,x_n\}$ 具有属性 $\alpha_1,\alpha_2,\cdots,\alpha_t$;设 $[\alpha]$ 是 V 上的属性 $\alpha_1,\alpha_2,\cdots,\alpha_t$ 构成的 α-属性等价类,而且 $[\alpha]=\{\alpha_1,\alpha_2,\cdots,\alpha_t\}$,则 $x_1,x_2,\cdots,x_n$ 关于 α 满足

$$\mathrm{IND}(x_1,x_2,\cdots,x_n)_{[\alpha]}$$

反之,若 $x_1,x_2,\cdots,x_n$ 关于 $\alpha\subset V$ 满足 $\mathrm{IND}(x_1,x_2,\cdots,x_n)_{[\alpha]}$,则 U 上存在 R 而且 $[x]=\{x_1,x_2,\cdots,x_n\}$ 关于 R 满足 $\mathrm{IND}(x_1,x_2,\cdots,x_n)$.

引理 2　若 $[x]_{R\cup\{f(R')\}}$ 是 U 上的 $R\cup\{f(R')\}$-元素等价类,则 $[x]_{R\cup\{f(R')\}}$ 具有 V 上的 $\alpha\cup\{f(\alpha')\}$-属性等价类 $[\alpha\cup\{f(\alpha')\}]$.
其中 $R'\,\bar{\in}\,R,\alpha'\,\bar{\in}\,\alpha;R',R\in U,\alpha',\alpha\in V$.

引理 3　若 $[x]_{(R\cup\{f(R')\})\setminus\{\bar{f}(R'')\}}$ 是 U 上的 $(R\cup\{f(R')\})\setminus\{\bar{f}(R'')\}$-元素等价类,则 $[x]_{(R\cup\{f(R')\})\setminus\{\bar{f}(R'')\}}$ 具有 V 上的 $(\alpha\cup\{f(\alpha')\})\setminus\{\bar{f}(\alpha'')\}$-属性等价类 $[(\alpha\cup\{f(\alpha')\})\setminus\{\bar{f}(\alpha'')\}]$.
其中 $R'\,\bar{\in}\,R,R''\in R;R',R'',R\in U;\alpha'\,\bar{\in}\,\alpha,\alpha''\in\alpha;\alpha',\alpha'',\alpha\in V$.

引理 2、3 的证明与引理 1 的证明类似,证明略.

由引理 1 ~ 3 得到:

定理 3.11.5(单向变异 S-粗集与单向 S-粗集对偶性定理)　单向变异 S-粗集 $((X^{\circ},F)_{\circ}(\alpha^{\circ}),(X^{\circ},F)^{\circ}(\alpha^{\circ}))$ 与单向 S-粗集 $((R,F)_{\circ}(X^{\circ}),(R,F)^{\circ}(X^{\circ}))$ 对偶,而且

$$((X^{\circ},F)_{\circ}(\alpha^{\circ}),(X^{\circ},F)^{\circ}(\alpha^{\circ}))\Longleftrightarrow((R,F)_{\circ}(X^{\circ}),(R,F)^{\circ}(X^{\circ}))\quad(3.11.11)$$

如果 U 上的 $R\cup\{f(R')\}$-元素等价类 $[x]_{R\cup\{f(R')\}}$ 具有 V 上的 $\alpha\cup\{f(\alpha')\}$-属性等价类 $[\alpha\cup\{f(\alpha')\}]$.
其中 $R'\,\bar{\in}\,R,\alpha'\,\bar{\in}\,\alpha;R',R\subset U;\alpha',\alpha\subset V$.

定理 3.11.6(双向变异 S-粗集与双向 S-粗集对偶性定理)　双向变异 S-粗集 $((X^{*},\mathscr{F})_{\circ}(\alpha^{*}),(X^{*},\mathscr{F})^{\circ}(\alpha^{*}))$ 与双向 S-粗集 $((R,\mathscr{F})_{\circ}(X^{*}),(R,\mathscr{F})^{\circ}(X^{*}))$ 对偶,而且

$$((X^{*},\mathscr{F})_{\circ}(\alpha^{*}),(X^{*},\mathscr{F})^{\circ}(\alpha^{*}))\Longleftrightarrow((R,\mathscr{F})_{\circ}(X^{*}),(R,\mathscr{F})^{\circ}(X^{*}))\quad(3.11.12)$$

如果 U 上的 $(R\cup\{f(R')\})\setminus\{f(R'')\}$-元素等价类 $[x]_{(R\cup\{f(R')\})\setminus\{\bar{f}(R'')\}}$ 具有 V 上的 $(\alpha\cup\{f(\alpha')\})\setminus\{\bar{f}(\alpha'')\}$-属性等价类 $[(\alpha\cup\{f(\alpha')\})\setminus\{\bar{f}(\alpha'')\}]$.
其中 $R'\,\bar{\in}\,R,R''\in R;R',R'',R\subset U;\alpha'\,\bar{\in}\,\alpha,\alpha''\in\alpha;\alpha',\alpha'',\alpha\subset V$.

图 3.4 与图 3.5 分别给出双向 S-粗集,双向变异 S-粗集的直观图示结构;单向 S-粗集,单向变异 S-粗集的图示结构,略. 图 3.4 中 U 是有限元素论域,图 3.5 中 V 是有限元素论域 U 对应的有限属性论域. 图 3.4 与图 3.5 共同表征 S-粗系统的对偶特征.

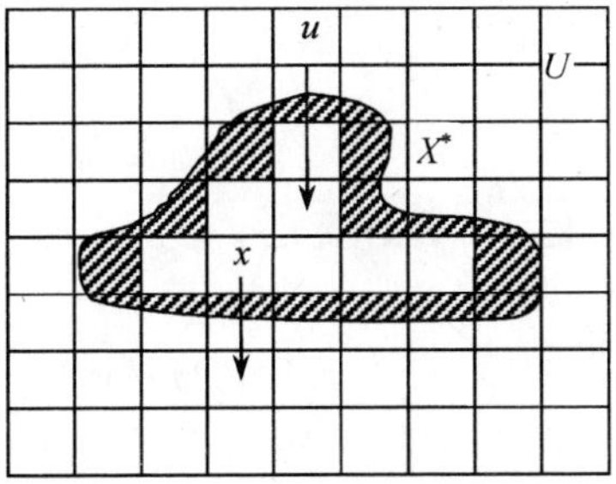

图 3.4

双向 S-粗集，元素 $u\in U, u\overline{\in}X$, $f(u)=x\in X$；元素 $x\in X$, $\bar{f}(x)=u\overline{\in}X$

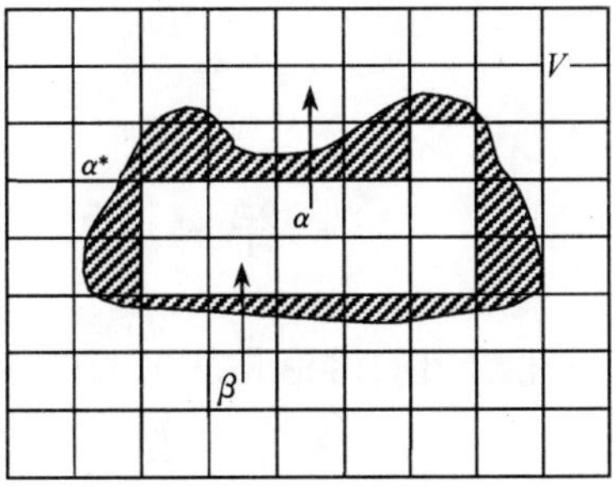

图 3.5

双向变异 S-粗集 $((X^*,\mathscr{F})_\circ(\alpha^*),(X^*,\mathscr{F})^\circ(\alpha^*))$，$X^*$ 是 $X\subset U$ 的双向 S-集合，$\mathscr{F}=F\cup\overline{F}$，$\alpha^*$ 是 $\alpha\subset V$ 的双向变异 S-集合

利用 3.10、3.11 节的讨论，容易得到.

§3.12 变异 S-粗集的变异-对偶原理

单向变异 S-粗集的变异-对偶原理

$X^\circ\subset U$ 的单向 S-粗集 $((R,F)_\circ(X^\circ),(R,F)^\circ(X^\circ))$ 的存在伴随着 $\alpha^\circ\subset V$ 的单向变异 S-粗集 $((X^\circ,F)_\circ(\alpha^\circ),(X^\circ,F)^\circ(\alpha^\circ))$ 的生成；它们具有相同的数学结构，具有对偶的粗特征；它们共同表征 S-粗系统的单向对偶特性.

双向变异 S-粗集的变异-对偶原理

$X^*\subset U$ 的双向 S-粗集 $((R,\mathscr{F})_\circ(X^*),(R,\mathscr{F})^\circ(X^*))$ 的存在伴随着 $\alpha^*\subset V$ 的双向变异 S-粗集 $((X^*,\mathscr{F})_\circ(\alpha^*),(X^*,\mathscr{F})^\circ(\alpha^*))$ 的生成；它们具有相同的数学结构，具有对偶的粗特征；它们共同表征 S-粗系统的双向对偶特性.

第4章　S-粗集与它的遗传

这里给出的讨论是从下面的一个有趣现象得到的. 设 $U=\{x_1,x_2,x_3,x_4,x_5,x_6,x_7,x_8,x_9,x_{10}\}$是一些苹果组成的论域,$\alpha=\{\alpha_1,\alpha_2,\alpha_3,\alpha_4\}$是定义在 U 上的属性:α_1=红色,α_2=甜味,α_3=直径5cm,α_4=质量150g,依据 α_1 得到$[x]_{(\alpha_1)}=\{x_1,x_3,x_4,x_7,x_8,x_{10}\}$;显然$[x]_{(\alpha_1)}$是关于 α_1 的元素等价类;$x_1,x_3,x_4,x_7,x_8,x_{10}$关于 α_1 不可分辨,存在 $\mathrm{IND}([x]_{(\alpha_1)})$;与此类似,依据 α_1,α_2 得到$[x]_{(\alpha_1,\alpha_2)}=\{x_1,x_3,x_4,x_8,x_{10}\}$,存在 $\mathrm{IND}([x]_{(\alpha_1,\alpha_2)})$;依据 $\alpha_1,\alpha_2,\alpha_3$ 得到$[x]_{(\alpha_1,\alpha_2,\alpha_3)}=\{x_3,x_4,x_8,x_{10}\}$,存在 $\mathrm{IND}([x]_{(\alpha_1,\alpha_2,\alpha_3)})$;依据 $\alpha_1,\alpha_2,\alpha_3,\alpha_4$ 得到$[x]_{(\alpha_1,\alpha_2,\alpha_3,\alpha_4)}=\{x_4,x_{10}\}$,存在 $\mathrm{IND}([x]_{(\alpha_1,\alpha_2,\alpha_3,\alpha_4)})$. 属性集$\{\alpha_1\}$变成$\{\alpha_1,\alpha_2\}$是因为元素迁移 $f\in F$ 的存在得到的,属性集$\{\alpha_1,\alpha_2\}$变成$\{\alpha_1,\alpha_2,\alpha_3\}$也是因为元素迁移 $f\in F$ 的存在得到的,如此等等. 从这里得到一个有趣的现象:$[x]_{(\alpha_1)}$中的 x_1,x_3,x_4,x_8,x_{10}被保留,x_7 被删除;x_1,x_3,x_4,x_8,x_{10}生成$[x]_{(\alpha_1,\alpha_2)}=\{x_1,x_3,x_4,x_8,x_{10}\}$. $[x]_{(\alpha_1,\alpha_2)}$中的 x_3,x_4,x_8,x_{10}被保留,x_1 被删除;x_3,x_4,x_8,x_{10}生成$[x]_{(\alpha_1,\alpha_2,\alpha_3)}=\{x_3,x_4,x_8,x_{10}\}$. $[x]_{(\alpha_1,\alpha_2,\alpha_3)}$中的 x_4,x_{10}被保留,x_3,x_8 被删除;x_4,x_{10}生成$[x]_{(\alpha_1,\alpha_2,\alpha_3,\alpha_4)}=\{x_4,x_{10}\}$. 把这个现象引入到生物学中,再给出解释:同种族的生物,我们有理由把它看作是一个元素等价类,利用生物学中的遗传[20]概念可以看到:如果$[x]_{(\alpha_1)}$是上祖代,$[x]_{(\alpha_1,\alpha_2)}$是祖代,$[x]_{(\alpha_1,\alpha_2,\alpha_3)}$是父母代,$[x]_{(\alpha_1,\alpha_2,\alpha_3,\alpha_4)}$是子女代,则$[x]_{(\alpha_1)}$中的 x_1,x_3,x_4,x_8,x_{10}被遗传到$[x]_{(\alpha_1,\alpha_2)}$,$x_1,x_3,x_4,x_8,x_{10}$生成$[x]_{(\alpha_1,\alpha_2)}$;$[x]_{(\alpha_1,\alpha_2)}$中的 x_3,x_4,x_8,x_{10}被遗传到$[x]_{(\alpha_1,\alpha_2,\alpha_3)}$,$x_3,x_4,x_8,x_{10}$生成$[x]_{(\alpha_1,\alpha_2,\alpha_3)}$;$[x]_{(\alpha_1,\alpha_2,\alpha_3)}$中的 x_4,x_{10}被遗传到$[x]_{(\alpha_1,\alpha_2,\alpha_3,\alpha_4)}$,$x_4,x_{10}$生成$[x]_{(\alpha_1,\alpha_2,\alpha_3,\alpha_4)}$. $x_1,x_3,x_4,x_7,x_8,x_{10}$在$[x]_{(\alpha_1)}$中呈现“显性”;$x_1,x_3,x_4,x_8,x_{10}$在$[x]_{(\alpha_1,\alpha_2)}$中呈现“显性”, x_7 在$[x]_{(\alpha_1,\alpha_2)}$中呈现“隐性”;$x_3,x_4,x_8,x_{10}$在$[x]_{(\alpha_1,\alpha_2,\alpha_3)}$中呈现“显性”,$x_1$ 在$[x]_{(\alpha_1,\alpha_2,\alpha_3)}$中呈现“隐性”,如此等等. 从这个非严格的生物学解释中,得到这样的事实:知识$[x]_{(\alpha_1,\alpha_2)}$依赖于知识$[x]_{(\alpha_1)}$,知识$[x]_{(\alpha_1,\alpha_2,\alpha_3)}$依赖于知识$[x]_{(\alpha_1,\alpha_2)}$,知识$[x]_{(\alpha_1,\alpha_2,\alpha_3,\alpha_4)}$依赖于知识$[x]_{(\alpha_1,\alpha_2,\alpha_3)}$. 因为在属性$\{\alpha_1\}$中增加属性 α_2,则知识$[x]_{(\alpha_1)}$遗传生成$[x]_{(\alpha_1,\alpha_2)}$;在属性$\{\alpha_1,\alpha_2\}$中增加属性 α_3,则知识$[x]_{(\alpha_1,\alpha_2)}$遗传生成$[x]_{(\alpha_1,\alpha_2,\alpha_3)}$;在属性$\{\alpha_1,\alpha_2,\alpha_3\}$中增加属性 α_4,则知识$[x]_{(\alpha_1,\alpha_2,\alpha_3)}$遗传生成$[x]_{(\alpha_1,\alpha_2,\alpha_3,\alpha_4)}$. 从这个现象, 解释, 事实,我们看到:元素迁移 $f\in F$ 改变了知识的属性集和它的结构,使知识具有了 f-遗传性. 据此,我们提出下面问题:

知识(等价类)具有 f-遗传,S-粗集具有 F-遗传吗? 或者说,因为属性集的改变,由S-粗集能够得到新的S-粗集,新得到的S-粗集是否是原来的S-粗集的 F-遗传？答案，我们不知道. 如果 S-粗集具有 F-遗传，它能给我们带来一些什么样的新的理论和新的应用启迪？答案，我们还是不知道. 如果 S-粗集具有 F-遗传，S-粗集的 F-遗传是否能与生物学进行学科交叉，学科渗透并对生物学中的遗传给出符合事实的数学解释？S-粗集作为一个数学工具能否对生物遗传，金属材料遗传的研究提供帮助？答案，我们仍然不知道. 本章给出这些问题的讨论.

约定 α 是属性集，$\alpha=\{\alpha_1,\alpha_2,\cdots,\alpha_m\}$；$F$ 是定义在 U 上的元素迁移族，$F=\{f_1,f_2,\cdots,\cup f_p\}$；$\alpha'$ 是一个有限属性集，$\alpha'=\{\alpha'_1,\alpha'_2,\cdots,\alpha'_\lambda\}$，$\alpha\cap\alpha'=\varnothing$；$\alpha'_i\in\alpha'$，$\alpha'_i\,\bar{\in}\,\alpha$，$\cup f(\alpha'_i)\in\alpha$，$\alpha^f=\{f(\alpha'_1),f(\alpha'_2),\cdots,f(\alpha'_\lambda)\}$；$\alpha\cup\alpha^f=\{\alpha_1,\alpha_2,\cdots,\alpha_m\}\cup\{f(\alpha'_1),\cdots,\cup f(\alpha'_\lambda)\}$. 属性、等价关系、等价类、知识等概念，我们不加区分直接使用它们.

§4.1 f-遗传基因与 f-遗传知识

定义 4.1.1 设 $[x]_\alpha$ 是 U 上的知识，α 是 $[x]_\alpha$ 的属性集；称 $[x]_{(\alpha\cup\{f(\alpha'_1)\})}$ 是 $[x]_\alpha$ 的 1-阶 f-遗传知识，如果存在属性 $\alpha'\,\bar{\in}\,\alpha$，$\cup f(\alpha')\in\alpha$；$[x]_{(\alpha\cup\{f(\alpha'_1),\cdots,f(\alpha'_\lambda)\})}$ 称作 $[x]_\alpha$ 的 λ 阶 f-遗传知识，记作 $[x]^\lambda_{(\alpha,f)}$，λ 称作 f-遗传阶，$\lambda=\mathrm{card}(\alpha^f)$，$\lambda\in N^+$.

定义 4.1.2 称 $[x]^f_\alpha$ 是 t 个 λ 阶 f-遗传知识 $[x]^\lambda_{(\alpha,f)_j}$ 的 f-遗传基因，如果

$$[x]^f_\alpha=\bigcap_{j=1}^{t}[x]^\lambda_{(\alpha,f)_j} \tag{4.1.1}$$

例如，给定知识 $[x]_\alpha=\{x_1,x_3,x_4,x_7,x_9,x_{10},x_{17}\}$，$[x]_{(\alpha\cup\{f(\alpha'_1)\})}$，$[x]_{(\alpha\cup\{f(\alpha'_1),f(\alpha'_2)\})}$，$[x]_{(\alpha\cup\{f(\alpha'_1),f(\alpha'_2),f(\alpha'_3)\})}$ 是 $[x]_\alpha$ 的 3 个 f-遗传知识，而且 $[x]_{(\alpha\cup\{f(\alpha'_1)\})}=\{x_3,x_4,x_9,x_{10},x_{17}\}$，$[x]_{(\alpha\cup\{f(\alpha'_1),f(\alpha'_2)\})}=\{x_4,x_9,x_{17}\}$，$[x]_{(\alpha\cup\{f(\alpha'_1),f(\alpha'_2),f(\alpha'_3)\})}=\{x_4,x_{17}\}$，则知识 $[x]_\alpha$ 的 f-遗传基因是 $[x]^f_\alpha=\{x_4,x_{17}\}$. f-遗传知识 $[x]_{(\alpha\cup\{f(\alpha'_1)\})}$，$[x]_{(\alpha\cup\{f(\alpha'_1),f(\alpha'_2)\})}$，$[x]_{(\alpha\cup\{f(\alpha'_1),f(\alpha'_2),f(\alpha'_3)\})}$ 的遗传阶分别是 $\lambda=\mathrm{card}(f(\alpha'_1))=1$，$\lambda=2$，$\lambda=3$.

定义 4.1.3 称 $\mathrm{GEC}([x]^\lambda_{(\alpha,f)})$ 是 λ 阶 f-遗传知识 $[x]^\lambda_{(\alpha,f)}$ 关于知识 $[x]_\alpha$ 的 f-遗传系数（f-genetic coefficient），而且

$$\mathrm{GEC}([x]^\lambda_{(\alpha,f)})=\mathrm{GRD}([x]^\lambda_{(\alpha,f)})/\mathrm{GRD}([x]_\alpha) \tag{4.1.2}$$

定义 4.1.4 称 $\mathrm{GVD}([x]^\lambda_{(\alpha,f)})$ 是 λ 阶 f-遗传知识 $[x]^\lambda_{(\alpha,f)}$ 关于知识 $[x]_\alpha$ 的 f-遗传变异度（f-genetic variation degree），而且

$$\mathrm{GVD}([x]^\lambda_{(\alpha,f)})=1-\mathrm{GEC}([x]^\lambda_{(\alpha,f)}) \tag{4.1.3}$$

由定义 4.1.1 ~4.1.4 容易得到：

命题 1 在 λ 阶 f-遗传知识 $[x]^\lambda_{(\alpha,f)}$ 中，α^f 上的所有属性 α_i 在 $[x]^\lambda_{(\alpha,f)}$ 中呈现

显性.

命题 2　λ 阶 f-遗传知识 $[x]^{\lambda}_{(\alpha,f)}$ 上存在 $\mathrm{IND}(\{x\}^{\lambda}_{(\alpha,f)})$.

命题 3　f-遗传基因 $[x]^{f}_{\alpha}$ 存在于所有 f-遗传知识中.

命题 4　$[x]_{\alpha}$ 的任意两个 λ 阶 f-遗传知识 $[x]^{\lambda}_{(\alpha,f)_i}\cap[x]^{\lambda}_{(\alpha,f)_j}\neq\varnothing$.

命题 1 ~ 4 是直接的事实,证明略.

定理 4.1.1(f-遗传知识链定理)　设 $[x]^{\lambda}_{(\alpha,f)}$ 是 $[x]_{\alpha}$ 的 λ 阶 f-遗传知识,$\lambda=\lambda_1,\lambda_2,\cdots,\lambda_t$,若 $\lambda_1\leqslant\lambda_2\leqslant\cdots\leqslant\lambda_t$,则

$$[x]^{\lambda_t}_{(\alpha,f)}\subseteq[x]^{\lambda_{t-1}}_{(\alpha,f)}\subseteq\cdots\subseteq[x]^{\lambda_1}_{(\alpha,f)} \tag{4.1.4}$$

证明　因为 $\lambda_1\leqslant\lambda_2\leqslant\cdots\leqslant\lambda_t$,则有
$(\alpha\cup\{f(\alpha'_1)\})\subseteq(\alpha\cup\{f(\alpha'_1),f(\alpha'_2)\})\subseteq\cdots\subseteq(\alpha\cup\{f(\alpha'_1),f(\alpha'_2),\cdots,f(\alpha'_\lambda)\})$;$\mathrm{GRD}([x]^{\lambda_t}_{(\alpha,f)})\leqslant\mathrm{GRD}([x]^{\lambda_{t-1}}_{(\alpha,f)})\leqslant\cdots\leqslant\mathrm{GRD}([x]^{\lambda_1}_{(\alpha,f)})$

或者

$$\mathrm{card}([x]^{\lambda_t}_{(\alpha,f)})\leqslant\mathrm{card}([x]^{\lambda_{t-1}}_{(\alpha,f)})\leqslant\cdots\leqslant\mathrm{card}([x]^{\lambda_1}_{(\alpha,f)})$$

因此

$$[x]^{\lambda_t}_{(\alpha,f)}\subseteq[x]^{\lambda_{t-1}}_{(\alpha,f)}\subseteq\cdots\subseteq[x]^{\lambda_1}_{(\alpha,f)}$$

定理 4.1.2(f-遗传知识最小粒度定理)　设 $[x]^{\lambda}_{(\alpha,f)}$ 是 $[x]_{\alpha}$ 的 λ 阶 f-遗传知识,若 $[x]^{\lambda}_{(\alpha,f)}$ 的属性集 $(\alpha\cup\alpha^f)$ 满足

$$\mathrm{card}(\alpha\cup\alpha^f)=m+\lambda \tag{4.1.5}$$

则 $[x]^{\lambda}_{(\alpha,f)}$ 具有最小粒度 $\mathrm{GRD}([x]^{\lambda}_{(\alpha,f)})$,而且

$$\mathrm{GRD}([x]^{\lambda}_{(\alpha,f)})=\min \tag{4.1.6}$$

证明　因为 $\mathrm{card}(\alpha\cup\alpha^f)=m+\lambda$,则 λ 阶 f-遗传知识 $[x]^{\lambda}_{(\alpha,f)}$ 具有最大遗传阶 $\lambda_{\max}=\max\limits_{i=1}^{t}(\lambda_i)$,利用定理 4.1.1 得到

$$\mathrm{card}([x]^{\lambda_t}_{(\alpha,f)})/\mathrm{card}(U)\leqslant\mathrm{card}([x]^{\lambda_{t-1}}_{(\alpha,f)})/\mathrm{card}(U)\leqslant\cdots\leqslant\mathrm{card}([x]^{\lambda_1}_{(\alpha,f)})/\mathrm{card}(U)$$

由知识粒度得到

$$\mathrm{GRD}([x]^{\lambda}_{(\alpha,f)})=\mathrm{card}([x]^{\lambda_t}_{(\alpha,f)})/\mathrm{card}(U)=\min$$

定理 4.1.3(f-遗传系数与 f-遗传变异度关系定理)　若 $\mathrm{GEC}([x]^{\lambda}_{(\alpha,f)})$,$\mathrm{GVD}([x]^{\lambda}_{(\alpha,f)})$ 分别是 λ 阶 f-遗传知识 $[x]^{\lambda}_{(\alpha,f)}$ 关于知识 $[x]_{\alpha}$ 的 f-遗传系数,∪f-遗传变异度,则

$$\mathrm{GEC}([x]^{\lambda}_{(\alpha,f)})+\mathrm{GVD}([x]^{\lambda}_{(\alpha,f)})=1 \tag{4.1.7}$$

定理 4.1.3 的直观意义　随着对知识$[x]_\alpha$的属性集 α 中属性的补充，$\cup f$-遗传知识的粒度减少，$\cup f$-遗传系数减少，$\cup f$-遗传知识的 f-遗传变异度增大. 如果 $F=\varnothing$，则 $\mathrm{GEC}([x]^\lambda_{(\alpha,f)})=1$，$\mathrm{GVD}([x]^\lambda_{(\alpha,f)})=0$；$\mathrm{GVD}([x]^\lambda_{(\alpha,f)})=0$ 表示知识$[x]_\alpha$在 f-遗传初始具有 f-遗传变异度的最小值，它揭露了杂交物种在代代繁衍中，杂交物种特性的逐步退化现象.

定理 4.1.4（f-遗传基因不变性定理）　f-遗传知识中，f-遗传基因$[x]^f_\alpha$的 $\mathrm{card}([x]^f_\alpha)$是一个不变的常数，与遗传阶 λ 的变化无关，而且

$$\mathrm{card}([x]^f_\alpha)=\eta^f \tag{4.1.8}$$

其中 $\eta^f\in N^+$.

定理 4.1.4 是直接的事实，证明略.

由定义 4.1.1 ~ 4.1.4，定理 4.1.1 ~ 4.1.4 得到：

f-遗传筛子$(K,G)_f$ 原理

$(K,G)_f$ 是一个具有最小均匀孔的 f-遗传筛子，知识$[x]_\alpha$的 f-遗传基因$[x]^f_{(\alpha)}$被$(K,G)_f$ 分离，其他的 f-遗传知识是筛子$(K,G)_f$ 中的剩余. 这里 K 是 f-遗传知识的集合，G 是 f-遗传知识粒度的集合.

广义 f-遗传筛子$(K,G)^*_f$ 原理

$(K,G)^*_f$ 是一个具有多层，每一层具有均匀孔的 f-遗传筛子，知识$[x]_\alpha$的所有 f-遗传知识被筛子$(K,G)^*_f$ 分离成有限个类，筛子$(K,G)^*_f$ 中无 f-遗传知识剩余.

约定　为了简化又不引起误解，在 4.2 ~ 4.4 节的讨论中使用下面的符号：

$$\nabla^\lambda_F=(R,F)_\circ(X^\circ)^\lambda,\ \Delta^\lambda_F=(R,F)^\circ(X^\circ)^\lambda$$

$$(\nabla^\lambda_F,\Delta^\lambda_F)=((R,F)_\circ(X^\circ)^\lambda,(R,F)^\circ(X^\circ)^\lambda)$$

$$(\nabla_F,\Delta_F)=((R,F)_\circ(X^\circ),(R,F)^\circ(X^\circ))$$

$$\nabla_F=(R,F)_\circ(X^\circ),\ \Delta_F=(R,F)^\circ(X^\circ)$$

§4.2　S-粗集的 F-遗传与 F-遗传定理

定义 4.2.1　称 ∇^λ_F是 ∇_F的 λ 阶 F-遗传，$\lambda\in N^+$；如果$[x]^\lambda_{(\alpha,f)}$是$[x]_\alpha$的 λ 阶 f-遗传知识，而且

$$\nabla^\lambda_F=\cup[x]^\lambda_{(\alpha,f)}$$

$$= \{x \mid x \in U, [x]^{\lambda}_{(\alpha,f)} \subseteq X^{\circ}\} \tag{4.2.1}$$

称 Δ^{λ}_{F} 是 Δ_F 的 λ 阶 F-遗传，$\lambda \in N^{+}$，如果 $[x]^{\lambda}_{(\alpha,f)}$ 是 $[x]_{\alpha}$ 的 λ 阶 f-遗传知识，而且

$$\begin{aligned}\Delta^{\lambda}_{F} &= \cup [x]^{\lambda}_{(\alpha,f)} \\ &= \{x \mid x \in U, [x]^{\lambda}_{(\alpha,f)} \cap X^{\circ} \cup \neq \varnothing\}\end{aligned} \tag{4.2.2}$$

定义 4.2.2　称 $(\nabla^{\lambda}_{F}, \Delta^{\lambda}_{F})$ 是 (∇_F, Δ_F) 的 λ 阶 F-遗传，如果 $\nabla^{\lambda}_{F}, \Delta^{\lambda}_{F}$ 分别是 ∇_F, Δ_F 的 λ 阶 F-遗传.

定义 4.2.3　称 $(\nabla^{F}_{F}, \Delta^{F}_{F})$ 是 (∇_F, Δ_F) 的 F-遗传基因，如果 $(\nabla^{F}_{F}, \Delta^{F}_{F})$ 的遗传阶 λ

$$\lambda = \max(\mathrm{card}(\alpha^{f})) \tag{4.2.3}$$

$\nabla^{F}_{F}, \Delta^{F}_{F}$ 分别称作 F-遗传基因 $(\nabla^{F}_{F}, \Delta^{F}_{F})$ 的前域，后域.

定义 4.2.4　称 $\mathrm{GEC}(\nabla^{\lambda}_{F})$ 是 λ 阶 F-遗传 ∇^{λ}_{F} 关于 ∇_F 的 F-遗传系数，$\mathrm{GEC}(\Delta^{\lambda}_{F})$ 是 λ 阶 F-遗传 Δ^{λ}_{F} 关于 Δ_F 的 F-遗传系数，而且

$$\mathrm{GEC}(\nabla^{\lambda}_{F}) = \mathrm{GRD}(\nabla^{\lambda}_{F}) / \mathrm{GRD}(\nabla_F) \tag{4.2.4}$$

$$\mathrm{GEC}(\Delta^{\lambda}_{F}) = \mathrm{GRD}(\Delta^{\lambda}_{F}) / \mathrm{GRD}(\Delta_F) \tag{4.2.5}$$

称 $\mathrm{GEC}(\nabla^{\lambda}_{F}, \Delta^{\lambda}_{F})$ 是 λ 阶 F-遗传 $(\nabla^{\lambda}_{F}, \Delta^{\lambda}_{F})$ 关于 (∇_F, Δ_F) 的 F-遗传系数，而且

$$\mathrm{GEC}((\nabla^{\lambda}_{F}, \Delta^{\lambda}_{F})) = \varphi_f(\mathrm{GEC}(\nabla^{\lambda}_{F}) + \mathrm{GEC}(\Delta^{\lambda}_{F})) \tag{4.2.6}$$

其中 $\mathrm{GRD}(\Delta^{\lambda}_{F})$ 是 Δ^{λ}_{F} 的粒度，式(4.2.6)中的系数 φ_f 是 $\alpha'_i \,\bar{\in}\, \alpha$ 进入 α 的可能度，一般，$0 < \varphi_f < 1$；φ_f 由集值迭代得到.

定义 4.2.5　称 $\mathrm{GVD}((\nabla^{\lambda}_{F}, \Delta^{\lambda}_{F}))$ 是 λ 阶 F-遗传 $(\nabla^{\lambda}_{F}, \Delta^{\lambda}_{F})$ 关于 (∇_F, Δ_F) 的 F-遗传变异度，而且

$$\mathrm{GVD}((\nabla^{\lambda}_{F}, \Delta^{\lambda}_{F})) = 1 - \mathrm{GEC}((\nabla^{\lambda}_{F}, \Delta^{\lambda}_{F})) \tag{4.2.7}$$

由定义 4.2.1 ~ 4.2.5 得到：

定理 4.2.1（F-遗传系数与 F-遗传变异度关系定理）　(∇_F, Δ_F) 的 λ 阶 F-遗传系数与 λ 阶 F-遗传变异度满足

$$\begin{aligned}&\text{若 } \mathrm{GEC}(\nabla^{\lambda}_{F}, \Delta^{\lambda}_{F}) = 0, \text{则 } \mathrm{GVD}(\nabla^{\lambda}_{F}, \Delta^{\lambda}_{F}) = 1 \\ &\text{若 } \mathrm{GEC}(\nabla^{\lambda}_{F}, \Delta^{\lambda}_{F}) < 0.5, \text{则 } \mathrm{GVD}(\nabla^{\lambda}_{F}, \Delta^{\lambda}_{F}) > 0.5 \\ &\text{若 } \mathrm{GEC}(\nabla^{\lambda}_{F}, \Delta^{\lambda}_{F}) > 0.5, \text{则 } \mathrm{GVD}(\nabla^{\lambda}_{F}, \Delta^{\lambda}_{F}) < 0.5 \\ &\text{若 } \mathrm{GEC}(\nabla^{\lambda}_{F}, \Delta^{\lambda}_{F}) = 0.5, \text{则 } \mathrm{GVD}(\nabla^{\lambda}_{F}, \Delta^{\lambda}_{F}) = 0.5 \\ &\text{若 } \mathrm{GEC}(\nabla^{\lambda}_{F}, \Delta^{\lambda}_{F}) = 1, \text{则 } \mathrm{GVD}(\nabla^{\lambda}_{F}, \Delta^{\lambda}_{F}) = 0\end{aligned} \tag{4.2.8}$$

其中 $\lambda\in N^+$.

定理 4.2.2（F-遗传粒度定理）　若$(\nabla_F^\lambda,\Delta_F^\lambda)$是$(\nabla_F,\Delta_F)$的 λ 阶 F-遗传，则

$$\mathrm{GRD}((\nabla_F^\lambda,\Delta_F^\lambda))\leqslant \mathrm{GRD}((\nabla_F,\Delta_F)) \tag{4.2.9}$$

其中 $\mathrm{GRD}((\nabla_F^\lambda,\Delta_F^\lambda))$，$\mathrm{GRD}((\nabla_F,\Delta_F))$ 分别是$(\nabla_F^\lambda,\Delta_F^\lambda)$，$(\nabla_F,\Delta_F)$ 的粒度；$\mathrm{GRD}((\nabla_F^\lambda,\Delta_F^\lambda))=\mathrm{GRD}(\nabla_F^\lambda)\cdot\mathrm{GRD}(\Delta_F^\lambda)=\mathrm{card}(\nabla_F^\lambda)/\mathrm{card}(U)\,\mathrm{card}(\Delta_F^\lambda)/\mathrm{card}(U)$；$\mathrm{GRD}((\nabla_F,\Delta_F))=\mathrm{GRD}(\nabla_F)\cdot\mathrm{GRD}(\Delta_F)$.

证明　设$(\alpha\cup\alpha^f)$，α 分别是$(\nabla_F^\lambda,\Delta_F^\lambda)$，$(\nabla_F,\Delta_F)$的属性集，因为 $\alpha\subseteq(\alpha\cup\alpha^f)$，则有$[x]_{(\alpha,f)}^\lambda\subseteq[x]_\alpha$，$\cup[x]_{(\alpha,f)}^\lambda\subseteq\cup[x]_\alpha$，因此 $\mathrm{card}(\cup[x]_{(\alpha,f)}^\lambda)=\mathrm{card}(\nabla_F^\lambda)\leqslant\mathrm{card}(\nabla_F)=\mathrm{card}(\cup[x]_\alpha)$，$\mathrm{GRD}(\nabla_F^\lambda)=\mathrm{card}(\nabla_F^\lambda)/\mathrm{card}(U)\leqslant\mathrm{card}(\nabla_F)/\mathrm{card}(U)=\mathrm{GRD}(\nabla_F)$；或者 $\mathrm{GRD}(\nabla_F^\lambda)\leqslant\mathrm{GRD}(\nabla_F)$；类似得到 $\mathrm{GRD}(\Delta_F^\lambda)\leqslant\mathrm{GRD}(\Delta_F)$，则有 $\mathrm{GRD}((\nabla_F^\lambda,\Delta_F^\lambda))=\mathrm{GRD}(\nabla_F^\lambda)\cdot\mathrm{GRD}(\Delta_F^\lambda)\leqslant\mathrm{GRD}(\nabla_F)\cdot\mathrm{GRD}(\Delta_F)=\mathrm{GRD}((\nabla_F,\Delta_F))$ 或者 $\mathrm{GRD}((\nabla_F^\lambda,\Delta_F^\lambda))\leqslant\mathrm{GRD}((\nabla_F,\Delta_F))$.

定理 4.2.3（F-遗传反序链定理）　设$(\nabla_F^\lambda,\Delta_F^\lambda)$是$(\nabla_F,\Delta_F)$的 λ 阶 F-遗传，$\lambda=\lambda_1,\lambda_2,\cdots,\lambda_t,\lambda_i\in N^+$，若

$$\lambda_1\leqslant\lambda_2\leqslant\cdots\leqslant\lambda_t \tag{4.2.10}$$

则存在与式(4.2.10)反序排列的 F-遗传链，而且

$$(\nabla_F^{\lambda_t},\Delta_F^{\lambda_t})\subseteq(\nabla_F^{\lambda_{t-1}},\Delta_F^{\lambda_{t-1}})\subseteq\cdots\subseteq(\nabla_F^{\lambda_2},\Delta_F^{\lambda_2})\subseteq(\nabla_F^{\lambda_1},\Delta_F^{\lambda_1}) \tag{4.2.11}$$

事实上，$\alpha\subseteq(\alpha\cup\alpha^f)$，则有$[x]_{(\alpha,f)}^\lambda\subseteq[x]_\alpha$，$\cup[x]_{(\alpha,f)}^\lambda\subseteq\cup[x]_{(\alpha)}$，$\nabla_F^{\lambda_t}\subseteq\nabla_F^{\lambda_{t-1}}$，$\Delta_F^{\lambda_t}\subseteq\Delta_F^{\lambda_{t-1}}$；容易得到式(4.2.11)，证明略.

推论 1　若$(\nabla_F^\lambda,\Delta_F^\lambda)$是$(\nabla_F,\Delta_F)$的 λ 阶 F-遗传，$\lambda=\lambda_1,\lambda_2,\cdots,\lambda_t$；若 $\lambda_1\leqslant\lambda_2\leqslant\cdots\leqslant\lambda_t$，则

1°　$$\nabla_F^{\lambda_t}\subseteq\nabla_F^{\lambda_{t-1}}\subseteq\cdots\subseteq\nabla_F^{\lambda_1} \tag{4.2.12}$$

2°　$$\Delta_F^{\lambda_t}\subseteq\Delta_F^{\lambda_{t-1}}\subseteq\cdots\subseteq\Delta_F^{\lambda_1} \tag{4.2.13}$$

定理 4.2.4（F-遗传基因不变性定理）　若$(\nabla_F^\lambda,\Delta_F^\lambda)$是$(\nabla_F,\Delta_F)$的 λ 阶 F-遗传，$\lambda=\lambda_1,\lambda_2,\cdots,\lambda_t$；则它们的 F-遗传基因$(\nabla_F^\lambda,\Delta_F^\lambda)$ 的粒度是同一个常数 $\zeta\in N^+$，而且

$$\mathrm{GRD}((\nabla_F^F,\Delta_F^F))=\zeta \tag{4.2.14}$$

证明　由定义 4.2.3 得到 $\nabla_F^F=\bigcap_{i=1}^{t}\nabla_F^{\lambda_i}$，$\Delta_F^F=\bigcap_{i=1}^{t}\Delta_F^{\lambda_i}$；由粒度概念，$\forall\lambda_i,i=1,2,\cdots,t$，容易得到 $\mathrm{GRD}(\nabla_F^F)\leqslant\mathrm{GRD}(\nabla_F^{\lambda_i})$，$\mathrm{GRD}(\Delta_F^F)\leqslant\mathrm{GRD}(\Delta_F^{\lambda_i})$. 令 $\mathrm{GRD}(\nabla_F^F)=\zeta_F$，$\mathrm{GRD}(\Delta_F^F)=\zeta^F$，$\mathrm{GRD}((\nabla_F^{\lambda_i},\Delta_F^{\lambda_i}))=\mathrm{GRD}(\nabla_F^{\lambda_i})\cdot\mathrm{GRD}(\nabla_F^{\lambda_i})=\zeta_F\cdot\zeta^F$，令 $\zeta=\zeta_F\cdot\zeta^F$，则 $\mathrm{GRD}((\nabla_F^F,\Delta_F^F))=\zeta$.

定理 4.2.5（F-遗传基因前域-后域定理）　若 ∇_F^F,Δ_F^F 分别是 F-遗传基因(∇_F^F,Δ_F^F)的前域，后域，则

$$\mathrm{GRD}(\nabla_F^F)\leqslant \mathrm{GRD}(\Delta_F^F) \tag{4.2.15}$$

证明　因为 $\mathscr{F}=F\cup\overline{F}$，在 F-遗传中，$\overline{F}=\varnothing$；由定义 4.2.3 得到 $\nabla_F^F\subseteq\Delta_F^F$，因此有 $\mathrm{GRD}(\nabla_F^F)=\mathrm{card}(\nabla_F^F)/\mathrm{card}(U)\leqslant\mathrm{card}(\Delta_F^F)/\mathrm{card}(U)=\mathrm{GRD}(\Delta_F^F)$或者 $\mathrm{GRD}(\nabla_F^F)\leqslant\mathrm{GRD}(\Delta_F^F)$.

推论 2　若$(\nabla_F^\lambda,\Delta_F^\lambda)$是 ∇_F,Δ_F 的 λ 阶 F-遗传，则

$$\mathrm{GRD}(\nabla_F^\lambda)\leqslant \mathrm{GRD}(\Delta_F^\lambda) \tag{4.2.16}$$

推论 3　若 $\nabla_F^\lambda,\Delta_F^\lambda$ 分别是 λ 阶 F-遗传$(\nabla_F^\lambda,\Delta_F^\lambda)$的前域，后域，则

$$\mathrm{GEC}(\nabla_F^\lambda)\leqslant \mathrm{GEC}(\Delta_F^\lambda) \tag{4.2.17}$$

$$\mathrm{GVD}(\Delta_F^\lambda)\leqslant \mathrm{GVD}(\nabla_F^\lambda) \tag{4.2.18}$$

定理 4.2.6（F-遗传基因置换定理）　设(∇_F^F,Δ_F^F)是(∇_F,Δ_F)的 F-遗传基因，若

$$\alpha=\alpha^f \tag{4.2.19}$$

则

$$\mathrm{GRD}((\nabla_F^F,\Delta_F^F))=\mathrm{GRD}((\nabla_F^F,\Delta_F^F)') \tag{4.2.20}$$

事实上，由式(4.2.19)知，属性集存在属性置换，而且 $\mathrm{card}(\alpha)=\mathrm{card}(\alpha^f)$，由定义 4.2.3；$(\nabla_F^F,\Delta_F^F)$，$(\nabla_F^F,\Delta_F^F)'$满足(4.2.20)，证明略. 其中$(\nabla_F^F,\Delta_F^F)'$是具有 α^f 的(∇_F,Δ_F)的 F-遗传基因.

§4.3　S-粗集的 F-遗传显性特征

定义 4.3.1　设 α 是$[x]_\alpha$ 的属性集，$\alpha=\{\alpha_1,\alpha_2,\cdots,\alpha_m\}$；称$[x]_\alpha$ 是关于属性 $\alpha_i\in\alpha$ 的显性知识；如果 $\alpha_i\in\alpha$ 的特征在$[x]_\alpha$ 中被显露，α_i 与$[x]_\alpha$ 的关系满足特征函数

$$\chi_{[x]_{(\alpha)}}^{(\alpha_i)}=1 \tag{4.3.1}$$

例如，$[x]_\alpha=\{x_1,x_3,x_7,x_{10}\}$是具有属性 α_1 = 绿色，α_2 = 甜味，α_3 = 质量 100g 的苹果构成的知识，$\alpha=\{\alpha_1,\alpha_2,\alpha_3\}$是属性集，则$[x]_\alpha$ 是关于 α 的显性知识，因为 $\alpha_1,\alpha_2,\alpha_3$ 在 x_1,x_3,x_7,x_{10}都被显露；x_1,x_3,x_7,x_{10}是绿色，甜味，100g 的苹果，$\chi_{[x]_{(\alpha)}}^{(\alpha_1)}=\chi_{[x]_{(\alpha)}}^{(\alpha_2)}=\chi_{[x]_{(\alpha)}}^{(\alpha_3)}=1$. 若 $\alpha'_i\,\overline{\in}\,\alpha,f(\alpha'_i)\in\alpha,i=1,2,\cdots,t,\alpha^f=\{f(\alpha'_1),f(\alpha'_2),\cdots,f(\alpha'_t)\}$，称$[x]_{(\alpha\leftarrow\alpha^f)}$是关于 α^f 的显性知识，$(\alpha\leftarrow\alpha^f)$表示$(\alpha\cup\alpha^f)$.

显然 $[x]_{(\alpha\leftarrow\alpha^f)}$ 是关于 $\alpha\cup\alpha^f$ 的显性知识.

定义 4.3.2　设 $[x]_{(\alpha\leftarrow\alpha^f)}$ 是 $[x]_\alpha$ 的显性 f-遗传知识，称 DOD($[x]_{(\alpha\leftarrow\alpha^f)}$) 是 $[x]_{(\alpha\leftarrow\alpha^f)}$ 关于 $[x]_\alpha$ 的显性度(dominant degree)，而且

$$\mathrm{DOD}([x]_{(\alpha\leftarrow\alpha^f)})=\mathrm{card}([x]_{(\alpha\leftarrow\alpha^f)})/\mathrm{card}([x]_\alpha) \tag{4.3.2}$$

其中 $(\alpha\leftarrow\alpha^f)$ 是 $[x]_{(\alpha\leftarrow\alpha^f)}$ 的属性集.

定义 4.3.3　称 $(\nabla_F)_{(\alpha\leftarrow\alpha^f)}$ 是 ∇_F 的显性 F-遗传，如果 $(\nabla_F)_{(\alpha\leftarrow\alpha^f)}$ 中的每一个 $[x]_{(\alpha\leftarrow\alpha^f)}$ 是 $[x]_\alpha$ 的显性 f-遗传.

称 $(\Delta_F)_{(\alpha\leftarrow\alpha^f)}$ 是 Δ_F 的显性 F-遗传，如果 $(\Delta_F)_{(\alpha\leftarrow\alpha^f)}$ 中的每一个 $[x]_{(\alpha\leftarrow\alpha^f)}$ 是 $[x]_\alpha$ 的显性 f-遗传.

定义 4.3.4　称 $((\nabla_F)_{(\alpha\leftarrow\alpha^f)},(\Delta_F)_{(\alpha\leftarrow\alpha^f)})$ 是 (∇_F,Δ_F) 的显性 F-遗传，如果 $(\nabla_F)_{(\alpha\leftarrow\alpha^f)}$，$(\Delta_F)_{(\alpha\leftarrow\alpha^f)}$ 分别是 ∇_F，Δ_F 的显性 F-遗传.

定义 4.3.5　称 DOD($(\nabla_F)_{(\alpha\leftarrow\alpha^f)}$) 是 $(\nabla_F)_{(\alpha\leftarrow\alpha^f)}$ 关于 ∇_F 的显性度，而且

$$\mathrm{DOD}((\nabla_F)_{(\alpha\leftarrow\alpha^f)})=\mathrm{card}((\nabla_F)_{(\alpha\leftarrow\alpha^f)})/\mathrm{card}(\nabla_F) \tag{4.3.3}$$

称 DOD($(\Delta_F)_{(\alpha\leftarrow\alpha^f)}$) 是 $(\Delta_F)_{(\alpha\leftarrow\alpha^f)}$ 关于 Δ_F 的显性度，而且

$$\mathrm{DOD}((\Delta_F)_{(\alpha\leftarrow\alpha^f)})=\mathrm{card}((\Delta_F)_{(\alpha\leftarrow\alpha^f)})/\mathrm{card}(\Delta_F) \tag{4.3.4}$$

定义 4.3.6　称 DOD($((\nabla_F)_{(\alpha\leftarrow\alpha^f)},(\Delta_F)_{(\alpha\leftarrow\alpha^f)})$) 是 $((\nabla_F)_{(\alpha\leftarrow\alpha^f)},(\Delta_F)_{(\alpha\leftarrow\alpha^f)})$ 关于 (∇_F,Δ_F) 的显性度，而且

$$\mathrm{DOD}(((\nabla_F)_{(\alpha\leftarrow\alpha^f)},(\Delta_F)_{(\alpha\leftarrow\alpha^f)}))=\psi_f(\mathrm{DOD}((\nabla_F)_{(\alpha\leftarrow\alpha^f)})+\mathrm{DOD}((\Delta_F)_{(\alpha\leftarrow\alpha^f)})) \tag{4.3.5}$$

其中 $0<\psi_f<1$.

由定义 4.3.1 ~ 4.3.6 得到：

命题 1　f-遗传基因 $[x]_\alpha^f$ 是具有最小显性度的 $[x]_\alpha$ 的 f-遗传.

命题 2　F-遗传基因 (∇_F^F,Δ_F^F) 是具有最小显性度的 F-遗传.

命题 3　λ 阶 f-遗传的 DOD($[x]_{(\alpha,f)}^\lambda$) $\neq 0$.

命题 4　λ 阶 F-遗传的 DOD($\nabla_F^\lambda,\Delta_F^\lambda$) $\neq 0$.

定理 4.3.1（F-遗传显性链定理）　设 $((\nabla_F)_{(\alpha\leftarrow\alpha^f)},(\Delta_F)_{(\alpha\leftarrow\alpha^f)})_i$，$((\nabla_F)_{(\alpha\leftarrow\alpha^f)},(\Delta_F)_{(\alpha\leftarrow\alpha^f)})_j$，$((\nabla_F)_{(\alpha\leftarrow\alpha^f)},(\Delta_F)_{(\alpha\leftarrow\alpha^f)})_k$ 是 (∇_F,Δ_F) 的 F-遗传，若

$$(\alpha\leftarrow\alpha^f)_i\subseteq(\alpha\leftarrow\alpha^f)_j\subseteq(\alpha\leftarrow\alpha^f)_k \tag{4.3.6}$$

则

$$\begin{aligned}\mathrm{DOD}(((\nabla_F)_{(\alpha\leftarrow\alpha^f)},(\Delta_F)_{(\alpha\leftarrow\alpha^f)})_k)&\leqslant\mathrm{DOD}(((\nabla_F)_{(\alpha\leftarrow\alpha^f)},(\Delta_F)_{(\alpha\leftarrow\alpha^f)})_j)\\&\leqslant\mathrm{DOD}(((\nabla_F)_{(\alpha\leftarrow\alpha^f)},(\Delta_F)_{(\alpha\leftarrow\alpha^f)})_i)\end{aligned} \tag{4.3.7}$$

其中 $(\alpha\leftarrow\alpha^f)$ 是 $((\nabla_F)_{(\alpha\leftarrow\alpha^f)},(\Delta_F)_{(\alpha\leftarrow\alpha^f)})$ 的属性集，α 是 (∇_F,Δ_F) 的属性集.

证明　因为$(\alpha\leftarrow\alpha^f)_i\subseteq(\alpha\leftarrow\alpha^f)_j\subseteq(\alpha\leftarrow\alpha^f)_k$，则有 $\text{card}(\alpha\leftarrow\alpha^f)_i\leqslant\text{card}(\alpha\leftarrow\alpha^f)_j\leqslant\text{card}(\alpha\leftarrow\alpha^f)_k$；由定义 4.3.4、4.3.5 得到

$$\text{DOD}((\nabla_F)_{(\alpha\leftarrow\alpha^f)})_k\leqslant\text{DOD}((\nabla_F)_{(\alpha\leftarrow\alpha^f)})_j\leqslant\text{DOD}((\nabla_F)_{(\alpha\leftarrow\alpha^f)})_i$$

类似得到

$$\text{DOD}((\Delta_F)_{(\alpha\leftarrow\alpha^f)})_k\leqslant\text{DOD}((\Delta_F)_{(\alpha\leftarrow\alpha^f)})_j\leqslant\text{DOD}((\Delta_F)_{(\alpha\leftarrow\alpha^f)})_i$$

由定义 4.3.6 得到

$$\begin{aligned}\text{DOD}(((\nabla_F)_{(\alpha\leftarrow\alpha^f)},(\Delta_F)_{(\alpha\leftarrow\alpha^f)})_k)&\leqslant\text{DOD}(((\nabla_F)_{(\alpha\leftarrow\alpha^f)},(\Delta_F)_{(\alpha\leftarrow\alpha^f)})_j)\\&\leqslant\text{DOD}(((\nabla_F)_{(\alpha\leftarrow\alpha^f)},(\Delta_F)_{(\alpha\leftarrow\alpha^f)})_i)\end{aligned}$$

推论 1　设$(\nabla_F^{\lambda_i},\Delta_F^{\lambda_i})$，$(\nabla_F^{\lambda_j},\Delta_F^{\lambda_j})$，$(\nabla_F^{\lambda_k},\Delta_F^{\lambda_k})$分别是$(\nabla_F,\Delta_F)$的 $\lambda_i,\lambda_j,\lambda_k$ 阶 F-遗传，若

$$\begin{aligned}\text{DOD}(((\nabla_F)_{(\alpha\leftarrow\alpha^f)},(\Delta_F)_{(\alpha\leftarrow\alpha^f)})_k)&\leqslant\text{DOD}(((\nabla_F)_{(\alpha\leftarrow\alpha^f)},(\Delta_F)_{(\alpha\leftarrow\alpha^f)})_j)\\&\leqslant\text{DOD}(((\nabla_F)_{(\alpha\leftarrow\alpha^f)},(\Delta_F)_{(\alpha\leftarrow\alpha^f)})_i)\end{aligned}\tag{4.3.8}$$

则

$$\lambda_i\leqslant\lambda_j\leqslant\lambda_k\tag{4.3.9}$$

定理 4.3.2（F-遗传显性初值定理）　若$((\nabla_F)_{(\alpha\leftarrow\alpha^f)},(\Delta_F)_{(\alpha\leftarrow\alpha^f)})$是$(\nabla_F,\Delta_F)$的$F$-遗传，则 F-遗传的初值是

$$\text{card}(\alpha\leftarrow\alpha^f)=m+1\tag{4.3.10}$$

其中 $\alpha=\{\alpha_1,\alpha_2\cdots,\alpha_m\}$ 是(∇_F,Δ_F)的属性集，$\alpha_i'\in\alpha$，$f(\alpha_i')\in\alpha$，$\alpha^f=\{f(\alpha'_1),f(\alpha'_2),\cdots,f(\alpha'_t)\}$.

定理 4.3.2 是一个直接的事实，证明略.

定理 4.3.3（F-遗传显性最大属性集定理）　设$((\nabla_F)_{(\alpha\leftarrow\alpha^f)},(\Delta_F)_{(\alpha\leftarrow\alpha^f)})$是$(\nabla_F,\Delta_F)$的 F-遗传，若

$$\text{DOD}(((\nabla_F)_{(\alpha\leftarrow\alpha^f)},(\Delta_F)_{(\alpha\leftarrow\alpha^f)}))=\min\tag{4.3.11}$$

则存在(∇_F,Δ_F)的 F-遗传$((\nabla_F)_{(\alpha\leftarrow\alpha^f)},(\Delta_F)_{(\alpha\leftarrow\alpha^f)})'$满足

$$\text{card}(\alpha\leftarrow\alpha^f)'\leqslant\text{card}(\alpha\leftarrow\alpha^f)\tag{4.3.12}$$

其中$(\alpha\leftarrow\alpha^f)'$，$(\alpha\leftarrow\alpha^f)$分别是$((\nabla_F)_{(\alpha\leftarrow\alpha^f)},(\Delta_F)_{(\alpha\leftarrow\alpha^f)})'$，$((\nabla_F)_{(\alpha\leftarrow\alpha^f)},(\Delta_F)_{(\alpha\leftarrow\alpha^f)})$的属性集.

证明　由(4.3.11)，定义 4.3.5 得到 $\text{DOD}((\nabla_F)_{(\alpha\leftarrow\alpha^f)})=\min$，$\text{DOD}((\Delta_F)_{(\alpha\leftarrow\alpha^f)})=\min$. 因为$((\nabla_F)_{(\alpha\leftarrow\alpha^f)},(\Delta_F)_{(\alpha\leftarrow\alpha^f)})'$是$(\nabla_F,\Delta_F)$的任意 F-遗传，则有

$$\text{DOD}((\nabla_F)_{(\alpha\leftarrow\alpha^f)})\leqslant\text{DOD}((\nabla_F)_{(\alpha\leftarrow\alpha^f)})'$$

$$\text{DOD}((\Delta_F)_{(\alpha\leftarrow\alpha^f)})\leqslant\text{DOD}((\Delta_F)_{(\alpha\leftarrow\alpha^f)})'$$

或者

$$\mathrm{DOD}(((\nabla_F)_{(\alpha\leftarrow\alpha^f)},(\Delta_F)_{(\alpha\leftarrow\alpha^f)}))\leqslant \mathrm{DOD}(((\nabla_F)_{(\alpha\leftarrow\alpha^f)},(\Delta_F)_{(\alpha\leftarrow\alpha^f)})')$$

显然

$$\mathrm{card}(\alpha\leftarrow\alpha^f)'\leqslant \mathrm{card}(\alpha\leftarrow\alpha^f)$$

定理 4.3.4（F-遗传显性有限连续定理）　若$((\nabla_F)_{(\alpha\leftarrow\alpha^f)},(\Delta_F)_{(\alpha\leftarrow\alpha^f)})_i$，$((\nabla_F)_{(\alpha\leftarrow\alpha^f)},(\Delta_F)_{(\alpha\leftarrow\alpha^f)})_j$是$(\nabla_F,\Delta_F)$的任意两个$F$-遗传，则

$$(\alpha\leftarrow\alpha^f)_i\cap(\alpha\leftarrow\alpha^f)_j\neq\varnothing \tag{4.3.13}$$

其中$(\alpha\leftarrow\alpha^f)_i$，$(\alpha\leftarrow\alpha^f)_j$分别是$((\nabla_F)_{(\alpha\leftarrow\alpha^f)},(\Delta_F)_{(\alpha\leftarrow\alpha^f)})_i$，$((\nabla_F)_{(\alpha\leftarrow\alpha^f)},(\Delta_F)_{(\alpha\leftarrow\alpha^f)})_j$的属性集.

证明　设$((\nabla_F)_{(\alpha\leftarrow\alpha^f)},(\Delta_F)_{(\alpha\leftarrow\alpha^f)})_i$，$((\nabla_F)_{(\alpha\leftarrow\alpha^f)},(\Delta_F)_{(\alpha\leftarrow\alpha^f)})_j$分别是$(\nabla_F,\Delta_F)$的$\lambda_i$阶$F$-遗传，$\lambda_j$阶$F$-遗传，$\lambda_i,\lambda_j\in N^+$.

1°　若$\lambda_i<\lambda_j$，则有$(\alpha\leftarrow\alpha^f)_i\cap(\alpha\leftarrow\alpha^f)_j=(\alpha\leftarrow\alpha^f)_i$；

2°　若$\lambda_j<\lambda_i$，则有$(\alpha\leftarrow\alpha^f)_i\cap(\alpha\leftarrow\alpha^f)_j=(\alpha\leftarrow\alpha^f)_j$；

3°　若$\lambda_i=\lambda_j$，则有$(\alpha\leftarrow\alpha^f)_i\cap(\alpha\leftarrow\alpha^f)_j=(\alpha\leftarrow\alpha^f)_i$.

显然，$(\alpha\leftarrow\alpha^f)_i\cap(\alpha\leftarrow\alpha^f)_j\neq\varnothing$.

命题 5　(∇_F,Δ_F)的任意两个F-遗传$((\nabla_F)_{(\alpha\leftarrow\alpha^f)},(\Delta_F)_{(\alpha\leftarrow\alpha^f)})$，$((\nabla_F)_{(\alpha\leftarrow\alpha^f)},(\Delta_F)_{(\alpha\leftarrow\alpha^f)})'$满足

$$\mathrm{DOD}(((\nabla_F)_{(\alpha\leftarrow\alpha^f)},(\Delta_F)_{(\alpha\leftarrow\alpha^f)}))-\mathrm{DOD}(((\nabla_F)_{(\alpha\leftarrow\alpha^f)},(\Delta_F)_{(\alpha\leftarrow\alpha^f)})')\neq 0 \tag{4.3.14}$$

定理 4.3.5（F-遗传显性依赖定理）　若$(\nabla_F^{\lambda_p},\Delta_F^{\lambda_p})$是$(\nabla_F,\Delta_F)$的$\lambda_p$阶$F$-遗传，则$\lambda_p$阶$F$-遗传的显性依赖于$\lambda_{p-1}$阶$F$-遗传的显性，而且存在$\eta$满足

$$\mathrm{DOD}((\nabla_F^{\lambda_p},\Delta_F^{\lambda_p}))+\eta=\mathrm{DOD}((\nabla_F^{\lambda_{p-1}},\Delta_F^{\lambda_{p-1}})) \tag{4.3.15}$$

其中$\eta\in R^+$，$\mathrm{DOD}((\nabla_F^{\lambda_p},\Delta_F^{\lambda_p}))$是显性度，$\lambda_p\in N^+$.

式(4.3.15)是一个直接的事实，证明略.

知识$[x]^{\lambda}_{(\alpha,f)}$的$\lambda$阶$f$-遗传变异，诱发出$(\nabla_F,\Delta_F)$的$F$-遗传变异；因为$\nabla_F^{\lambda}=\cup[x]^{\lambda}_{(\alpha,f)}=\{x\mid x\in U,[x]^{\lambda}_{(\alpha,f)}\subseteq X^{\circ}\}$，$\Delta_F^{\lambda}=\cup[x]^{\lambda}_{(\alpha,f)}=\{x\mid x\in U,[x]^{\lambda}_{(\alpha,f)}\cap X^{\circ}\neq\varnothing\}$诱发出$(\nabla_F^{\lambda},\Delta_F^{\lambda})$的$F$-遗传变异，$F$-遗传变异伴随着$F$-遗传的显性特征的再生，下面给出继续讨论.

§4.4　F-遗传变异与 F-遗传显性的关系

定理 4.4.1（F-遗传变异与F-遗传显性第一关系定理）　若$(\nabla_F^{\lambda},\Delta_F^{\lambda})$是

(∇_F,Δ_F)的 λ 阶 F-遗传，则$(\nabla_F^\lambda,\Delta_F^\lambda)$的 F-遗传显性度与 F-遗传变异度满足

$$\mathrm{DOD}(((\nabla_F)_{(\alpha\leftarrow\alpha^f)},(\Delta_F)_{(\alpha\leftarrow\alpha^f)}))=\frac{1}{\zeta}\mathrm{GVD}((\nabla_F^\lambda,\Delta_F^\lambda)) \qquad (4.4.1)$$

其中 $\zeta\in R^+$，ζ 是比例系数.

证明　由 4.2 节中的定义 4.2.4、4.2.5，定义 4.3.2 ~ 4.3.5 直接得到，证明略.

定理 4.4.2（*F*-遗传变异与 *F*-遗传显性第二关系定理）　给定 λ 阶 F-遗传$(\nabla_F^\lambda,\Delta_F^\lambda)$的 F-遗传显性度序列，若

$$\mathrm{DOD}((\nabla_F^{\lambda_i},\Delta_F^{\lambda_i}))\leqslant\mathrm{DOD}((\nabla_F^{\lambda_j},\Delta_F^{\lambda_j}))\leqslant\mathrm{DOD}((\nabla_F^{\lambda_k},\Delta_F^{\lambda_k})) \qquad (4.4.2)$$

则

$$\mathrm{GVD}((\nabla_F^{\lambda_k},\Delta_F^{\lambda_k}))\leqslant\mathrm{GVD}((\nabla_F^{\lambda_j},\Delta_F^{\lambda_j}))\leqslant\mathrm{GVD}((\nabla_F^{\lambda_i},\Delta_F^{\lambda_i})) \qquad (4.4.3)$$

证明　由 4.2 节中式(4.2.4) ~ (4.2.8)，4.3 节中式(4.3.3) ~ (4.3.5)直接得到，证明略.

定理 4.4.3（*F*-遗传变异与 *F*-遗传显性第三关系定理）　设 $\mathrm{DOD}(((\nabla_F)_{(\alpha\leftarrow\alpha^f)},(\Delta_F)_{(\alpha\leftarrow\alpha^f)}))$，$\mathrm{GVD}(\nabla_F^\lambda,\Delta_F^\lambda)$分别是 λ 阶 F-遗传的显性度，F-遗传变异度，若

$$F=\varnothing \qquad (4.4.4)$$

则

$$\mathrm{DOD}(((\nabla_F)_{(\alpha\leftarrow\alpha^f)},(\Delta_F)_{(\alpha\leftarrow\alpha^f)}))+\mathrm{GVD}(\nabla_F^\lambda,\Delta_F^\lambda)=1 \qquad (4.4.5)$$

事实上，$F=\varnothing$，式(4.2.6)中的 $\varphi_f=0$，式(4.3.5)中的 $\psi_f=0$，得式(4.4.5)，证明略.

由 4.2 ~ 4.4 节的讨论得到：

F-遗传的显性度有限膨胀原理

在 S-粗集的 F-遗传中，属性集 α 中的属性补充伴随着 F-遗传的显性度的有限膨胀；属性补充越多，显性度膨胀越大；所有属性毫无例外的被析出.

这里“析出”是一个化学实验中的名词，这里借用“析出”一词表示所有属性被显露.

设 $U=\{x_1,x_2,x_3,x_4,x_5,x_6,x_7,x_8,x_9,x_{10}\}$，$\alpha$ 是给定的属性集，$\alpha=\{\alpha_1,\alpha_2,\alpha_3,\alpha_4\}$；$[x]_{(\alpha_1,\alpha_2,\alpha_3,\alpha_4)}$是具有 $\alpha_1,\alpha_2,\alpha_3,\alpha_4$ 的知识，$[x]_{(\alpha_1,\alpha_2,\alpha_3,\alpha_4)}=\{x_4,x_{10}\}$. 若从 α 中删除 α_4，则$[x]_{(\alpha_1,\alpha_2,\alpha_3,\alpha_4)}$生成$[x]_{(\alpha_1,\alpha_2,\alpha_3)}$，$[x]_{(\alpha_1,\alpha_2,\alpha_3)}$是具有 $\alpha_1,\alpha_2,\alpha_3$ 的知识，$[x]_{(\alpha_1,\alpha_2,\alpha_3)}=\{x_3,x_4,x_{10}\}$. 若从 α 中删除 α_4,α_3，则$[x]_{(\alpha_1,\alpha_2,\alpha_3,\alpha_4)}$生成$[x]_{(\alpha_1,\alpha_2)}$，$[x]_{(\alpha_1,\alpha_2)}$是具有 α_1,α_2 的知识，$[x]_{(\alpha_1,\alpha_2)}=\{x_1,x_3,x_4,x_8,x_{10}\}$. 若从 α 中删除

$\alpha_4,\alpha_3,\alpha_2$,则$[x]_{(\alpha_1,\alpha_2,\alpha_3,\alpha_4)}$生成$[x]_{(\alpha_1)}$,$[x]_{(\alpha_1)}$是具有 α_1 的知识,$[x]_{(\alpha_1)}=\{x_1,x_3,x_4,x_7,x_8,x_{10}\}$. 显然存在不可分辨关系:$\mathrm{IND}([x]_{(\alpha_1,\alpha_2,\alpha_3,\alpha_4)})$,$\mathrm{IND}([x]_{(\alpha_1,\alpha_2,\alpha_3)})$,$\mathrm{IND}([x]_{(\alpha_1,\alpha_2)})$,$\mathrm{IND}([x]_{(\alpha_1)})$. $[x]_{(\alpha_1,\alpha_2,\alpha_3,\alpha_4)}$生成$[x]_{(\alpha_1,\alpha_2,\alpha_3)}$是因为元素迁移 $\bar{F}$ 的存在,$\forall \bar{f}\in\bar{F}$ 删除了 $\alpha=\{\alpha_1,\alpha_2,\alpha_3,\alpha_4\}$ 中的 α_4;$[x]_{(\alpha_1,\alpha_2,\alpha_3)}$生成$[x]_{(\alpha_1,\alpha_2)}$是因为 $\bar{f}\in\bar{F}$ 删除了$\alpha=\{\alpha_1,\alpha_2,\alpha_3\}$中的 α_3,如此等等. $\alpha=\{\alpha_1,\alpha_2,\alpha_3,\alpha_4\}$ 中 $\bar{f}\in\bar{F}$ 删除 α_4,则 $[x]_{(\alpha_1,\alpha_2,\alpha_3,\alpha_4)}$ 中的元素得到补充, $[x]_{(\alpha_1,\alpha_2,\alpha_3,\alpha_4)}=\{x_4,x_{10}\}$ 被补充成 $[x]_{(\alpha_1,\alpha_2,\alpha_3)}=\{x_3,x_4,x_8,x_{10}\}$;在 $\alpha=\{\alpha_1,\alpha_2,\alpha_3\}$ 中 $\bar{f}\in\bar{F}$ 删除了 α_3,则$[x]_{(\alpha_1,\alpha_2,\alpha_3)}$中的元素得到补充,$[x]_{(\alpha_1,\alpha_2,\alpha_3)}=\{x_3,x_4,x_8,x_{10}\}$被补充成$[x]_{(\alpha_1,\alpha_2)}=\{x_1,x_3,x_4,x_8,x_{10}\}$;在 $\alpha=\{\alpha_1,\alpha_2\}$ 中 $\bar{f}\in\bar{F}$ 删除 α_2,则$[x]_{(\alpha_1,\alpha_2)}$中的元素得到补充,$[x]_{(\alpha_1,\alpha_2)}=\{x_1,x_3,x_4,x_8,x_{10}\}$被补充成$[x]_{(\alpha_1)}=\{x_1,x_3,x_4,x_7,x_8,x_{10}\}$. 这里潜藏着一个事实:随着 $\bar{f}\in\bar{F}$ 对 α 中 $\alpha_4,\alpha_3,\alpha_2$ 的依次删除,元素 x_4,x_{10} 被从$[x]_{(\alpha_1,\alpha_2,\alpha_3,\alpha_4)}$中分别迁移到$[x]_{(\alpha_1,\alpha_2,\alpha_3)}$,$[x]_{(\alpha_1,\alpha_2)}$,$[x]_{(\alpha_1)}$中;换一个说法,随着 $\bar{f}\in\bar{F}$ 对 α 中 $\alpha_4,\alpha_3,\alpha_2$ 的依次删除,$[x]_{(\alpha_1,\alpha_2,\alpha_3)}$,$[x]_{(\alpha_1,\alpha_2)}$,$[x]_{(\alpha_1)}$都毫无例外地携带着 x_4,x_{10}. 引入生物学中的遗传基因的概念,对这个潜藏的事实给出解释:若定义 $\{x_4,x_{10}\}$ 是知识 $[x]_{(\alpha_1,\alpha_2,\alpha_3,\alpha_4)}$,$[x]_{(\alpha_1,\alpha_2,\alpha_3)}$,$[x]_{(\alpha_1,\alpha_2,)}$,$[x]_{(\alpha_1)}$的遗传基因,因为$\bar{f}\in\bar{F}$对 α 中 $\alpha_4,\alpha_3,\alpha_2$ 的依次删除,遗传基因$\{x_4,x_{10}\}$被$[x]_{(\alpha_1,\alpha_2,\alpha_3,\alpha_4)}$遗传到$[x]_{(\alpha_1,\alpha_2,\alpha_3)}$中,$\{x_4,x_{10}\}$被$[x]_{(\alpha_1,\alpha_2,\alpha_3)}$遗传到$[x]_{(\alpha_1,\alpha_2)}$中,$\{x_4,x_{10}\}$被$[x]_{(\alpha_1,\alpha_2)}$遗传到$[x]_{(\alpha_1)}$中. 遗传基因 $\{x_4,x_{10}\}$ 在遗传中不被丢失,保真复制. 因为 $\bar{f}\in\bar{F}$ 依次删除 $\alpha_4,\alpha_3,\alpha_2$,$[x]_{(\alpha_1,\alpha_2,\alpha_3,\alpha_4)}$生成$[x]_{(\alpha_1,\alpha_2,\alpha_3)}$,$[x]_{(\alpha_1,\alpha_2,\alpha_3)}$生成$[x]_{(\alpha_1,\alpha_2)}$,$[x]_{(\alpha_1,\alpha_2)}$生成$[x]_{(\alpha_1)}$,这个过程具有鲜明的生物学特征. 在这个过程中还能看到:$[x]_{(\alpha_1,\alpha_2,\alpha_3)}$依赖于$[x]_{(\alpha_1,\alpha_2,\alpha_3,\alpha_4)}$,$[x]_{(\alpha_1,\alpha_2)}$依赖于$[x]_{(\alpha_1,\alpha_2,\alpha_3)}$,$[x]_{(\alpha_1)}$依赖于$[x]_{(\alpha_1,\alpha_2)}$. 从这个现象,事实,解释,我们看到:元素迁移 $\bar{F}$ 改变了属性集的结构,使知识具有了 $\bar{f}$-遗传性. 据此,我们提出下面的问题:知识具有 $\bar{f}$-遗传性,S-粗集具有 $\bar{F}$-遗传性吗? 或者说,因为属性集的改变,由 S-粗集能够得到新的 S-粗集,新的 S-粗集是否是原来的 S-粗集的$\bar{F}$-遗传? 答案,我们不知道. 如果 S-粗集具有 $\bar{F}$-遗传性,它能给我们带来一些什么样的新理论和新应用? 答案,我们仍然不知道. 这里给出 $\bar{f}$-遗传知识,S-粗集的 $\bar{F}$-遗传概念,给出 S-粗集的 $\bar{F}$-遗传定理和 S-粗集的 $\bar{F}$-遗传隐性特征.

为了不引起误解和混乱,约定:α 是属性集,$\alpha=\{\alpha_1,\alpha_2,\cdots,\alpha_m\}$,$\bar{F}$ 是定义在 U 上的元素迁移族 $\bar{F}=\{\bar{f}_1,\bar{f}_2,\cdots\bar{f}_q\}$ $\forall\alpha_i\in\alpha,\bar{f}(\alpha_i)\,\overline{\in}\,\alpha,\alpha^{\bar{f}}=\{\bar{f}(\alpha_1),\bar{f}(\alpha_2),\cdots,\bar{f}(\alpha_\lambda)\}$,$\lambda<m$;$(\alpha\backslash\alpha^{\bar{f}})=\{\alpha_1,\alpha_2,\cdots,\alpha_m\}-\{\bar{f}(\alpha_1),\bar{f}(\alpha_2),\cdots,\bar{f}(\alpha_\lambda)\}$;等价关系、特征、知识、等价类等概念不加区分直接使用.

§4.5 $\bar{f}$-遗传基因与$\bar{f}$-遗传知识

定义 4.5.1 设$[x]_\alpha$ 是 U 上的知识,α 是$[x]_\alpha$ 的属性集;称$[x]_{(\alpha\backslash\{\bar{f}(\alpha_1)\})}$是

$[x]_\alpha$ 的 1 阶 $\bar{f}$-遗传知识；若存在属性 $\alpha_i \in \alpha, \bar{f}(\alpha_i) \equiv \alpha$；$[x]_{(\alpha \backslash \{\bar{f}(\alpha_1), \cdots, \bar{f}(\alpha_\lambda)\})}$ 称作 $[x]_\alpha$ 的 λ 阶 $\bar{f}$-遗传知识，记作 $[x]^\lambda_{(\alpha,\bar{f})}$；$\lambda$ 称作 $\bar{f}$-遗传阶，$\lambda = \text{card}(\alpha^{\bar{f}})$，$\lambda \in N^+$.

定义 4.5.2　称 $[x]^{\bar{f}}_{(\alpha)}$ 是 $\bar{f}$-遗传知识 $[x]^\lambda_{(\alpha,\bar{f})_i}$ 的 $\bar{f}$-遗传基因，若

$$[x]^{\bar{f}}_\alpha = \bigcap_{i=1}^{t} [x]^\lambda_{(\alpha,\bar{f})_i} \tag{4.5.1}$$

如 $[x]_{(\alpha \backslash \{\bar{f}(\alpha_1), \bar{f}(\alpha_2), \bar{f}(\alpha_3)\})} = \{x_3, x_4, x_9, x_{10}, x_{17}\}$，$[x]_{(\alpha \backslash \{\bar{f}(\alpha_1), \bar{f}(\alpha_2)\})} = \{x_4, x_9, x_{17}\}$，$[x]_{(\alpha \backslash \{\bar{f}(\alpha_1)\})} = \{x_4, x_{17}\}$，则 $\bar{f}$-遗传基因是 $[x]^{\bar{f}}_\alpha = \{x_4, x_{17}\}$. $\bar{f}$-遗传知识 $[x]_{(\alpha \backslash \{\bar{f}(\alpha_1), \bar{f}(\alpha_2), \bar{f}(\alpha_3)\})}$，$[x]_{(\alpha \backslash \{\bar{f}(\alpha_1), \bar{f}(\alpha_2)\})}$，$[x]_{(\alpha \backslash \{\bar{f}(\alpha_1)\})}$ 的遗传阶分别 $\lambda = \text{card}(\{\bar{f}(\alpha_1), \bar{f}(\alpha_2), \bar{f}(\alpha_3)\}) = 3$，$\lambda = \text{card}(\{\bar{f}(\alpha_1), \bar{f}(\alpha_2)\}) = 2$，$\lambda = \text{card}(\{\bar{f}(\alpha_1)\}) = 1$.

定义 4.5.3　称 GEC($[x]^\lambda_{(\alpha,\bar{f})}$) 是 λ 阶 $\bar{f}$-遗传知识 $[x]^\lambda_{(\alpha,\bar{f})}$ 关于知识 $[x]_\alpha$ 的 $\bar{f}$-遗传系数($\bar{f}$-genetic coefficient)，而且

$$\text{GEC}([x]^\lambda_{(\alpha,\bar{f})}) = \text{GRD}([x]_\alpha)/\text{GRD}([x]^\lambda_{(\alpha,\bar{f})}) \tag{4.5.2}$$

定义 4.5.4　称 GVD($[x]^\lambda_{(\alpha,\bar{f})}$) 是 λ 阶 $\bar{f}$-遗传知识 $[x]^\lambda_{(\alpha,\bar{f})}$ 关于知识 $[x]_\alpha$ 的 $\bar{f}$-遗传变异度($\bar{f}$-genetic variation degree)，而且

$$\text{GVD}([x]^\lambda_{(\alpha,\bar{f})}) = 1 - \text{GEC}([x]^\lambda_{(\alpha,\bar{f})}) \tag{4.5.3}$$

由定义 4.5.1 ~ 4.5.4 容易得到：

命题 1　λ 阶 $\bar{f}$-遗传知识 $[x]^\lambda_{(\alpha,\bar{f})}$ 中，$\alpha^{\bar{f}}$ 上的所有属性 α_i 在 $[x]^\lambda_{(\alpha,\bar{f})}$ 中呈现隐性.

命题 2　λ 阶 $\bar{f}$-遗传知识 $[x]^\lambda_{(\alpha,\bar{f})}$ 上存在 IND($[x]^\lambda_{(\alpha,\bar{f})}$).

命题 3　$\bar{f}$-遗传基因 $[x]^{\bar{f}}_\alpha$ 存在于所有 $\bar{f}$-遗传知识中.

命题 4　$[x]_\alpha$ 的任意两个 λ 阶 $\bar{f}$-遗传知识 $[x]^\lambda_{(\alpha,\bar{f})_i} \cap [x]^\lambda_{(\alpha,\bar{f})_j} \neq \varnothing$.

命题 1 ~ 4 是直接的事实，证明略.

定理 4.5.1($\bar{f}$-遗传知识链定理)　设 $[x]^\lambda_{(\alpha,\bar{f})}$ 是 $[x]_\alpha$ 的 λ 阶 $\bar{f}$-遗传知识，$\lambda = \lambda_1, \lambda_2, \cdots, \lambda_t$；若 $\lambda_1 \leqslant \lambda_2 \leqslant \cdots \leqslant \lambda_t$，则

$$[x]^{\lambda_1}_{(\alpha,\bar{f})} \subseteq [x]^{\lambda_2}_{(\alpha,\bar{f})} \subseteq \cdots \subseteq [x]^{\lambda_{t-1}}_{(\alpha,\bar{f})} \subseteq [x]^{\lambda_t}_{(\alpha,\bar{f})} \tag{4.5.4}$$

证明与定理 4.1.1 类似，证明略.

定理 4.5.2($\bar{f}$-遗传知识最大粒度定理)　设 $[x]^\lambda_{(\alpha,\bar{f})}$ 是 $[x]_\alpha$ 的 λ 阶 $\bar{f}$-遗传知识，若 $[x]^\lambda_{(\alpha,\bar{f})}$ 的属性集 $(\alpha \backslash \alpha^{\bar{f}})$ 满足

$$\text{card}(\alpha \backslash \alpha^{\bar{f}}) = 1 \tag{4.5.5}$$

则 $[x]^\lambda_{(\alpha,\bar{f})}$ 具有最大粒度，而且

$$\text{GRD}([x]^\lambda_{(\alpha,\bar{f})}) = \max \tag{4.5.6}$$

证明 因为 $\mathrm{card}(\alpha\backslash\alpha^{\bar{f}})=1$，则 λ 阶 $\bar{f}$-遗传知识 $[x]^{\lambda}_{(\alpha,\bar{f})}$ 具有最大遗传阶 $\lambda_t=\max\limits_{j=1}^{t}(\lambda_j)$，因为 $\lambda_1\leqslant\lambda_2\cdots\leqslant\lambda_t$，则有

$$\begin{aligned}\mathrm{card}([x]^{\lambda_1}_{(\alpha,\bar{f})})/\mathrm{card}(U)&\leqslant\mathrm{card}([x]^{\lambda_2}_{(\alpha,\bar{f})})/\mathrm{card}(U)\\&\leqslant\cdots\leqslant\mathrm{card}([x]^{\lambda_t}_{(\alpha,\bar{f})})/\mathrm{card}(U)\end{aligned}$$

容易得到

$$\mathrm{GRD}([x]^{\lambda_t}_{(\alpha,\bar{f})})=\mathrm{card}([x]^{\lambda_t}_{(\alpha,\bar{f})})/\mathrm{card}(U)=\max$$

定理 4.5.3（$\bar{f}$-遗传系数与$\bar{f}$-遗传变异度关系定理） 若 $\mathrm{GEC}([x]^{\lambda}_{(\alpha,\bar{f})})$，$\mathrm{GVD}([x]^{\lambda}_{(\alpha,\bar{f})})$ 分别是 λ 阶 $\bar{f}$-遗传知识 $[x]^{\lambda}_{(\alpha,\bar{f})}$ 关于知识 $[x]_{\alpha}$ 的 $\bar{f}$-遗传系数，∪$\bar{f}$-遗传变异度，则

$$\mathrm{GEC}([x]^{\lambda}_{(\alpha,\bar{f})})+\mathrm{GVD}([x]^{\lambda}_{(\alpha,\bar{f})})=1 \tag{4.5.7}$$

定理 4.5.3 是直接的结果，证明略.

定理 4.5.3 的直观意义 随着属性集 $\alpha=\{\alpha_1,\alpha_2,\cdots,\alpha_m\}$ 中的属性 α_i 的依次被删除，$i=1,2,\cdots,t;t<m$，λ 阶 $\bar{f}$-遗传知识 $[x]^{\lambda}_{(\alpha,\bar{f})}$ 的 $\bar{f}$-遗传系数 $\mathrm{GEC}([x]^{\lambda}_{(\alpha,\bar{f})})$ 逐步减小，$\bar{f}$-遗传变异度 $\mathrm{GVD}([x]^{\lambda}_{(\alpha,\bar{f})})$ 逐步增大，当 $\mathrm{card}(\alpha\backslash\alpha^{\bar{f}})=1$ 时，$\bar{f}$-遗传变异度 $\mathrm{GVD}([x]^{\lambda}_{(\alpha,\bar{f})})$ 具有最大值，它揭露了杂交物种在繁衍过程中，物种特性退化现象.

定理 4.5.4（$\bar{f}$-遗传基因不变性定理） $\bar{f}$-遗传知识中，∪$\bar{f}$-遗传基因 $[x]^{\lambda}_{(\alpha,\bar{f})}$ 的 $\mathrm{card}([x]^{\bar{f}}_{\alpha})$ 是一个不变的常数，与遗传阶 λ 的变化无关，而且

$$\mathrm{card}([x]^{\bar{f}}_{\alpha})=\eta^{\bar{f}} \tag{4.5.8}$$

其中 $\eta^{\bar{f}}\in N^+$.

由定义 4.5.1 ~ 4.5.4，定理 4.5.1 ~ 4.5.4 容易得到：

$\bar{f}$-遗传筛子 $(K,G)_{\bar{f}}$ 原理

$(K,G)_{\bar{f}}$ 是一个具有最小均匀孔的 $\bar{f}$-遗传筛子，$\bar{f}$-遗传知识的 $\bar{f}$-遗传基因 $[x]^{\lambda}_{(\alpha,\bar{f})}$ 被筛子 $(K,G)_{\bar{f}}$ 分离，其他的 $\bar{f}$-遗传知识是筛子 $(K,G)_{\bar{f}}$ 中的剩余.

广义 $\bar{f}$-遗传筛子 $(K,G)^{*}_{\bar{f}}$ 原理

$(K,G)^{*}_{\bar{f}}$ 是一个具有多层，每一层具有均匀孔的 $\bar{f}$-遗传筛子，所有 $\bar{f}$-遗传知识被筛子 $(K,G)^{*}_{\bar{f}}$ 分离成有限个类，筛子 $(K,G)^{*}_{\bar{f}}$ 中无 $\bar{f}$-遗传知识剩余.

约定 在 4.6 ~ 4.8 节中使用下面的符号：$\nabla^{\lambda}_{\bar{F}}=(R,\bar{F})_{\circ}(X')^{\lambda}$，$\Delta^{\lambda}_{\bar{F}}=(R,\bar{F})^{\circ}(X')^{\lambda}$，$(\nabla^{\lambda}_{\bar{F}},\Delta^{\lambda}_{\bar{F}})=((R,\bar{F})_{\circ}(X')^{\lambda},(R,\bar{F})^{\circ}(X')^{\lambda})$，$\nabla_{\bar{F}}=(R,\bar{F})_{\circ}(X')$，

$\Delta_{\overline{F}}=(R,\overline{F})^{\circ}(X'),(\nabla_{\overline{F}},\Delta_{\overline{F}})=((R,\overline{F})_{\circ}(X'),(R,\overline{F})^{\circ}(X'))$.

§4.6 S-粗集的 $\overline{F}$-遗传与 $\overline{F}$-遗传定理

定义 4.6.1 称 $\nabla_{\overline{F}}^{\lambda}$是 $\nabla_{\overline{F}}$的 λ 阶 $\overline{F}$-遗传，$\lambda\in N^{+}$；如果$[x]_{(\alpha,\bar{f})}^{\lambda}$是$[x]_{\alpha}$ 的 λ 阶 $\bar{f}$-遗传知识，而且

$$\begin{aligned}\nabla_{\overline{F}}^{\lambda}&=\cup[x]_{(\alpha,\bar{f})}^{\lambda}\\&=\{x\mid x\in U,[x]_{(\alpha,\bar{f})}^{\lambda}\subseteq X'\}\end{aligned}\tag{4.6.1}$$

称 $\Delta_{\overline{F}}^{\lambda}$ 是 $\Delta_{\overline{F}}$ 的 λ 阶 $\overline{F}$-遗传，$\lambda\in N^{+}$；如果$[x]_{(\alpha,\bar{f})}^{\lambda}$是$[x]_{\alpha}$ 的 λ 阶 $\bar{f}$-遗传知识，而且

$$\begin{aligned}\Delta_{\overline{F}}^{\lambda}&=\cup[x]_{(\alpha,\bar{f})}^{\lambda}\\&=\{x\mid x\in U,[x]_{(\alpha,\bar{f})}^{\lambda}\cap X'\neq\varnothing\}\end{aligned}\tag{4.6.2}$$

定义 4.6.2 称$(\nabla_{\overline{F}}^{\lambda},\Delta_{\overline{F}}^{\lambda})$是$(\nabla_{\overline{F}},\Delta_{\overline{F}})$的 λ 阶 $\overline{F}$-遗传，如果 $\nabla_{\overline{F}}^{\lambda},\Delta_{\overline{F}}^{\lambda}$ 分别是 $\nabla_{\overline{F}},\Delta_{\overline{F}}$ 的 λ 阶 $\overline{F}$-遗传.

定义 4.6.3 称$(\nabla_{\overline{F}}^{\overline{F}},\Delta_{\overline{F}}^{\overline{F}})$是$(\nabla_{\overline{F}},\Delta_{\overline{F}})$的 $\overline{F}$-遗传基因，如果$(\nabla_{\overline{F}},\Delta_{\overline{F}})$的遗传阶

$$\lambda=\min(\mathrm{card}(\alpha^{\bar{f}}))\tag{4.6.3}$$

$\nabla_{\overline{F}}^{\overline{F}},\Delta_{\overline{F}}^{\overline{F}}$ 分别称作 $\overline{F}$-遗传基因$(\nabla_{\overline{F}}^{\overline{F}},\Delta_{\overline{F}}^{\overline{F}})$的前域，后域.

定义 4.6.4 称 $\mathrm{GEC}(\nabla_{\overline{F}}^{\lambda})$是 λ 阶 $\overline{F}$-遗传 $\nabla_{\overline{F}}^{\lambda}$关于 $\nabla_{\overline{F}}$的 $\overline{F}$-遗传系数，$\mathrm{GEC}(\Delta_{\overline{F}}^{\lambda})$是 λ 阶 $\overline{F}$-遗传 $\Delta_{\overline{F}}^{\lambda}$ 关于 $\Delta_{\overline{F}}$的 $\overline{F}$-遗传系数，而且

$$\mathrm{GEC}(\nabla_{\overline{F}}^{\lambda})=\mathrm{GRD}(\nabla_{\overline{F}})/\mathrm{GRD}(\nabla_{\overline{F}}^{\lambda})\tag{4.6.4}$$

$$\mathrm{GEC}(\Delta_{\overline{F}}^{\lambda})=\mathrm{GRD}(\Delta_{\overline{F}})/\mathrm{GRD}(\Delta_{\overline{F}}^{\lambda})\tag{4.6.5}$$

称 $\mathrm{GEC}(\nabla_{\overline{F}}^{\lambda},\Delta_{\overline{F}}^{\lambda})$是 λ 阶 $\overline{F}$-遗传$(\nabla_{\overline{F}}^{\lambda},\Delta_{\overline{F}}^{\lambda})$关于$(\nabla_{\overline{F}},\Delta_{\overline{F}})$的 $\overline{F}$-遗传系数，而且

$$\mathrm{GEC}(\nabla_{\overline{F}}^{\lambda},\Delta_{\overline{F}}^{\lambda})=\varphi_{\bar{f}}(\mathrm{GEC}(\nabla_{\overline{F}}^{\lambda})+\mathrm{GEC}(\Delta_{\overline{F}}^{\lambda}))\tag{4.6.6}$$

其中 $\mathrm{GRD}(\nabla_{\overline{F}})$是 $\nabla_{\overline{F}}$的粒度，式(4.6.6)中的 $\varphi_{\bar{f}}$ 是 α_i 从 α 中被删除的可能度，一般，$0<\varphi_{\bar{f}}<1$；$\varphi_{\bar{f}}$由集值迭代得到.

定义 4.6.5 称 $\mathrm{GVD}((\nabla_{\overline{F}}^{\lambda},\Delta_{\overline{F}}^{\lambda}))$是 λ 阶 $\overline{F}$-遗传$(\nabla_{\overline{F}}^{\lambda},\Delta_{\overline{F}}^{\lambda})$关于$(\nabla_{\overline{F}},\Delta_{\overline{F}})$的 $\overline{F}$-遗传变异度，而且

$$\mathrm{GVD}((\nabla_{\overline{F}}^{\lambda},\Delta_{\overline{F}}^{\lambda}))=1-\mathrm{GEC}((\nabla_{\overline{F}}^{\lambda},\Delta_{\overline{F}}^{\lambda}))\tag{4.6.7}$$

由定义 4.6.1 ~4.6.5 得到：

定理 4.6.1（$\overline{F}$-遗传系数与 $\overline{F}$-遗传变异度关系定理） $(\nabla_{\overline{F}},\Delta_{\overline{F}})$的 λ 阶 $\overline{F}$-遗传系数与 λ 阶 $\overline{F}$-遗传变异度满足

$$
\begin{aligned}
&\text{若 } GEC((\nabla_{\overline{F}}^{\lambda},\Delta_{\overline{F}}^{\lambda}))=0,\text{则 } GVD((\nabla_{\overline{F}}^{\lambda},\Delta_{\overline{F}}^{\lambda}))=1\\
&\text{若 } GEC((\nabla_{\overline{F}}^{\lambda},\Delta_{\overline{F}}^{\lambda}))<0.5,\text{则 } GVD((\nabla_{\overline{F}}^{\lambda},\Delta_{\overline{F}}^{\lambda}))>0.5\\
&\text{若 } GEC((\nabla_{\overline{F}}^{\lambda},\Delta_{\overline{F}}^{\lambda}))>0.5,\text{则 } GVD((\nabla_{\overline{F}}^{\lambda},\Delta_{\overline{F}}^{\lambda}))<0.5\\
&\text{若 } GEC((\nabla_{\overline{F}}^{\lambda},\Delta_{\overline{F}}^{\lambda}))=0.5,\text{则 } GVD((\nabla_{\overline{F}}^{\lambda},\Delta_{\overline{F}}^{\lambda}))=0.5\\
&\text{若 } GEC((\nabla_{\overline{F}}^{\lambda},\Delta_{\overline{F}}^{\lambda}))=1,\text{则 } GVD((\nabla_{\overline{F}}^{\lambda},\Delta_{\overline{F}}^{\lambda}))=0
\end{aligned}
\tag{4.6.8}
$$

定理 4.6.2（$\overline{F}$-遗传粒度定理） 若$(\nabla_{\overline{F}}^{\lambda},\Delta_{\overline{F}}^{\lambda})$是$(\nabla_{\overline{F}},\Delta_{\overline{F}})$的 λ 阶 $\overline{F}$-遗传，则

$$
GRD((\nabla_{\overline{F}},\Delta_{\overline{F}}))\leqslant GRD((\nabla_{\overline{F}}^{\lambda},\Delta_{\overline{F}}^{\lambda}))
\tag{4.6.9}
$$

其中 $GRD((\nabla_{\overline{F}}^{\lambda},\Delta_{\overline{F}}^{\lambda}))$，$GRD((\nabla_{\overline{F}},\Delta_{\overline{F}}))$ 分别是 $(\nabla_{\overline{F}}^{\lambda},\Delta_{\overline{F}}^{\lambda})$，$(\nabla_{\overline{F}},\Delta_{\overline{F}})$ 的粒度；$GRD((\nabla_{\overline{F}}^{\lambda},\Delta_{\overline{F}}^{\lambda}))=GRD(\nabla_{\overline{F}}^{\lambda})\cdot GRD(\Delta_{\overline{F}}^{\lambda})=\mathrm{card}(\nabla_{\overline{F}}^{\lambda})/\mathrm{card}(U)\cdot\mathrm{card}(\Delta_{\overline{F}}^{\lambda})/\mathrm{card}(U)$；$GRD((\nabla_{\overline{F}},\Delta_{\overline{F}}))=GRD(\nabla_{\overline{F}})\cdot GRD(\Delta_{\overline{F}})$.

定理 4.6.3（$\overline{F}$-遗传同序链定理） 设$(\nabla_{\overline{F}}^{\lambda},\Delta_{\overline{F}}^{\lambda})$是$(\nabla_{\overline{F}},\Delta_{\overline{F}})$的 λ 阶 $\overline{F}$-遗传，$\lambda=\lambda_1,\lambda_2,\cdots,\lambda_t;\lambda_i\in N^+$，若

$$
\lambda_1\leqslant\lambda_2\leqslant\cdots\leqslant\lambda_t
\tag{4.6.10}
$$

则存在与式(4.6.10)同序排列的 $\overline{F}$-遗传链，而且

$$
(\nabla_{\overline{F}}^{\lambda_1},\Delta_{\overline{F}}^{\lambda_1})\subseteq(\nabla_{\overline{F}}^{\lambda_2},\Delta_{\overline{F}}^{\lambda_2})\subseteq\cdots\subseteq(\nabla_{\overline{F}}^{\lambda_{t-1}},\Delta_{\overline{F}}^{\lambda_{t-1}})\subseteq(\nabla_{\overline{F}}^{\lambda_t},\Delta_{\overline{F}}^{\lambda_t})
\tag{4.6.11}
$$

定理 4.6.2、4.6.3 的证明是直接的，证明略.

推论 1 若$(\nabla_{\overline{F}}^{\lambda},\Delta_{\overline{F}}^{\lambda})$是$(\nabla_{\overline{F}},\Delta_{\overline{F}})$的 λ 阶 $\overline{F}$-遗传，$\lambda=\lambda_1,\lambda_2,\cdots,\lambda_t;\lambda_1\leqslant\lambda_2\leqslant\cdots\leqslant\lambda_t$，则

$$
1^\circ\quad(\nabla_{\overline{F}}^{\lambda_1})\subseteq(\nabla_{\overline{F}}^{\lambda_2})\subseteq\cdots\subseteq(\nabla_{\overline{F}}^{\lambda_t})
\tag{4.6.12}
$$

$$
2^\circ\quad(\Delta_{\overline{F}}^{\lambda_1})\subseteq(\Delta_{\overline{F}}^{\lambda_2})\subseteq\cdots\subseteq(\Delta_{\overline{F}}^{\lambda_t})
\tag{4.6.13}
$$

定理 4.6.4（$\overline{F}$-遗传基因不变性定理） 若$(\nabla_{\overline{F}}^{\lambda},\Delta_{\overline{F}}^{\lambda})$是$(\nabla_{\overline{F}},\Delta_{\overline{F}})$的 λ 阶 $\overline{F}$-遗传，$\lambda=\lambda_1,\lambda_2,\cdots,\lambda_t$；则它们的 $\overline{F}$-遗传基因$(\nabla_{\overline{F}}^{\overline{F}},\Delta_{\overline{F}}^{\overline{F}})$的粒度是同一个常数 $\rho\in N^+$，而且

$$
GRD(\nabla_{\overline{F}}^{\overline{F}},\Delta_{\overline{F}}^{\overline{F}})=\rho
\tag{4.6.14}
$$

与定理 4.2.4 的证明相似，证明略.

定理 4.6.5（$\overline{F}$-遗传基因前域-后域定理） 若 $\nabla_{\overline{F}}^{\overline{F}}$，$\Delta_{\overline{F}}^{\overline{F}}$ 分别是 $\overline{F}$-遗传基因$(\nabla_{\overline{F}}^{\overline{F}},\Delta_{\overline{F}}^{\overline{F}})$的前域，后域，则

$$
GRD(\nabla_{\overline{F}}^{\overline{F}})\leqslant GRD(\Delta_{\overline{F}}^{\overline{F}})
\tag{4.6.15}
$$

证明　因为 $\mathscr{F}=F\cup\overline{F}$，在 $\overline{F}$-遗传中，$F=\varnothing$；得到 $\nabla_{\overline{F}}\subseteq\Delta_{\overline{F}}$，由定义 4.6.3 得到 $\nabla_{\overline{F}}^{\overline{F}}\subseteq\Delta_{\overline{F}}^{\overline{F}}$.

因此有 $\mathrm{GRD}(\nabla_{\overline{F}}^{\overline{F}})=\mathrm{card}(\nabla_{\overline{F}}^{\overline{F}})/\mathrm{card}(U)\leqslant\mathrm{card}(\Delta_{\overline{F}}^{\overline{F}})/\mathrm{card}(U)=\mathrm{GRD}(\Delta_{\overline{F}}^{\overline{F}})$ 或 $\mathrm{GRD}(\nabla_{\overline{F}}^{\overline{F}})\leqslant\mathrm{GRD}(\Delta_{\overline{F}}^{\overline{F}})$.

推论 2　若 $(\nabla_{\overline{F}}^{\lambda},\Delta_{\overline{F}}^{\lambda})$ 是 $(\nabla_{\overline{F}},\Delta_{\overline{F}})$ 的 λ 阶 $\overline{F}$-遗传，则

$$\mathrm{GRD}(\nabla_{\overline{F}}^{\lambda})\leqslant\mathrm{GRD}(\Delta_{\overline{F}}^{\lambda})\tag{4.6.16}$$

推论 3　若 $\nabla_{\overline{F}}^{\overline{F}},\Delta_{\overline{F}}^{\overline{F}}$ 分别是 λ 阶 $\overline{F}$-遗传基因 $(\nabla_{\overline{F}}^{\overline{F}},\Delta_{\overline{F}}^{\overline{F}})$ 的前域，后域，则

$$\mathrm{GEC}(\nabla_{\overline{F}}^{\overline{F}})\leqslant\mathrm{GEC}(\Delta_{\overline{F}}^{\overline{F}})\tag{4.6.17}$$

$$\mathrm{GVD}(\Delta_{\overline{F}}^{\overline{F}})\leqslant\mathrm{GVD}(\nabla_{\overline{F}}^{\overline{F}})\tag{4.6.18}$$

定理 4.6.6（$\overline{F}$-遗传基因复制定理）　设$(\nabla_{\overline{F}}^{\overline{F}},\Delta_{\overline{F}}^{\overline{F}})$是$(\nabla_{\overline{F}},\Delta_{\overline{F}})$的 $\overline{F}$-遗传基因，若

$$\alpha=\alpha^{\bar{f}}\tag{4.6.19}$$

则

$$\mathrm{GRD}((\nabla_{\overline{F}}^{\overline{F}},\Delta_{\overline{F}}^{\overline{F}}))=\mathrm{GRD}((\nabla_{\overline{F}}^{\overline{F}},\Delta_{\overline{F}}^{\overline{F}})')\tag{4.6.20}$$

事实上，式(4.6.19)是属性集的复制，而且 $\mathrm{card}(\alpha)=\mathrm{card}(\alpha^{\bar{f}})$，易得式(4.6.20)；证明略.
这里$(\nabla_{\overline{F}}^{\overline{F}},\Delta_{\overline{F}}^{\overline{F}})'$是具有属性 $\alpha^{\bar{f}}$ 的$(\nabla_{\overline{F}},\Delta_{\overline{F}})$的遗传基因.

§4.7　S-粗集的 $\overline{F}$-遗传隐性特征

定义 4.7.1　设 α 是知识$[x]_\alpha$的属性集，$\alpha=\{\alpha_1,\alpha_2,\cdots,\alpha_m\}$，称$[x]_\alpha$是关于属性 α_i 的隐性知识，如果 $\alpha_i\in\alpha$ 的特征在$[x]_\alpha$中不被显露，α_i 与$[x]_\alpha$的关系满足特征函数

$$\chi_{[x]_\alpha}^{(\alpha_i)}=0\tag{4.7.1}$$

若 $\alpha_j\in\alpha,\bar{f}(\alpha_j)\,\bar{\in}\,\alpha,j=1,2,\cdots,t,t<m,\alpha^{\bar{f}}=\{\bar{f}(\alpha_1),\bar{f}(\alpha_2),\cdots,\bar{f}(\alpha_t)\}$，称$[x]_{(\alpha\to\alpha^{\bar{f}})}$是关于 $\alpha^{\bar{f}}$ 的隐性知识，$(\alpha\to\alpha^{\bar{f}})$表示$(\alpha\backslash\alpha^{\bar{f}})$.

例如，$[x]_\alpha=\{x_1,x_7,x_{11},x_{21}\}$是具有属性 α_1 = 绿色，α_2 = 酸味，α_3 = 质量 150g 的苹果构成的知识，$\alpha=\{\alpha_1,\alpha_2,\alpha_3\}$是属性集，$[x]_{(\alpha\to\bar{f}(\alpha_3))}=\{x_1,x_7,x_{11},x_{21},x_{27}\}$是关于属性 α_3 的隐性知识，属性 α_3 在$[x]_{(\alpha\to\bar{f}(\alpha_3))}$中不被显露. $[x]_{(\alpha\to\bar{f}(\alpha_2),\bar{f}(\alpha_3))}=\{x_1,x_7,x_{11},x_{21},x_{27},x_{30}\}$是关于属性 α_2,α_3 的隐性知识，属性 α_2,α_3 在

$[x]_{(\alpha\to\bar{f}(\alpha_2),\bar{f}(\alpha_3))}$ 中不被显露．反之，$[x]_{(\alpha\to\bar{f}(\alpha_3))}$ 是具有 α_1,α_2 的显性知识，$[x]_{(\alpha\to\bar{f}(\alpha_2),\bar{f}(\alpha_3))}$ 是具有 α_1 的显性知识．

定义 4.7.2 设 $[x]_{(\alpha\to\alpha^{\bar{f}})}$ 是 $[x]_\alpha$ 的隐性 $\bar{f}$-遗传知识，称 $\text{RED}([x]_{(\alpha\to\alpha^{\bar{f}})})$ 是 $[x]_{(\alpha\to\alpha^{\bar{f}})}$ 关于 $[x]_\alpha$ 的隐性度(recessive degree)，而且

$$\text{RED}([x]_{(\alpha\to\alpha^{\bar{f}})})=1-\text{DOD}([x]_{(\alpha\to\alpha^{\bar{f}})}) \tag{4.7.2}$$

其中 $\text{DOD}([x]_{(\alpha\to\alpha^{\bar{f}})})$ 是 $[x]_{(\alpha\to\alpha^{\bar{f}})}$ 关于 $[x]_\alpha$ 的显性度(dominant degree)，$\text{DOD}([x]_{(\alpha\to\alpha^{\bar{f}})})=\text{card}([x]_\alpha)/\text{card}([x]_{(\alpha\to\alpha^{\bar{f}})})$.

定义 4.7.3 称 $(\nabla_{\overline{F}})_{(\alpha\to\alpha^{\bar{f}})}$ 是 $\nabla_{\overline{F}}$ 的隐性 $\overline{F}$-遗传，如果 $(\nabla_{\overline{F}})_{(\alpha\to\alpha^{\bar{f}})}$ 中的每一个 $[x]_{(\alpha\to\alpha^{\bar{f}})}$ 是 $[x]_\alpha$ 的隐性 $\bar{f}$-遗传．

称 $(\Delta_{\overline{F}})_{(\alpha\to\alpha^{\bar{f}})}$ 是 $\Delta_{\overline{F}}$ 的隐性 $\overline{F}$-遗传，如果 $(\Delta_{\overline{F}})_{(\alpha\to\alpha^{\bar{f}})}$ 中的每一个 $[x]_{(\alpha\to\alpha^{\bar{f}})}$ 是 $[x]_\alpha$ 的隐性 $\bar{f}$-遗传．

定义 4.7.4 称 $((\nabla_{\overline{F}})_{(\alpha\to\alpha^{\bar{f}})},(\Delta_{\overline{F}})_{(\alpha\to\alpha^{\bar{f}})})$ 是 $(\nabla_{\overline{F}},\Delta_{\overline{F}})$ 的隐性 $\overline{F}$-遗传，如果 $(\nabla_{\overline{F}})_{(\alpha\to\alpha^{\bar{f}})},(\Delta_{\overline{F}})_{(\alpha\to\alpha^{\bar{f}})}$ 分别是 $\nabla_{\overline{F}},\Delta_{\overline{F}}$ 的隐性 $\overline{F}$-遗传．

定义 4.7.5 称 $\text{RED}((\nabla_{\overline{F}})_{(\alpha\to\alpha^{\bar{f}})})$ 是 $(\nabla_{\overline{F}})_{(\alpha\to\alpha^{\bar{f}})}$ 关于 $\nabla_{\overline{F}}$ 的隐性度，而且

$$\text{RED}((\nabla_{\overline{F}})_{(\alpha\to\alpha^{\bar{f}})})=1-\text{DOD}((\nabla_{\overline{F}})_{(\alpha\to\alpha^{\bar{f}})}) \tag{4.7.3}$$

称 $\text{RED}((\Delta_{\overline{F}})_{(\alpha\to\alpha^{\bar{f}})})$ 是 $(\Delta_{\overline{F}})_{(\alpha\to\alpha^{\bar{f}})}$ 关于 $\Delta_{\overline{F}}$ 的隐性度，而且

$$\text{RED}((\Delta_{\overline{F}})_{(\alpha\to\alpha^{\bar{f}})})=1-\text{DOD}((\Delta_{\overline{F}})_{(\alpha\to\alpha^{\bar{f}})}) \tag{4.7.4}$$

其中 $\text{DOD}((\nabla_{\overline{F}})_{(\alpha\to\alpha^{\bar{f}})})$ 是 $(\nabla_{\overline{F}})_{(\alpha\to\alpha^{\bar{f}})}$ 关于 $\nabla_{\overline{F}}$ 的显性度，$\text{DOD}((\nabla_{\overline{F}})_{(\alpha\to\alpha^{\bar{f}})})=\text{card}(\nabla_{\overline{F}})/\text{card}((\nabla_{\overline{F}})_{(\alpha\to\alpha^{\bar{f}})})$.

定义 4.7.6 称 $\text{RED}((\nabla_{\overline{F}})_{(\alpha\to\alpha^{\bar{f}})},(\Delta_{\overline{F}})_{(\alpha\to\alpha^{\bar{f}})})$ 是 $((\nabla_{\overline{F}})_{(\alpha\to\alpha^{\bar{f}})},(\Delta_{\overline{F}})_{(\alpha\to\alpha^{\bar{f}})})$ 关于 $(\nabla_{\overline{F}},\Delta_{\overline{F}})$ 的隐性度，而且

$$\text{RED}((\nabla_{\overline{F}})_{(\alpha\to\alpha^{\bar{f}})},(\Delta_{\overline{F}})_{(\alpha\to\alpha^{\bar{f}})})=\psi_{\bar{f}}(\text{RED}((\nabla_{\overline{F}})_{(\alpha\to\alpha^{\bar{f}})})+\text{RED}((\Delta_{\overline{F}})_{(\alpha\to\alpha^{\bar{f}})})) \tag{4.7.5}$$

其中 $0<\psi_{\bar{f}}<1$.

由定义 4.7.1 ~4.7.6 直接得到：

命题 1 $\bar{f}$-遗传基因 $[x]_\alpha^{\bar{f}}$ 是具有最大隐性度的 $[x]_\alpha$ 的 $\bar{f}$-遗传．

命题 2 $\overline{F}$-遗传基因 $(\nabla_{\overline{F}}^{\overline{F}},\Delta_{\overline{F}}^{\overline{F}})$ 是具有最大隐性的 $(\nabla_{\overline{F}},\Delta_{\overline{F}})$ 的 $\overline{F}$-遗传．

命题 3 $\bar{f}$-遗传中 $\text{RED}([x]_{(\alpha\to\alpha^{\bar{f}})})$ 与 $\text{DOD}([x]_{(\alpha\to\alpha^{\bar{f}})})$ 共存．

命题 4 $\overline{F}$-遗传中，$\text{RED}(((\nabla_{\overline{F}})_{(\alpha\to\alpha^{\bar{f}})},(\Delta_{\overline{F}})_{(\alpha\to\alpha^{\bar{f}})}))$ 与 $\text{DOD}(((\nabla_{\overline{F}})_{(\alpha\to\alpha^{\bar{f}})},(\Delta_{\overline{F}})_{(\alpha\to\alpha^{\bar{f}})}))$ 共存．

定理 4.7.1（$\overline{F}$-遗传隐性链定理） 设 $((\nabla_{\overline{F}})_{(\alpha\to\alpha^{\bar{f}})},(\Delta_{\overline{F}})_{(\alpha\to\alpha^{\bar{f}})})_i,((\nabla_{\overline{F}})_{(\alpha\to\alpha^{\bar{f}})},(\Delta_{\overline{F}})_{(\alpha\to\alpha^{\bar{f}})})_j,((\nabla_{\overline{F}})_{(\alpha\to\alpha^{\bar{f}})},(\Delta_{\overline{F}})_{(\alpha\to\alpha^{\bar{f}})})_k$ 是 $(\nabla_{\overline{F}},\Delta_{\overline{F}})$ 的 $\overline{F}$-遗传，若

$$(\alpha \to \alpha^{\bar{f}})_i \subseteq (\alpha \to a^{\bar{f}})_j \subseteq (\alpha \to \alpha^{\bar{f}})_k \qquad (4.7.6)$$

则

$$\text{RED}(((\nabla_{\bar{F}})_{(\alpha \to \alpha^{\bar{f}})}, (\Delta_{\bar{F}})_{(\alpha \to \alpha^{\bar{f}})})_i) \leqslant \text{RED}(((\nabla_{\bar{F}})_{(\alpha \to \alpha^{\bar{f}})} (\Delta_{\bar{F}})_{(\alpha \to \alpha^{\bar{f}})})_j)$$

$$\leqslant \text{RED}(((\nabla_{\bar{F}})_{(\alpha \to \alpha^{\bar{f}})}, (\Delta_{\bar{F}})_{(\alpha \to \alpha^{\bar{f}})})_k) \qquad (4.7.7)$$

其中 $(\alpha \to \alpha^{\bar{f}})_i$, $(\alpha \to \alpha^{\bar{f}})_j$, $(\alpha \to \alpha^{\bar{f}})_k$ 分别是 $((\nabla_{\bar{F}})_{(\alpha \to \alpha^{\bar{f}})}, (\Delta_{\bar{F}})_{(\alpha \to \alpha^{\bar{f}})})_i$, $((\nabla_{\bar{F}})_{(\alpha \to \alpha^{\bar{f}})}, (\Delta_{\bar{F}})_{(\alpha \to \alpha^{\bar{f}})})_j$, $((\nabla_{\bar{F}})_{(\alpha \to \alpha^{\bar{f}})}, (\Delta_{\bar{F}})_{(\alpha \to \alpha^{\bar{f}})})_k$ 的属性集;α 是 $(\nabla_{\bar{F}}, \Delta_{\bar{F}})$ 的属性集.

推论 1 设 $(\nabla_{\bar{F}}^{\lambda_i}, \Delta_{\bar{F}}^{\lambda_i})$, $(\nabla_{\bar{F}}^{\lambda_j}, \Delta_{\bar{F}}^{\lambda_j})$, $(\nabla_{\bar{F}}^{\lambda_k}, \Delta_{\bar{F}}^{\lambda_k})$ 分别是 $(\nabla_{\bar{F}}, \Delta_{\bar{F}})$ 的 $\lambda_i, \lambda_j, \lambda_k$ 阶 $\bar{F}$-遗传,若

$$\text{RED}(((\nabla_{\bar{F}})_{(\alpha \to \alpha^{\bar{f}})}, (\Delta_{\bar{F}})_{(\alpha \to \alpha^{\bar{f}})})_i) \leqslant \text{RED}(((\nabla_{\bar{F}})_{(\alpha \to \alpha^{\bar{f}})}, (\Delta_{\bar{F}})_{(\alpha \to \alpha^{\bar{f}})})_j)$$

$$\leqslant \text{RED}(((\nabla_{\bar{F}})_{(\alpha \to \alpha^{\bar{f}})}, (\Delta_{\bar{F}})_{(\alpha \to \alpha^{\bar{f}})})_k) \qquad (4.7.8)$$

则

$$\lambda_k \leqslant \lambda_j \leqslant \lambda_i \qquad (4.7.9)$$

其中 $\lambda_i, \lambda_j, \lambda_k \in N^+$.

定理 4.7.2 ($\bar{F}$-遗传隐性终值定理) 若 $((\nabla_{\bar{F}})_{(\alpha \to \alpha^{\bar{f}})}, (\Delta_{\bar{F}})_{(\alpha \to \alpha^{\bar{f}})})$ 是 $(\nabla_{\bar{F}}, \Delta_{\bar{F}})$ 的 $\bar{F}$-遗传,则 $\bar{F}$-遗传的终值是

$$\text{card}(\alpha \to \alpha^{\bar{f}}) = 1 \qquad (4.7.10)$$

事实上,在粗集理论中,粗集 $(R_{-}(X), R^{-}(X))$ 的存在,$(R_{-}(X), R^{-}(X))$ 的属性集 $\alpha \neq \varnothing$;或者 $\min(\text{card}(\alpha)) = 1$. 因为,$((\nabla_{\bar{F}})_{(\alpha \to \alpha^{\bar{f}})}, (\Delta_{\bar{F}})_{(\alpha \to \alpha^{\bar{f}})})$ 是 $(\nabla_{\bar{F}}, \Delta_{\bar{F}})$ 的 $\bar{F}$-遗传,α 是 $(\nabla_{\bar{F}}, \Delta_{\bar{F}})$ 的属性集,$\alpha = \{\alpha_1, \alpha_2, \cdots, \alpha_m\}$,显然 $\min(\text{card}(\alpha \to \alpha^{\bar{f}})) = \min(\text{card}(\alpha \{\bar{f}(\alpha_1), \cdots, \bar{f}(\alpha_{m-1})\})) = 1$ 而且 $((\nabla_{\bar{F}})_{(\alpha \to \alpha^{\bar{f}})}, (\Delta_{\bar{F}})_{(\alpha \to \alpha^{\bar{f}})})$ 存在,证明略.

定理 4.7.3 ($\bar{F}$-遗传隐性最小属性定理) 设 $((\nabla_{\bar{F}})_{(\alpha \to \alpha^{\bar{f}})}, (\Delta_{\bar{F}})_{(\alpha \to \alpha^{\bar{f}})})$ 是 $(\nabla_{\bar{F}}, \Delta_{\bar{F}})$ 的 $\bar{F}$-遗传,若

$$\text{RED}(((\nabla_{\bar{F}})_{(\alpha \to \alpha^{\bar{f}})}, (\Delta_{\bar{F}})_{(\alpha \to \alpha^{\bar{f}})})) = \max \qquad (4.7.11)$$

则对于 $(\nabla_{\bar{F}}, \Delta_{\bar{F}})$ 任意的 $\bar{F}$-遗传 $((\nabla_{\bar{F}})_{(\alpha \to \alpha^{\bar{f}})}, (\Delta_{\bar{F}})_{(\alpha \to \alpha^{\bar{f}})})'$ 满足

$$(\alpha \to \alpha^{\bar{f}}) \subseteq (\alpha \to \alpha^{\bar{f}})' \qquad (4.7.12)$$

其中 $(\alpha \to \alpha^{\bar{f}})$, $(\alpha \to \alpha^{\bar{f}})'$ 分别是 $((\nabla_{\bar{F}})_{(\alpha \to \alpha^{\bar{f}})}, (\Delta_{\bar{F}})_{(\alpha \to \alpha^{\bar{f}})})$, $((\nabla_{\bar{F}})_{(\alpha \to \alpha^{\bar{f}})}, (\Delta_{\bar{F}})_{(\alpha \to \alpha^{\bar{f}})})'$ 的属性集.

定理 4.7.3 由定义 4.7.3~4.7.6 直接得到,证明略.

定理 4.7.4（$\overline{F}$-遗传隐性有限连续定理） 若$((\nabla_{\overline{F}})_{(\alpha\to\alpha^{\bar{f}})},(\Delta_{\overline{F}})_{(\alpha\to\alpha^{\bar{f}})})_i$，$((\nabla_{\overline{F}})_{(\alpha\to\alpha^{\bar{f}})},(\Delta_{\overline{F}})_{(\alpha\to\alpha^{\bar{f}})})_j$是$(\nabla_{\overline{F}},\Delta_{\overline{F}})$的任意两个$\overline{F}$-遗传，则

$$(\alpha\to\alpha^{\bar{f}})_i\cap(\alpha\to\alpha^{\bar{f}})_j\neq\varnothing \tag{4.7.13}$$

由定理 4.7.4 直接得到：

命题 5 $(\nabla_{\overline{F}},\Delta_{\overline{F}})$的任意两个$\overline{F}$-遗传满足

$$\mathrm{RED}((\nabla_{\overline{F}})_{(\alpha\to\alpha^{\bar{f}})},(\Delta_{\overline{F}})_{(\alpha\to\alpha^{\bar{f}})})-\mathrm{RED}((\nabla_{\overline{F}})_{(\alpha\to\alpha^{\bar{f}})},(\Delta_{\overline{F}})_{(\alpha\to\alpha^{\bar{f}})})'\neq 0 \tag{4.7.14}$$

命题 6 $(\nabla_{\overline{F}},\Delta_{\overline{F}})$的任意两个$\overline{F}$-遗传满足

$$\mathrm{DOD}((\nabla_{\overline{F}})_{(\alpha\to\alpha^{\bar{f}})},(\Delta_{\overline{F}})_{(\alpha\to\alpha^{\bar{f}})})-\mathrm{DOD}((\nabla_{\overline{F}})_{(\alpha\to\alpha^{\bar{f}})},(\Delta_{\overline{F}})_{(\alpha\to\alpha^{\bar{f}})})'\neq 0 \tag{4.7.15}$$

定理 4.7.5（$\overline{F}$-遗传隐性-显性关系定理） 设$((\nabla_{\overline{F}})_{(\alpha\to\alpha^{\bar{f}})},(\Delta_{\overline{F}})_{(\alpha\to\alpha^{\bar{f}})})$是$(\nabla_{\overline{F}},\Delta_{\overline{F}})$的$\overline{F}$-遗传，下面的关系成立：

1° 若$\mathrm{RED}((\nabla_{\overline{F}})_{(\alpha\to\alpha^{\bar{f}})},(\Delta_{\overline{F}})_{(\alpha\to\alpha^{\bar{f}})})=0$，则

$$\mathrm{DOD}((\nabla_{\overline{F}})_{(\alpha\to\alpha^{\bar{f}})},(\Delta_{\overline{F}})_{(\alpha\to\alpha^{\bar{f}})})=1 \tag{4.7.16}$$

2° 若$\mathrm{RED}((\nabla_{\overline{F}})_{(\alpha\to\alpha^{\bar{f}})},(\Delta_{\overline{F}})_{(\alpha\to\alpha^{\bar{f}})})<0.5$，则

$$\mathrm{DOD}((\nabla_{\overline{F}})_{(\alpha\to\alpha^{\bar{f}})},(\Delta_{\overline{F}})_{(\alpha\to\alpha^{\bar{f}})})>0.5 \tag{4.7.17}$$

定理 4.7.5 是直接的结果，证明略.

知识$[x]^{\lambda}_{(\alpha,\bar{f})}$的$\lambda$阶$\bar{f}$-变异，诱发出$\nabla_{\overline{F}},\Delta_{\overline{F}}$的$\overline{F}$-变异；因为$\nabla^{\lambda}_{\overline{F}}=\cup[x]^{\lambda}_{(\alpha,\bar{f})}=\{x\mid x\in U,[x]^{\lambda}_{(\alpha,\bar{f})}\subseteq X'\}$，$\Delta^{\lambda}_{\overline{F}}=\cup[x]^{\lambda}_{(\alpha,\bar{f})}=\{x\mid x\in U,[x]^{\lambda}_{(\alpha,\bar{f})}\cap X'\neq\varnothing\}$，诱发出$(\nabla^{\lambda}_{\overline{F}},\Delta^{\lambda}_{\overline{F}})$的$\overline{F}$-变异；$\overline{F}$-变异伴随着$\overline{F}$-遗传的隐性特征生成，下面给出继续讨论.

§4.8 $\overline{F}$-遗传变异与$\overline{F}$-遗传隐性的关系

定理 4.8.1（$\overline{F}$-遗传变异与$\overline{F}$-遗传隐性特征第一关系定理） 若$(\nabla^{\lambda}_{\overline{F}},\Delta^{\lambda}_{\overline{F}})$是$(\nabla_{\overline{F}},\Delta_{\overline{F}})$的$\lambda$阶$\overline{F}$-遗传，则$(\nabla^{\lambda}_{\overline{F}},\Delta^{\lambda}_{\overline{F}})$的$\overline{F}$-遗传隐性度与$\overline{F}$-遗传变异度满足

$$\mathrm{RED}(((\nabla_{\overline{F}})_{(\alpha\to\alpha^{\bar{f}})},(\Delta_{\overline{F}})_{(\alpha\to\alpha^{\bar{f}})}))=\eta\cdot\mathrm{GVD}(\nabla^{\lambda}_{\overline{F}},\Delta^{\lambda}_{\overline{F}}) \tag{4.8.1}$$

其中$\eta\in R^{+}$，η是比例系数.

事实上，由§4.6 中的式(4.6.3)～(4.6.5)得到：λ越大，$\mathrm{card}(\alpha\setminus\alpha^{\bar{f}})$越小，$\mathrm{GRD}(\nabla^{\lambda}_{\overline{F}})$，$\mathrm{GRD}(\Delta^{\lambda}_{\overline{F}})$越大，$\mathrm{GEC}((\nabla^{\lambda}_{\overline{F}},\Delta^{\lambda}_{\overline{F}}))$越小；由式(4.6.8)$\mathrm{GVD}((\nabla^{\lambda}_{\overline{F}},\Delta^{\lambda}_{\overline{F}}))$越大；由 4.7 节中定义 4.7.5、4.7.6 得$\mathrm{RED}((\nabla^{\lambda}_{\overline{F}},\Delta^{\lambda}_{\overline{F}}))$越大，证明略.

推论 1 $(\nabla^{\lambda}_{\overline{F}},\Delta^{\lambda}_{\overline{F}})$的$\overline{F}$-遗传显性度$\mathrm{DOD}(((\nabla_{\overline{F}})_{(\alpha\to\alpha^{\bar{f}})},(\Delta_{\overline{F}})_{(\alpha\to\alpha^{\bar{f}})}))$与$\overline{F}$-遗传

变异 GVD($(\nabla_{\overline{F}}^{\lambda},\Delta_{\overline{F}}^{\lambda})$)成反比.

定理 4.8.2($\overline{F}$-遗传变异与$\overline{F}$-遗传隐性特征第二关系定理)　给定 λ 阶$\overline{F}$-遗传 $(\nabla_{\overline{F}}^{\lambda},\Delta_{\overline{F}}^{\lambda})$ 的$\overline{F}$-遗传隐性序列,若

$$\mathrm{RED}((\nabla_{\overline{F}}^{\lambda_i},\Delta_{\overline{F}}^{\lambda_i}))\leqslant\mathrm{RED}((\nabla_{\overline{F}}^{\lambda_j},\Delta_{\overline{F}}^{\lambda_j}))\leqslant\mathrm{RED}((\nabla_{\overline{F}}^{\lambda_k},\Delta_{\overline{F}}^{\lambda_k})) \quad (4.8.2)$$

则

$$\mathrm{GVD}((\nabla_{\overline{F}}^{\lambda_i},\Delta_{\overline{F}}^{\lambda_i}))\leqslant\mathrm{GVD}((\nabla_{\overline{F}}^{\lambda_j},\Delta_{\overline{F}}^{\lambda_j}))\leqslant\mathrm{GVD}((\nabla_{\overline{F}}^{\lambda_k},\Delta_{\overline{F}}^{\lambda_k})) \quad (4.8.3)$$

证明是直接的,证明略.

定理 4.8.3 ($\overline{F}$-遗传变异与$\overline{F}$-遗传隐性特征第三关系定理)　设 RED $(((\nabla_{\overline{F}})_{(\alpha\to\alpha^{\bar{f}})},(\Delta_{\overline{F}})_{(\alpha\to\alpha^{\bar{f}})}))$,GVD($(\nabla_{\overline{F}}^{\lambda},\Delta_{\overline{F}}^{\lambda})$)分别是 λ 阶$\overline{F}$-遗传隐性度,$\overline{F}$-遗传变异度,若

$$\overline{F}=\varnothing \quad (4.8.4)$$

则

$$\mathrm{RED}(((\nabla_{\overline{F}})_{(\alpha\to\alpha^{\bar{f}})},(\Delta_{\overline{F}})_{(\alpha\to\alpha^{\bar{f}})}))+\mathrm{GVD}((\nabla_{\overline{F}}^{\lambda},\Delta_{\overline{F}}^{\lambda_k}))=1 \quad (4.8.5)$$

事实上,若$\overline{F}=\varnothing$,(4.6.6)中 $\varphi_{\bar{f}}=0$,式(4.7.5)中的 $\psi_{\bar{f}}=0$,则有式(4.8.5),证明略.

由 4.6、4.7、4.8 节的讨论得到:

$\overline{F}$-遗传的隐性度有限膨胀原理

在 S-粗集的$\overline{F}$-遗传中,$\overline{F}$-遗传显性度的萎缩伴随着隐性度的膨胀,隐性度的膨胀依赖于属性集 α 中的一些属性的淹没,淹没的属性越多,隐性度膨胀越大.

F-遗传,$\overline{F}$-遗传是 S-粗集的两个重要的基本特性,它们共同揭露了系统的动态粗特性.在实际的粗系统中(如目标跟踪粗系统、金融预警粗决策系统、预警粗识别系统等),粗系统中属性的补充,粗系统中属性的删除是同时存在的,换句话说,粗系统中的F-遗传伴随着$\overline{F}$-遗传,粗系统中的$\overline{F}$-遗传伴随 F-遗传.简言之,粗系统的属性在遗传中应该满足 $\alpha^{f}\neq\varnothing$,$\alpha^{\bar{f}}\neq\varnothing$,这是粗系统的真实面貌;$F$-遗传,$\overline{F}$-遗传同时存在的粗系统才具有理论的一般性,应用的广泛性.例如,在智能交通系统中,对于每一个被控路口,既要考虑纵向车辆的聚集与疏散又要考虑横向车辆的聚集与疏散;显然,智能交通系统与 S-粗集的 F-遗传,$\overline{F}$-遗传保持着紧密联系.与此相似,在材料科学与工程中,新的金属材料的生成必然伴随着旧的金属材料的某些成分被删除,某些新成分被添加(如果不顾及新的金属材料,它的生成工艺和物理条件);新的金属材料生成与 S-粗集和它的$(F,\overline{F})$-遗传保持着潜在的联系.在生命科学中,生物的繁衍存在这样的事实:一个物种,它的遗传显性,遗传隐性同时存在于

父母代到子女代的繁衍中,生物的繁衍与S-粗集和它的$(F,\bar{F})$-遗传也保持着潜在的联系;基于这些事实,给出S-粗集和它的遗传的继续讨论.

约定 α是$[x]_{(\alpha)}$的属性集,$\alpha=\{\alpha_1,\alpha_2,\cdots,\alpha_m\}$,$\alpha'$是一个属性集,$\alpha'=\{\alpha'_1,\alpha'_2,\cdots,\alpha'_n\}$,$\alpha\cap\alpha'=\varnothing$;$\cup f\in F$,$\cup\bar{f}\in\bar{F}$是$U$上的元素迁移;$\alpha^f=\{f(\alpha'_1),\cup f(\alpha'_2),\cdots,f(\alpha'_\lambda)\}$,$\alpha'_j\in\alpha'$,$\alpha'_j\bar{\in}\alpha$,$f(\alpha'_j)\in\alpha$;$\alpha^{\bar{f}}=\{\bar{f}(\alpha_1),\bar{f}(\alpha_2),\cdots,\bar{f}(\alpha_\lambda)\}$,$\alpha_i\in\alpha$,$\bar{f}(\alpha_i)\bar{\in}\alpha$;$\lambda<m$,$\lambda,m\in N^+$,$[x]_{((\alpha\cup\{f(\alpha'_1),\cdots,f(\alpha'_\lambda)\})\setminus\{\bar{f}(\alpha_1),\cdots,\bar{f}(\alpha_\lambda)\})}$记作$[x]_{((\alpha\cup\alpha^f)\setminus\alpha^{\bar{f}})}$;这些符号在下面的讨论中直接使用它们.

§4.9 $(f,\bar{f})$-遗传知识与$(f,\bar{f})$-遗传基因

定义 4.9.1 设$[x]_{(\alpha)}$是U上的知识,称$[x]_{((\alpha\cup\alpha^f)\setminus\alpha^{\bar{f}})}$是$[x]_{(\alpha)}$的1阶$(f,\bar{f})$-遗传知识,如果

$$\text{card}(\alpha^f\cup\alpha^{\bar{f}})=1 \tag{4.9.1}$$

称$[x]^\lambda_{((\alpha\cup\alpha^f)\setminus\alpha^{\bar{f}})}$是$[x]_{(\alpha)}$的$\lambda$阶$(f,\bar{f})$-遗传知识,如果

$$\text{card}(\alpha^f\cup\alpha^{\bar{f}})=\lambda \tag{4.9.2}$$

λ称作遗传阶,$\lambda\in N^+$.

这里指出:1° $\text{card}(\alpha^f\cup\alpha^{\bar{f}})=1$,必有$\alpha^{\bar{f}}=\varnothing$;或者2° $\text{card}(\alpha^f\cup\alpha^{\bar{f}})=1$,必有$\alpha^f=\varnothing$;由1°,$(f,\bar{f})$-遗传知识与$f$-遗传知识概念相同;由2°,$(f,\bar{f})$-遗传知识与$\bar{f}$-遗传知识概念相同.

定义 4.9.2 称$[x]^{(f,\bar{f})}_{(\alpha)}$是$t$个$\lambda$阶$(f,\bar{f})$-遗传知识$[x]^\lambda_{((\alpha\cup\alpha^f)\setminus\alpha^{\bar{f}})_i}$的$(f,\bar{f})$-遗传基因,如果

$$[x]^{(f,\bar{f})}_{(\alpha)}=\bigcap_{i=1}^{t}[x]^\lambda_{((\alpha\cup\alpha^f)\setminus\alpha^{\bar{f}})_i} \tag{4.9.3}$$

例如,设$[x]_{(\alpha)}=\{x_1,x_3,x_6,x_{10}\}$是$U=\{x_1,x_2,x_3,x_4,x_5,x_6,x_7,x_8,x_9,x_{10}\}$上的知识;$\alpha=\{\alpha_1,\alpha_2,\alpha_3,\alpha_4\}$是$[x]_{(\alpha)}$的属性集,$\alpha'=\{\alpha'_1,\alpha'_2,\alpha'_3\}$是属性集,$\alpha\cap\alpha'=\varnothing$;则$[x]^\lambda_{((\alpha\cup\alpha^f)\setminus\alpha^{\bar{f}})}$是$[x]_{(\alpha)}$的4阶$(f,\bar{f})$-遗传知识,$[x]^\lambda_{((\alpha\cup\alpha^f)\setminus\alpha^{\bar{f}})}=\{x_1,x_6,x_7\}$.这里$\alpha^f=\{f(\alpha'_1),\cup f(\alpha'_2),f(\alpha'_3)\}$,$\alpha^{\bar{f}}=\{\bar{f}(\alpha_4)\}$,$\lambda=\text{card}(\alpha^f\cup\alpha^{\bar{f}})=4$.

定义 4.9.3 设$[x]^\lambda_{((\alpha\cup\alpha^f)\setminus\alpha^{\bar{f}})}$是$[x]_{(\alpha)}$的$\lambda$阶$(f,\cup\bar{f})$-遗传知识,若

$$\text{card}(\alpha^f)=\text{card}(\alpha^{\bar{f}}) \tag{4.9.4}$$

$[x]^\lambda_{((\alpha\cup\alpha^f)\setminus\alpha^{\bar{f}})}$称作$[x]_{(\alpha)}$的0阶$(f,\bar{f})$-遗传知识,$[x]^\lambda_{((\alpha\cup\alpha^f)\setminus\alpha^{\bar{f}})}$记作$[x]^0_{(\alpha)}$.

由定义4.9.1~4.9.3得到:

命题1 λ阶$(f,\cup\bar{f})$-遗传知识$[x]^\lambda_{((\alpha\cup\alpha^f)\setminus\alpha^{\bar{f}})}$上存在IND$([x]^\lambda_{((\alpha\cup\alpha^f)\setminus\alpha^{\bar{f}})})$.

命题2 $(f,\bar{f})$-遗传基因$[x]^{(f,\bar{f})}_{(\alpha)}$存在于所有$(f,\bar{f})$-遗传知识中.

命题 3　任意两个 λ 阶 $(f,\bar{f})$-遗传知识 $[x]^{\lambda}_{((\alpha\cup\alpha^{f})\backslash\alpha^{\bar{f}})_i}$，$[x]^{\lambda}_{((\alpha\cup\alpha^{f})\backslash\alpha^{\bar{f}})_j}$ 满足

$$[x]^{\lambda}_{((\alpha\cup\alpha^{f})\backslash\alpha^{\bar{f}})_i}\cap[x]^{\lambda}_{((\alpha\cup\alpha^{f})\backslash\alpha^{\bar{f}})_j}\neq\varnothing \tag{4.9.5}$$

命题 4　知识 $[x]_{(\alpha)}$ 与 $[x]_{(\alpha)}$ 的 λ 阶 $(f,\bar{f})$-遗传知识 $[x]^{\lambda}_{((\alpha\cup\alpha^{f})\backslash\alpha^{\bar{f}})}$ 满足 $[x]_{(\alpha)}=[x]^{\lambda}_{((\alpha\cup\alpha^{f})\backslash\alpha^{\bar{f}})}$，必有

$$F=\bar{F}=\varnothing \tag{4.9.6}$$

命题 5　0 阶 $(f,\bar{f})$-遗传知识 $[x]^{0}_{(\alpha)}$ 是 $[x]_{(\alpha)}$ 的本身.

命题 1 ~ 5 是直接的事实，证明略.

由定义 4.9.1 ~ 4.9.3，命题 1 ~ 5 得到：

定理 4.9.1（$(f,\bar{f})$-遗传知识的 $\bar{f}$-遗传退化定理）　设 $[x]^{\lambda}_{((\alpha\cup\alpha^{f})\backslash\alpha^{\bar{f}})}$，$[x]^{\lambda}_{(\alpha\cup\alpha^{f})}$ 分别是 $[x]_{(\alpha)}$ 的 λ 阶 $(f,\bar{f})$-遗传知识，λ 阶 f-遗传知识，若

$$\bar{F}=\varnothing \tag{4.9.7}$$

则

$$[x]^{\lambda}_{((\alpha\cup\alpha^{f})\backslash\alpha^{\bar{f}})}=[x]^{\lambda}_{(\alpha\cup\alpha^{f})} \tag{4.9.8}$$

定理 4.9.2（$(f,\bar{f})$-遗传知识的 f-遗传退化定理）　设 $[x]^{\lambda}_{((\alpha\cup\alpha^{f})\backslash\alpha^{\bar{f}})}$，$[x]^{\lambda}_{(\alpha\backslash\alpha^{\bar{f}})}$ 分别是 $[x]_{(\alpha)}$ 的 λ 阶 $(f,\bar{f})$-遗传知识，λ 阶 $\bar{f}$-遗传知识，若

$$F=\varnothing \tag{4.9.9}$$

则

$$[x]^{\lambda}_{((\alpha\cup\alpha^{f})\backslash\alpha^{\bar{f}})}=[x]^{\lambda}_{(\alpha\backslash\alpha^{\bar{f}})} \tag{4.9.10}$$

由定义 4.9.1 ~ 4.9.3 直接得到定理 4.9.1、4.9.2，证明略.

定理 4.9.3（$(f,\bar{f})$-遗传知识膨胀定理）　设 $[x]^{\lambda}_{((\alpha\cup\alpha^{f})\backslash\alpha^{\bar{f}})}$ 是 $[x]_{(\alpha)}$ 的 λ 阶 $(f,\bar{f})$-遗传知识，$\mathrm{GRD}([x]^{\lambda}_{((\alpha\cup\alpha^{f})\backslash\alpha^{\bar{f}})})$ 是 $[x]^{\lambda}_{((\alpha\cup\alpha^{f})\backslash\alpha^{\bar{f}})}$ 的粒度，若

$$\mathrm{card}(\alpha^{f})\leqslant\mathrm{card}(\alpha^{\bar{f}}) \tag{4.9.11}$$

则

$$\mathrm{GRD}([x]^{\lambda}_{((\alpha\cup\alpha^{f})\backslash\alpha^{\bar{f}})})\leqslant\mathrm{GRD}([x]^{\lambda}_{((\alpha\cup\alpha^{f})\backslash\alpha^{\bar{f}})})' \tag{4.9.12}$$

证明　因为 $\mathrm{card}(\alpha^{f})\leqslant\mathrm{card}(\alpha^{\bar{f}})$ 就有 $\alpha\cup(\alpha^{\bar{f}}\backslash\alpha^{f})=\alpha\cup\alpha^{*}\subseteq((\alpha\cup\alpha^{f})\backslash\alpha^{\bar{f}})$，$\alpha\cup\alpha^{*}$ 是 $([x]^{\lambda}_{((\alpha\cup\alpha^{f})\backslash\alpha^{\bar{f}})})'$ 的属性集，显然 $([x]^{\lambda}_{((\alpha\cup\alpha^{f})\backslash\alpha^{\bar{f}})})\subseteq([x]^{\lambda}_{((\alpha\cup\alpha^{f})\backslash\alpha^{\bar{f}})})'$，容易得到

$$\mathrm{GRD}([x]^{\lambda}_{((\alpha\cup\alpha^{f})\backslash\alpha^{\bar{f}})})\leqslant\mathrm{GRD}([x]^{\lambda}_{((\alpha\cup\alpha^{f})\backslash\alpha^{\bar{f}})})'$$

定理 4.9.4（$(f,\bar{f})$-遗传知识萎缩定理）　设 $[x]^{\lambda}_{((\alpha\cup\alpha^{f})\backslash\alpha^{\bar{f}})}$ 是 $[x]_{(\alpha)}$ 的 λ 阶 $(f,\bar{f})$-遗传知识，$\mathrm{GRD}([x]^{\lambda}_{((\alpha\cup\alpha^{f})\backslash\alpha^{\bar{f}})})$ 是 $[x]^{\lambda}_{((\alpha\cup\alpha^{f})\backslash\alpha^{\bar{f}})}$ 的粒度，若

$$\text{card}(\alpha^{\bar{f}}) \leqslant \text{card}(\alpha^{f}) \tag{4.9.13}$$

则

$$\text{GRD}([x]^{\lambda}_{((\alpha\cup\alpha^{f})\setminus\alpha^{\bar{f}})})'' \leqslant \text{GRD}([x]^{\lambda}_{((\alpha\cup\alpha^{f})\setminus\alpha^{\bar{f}})}) \tag{4.9.14}$$

证明与定理 4.9.3 类似,证明略.

定理 4.9.5($(f,\bar{f})$-遗传基因不变性定理) $(f,\bar{f})$-遗传知识的$(f,\bar{f})$-遗传基因$[x]^{(f,\bar{f})}_{(\alpha)}$,它的基数是一个常数,而且

$$\text{card}([x]^{(f,\bar{f})}_{(\alpha)}) = \eta^{(f,\bar{f})} \tag{4.9.15}$$

其中 $\eta^{(f,\bar{f})} \in N^{+}$.

由定理 4.9.1 ~4.9.5 得到:

$(f,\bar{f})$-遗传知识的属性析出-淹没原理

在知识的$(f,\cup\bar{f})$-遗传中,$(f,\cup\bar{f})$-遗传知识的膨胀伴随着它的属性淹没,$(f,\cup\bar{f})$-遗传知识的萎缩伴随着它的属性析出;属性淹没依赖于 $\text{card}(\alpha^{\bar{f}})$ 的增大,属性析出依赖于 $\text{card}(\alpha^{f})$ 的减小.

其中"淹没","析出"分别是物理,化学实验中的名词,把这两个名词移植到S-粗集中,用它们表示S-粗集的遗传特征中的属性状态变化.

§4.10 S-粗集的$(F,\overline{F})$-遗传与$(F,\overline{F})$-遗传定理

约定 $\nabla_{\mathscr{F}} = (R,\mathscr{F})_{\circ}(X^{*})$,$\Delta_{\mathscr{F}} = (R,\mathscr{F})^{\circ}(X^{*})$, $\nabla^{\lambda}_{\mathscr{F}} = (R,\mathscr{F})_{\circ}(X^{*})^{\lambda}$,$\Delta^{\lambda}_{\mathscr{F}} = (R,\mathscr{F})^{\circ}(X^{*})^{\lambda}$,$(\nabla_{\mathscr{F}},\Delta_{\mathscr{F}}) = ((R,\mathscr{F})_{\circ}(X^{*}),(R,\mathscr{F})^{\circ}(X^{*}))$,$(\nabla^{\lambda}_{\mathscr{F}},\Delta^{\lambda}_{\mathscr{F}}) = ((R,\mathscr{F})_{\circ}(X^{*})^{\lambda},(R,\mathscr{F})^{\circ}(X^{*})^{\lambda})$,这些符号在下面的讨论中使用它们.

定义 4.10.1 称 $\nabla^{\lambda}_{\mathscr{F}}$是 $\nabla_{\mathscr{F}}$的 λ 阶$(F,\overline{F})$-遗传,$\lambda \in N^{+}$;如果$[x]^{\lambda}_{((\alpha\cup\alpha^{f})\setminus\alpha^{\bar{f}})}$是$[x]_{(\alpha)}$的$(f,\cup\bar{f})$-遗传知识,而且

$$\begin{aligned}\nabla^{\lambda}_{\mathscr{F}} &= \cup[x]^{\lambda}_{((\alpha\cup\alpha^{f})\setminus\alpha^{\bar{f}})} \\ &= \{x \mid x\in U,[x]^{\lambda}_{((\alpha\cup\alpha^{f})\setminus\alpha^{\bar{f}})} \subseteq X^{*}\}\end{aligned} \tag{4.10.1}$$

称 $\Delta^{\lambda}_{\mathscr{F}}$ 是 $\Delta_{\mathscr{F}}$ 的 λ 阶$(F,\overline{F})$-遗传,$\lambda \in N^{+}$;如果$[x]^{\lambda}_{((\alpha\cup\alpha^{f})\setminus\alpha^{\bar{f}})}$是$[x]_{(\alpha)}$的 λ 阶$(f,\cup\bar{f})$-遗传知识,而且

$$\begin{aligned}\Delta^{\lambda}_{\mathscr{F}} &= \cup[x]^{\lambda}_{((\alpha\cup\alpha^{f})\setminus\alpha^{\bar{f}})} \\ &= \{x \mid x\in U,[x]^{\lambda}_{((\alpha\cup\alpha^{f})\setminus\alpha^{\bar{f}})} \cap X^{*} \neq \varnothing\}\end{aligned} \tag{4.10.2}$$

其中 $\mathscr{F} = F\cup\overline{F}$,$F\neq\varnothing$,$\overline{F}\neq\varnothing$.

定义 4.10.2　称$(\nabla_{\mathscr{F}}^{\lambda},\Delta_{\mathscr{F}}^{\lambda})$是$(\nabla_{\mathscr{F}},\Delta_{\mathscr{F}})$的 λ 阶$(F,\overline{F})$-遗传，如果 $\nabla_{\mathscr{F}}^{\lambda},\Delta_{\mathscr{F}}^{\lambda}$ 分别是 $\nabla_{\mathscr{F}},\Delta_{\mathscr{F}}$ 的 λ 阶$(F,\overline{F})$-遗传.

定义 4.10.3　称$(\nabla_{\mathscr{F}}^{(F,\overline{F})},\Delta_{\mathscr{F}}^{(F,\overline{F})})$是$(\nabla_{\mathscr{F}},\Delta_{\mathscr{F}})$的$(F,\overline{F})$-遗传基因，如果$(\nabla_{\mathscr{F}}^{(F,\overline{F})},\Delta_{\mathscr{F}}^{(F,\overline{F})})$的遗传阶 λ

$$\lambda=\max(\mathrm{card}(\alpha^{f}))\backslash(\min(\mathrm{card}(\alpha^{\bar{f}})))\tag{4.10.3}$$

$\nabla_{\mathscr{F}}^{(F,\overline{F})},\Delta_{\mathscr{F}}^{(F,\overline{F})}$ 分别称作$(F,\overline{F})$-遗传基因的前域，后域. 其中 $\mathrm{card}(\alpha^{\bar{f}})\neq 0$.

定义 4.10.4　称 $\mathrm{GEC}(\nabla_{\mathscr{F}}^{\lambda})$是 λ 阶$(F,\overline{F})$-遗传 $\nabla_{\mathscr{F}}^{\lambda}$关于 $\nabla_{\mathscr{F}}$的$(F,\overline{F})$-遗传系数，$\mathrm{GEC}(\Delta_{\mathscr{F}}^{\lambda})$是 λ 阶$(F,\overline{F})$-遗传 $\Delta_{\mathscr{F}}^{\lambda}$ 关于 $\Delta_{\mathscr{F}}$ 的$(F,\overline{F})$-遗传系数，而且

$$\mathrm{GEC}(\nabla_{\mathscr{F}}^{\lambda})=\mathrm{GRD}(\nabla_{\mathscr{F}})/\mathrm{GRD}(\nabla_{\mathscr{F}}^{\lambda})\tag{4.10.4}$$

$$\mathrm{GEC}(\Delta_{\mathscr{F}}^{\lambda})=\mathrm{GRD}(\Delta_{\mathscr{F}})/\mathrm{GRD}(\Delta_{\mathscr{F}}^{\lambda})\tag{4.10.5}$$

称 $\mathrm{GEC}((\nabla_{\mathscr{F}}^{\lambda},\Delta_{\mathscr{F}}^{\lambda}))$是 λ 阶$(F,\overline{F})$-遗传$(\nabla_{\mathscr{F}}^{\lambda},\Delta_{\mathscr{F}}^{\lambda})$关于$(\nabla_{\mathscr{F}},\Delta_{\mathscr{F}})$的$(F,\overline{F})$-遗传系数，而且

$$\mathrm{GEC}((\nabla_{\mathscr{F}}^{\lambda},\Delta_{\mathscr{F}}^{\lambda}))=\varphi_{f,\bar{f}}(\mathrm{GEC}(\nabla_{\mathscr{F}}^{\lambda})+\mathrm{GEC}(\Delta_{\mathscr{F}}^{\lambda}))\tag{4.10.6}$$

其中 $\mathrm{GRD}(\nabla_{\mathscr{F}})$是 $\nabla_{\mathscr{F}}$的粒度，$\varphi_{f,\bar{f}}$是 α_i' 被补充，α_j 被删除的可能度；$\alpha_i'\,\bar{\in}\,\alpha,f(\alpha_i')\in\alpha,\alpha_j\in\alpha,\cup\bar{f}(\alpha_j)\,\bar{\in}\,\alpha;0<\varphi_{f,\bar{f}}<1,\varphi_{f,\bar{f}}$由集值迭代得到.

定义 4.10.5　称 $\mathrm{GVD}((\nabla_{\mathscr{F}}^{\lambda},\Delta_{\mathscr{F}}^{\lambda}))$是 λ 阶$(F,\overline{F})$-遗传$(\nabla_{\mathscr{F}}^{\lambda},\Delta_{\mathscr{F}}^{\lambda})$关于$(\nabla_{\mathscr{F}},\Delta_{\mathscr{F}})$的$(F,\overline{F})$-遗传变异度，而且

$$\mathrm{GVD}((\nabla_{\mathscr{F}}^{\lambda},\Delta_{\mathscr{F}}^{\lambda}))=1-\mathrm{GEC}((\nabla_{\mathscr{F}}^{\lambda},\Delta_{\mathscr{F}}^{\lambda}))\tag{4.10.7}$$

由定义 4.10.1 ~4.10.5 得到：

定理 4.10.1（$(F,\overline{F})$-遗传的第一惯性定理）　$(\nabla_{\mathscr{F}},\Delta_{\mathscr{F}})$的任意一个 λ 阶$(F,\overline{F})$-遗传$(\nabla_{\mathscr{F}}^{\lambda},\Delta_{\mathscr{F}}^{\lambda})$依赖于 $\lambda-1$ 阶$(F,\overline{F})$-遗传$(\nabla_{\mathscr{F}}^{\lambda-1},\Delta_{\mathscr{F}}^{\lambda-1})$；它们的$(F,\overline{F})$-遗传系数满足

$$\mathrm{GEC}((\nabla_{\mathscr{F}}^{\lambda-1},\Delta_{\mathscr{F}}^{\lambda-1}))-\mathrm{GEC}((\nabla_{\mathscr{F}}^{\lambda},\Delta_{\mathscr{F}}^{\lambda}))\neq 0\tag{4.10.8}$$

其中 $\lambda=1,2,\cdots,t$.

证明　设$(\nabla_{\mathscr{F}},\Delta_{\mathscr{F}})$具有 λ 阶$(F,\overline{F})$-遗传，由定义 4.10.1、4.10.2：$\nabla_{\mathscr{F}}^{\lambda}\subseteq\nabla_{\mathscr{F}}^{\lambda-1}$，$\Delta_{\mathscr{F}}^{\lambda}\subseteq\Delta_{\mathscr{F}}^{\lambda-1}$，$\mathrm{card}(\nabla_{\mathscr{F}}^{\lambda})\leqslant\mathrm{card}(\nabla_{\mathscr{F}}^{\lambda-1})$，$\mathrm{card}(\Delta_{F}^{\lambda})\leqslant\mathrm{card}(\Delta_{F}^{\lambda-1})$；由定义 4.10.4，$\mathrm{card}(\nabla_{\mathscr{F}}^{\lambda})/\mathrm{card}(U)\leqslant\mathrm{card}(\nabla_{\mathscr{F}}^{\lambda-1})/\mathrm{card}(U)$，$\mathrm{card}(\Delta_{\mathscr{F}}^{\lambda})/\mathrm{card}(U)\leqslant\mathrm{card}(\Delta_{\mathscr{F}}^{\lambda-1})/\mathrm{card}(U)$，利用式(4.10.6)得到：$\mathrm{GEC}((\nabla_{F}^{\lambda},\Delta_{F}^{\lambda}))\leqslant\mathrm{GEC}((\nabla_{F}^{\lambda-1},\Delta_{F}^{\lambda-1}))$，或者 $\mathrm{GEC}((\nabla_{\mathscr{F}}^{\lambda-1}\Delta_{\mathscr{F}}^{\lambda-1}))-\mathrm{GEC}((\nabla_{\mathscr{F}}^{\lambda},\Delta_{\mathscr{F}}^{\lambda}))\neq 0$.

由定理 4.10.1 直接得到：

推论 1 若$\overline{F}=\varnothing$,则λ阶$(F,\overline{F})$-遗传$(\nabla^{\lambda}_{\mathscr{F}},\Delta^{\lambda}_{\mathscr{F}})$退化成$\lambda$阶$F$-遗传$(\nabla^{\lambda}_{F},\Delta^{\lambda}_{F})$,$(\nabla^{\lambda}_{F},\Delta^{\lambda}_{F})$依赖于$\lambda-1$阶$F$-遗传$(\nabla^{\lambda-1}_{F},\Delta^{\lambda-1}_{F})$;它们的$F$-遗传系数满足

$$\mathrm{GEC}((\nabla^{\lambda}_{F},\Delta^{\lambda}_{F}))-\mathrm{GEC}((\nabla^{\lambda-1}_{F},\Delta^{\lambda-1}_{F}))\neq 0 \tag{4.10.9}$$

推论 2 若$F=\varnothing$,则λ阶$(F,\overline{F})$-遗传$(\nabla^{\lambda}_{\mathscr{F}},\Delta^{\lambda}_{\mathscr{F}})$退化成$\lambda$阶$\overline{F}$-遗传$(\nabla^{\lambda}_{\overline{F}},\Delta^{\lambda}_{\overline{F}})$,$(\nabla^{\lambda}_{\overline{F}},\Delta^{\lambda}_{\overline{F}})$依赖于$\lambda+1$阶$\overline{F}$-遗传$(\nabla^{\lambda+1}_{\overline{F}},\Delta^{\lambda+1}_{\overline{F}})$;它们的$\overline{F}$-遗传系数满足

$$\mathrm{GEC}((\nabla^{\lambda}_{\overline{F}},\Delta^{\lambda}_{\overline{F}}))-\mathrm{GEC}((\nabla^{\lambda+1}_{\overline{F}},\Delta^{\lambda+1}_{\overline{F}}))\neq 0 \tag{4.10.10}$$

定理 4.10.2(($F,\overline{F}$) – 遗传的第二惯性定理) $(\nabla_{\mathscr{F}},\Delta_{\mathscr{F}})$的任意一个$\lambda$阶$(F,\overline{F})$-遗传$(\nabla^{\lambda}_{\mathscr{F}},\Delta^{\lambda}_{\mathscr{F}})$依赖于$\lambda-1$阶$(F,\overline{F})$-遗传$(\nabla^{\lambda-1}_{\mathscr{F}},\Delta^{\lambda-1}_{\mathscr{F}})$;它们的$(F,\overline{F})$-遗传变异度满足

$$\mathrm{GVD}((\nabla^{\lambda-1}_{\mathscr{F}},\Delta^{\lambda-1}_{\mathscr{F}}))+p=\mathrm{GVD}((\nabla^{\lambda}_{\mathscr{F}},\Delta^{\lambda}_{\mathscr{F}})) \tag{4.10.11}$$

其中$p\in R^{+}$,$\lambda=1,2,\cdots,t$,$t<m$;p称作$(F,\overline{F})$-遗传阻尼.

证明 利用定理 4.10.1、定义 4.10.5 容易得到

$$\mathrm{GVD}((\nabla^{\lambda}_{\mathscr{F}},\Delta^{\lambda}_{\mathscr{F}}))-\mathrm{GVD}((\nabla^{\lambda-1}_{\mathscr{F}},\Delta^{\lambda-1}_{\mathscr{F}}))\neq 0$$

显然,存在$p\in R^{+}$使$\mathrm{GVD}((\nabla^{\lambda}_{\mathscr{F}},\Delta^{\lambda}_{\mathscr{F}}))+p=\mathrm{GVD}((\nabla^{\lambda-1}_{\mathscr{F}},\Delta^{\lambda-1}_{\mathscr{F}}))$.

p的生物遗传背景和物理意义:

在生物遗传中,显性遗传、隐性遗传共存于遗传过程中,用遗传知识表达这个过程是$[x]^{\lambda}_{(f,\bar{f})}\cap[x]^{\lambda-1}_{(f,\bar{f})}\neq\varnothing$,或者$\mathrm{card}([x]^{\lambda}_{(f,\bar{f})})-\mathrm{card}([x]^{\lambda-1}_{(f,\bar{f})})\neq 0$,遗传变异度$\mathrm{GVD}((\nabla^{\lambda}_{\mathscr{F}},\Delta^{\lambda}_{\mathscr{F}}))$,$\mathrm{GVD}((\nabla^{\lambda-1}_{\mathscr{F}},\Delta^{\lambda-1}_{\mathscr{F}}))$满足$\mathrm{GVD}((\nabla^{\lambda}_{\mathscr{F}},\Delta^{\lambda}_{\mathscr{F}}))-\mathrm{GVD}((\nabla^{\lambda-1}_{\mathscr{F}},\Delta^{\lambda-1}_{\mathscr{F}}))\neq 0$,则存在$p\in R^{+}$,$p$阻止遗传变异度的突变.其中阻尼是物理学中的一个概念.

由定理 4.10.2 直接得到:

推论 3 若$\overline{F}=\varnothing$,则λ阶$(F,\overline{F})$-遗传$(\nabla^{\lambda}_{\mathscr{F}},\Delta^{\lambda}_{\mathscr{F}})$退化成$\lambda$阶$F$-遗传$(\nabla^{\lambda}_{F},\Delta^{\lambda}_{F})$,$(\nabla^{\lambda}_{F},\Delta^{\lambda}_{F})$依赖于$\lambda-1$阶$F$-遗传$(\nabla^{\lambda-1}_{F},\Delta^{\lambda-1}_{F})$,它们的$F$-遗传变异度满足

$$\mathrm{GVD}((\nabla^{\lambda}_{F},\Delta^{\lambda}_{F}))+q=\mathrm{GVD}((\nabla^{\lambda-1}_{F},\Delta^{\lambda-1}_{F})) \tag{4.10.12}$$

其中$q\in R^{+}$,$\lambda\in(1,2,\cdots,t)$,$t<m$;q是$\overline{F}=\varnothing$的$(F,\overline{F})$-遗传阻尼.

推论 4 若$F=\varnothing$,则λ阶$(F,\overline{F})$-遗传$(\nabla^{\lambda}_{\mathscr{F}},\Delta^{\lambda}_{\mathscr{F}})$退化成$\lambda$阶$\overline{F}$-遗传$(\nabla^{\lambda}_{\overline{F}},\Delta^{\lambda}_{\overline{F}})$,$(\nabla^{\lambda}_{\overline{F}},\Delta^{\lambda}_{\overline{F}})$依赖于$\lambda+1$阶$\overline{F}$-遗传$(\nabla^{\lambda+1}_{\overline{F}},\Delta^{\lambda+1}_{\overline{F}})$;它们的$\overline{F}$-遗传变异度满足

$$\mathrm{GVD}((\nabla^{\lambda}_{\overline{F}},\Delta^{\lambda}_{\overline{F}}))+r=\mathrm{GVD}((\nabla^{\lambda-1}_{\overline{F}},\Delta^{\lambda-1}_{\overline{F}})) \tag{4.10.13}$$

其中$r\in R^{+}$,$\lambda\in(1,2,\cdots,t)$,$t<m$;r是$F=\varnothing$的$(F,\overline{F})$-遗传阻尼.

定理 4.10.3(($F,\overline{F}$)-遗传的第三惯性定理) 给定$(\nabla_{\mathscr{F}},\Delta_{\mathscr{F}})$的$\lambda$阶$(F,\overline{F})$-遗

传链

$$(\nabla_{\mathscr{F}}^{\lambda_1},\Delta_{\mathscr{F}}^{\lambda_1})\subseteq(\nabla_{\mathscr{F}}^{\lambda_2},\Delta_{\mathscr{F}}^{\lambda_2})\subseteq\cdots\subseteq(\nabla_{\mathscr{F}}^{\lambda_n},\Delta_{\mathscr{F}}^{\lambda_n}) \tag{4.10.14}$$

则存在正实数数对序列

$$(1,\eta_1),(2,\eta_2),\cdots,(n,\eta_n) \tag{4.10.15}$$

式(4.10.15)生成$(F,\overline{F})$-遗传惯性函数$\eta(x)$,而且

$$\eta(x)=\sum_{j=1}^{n}\eta_j\prod_{\substack{i,j=1\\ i\neq j}}^{n}\left(\frac{x-x_i}{x_j-x_i}\right) \tag{4.10.16}$$

其中$\eta_j=\mathrm{GEC}((\nabla_{\mathscr{F}}^{\lambda},\Delta_{\mathscr{F}}^{\lambda}))$, $\cup j=1,2,\cdots n$.

证明　由插值理论直接得到,证明略.

由定理 4.10.3 直接得到:

推论 5　若$(\nabla_{F}^{\lambda},\Delta_{F}^{\lambda})$是$(\nabla_{\mathscr{F}}^{\lambda},\Delta_{\mathscr{F}}^{\lambda})$的$\overline{F}=\varnothing$的退化,$(\nabla_{F}^{\lambda},\Delta_{F}^{\lambda})$的$\lambda$阶$F$-遗传链

$$(\nabla_{F}^{\lambda_1},\Delta_{F}^{\lambda_1})\subseteq(\nabla_{F}^{\lambda_2},\Delta_{F}^{\lambda_2})\subseteq\cdots\subseteq(\nabla_{F}^{\lambda_n},\Delta_{F}^{\lambda_n}) \tag{4.10.17}$$

则存在正实数数对序列

$$(1,\zeta_1),(2,\zeta_2),\cdots,(n,\zeta_n) \tag{4.10.18}$$

式(4.10.18)生成$\overline{F}=\varnothing$的F-遗传的惯性函数$\zeta(x)$,而且

$$\zeta(x)=\sum_{j=1}^{n}\zeta_j\prod_{\substack{i,j=1\\ i\neq j}}^{n}\left(\frac{x-x_i}{x_j-x_i}\right) \tag{4.10.19}$$

推论 6　若$(\nabla_{\overline{F}}^{\lambda},\Delta_{\overline{F}}^{\lambda})$是$(\nabla_{\mathscr{F}}^{\lambda},\Delta_{\mathscr{F}}^{\lambda})$的$F=\varnothing$的退化,$(\nabla_{\overline{F}}^{\lambda},\Delta_{\overline{F}}^{\lambda})$的$\lambda$阶$\overline{F}$-遗传链

$$(\nabla_{\overline{F}}^{\lambda_1},\Delta_{\overline{F}}^{\lambda_1})\subseteq(\nabla_{\overline{F}}^{\lambda_2},\Delta_{\overline{F}}^{\lambda_2})\subseteq\cdots\subseteq(\nabla_{\overline{F}}^{\lambda_n},\Delta_{\overline{F}}^{\lambda_n}) \tag{4.10.20}$$

则存在正实数数对序列

$$(1,\psi_1),(2,\psi_2),\cdots,(n,\psi_n) \tag{4.10.21}$$

式(4.10.21)生成$F=\varnothing$的$\overline{F}$-遗传的惯性函数$\psi(x)$,而且

$$\psi(x)=\sum_{j=1}^{n}\psi_j\prod_{\substack{i,j=1\\ i\neq j}}^{n}\left(\frac{x-x_i}{x_j-x_i}\right) \tag{4.10.22}$$

这里指出,定理 4.10.1 ~4.10.3 共同给出一个事实:S-粗集的λ阶$(F,\overline{F})$-遗传具有跟随性;λ阶$(F,\overline{F})$-遗传因为$\lambda-1$阶$(F,\overline{F})$-遗传的存在而存在.

由定理 4.10.1 ~4.10.3,推论 1 ~6 得到:

$(F,\overline{F})$-遗传的惯性原理

S-粗集的λ阶$(F,\overline{F})$-遗传生成一个$(F,\overline{F})$-遗传链,遗传链的第q节依赖于第

$q-1$ 节而存在,$q-1$ 节的一些属性保留在 q 节中;q 节中的一些属性保留在 $q+1$ 节中;遗传链上的任意一节毫无例外地携带着遗传基因属性.

§4.11　$(F,\bar{F})$-遗传显性与$(F,\bar{F})$-遗传隐性的关系

定义 4.11.1　设 α,$((\alpha\cup\alpha^{f})\backslash\alpha^{\bar{f}})$ 分别是 $\nabla_{\mathscr{F}}$, $\nabla^{\lambda}_{((\alpha\cup\alpha^{f})\backslash\alpha^{\bar{f}})}$ 的属性集;称 DOD $(\nabla^{\lambda}_{((\alpha\cup\alpha^{f})\backslash\alpha^{\bar{f}})})$ 是 $\nabla^{\lambda}_{((\alpha\cup\alpha^{f})\backslash\alpha^{\bar{f}})}$ 关于 $\nabla_{\mathscr{F}}$的$(F,\bar{F})$-显性度(dominant degree),而且

$$\mathrm{DOD}(\nabla^{\lambda}_{((\alpha\cup\alpha^{f})\backslash\alpha^{\bar{f}})})=\mathrm{card}(\nabla^{\lambda}_{((\alpha\cup\alpha^{f})\backslash\alpha^{\bar{f}})})/\mathrm{card}(\nabla_{\mathscr{F}})\tag{4.11.1}$$

设 α,$(\alpha\cup\alpha^{f})\backslash(\alpha^{\bar{f}})$ 分别是 $\Delta_{\mathscr{F}}$,$\Delta^{\lambda}_{((\alpha\cup\alpha^{f})\backslash\alpha^{\bar{f}})}$ 的属性集;称 DOD$(\Delta^{\lambda}_{((\alpha\cup\alpha^{f})\backslash\alpha^{\bar{f}})})$ 是 $\Delta^{\lambda}_{((\alpha\cup\alpha^{f})\backslash\alpha^{\bar{f}})}$ 关于 $\Delta_{\mathscr{F}}$ 的$(F,\bar{F})$-显性度,而且

$$\mathrm{DOD}(\Delta^{\lambda}_{((\alpha\cup\alpha^{f})\backslash\alpha^{\bar{f}})})=\mathrm{card}(\Delta^{\lambda}_{((\alpha\cup\alpha^{f})\backslash\alpha^{\bar{f}})})/\mathrm{card}(\Delta_{\mathscr{F}})\tag{4.11.2}$$

定义 4.11.2　称 DOD$(\nabla^{\lambda}_{((\alpha\cup\alpha^{f})\backslash\alpha^{\bar{f}})},\Delta^{\lambda}_{((\alpha\cup\alpha^{f})\backslash\alpha^{\bar{f}})})$ 是$(\nabla^{\lambda}_{((\alpha\cup\alpha^{f})\backslash\alpha^{\bar{f}})},\Delta^{\lambda}_{((\alpha\cup\alpha^{f})\backslash\alpha^{\bar{f}})})$ 关于$(\nabla_{\mathscr{F}},\Delta_{\mathscr{F}})$的$(F,\bar{F})$-显性度,而且

$$\begin{aligned}&\mathrm{DOD}((\nabla^{\lambda}_{((\alpha\cup\alpha^{f})\backslash\alpha^{\bar{f}})},\Delta^{\lambda}_{((\alpha\cup\alpha^{f})\backslash\alpha^{\bar{f}})}))\\&=\psi_{f,\bar{f}}(\mathrm{DOD}(\nabla^{\lambda}_{((\alpha\cup\alpha^{f})\backslash\alpha^{\bar{f}})})+\mathrm{DOD}(\Delta^{\lambda}_{((\alpha\cup\alpha^{f})\backslash\alpha^{\bar{f}})}))\end{aligned}\tag{4.11.3}$$

其中 $\psi_{f,\bar{f}}$由集值迭代得到.

定义 4.11.3　称 RED$(\nabla^{\lambda}_{((\alpha\cup\alpha^{f})\backslash\alpha^{\bar{f}})},\Delta^{\lambda}_{((\alpha\cup\alpha^{f})\backslash\alpha^{\bar{f}})})$ 是$(\nabla^{\lambda}_{((\alpha\cup\alpha^{f})\backslash\alpha^{\bar{f}})},\Delta^{\lambda}_{((\alpha\cup\alpha^{f})\backslash\alpha^{\bar{f}})})$ 关于$(\nabla_{\mathscr{F}},\Delta_{\mathscr{F}})$的$(F,\bar{F})$-隐性度(recessive degree),而且

$$\mathrm{RED}((\nabla^{\lambda}_{((\alpha\cup\alpha^{f})\backslash\alpha^{\bar{f}})},\Delta^{\lambda}_{((\alpha\cup\alpha^{f})\backslash\alpha^{\bar{f}})}))=1-\mathrm{DOD}((\nabla^{\lambda}_{((\alpha\cup\alpha^{f})\backslash\alpha^{\bar{f}})},\Delta^{\lambda}_{((\alpha\cup\alpha^{f})\backslash\alpha^{\bar{f}})}))\tag{4.11.4}$$

由定义 4.11.1 ~ 4.11.3 得到:

定理 4.11.1($(F,\bar{F})$ – 遗传全显性定理)　若$(\nabla^{\lambda}_{((\alpha\cup\alpha^{f})\backslash\alpha^{\bar{f}})},\Delta^{\lambda}_{((\alpha\cup\alpha^{f})\backslash\alpha^{\bar{f}})})$是$(\nabla_{\mathscr{F}},\Delta_{\mathscr{F}})$的 λ 阶$(F,\bar{F})$-全显性遗传,则

$$\alpha^{\bar{f}}=\varnothing\tag{4.11.5}$$

证明　因为 $\alpha^{\bar{f}}=\varnothing$,则$((\alpha\cup\alpha^{f})\backslash\alpha^{\bar{f}})=\alpha\cup\alpha^{f}$;对于$(\alpha\cup\alpha^{f})$中的任意一个属性 $\alpha_j\in(\alpha\cup\alpha^{f})$,$\cup j\in(1,2,\cdots,m+\lambda)$,有特征函数

$$\chi^{(\alpha_j)}_{\nabla^{\lambda}(\alpha\cup\alpha^{f})}=\chi^{(\alpha_j)}_{\Delta^{\lambda}(\alpha\cup\alpha^{f})}=1$$

显然,所有的属性 α_j 在$(\nabla^{\lambda}_{((\alpha\cup\alpha^{f})\backslash\alpha^{\bar{f}})},\Delta^{\lambda}_{((\alpha\cup\alpha^{f})\backslash\alpha^{\bar{f}})})$中被显露.

定理 4.11.2($(F,\bar{F})$-遗传半显性定理)　若$(\nabla^{\lambda}_{((\alpha\cup\alpha^{f})\backslash\alpha^{\bar{f}})},\Delta^{\lambda}_{((\alpha\cup\alpha^{f})\backslash\alpha^{\bar{f}})})$是$(\nabla_{\mathscr{F}},\Delta_{\mathscr{F}})$的 λ 阶$(F,\bar{F})$-半显性遗传,则

$$\alpha^{f}=\alpha^{\bar{f}} \tag{4.11.6}$$

事实上，$\alpha^{f}=\alpha^{\bar{f}}$，则有 $\alpha'=\{\alpha'_1,\alpha'_2,\cdots,\alpha'_\lambda\}$，$\forall\alpha'_j$，$\cup f(\alpha'_j)\in\alpha$，$\alpha\cup\alpha^{f}=\{\alpha_1,\alpha_2,\cdots,\alpha_n\}\cup\{f(\alpha'_1),f(\alpha'_2),\cdots,f(\alpha'_\lambda)\}=\{\alpha_1,\alpha_2,\cdots,\alpha_n,f(\alpha'_1),f(\alpha'_2),\cdots,f(\alpha'_\lambda)\}$；$\forall f(\alpha'_i)$，$\cup\bar{f}(f(\alpha'_i))\bar{\in}(\alpha\cup\alpha^{\bar{f}})$，$i=1,2,\cdots,\lambda$，显然，$((\alpha\cup\alpha^{f})\backslash\alpha^{\bar{f}})=\alpha$，$\forall\alpha_i\in\alpha$，在 $\nabla^{\lambda}_{((\alpha\cup\alpha^{f})\backslash\alpha^{\bar{f}})}$，$\Delta^{\lambda}_{((\alpha\cup\alpha^{f})\backslash\alpha^{\bar{f}})}$ 中满足 $\chi^{(\alpha_i)}_{\nabla^{\lambda}_{((\alpha\cup\alpha^{f})\backslash\alpha^{\bar{f}})}}=1$，$\chi^{(\alpha_i)}_{\Delta^{\lambda}_{((\alpha\cup\alpha^{f})\backslash\alpha^{\bar{f}})}}=1$，或者 α_i 在$(\nabla^{\lambda}_{((\alpha\cup\alpha^{f})\backslash\alpha^{\bar{f}})},\Delta^{\lambda}_{((\alpha\cup\alpha^{f})\backslash\alpha^{\bar{f}})})$中呈现显性，$i=1,2,\cdots,\lambda$.

定理 4.11.3（$(F,\bar{F})$-遗传最大隐性定理）　若$(\nabla^{\lambda}_{((\alpha\cup\alpha^{f})\backslash\alpha^{\bar{f}})},\Delta^{\lambda}_{((\alpha\cup\alpha^{f})\backslash\alpha^{\bar{f}})})$具有最大隐性度，而且 $\mathrm{RED}((\nabla^{\lambda}_{((\alpha\cup\alpha^{f})\backslash\alpha^{\bar{f}})},\Delta^{\lambda}_{((\alpha\cup\alpha^{f})\backslash\alpha^{\bar{f}})}))=\max$，则

$$\alpha\backslash\alpha^{f}=\{\alpha_{\circ}\} \tag{4.11.7}$$

其中$\{\alpha_{\circ}\}$是一个单元素集.

推论 1　若$(\nabla^{\lambda}_{((\alpha\cup\alpha^{f})\backslash\alpha^{\bar{f}})},\Delta^{\lambda}_{((\alpha\cup\alpha^{f})\backslash\alpha^{\bar{f}})})$具有最大隐性度，则$(\nabla^{\lambda}_{((\alpha\cup\alpha^{f})\backslash\alpha^{\bar{f}})},\Delta^{\lambda}_{((\alpha\cup\alpha^{f})\backslash\alpha^{\bar{f}})})$具有最小显性度.

定理 4.11.4（$(F,\bar{F})$-遗传隐性连续定理）　设$(\nabla^{\lambda}_{((\alpha\cup\alpha^{f})\backslash\alpha^{\bar{f}})},\Delta^{\lambda}_{((\alpha\cup\alpha^{f})\backslash\alpha^{\bar{f}})})_i$ 是$(\nabla_{\mathscr{F}},\Delta_{\mathscr{F}})$的$\lambda$ 阶$(F,\bar{F})$-遗传，$i=1,2,\cdots,p$；若它们的属性满足

$$((\alpha\cup\alpha^{f})\backslash\alpha^{\bar{f}})_1\subseteq((\alpha\cup\alpha^{f})\backslash\alpha^{\bar{f}})_2\subseteq\cdots\subseteq((\alpha\cup\alpha^{f})\backslash\alpha^{\bar{f}})_p \tag{4.11.8}$$

则

$$\begin{aligned}\mathrm{RED}((\nabla^{\lambda}_{((\alpha\cup\alpha^{f})\backslash\alpha^{\bar{f}})},\Delta^{\lambda}_{((\alpha\cup\alpha^{f})\backslash\alpha^{\bar{f}})}))_1&\leqslant\mathrm{RED}((\nabla^{\lambda}_{((\alpha\cup\alpha^{f})\backslash\alpha^{\bar{f}})},\Delta^{\lambda}_{((\alpha\cup\alpha^{f})\backslash\alpha^{\bar{f}})}))_2\cdots\\&\leqslant\mathrm{RED}((\nabla^{\lambda}_{((\alpha\cup\alpha^{f})\backslash\alpha^{\bar{f}})},\Delta^{\lambda}_{((\alpha\cup\alpha^{f})\backslash\alpha^{\bar{f}})}))_p\end{aligned} \tag{4.11.9}$$

证明　1°∪设 $\mathrm{card}(\alpha\cup\alpha^{f})=k$，$k$ 是一个正整数，$((\alpha\cup\alpha^{f})\backslash\alpha^{\bar{f}})_1,((\alpha\cup\alpha^{f})\backslash\alpha^{\bar{f}})_2,\cdots,((\alpha\cup\alpha^{f})\backslash\alpha^{\bar{f}})_p$ 中的 $\alpha^{\bar{f}}$ 记作 $\alpha_1^{\bar{f}},\alpha_2^{\bar{f}},\cdots,\alpha_p^{\bar{f}}$，利用式(4.11.8)得到

$$\mathrm{card}(\alpha_p^{\bar{f}})\leqslant\mathrm{card}(\alpha_{p-1}^{\bar{f}})\leqslant\cdots\leqslant\mathrm{card}(\alpha_2^{\bar{f}})\leqslant\mathrm{card}(\alpha_1^{\bar{f}}) \tag{4.11.10}$$

由定义 4.11.1，4.11.2 得到

$$\begin{aligned}&\mathrm{DOD}((\nabla^{\lambda}_{((\alpha\cup\alpha^{f})\backslash\alpha^{\bar{f}})},\Delta^{\lambda}_{((\alpha\cup\alpha^{f})\backslash\alpha^{\bar{f}})}))_p\leqslant\mathrm{DOD}((\nabla^{\lambda}_{((\alpha\cup\alpha^{f})\backslash\alpha^{\bar{f}})},\Delta^{\lambda}_{((\alpha\cup\alpha^{f})\backslash\alpha^{\bar{f}})}))_{p-1}\leqslant\cdots\\&\leqslant\mathrm{DOD}((\nabla^{\lambda}_{((\alpha\cup\alpha^{f})\backslash\alpha^{\bar{f}})},\Delta^{\lambda}_{((\alpha\cup\alpha^{f})\backslash\alpha^{\bar{f}})}))_2\leqslant\mathrm{DOD}((\nabla^{\lambda}_{((\alpha\cup\alpha^{f})\backslash\alpha^{\bar{f}})},\Delta^{\lambda}_{((\alpha\cup\alpha^{f})\backslash\alpha^{\bar{f}})}))_1\end{aligned}$$

显然有

$$\begin{aligned}&\mathrm{RED}((\nabla^{\lambda}_{((\alpha\cup\alpha^{f})\backslash\alpha^{\bar{f}})},\Delta^{\lambda}_{((\alpha\cup\alpha^{f})\backslash\alpha^{\bar{f}})}))_1\leqslant\mathrm{RED}((\nabla^{\lambda}_{((\alpha\cup\alpha^{f})\backslash\alpha^{\bar{f}})},\Delta^{\lambda}_{((\alpha\cup\alpha^{f})\backslash\alpha^{\bar{f}})}))_2\leqslant\cdots\\&\leqslant\mathrm{RED}((\nabla^{\lambda}_{((\alpha\cup\alpha^{f})\backslash\alpha^{\bar{f}})},\Delta^{\lambda}_{((\alpha\cup\alpha^{f})\backslash\alpha^{\bar{f}})}))_{p-1}\leqslant\mathrm{RED}((\nabla^{\lambda}_{((\alpha\cup\alpha^{f})\backslash\alpha^{\bar{f}})},\Delta^{\lambda}_{((\alpha\cup\alpha^{f})\backslash\alpha^{\bar{f}})}))_p\end{aligned} \tag{4.11.11}$$

2°　设 $\mathrm{card}(\alpha\backslash\alpha^{\bar{f}})=k$，$((\alpha\cup\alpha^{f})\backslash\alpha^{\bar{f}})_1,((\alpha\cup\alpha^{f})\backslash\alpha^{\bar{f}})_2,\cdots,((\alpha\cup\alpha^{f})\backslash\alpha^{\bar{f}})_p$

中的 α^f 记作 $\alpha_1^f,\alpha_2^f,\cdots,\alpha_p^f$;则有

$$\mathrm{card}(\alpha_1^f)\leqslant\mathrm{card}(\alpha_2^f)\leqslant\cdots\leqslant\mathrm{card}(\alpha_{p-1}^f)\leqslant\mathrm{card}(\alpha_p^f)$$

与1°类似得到式(4.11.11).

推论 2　设 $(\nabla^\lambda_{((\alpha\cup\alpha^f)\backslash\alpha^{\bar f})},\Delta^\lambda_{((\alpha\cup\alpha^f)\backslash\alpha^{\bar f})})_i$ 是 $(\nabla_{\mathscr{F}},\Delta_{\mathscr{F}})$ 的 λ 阶 $(F,\bar F)$-遗传,$i=1,2,\cdots,p$;若它们的属性满足

$$((\alpha\cup\alpha^f)\backslash\alpha^{\bar f})_1\subseteq((\alpha\cup\alpha^f)\backslash\alpha^{\bar f})_2\subseteq\cdots\subseteq((\alpha\cup\alpha^f)\backslash\alpha^{\bar f})_p$$

则

$$\begin{aligned}&\mathrm{DOD}((\nabla^\lambda_{((\alpha\cup\alpha^f)\backslash\alpha^{\bar f})},\Delta^\lambda_{((\alpha\cup\alpha^f)\backslash\alpha^{\bar f})}))_p\leqslant\mathrm{DOD}((\nabla^\lambda_{((\alpha\cup\alpha^f)\backslash\alpha^{\bar f})},\Delta^\lambda_{((\alpha\cup\alpha^f)\backslash\alpha^{\bar f})}))_{p-1}\leqslant\cdots\\&\leqslant\mathrm{DOD}((\nabla^\lambda_{((\alpha\cup\alpha^f)\backslash\alpha^{\bar f})},\Delta^\lambda_{((\alpha\cup\alpha^f)\backslash\alpha^{\bar f})}))_2\leqslant\mathrm{DOD}((\nabla^\lambda_{((\alpha\cup\alpha^f)\backslash\alpha^{\bar f})},\Delta^\lambda_{((\alpha\cup\alpha^f)\backslash\alpha^{\bar f})}))_1\end{aligned}\qquad(4.11.12)$$

§ 4.12　S-粗集在新金属材料发现中的应用

本节给出的讨论和所得到的结果是观察,分析下面的数据表4.1得到的;表4.1取自文献[21],表 4.1 是原表经过简化得到的,简化表不影响本节给出的分析讨论.

表 4.1　优质碳素结构钢族 $\mathscr{T}$={15Mn,20Mn,25Mn,30Mn,35Mn,40Mn,45Mn,50Mn}的化学元素含量和机械特性

	C	Si	Mn	P	S	Ni	Cr	Cu (%)
15Mn	[0.12, 0.19]	[0.17, 0.37]	[0.70, 1.00]	≤0.035	≤0.035	≤0.25	≤0.25	≤0.25
20Mn	[0.17, 0.24]	[0.17, 0.37]	[0.70, 1.00]	≤0.035	≤0.035	≤0.25	≤0.25	≤0.25
25Mn	[0.22, 0.30]	[0.17, 0.37]	[0.70, 1.00]	≤0.035	≤0.035	≤0.25	≤0.25	≤0.25
30Mn	[0.27, 0.35]	[0.17, 0.37]	[0.70, 1.00]	≤0.035	≤0.035	≤0.25	≤0.25	≤0.25
35Mn	[0.32, 0.40]	[0.17, 0.37]	[0.70, 1.00]	≤0.035	≤0.035	≤0.25	≤0.25	≤0.25
40Mn	[0.37,0.45]	[0.17,0.37]	[0.70,1.00]	≤0.035	≤0.035	≤0.25	≤0.25	≤0.25
45Mn	[0.42,0.50]	[0.17,0.37]	[0.70,1.00]	≤0.035	≤0.035	≤0.25	≤0.25	≤0.25
50Mn	[0.48, 0.56]	[0.17, 0.37]	[0.70, 1.00]	≤0.035	≤0.035	≤0.25	≤0.25	≤0.25

	σ_b	σ_5	δ_5	φ	HB
15Mn	≥410	≥245	≥26	≥55	≤163
20Mn	≥450	≥275	≥24	≥50	≤197
25Mn	≥490	≥495	≥22	≥50	≤207
30Mn	≥ 540	≥315	≥20	≥45	≤217
35Mn	≥ 560	≥335	≥19	≥45	≤229
40Mn	≥590	≥355	≥17	≥45	≤229
45Mn	≥620	≥375	≥15	≥40	≤241
50Mn	≥645	≥390	≥13	≥40	≤255

我们观察表 4.1 得到:

在优质碳素结构钢 15Mn,20Mn,25Mn,30Mn,35Mn,40Mn,45Mn,50Mn 中,它们含有相同的化学成分(或相同的化学元素)C,Si,Mn,P,S,Ni,Cr,Cu ;C,Si,Mn,P,S,Ni,Cr,Cu 在金属材料科学中被称为微量化学元素. 因为 C,Si,Mn,P,S,Ni,

Cr,Cu 的含量不同,由 15Mn 衍生出优质碳素结构钢家族,简称碳素钢族{15Mn,20Mn,25Mn,30Mn,35Mn,40Mn,45Mn,50Mn};表 4.1 中 15Mn,20Mn,25Mn,30Mn,35Mn,40Mn,45Mn,50Mn 具有不同的机械特性(数值性):σ_b(N/mm^2),σ_5(N/mm^2),δ_5(%),φ(%),HB(mm).σ_b(N/mm^2)称作强度极限,σ_5(N/mm^2)称作屈服强度,δ_5(%)称作伸长率,φ(%)称作断面收缩率,HB 称作布氏硬度.随着碳素钢序数 15,20,…,50 的变化,它们的机械特性(数值特性)跟随着变化,它符合量变到质变的哲学规律.把 S-粗集的遗传特性引入到本节中,对碳素结构钢族的特性再认识:设集合 $\mathscr{T}$ = {15Mn,20Mn,25Mn,30Mn,35Mn,40Mn,45Mn,50Mn},取 30Mn,35Mn,40Mn $\in \mathscr{T}$;定义 30Mn 是祖代,35Mn 是父母代,40Mn 是子女代,$O = \{\sigma_b,\sigma_5,\delta_5,\psi,\text{HB}\}$ 是 $\mathscr{T}$ 的特性集合.容易得到这样的事实:特性 $\sigma_b \in O$ 由祖代 30Mn 遗传到父母代 35Mn,$\sigma_b \in O$ 由父母代 35Mn 遗传到子女代 40Mn;特性 $\sigma_5 \in O$ 由祖代 30Mn 遗传到父母代 35Mn,$\sigma_5 \in O$ 由父母代 35Mn 遗传到子女代 40Mn,如此等等.如果把$\otimes$ = {C,Si,Mn,P,S,Ni,Cr,Cu}定义成碳素钢族 $\mathscr{T}$ = {15Mn,20Mn,25Mn,30Mn,35Mn,40Mn,45Mn,50Mn}的遗传基因,则 $\mathscr{T}$ 中的每一个成员都具有相同的遗传基因$\otimes$.这个事实与生物学中种代繁殖非常相似,这个事实与 S-粗集的遗传特性相似,这个事实表明碳素结构钢族具有近似的生物遗传规律,在其他金属材料族中也能找到与此相似的例子.

我们继续观察表 4.1 得到:

15Mn 的 C 含量是[0.12, 0.19],20Mn 的 C 含量是[0.17, 0.24],容易得到[0.12, 0.19]∩[0.17, 0.24]=[0.17, 0.19]≠∅;显然[0.17, 0.19]⊂[0.12, 0.19]是 15Mn 的部分 C 含量,[0.17, 0.19]⊂[0.17, 0.24]是 20Mn 的部分 C 含量.我们能够说,15Mn 把 C 的部分含量[0.17, 0.19]遗传给 20Mn.尽管这个说法不严格,但它是一个事实.20Mn 的 C 含量是[0.17, 0.24],25Mn 的 C 含量是[0.22, 0.24],容易得到[0.17, 0.24]∩[0.22, 0.30]=[0.22, 0.24]≠∅.我们能够说,20Mn 把 C 的部分含量[0.22, 0.24]遗传给 25Mn,如此等等.显然,15Mn,20Mn,25Mn 关于 C 是半遗传(部分遗传).

我们再继续观察表 4.1 得到:

15Mn 的 Si 的含量是[0.17, 0.37],20Mn 的 Si 的含量是[0.17, 0.37],我们能够说,15Mn 把 Si 的全部含量遗传给 20Mn;20Mn 把 Si 的全部含量遗传给 25Mn,如此等等.

三个观察得到共同结论:碳素结构钢族存在着一个有趣的遗传现象.把这个结论展开,我们是否可以把 S-粗集移植,嫁接到金属材料科学中,利用 S-粗集的遗传特性研究金属族的遗传特性,获得对金属族遗传特性的理性认识;或者说把 S-粗集作为一个工具,利用这个工具挖掘潜藏在金属材料中至今我们还不知道的一些新的东西?因此有下面的问题:

(1) S-粗集和它的遗传特性是否能应用于金属材料特性的研究？换个说法，S-粗集和它的遗传特性与金属材料的遗传特性之间是否存在相互沟通的桥梁？

(2) 如果问题(1)的答案是肯定的,我们能得到哪些具有规律性的结论？哪些事实是这些结论成立的佐证？

(3) 如果S-粗集被确认为是研究金属材料遗传特性的一个新的数学工具,利用这个新的数学工具能否发现新的金属材料？

为了讨论的方便，我们把前面几节中的有关概念重新引入到这里：

定义 4.12.1 具有属性 α 的元素等价类 $[x]_{(\alpha)}$ 称作 U 上的一个 α-知识,简称知识.

定义 4.12.2 设 $[x]_{(\alpha)}$ 是 U 上的知识, α 是 $[x]_{(\alpha)}$ 的属性集；若 $\exists \alpha_i \in \alpha$, $\bar{f}(\alpha_i) \overline{\in} \alpha$；具有 $\alpha \setminus \{\bar{f}(\alpha_i)\}$ 的 $[x]_{(\alpha\setminus\{\bar{f}(\alpha_i)\})}$ 称作 $[x]_{(\alpha)}$ 的 $\bar{f}$-遗传知识, $[x]_{(\alpha\setminus\{\bar{f}(\alpha_i)\})}$ 记作 $[x]_{(\alpha,\bar{f})}$

定义 4.12.3 设 $[x]_{(\alpha)}$ 是 U 上的知识, α 是 $[x]_{(\alpha)}$ 的属性集；若 $\exists \alpha'_j \in \alpha'$, $\alpha'_j \overline{\in} \alpha$, $f(\alpha'_j) \in \alpha$；具有 $\alpha \cup \{f(\alpha'_j)\}$ 的 $[x]_{(\alpha\cup\{f(\alpha'_j)\})}$ 称作 $[x]_{(\alpha)}$ 的 f-遗传知识, $[x]_{(\alpha\cup\{f(\alpha'_j)\})}$ 记作 $[x]_{(\alpha,f)}$.

其中 $\alpha \cap \alpha' = \varnothing$.

显然有：

1° $\mathrm{GRD}([x]_{(\alpha,f)}) \leqslant \mathrm{GRD}([x]_{(\alpha)}) \leqslant \mathrm{GRD}([x]_{(\alpha,\bar{f})})$.

2° $[x]_{(\alpha)}$, $[x]_{(\alpha,\bar{f})}$, $[x]_{(\alpha,f)}$ 生成 $\mathrm{IND}([x]_{(\alpha)})$, $\mathrm{IND}([x]_{(\alpha,\bar{f})})$, $\mathrm{IND}([x]_{(\alpha,f)})$.

其中 $\mathrm{GRD}([x]_{(\alpha)})$ 是 $[x]_{(\alpha)}$ 的粒度, $\mathrm{GRD}([x]_{(\alpha)}) = \mathrm{card}([x]_{(\alpha)})/\mathrm{card}(U)$, $\mathrm{card}([x]_{(\alpha)})$ 是 $[x]_{(\alpha)}$ 的基数；$\mathrm{IND}([x]_{(\alpha)})$ 是 $[x]_{(\alpha)}$ 上的不可分辨关系, $\mathrm{IND}([x]_{(\alpha)}) = \bigcap_{R \in [x]_{(\alpha)}} R$.

定义 4.12.4 称 $[x]_{(\alpha,f,\bar{f})}$ 是 $(f, \cup\bar{f})$-遗传知识,如果 $[x]_{(\alpha,f,\bar{f})}$ 既是 $\bar{f}$-遗传知识 $[x]_{(\alpha,\bar{f})}$ 同时又是 f-遗传知识 $[x]_{(\alpha,f)}$.

其中 $(\alpha, \cup f, \cup\bar{f}) = ((\alpha\setminus\alpha^{\bar{f}}) \cup \alpha^{f})$；$\alpha^{\bar{f}} = \{\bar{f}(\alpha_1), \bar{f}(\alpha_2), \cdots, \bar{f}(\alpha_p)\}$, $\alpha_i \in \alpha$, $\alpha^{f} = \{f(\alpha'_1), f(\alpha'_2), \cdots, f(\alpha'_q)\}$, $\alpha'_j \in \alpha'$, $\alpha \cap \alpha' = \varnothing$；$\alpha$, α' 是属性集.

遗传属性基因与S-粗集的遗传特性

定义 4.12.5 设 $[x]_{(\alpha,\bar{f})_i}$ 是 $[x]_{(\alpha)}$ 的 $\bar{f}$-遗传知识, $i = 1, 2, \cdots, n$；如果

$$\mathrm{card}(\alpha, \cup\bar{f})_{\min} = \min_{i=1}^{n}(\mathrm{card}(\alpha, \cup\bar{f})_i) \qquad (4.12.1)$$

$(\alpha, \cup\bar{f})_{\min}$ 称作 $[x]_{(\alpha)}$ 的 $\bar{f}$-遗传属性基因,简称 $\bar{f}$-属性基因, $(\alpha, \cup\bar{f})_{\min} \neq \varnothing$. 这里

$(\alpha,\cup\bar{f})_i=(\alpha\{\bar{f}(\alpha_1),\cup\bar{f}(\alpha_2),\cdots,\cup\bar{f}(\alpha_\lambda)\})$是$[x]_{(\alpha,\bar{f})_i}$的属性集，$\lambda<m$；$\alpha$ 是$[x]_{(\alpha)}$的属性集，$\alpha=\{\alpha_1,\alpha_2,\cdots,\alpha_m\}$.

显然，若$[x]_{(\alpha,\cup\bar{f})_i}$的属性$(\alpha,\cup\bar{f})_i=(\alpha,\cup\bar{f})_{\min}$，则$[x]_{(\alpha,\cup\bar{f})_i}$的粒度 GRD$([x]_{(\alpha,\bar{f})_i})=\max\limits_{i=1}^{n}(\mathrm{GRD}([x]_{(\alpha,\bar{f})_i}))$.

定义 4.12.6　设$[x]_{(\alpha,\cup f)_j}$是$[x]_{(\alpha)}$的 f-遗传知识，$\cup j=1,2,\cdots,m$；如果

$$\mathrm{card}(\alpha,\cup f)_{\max}=\max_{j=1}^{n}(\mathrm{card}(\alpha,\cup f)_j) \tag{4.12.2}$$

$(\alpha,\cup f)_{\max}$称作$[x]_{(\alpha)}$的 f-遗传属性基因，简称 f-属性基因.

其中$(\alpha,\cup f)_j=(\alpha\cup\{f(\alpha'_1),\cup f(\alpha'_2),\cdots,\cup f(\alpha'_t)\})$是$[x]_{(\alpha,f)_j}$的属性集；$\alpha'_i\in\alpha',\alpha'_i\,\bar{\in}\,\alpha$；$\alpha$ 是$[x]_{(\alpha)}$的属性集.

显然，若$[x]_{(\alpha,f)_j}$的属性集$(\alpha,\cup f)_j=(\alpha,\cup f)_{\max}$，则$[x]_{(\alpha,\cup f)_j}$的粒度 GRD$([x]_{(\alpha,\cup f)_j})=\min\limits_{j=1}^{n}(\mathrm{GRD}([x]_{(\alpha,\cup f)_j}))$.

定义 4.12.7　设$[x]_{(\alpha,\cup f,\cup\bar{f})_i}$是$[x]_{(\alpha)}$的$(f,\cup\bar{f})$-遗传知识，$i=1,2,\cdots,k$；如果

$$\begin{aligned}&1°\quad \forall i,\mathrm{card}(\alpha,\cup f,\cup\bar{f})_i\leqslant\mathrm{card}(\alpha)\\&2°\quad \mathrm{card}(\alpha,\cup f,\cup\bar{f})_{\min}=\min_{i=1}^{k}(\mathrm{card}(\alpha,\cup f,\cup\bar{f})_i)\end{aligned} \tag{4.12.3}$$

$(\alpha,\cup f,\cup\bar{f})_{\min}$称作$[x]_{(\alpha)}$的$(f,\cup\bar{f})$-遗传属性萎缩基因，简称$(f,\cup\bar{f})$-属性萎缩基因.

其中$(\alpha,\cup f,\cup\bar{f})_i=((\alpha\backslash\alpha^{\bar{f}})\cup\alpha^{f})$是$[x]_{(\alpha,f,\bar{f})_i}$的属性集，$\alpha$ 是$[x]_{(\alpha)}$的属性集.

定义 4.12.8　设$[x]_{(\alpha,f,\bar{f})_i}$是$[x]_{(\alpha)}$的$(f,\bar{f})$-遗传知识，$i=1,2,\cdots,k$；如果

$$\begin{aligned}&1°\quad \forall i,\mathrm{card}(\alpha)\leqslant\mathrm{card}(\alpha,\cup f,\cup\bar{f})_i\\&2°\quad \mathrm{card}(\alpha,f,\bar{f})_{\max}=\max_{i=1}^{k}(\mathrm{card}(\alpha,\cup f,\cup\bar{f})_i)\end{aligned} \tag{4.12.4}$$

$(\alpha,\cup f,\cup\bar{f})_{\max}$称作$[x]_{(\alpha)}$的$(f,\cup\bar{f})$-遗传属性扩张基因，简称$(f,\bar{f})$-属性扩张基因.

由定义 4.12.5 ~4.12.8 得到：

定理 4.12.1（单向 S-粗集的 F-遗传定理）　设$((R,F)_{\circ}(X^{\circ}),(R,F)^{\circ}(X^{\circ}))_i$，$((R,F)_{\circ}(X^{\circ}),(R,F)^{\circ}(X^{\circ}))_j$ 分别是被$[x]_{(\alpha,\cup f)_i}$，$[x]_{(\alpha,\cup f)_j}$生成的单向 S-粗集，如果$[x]_{(\alpha,\cup f)_j}$是$[x]_{(\alpha,f)_i}$的 f-遗传，则$((R,F)_{\circ}(X^{\circ}),(R,F)^{\circ}(X^{\circ}))_j$ 是$((R,F)_{\circ}(X^{\circ}),(R,F)^{\circ}(X^{\circ}))_i$ 的 F-遗传.

证明　因为$[x]_{(\alpha,f)_j}$是$[x]_{(\alpha,f)_i}$的 f-遗传，则 GRD$([x]_{(\alpha,\cup f)_j})\leqslant$ GRD$([x]_{(\alpha,\cup f)_i})\Rightarrow$GRD$(\cup[x]_{(\alpha,f)_j})\leqslant$ GRD$(\cup[x]_{(\alpha,f)_i})$，则$\cup[x]_{(\alpha,\cup f)_j}$是$\cup[x]_{(\alpha,f)_i}$的 f-遗传. 因为$(R,F)_{\circ}(X^{\circ})=\cup[x]_{(\alpha,f)_j}$；$(R,F)_{\circ}(X^{\circ})=\cup[x]_{(\alpha,f)_i}\Rightarrow$

$\mathrm{GRD}((R,F)_{\circ}(X^{\circ})=[x]_{(\alpha,\cup f)_j})\leqslant \mathrm{GRD}((R,F)_{\circ}(X^{\circ})=\cup[x]_{(\alpha,f)_i})$，则$(R,F)_{\circ}(X^{\circ})=\cup[x]_{(\alpha,f)_j}$是$(R,F)_{\circ}(X^{\circ})=\cup[x]_{(\alpha,f)_i}$的$F$-遗传；类似得到：$(R,F)^{\circ}(X^{\circ})=\cup[x]_{(\alpha,\cup f)_j}$是$\cup[x]_{(\alpha,f)_i}$的$F$-遗传；因此$((R,F)_{\circ}(X^{\circ}),(R,F)^{\circ}(X^{\circ}))_j$是$((R,F)_{\circ}(X^{\circ}),(R,F)^{\circ}(X^{\circ}))_i$的$F$-遗传.

容易得到：

定理 4.12.2 (单向 S-集合 $X^{\circ}\cup$ 的下近似 F-遗传定理)　若$(R,F)_{\circ}(X^{\circ})_i$，$(R,F)_{\circ}(X^{\circ})_j$分别是$X^{\circ}\subset U$的下近似，则$(R,F)_{\circ}(X^{\circ})_j$是$(R,F)_{\circ}(X^{\circ})_i$的$F$-遗传，如果$[x]_{(\alpha,f)_j}$是$[x]_{(\alpha,f)_i}$的$f$-遗传.

定理 4.12.3(单向 S-集合 $X^{\circ}\cup$ 的上近似 F-遗传定理)　设$(R,F)^{\circ}(X^{\circ})_i$，$(R,F)^{\circ}(X^{\circ})_j$分别是$X^{\circ}\subset U$的上近似，则$(R,F)^{\circ}(X^{\circ})_j$是$(R,F)^{\circ}(X^{\circ})_i$的$F$-遗传，如果$[x]_{(\alpha,f)_j}$是$[x]_{(\alpha,f)_i}$的$f$-遗传.

利用定理 4.12.1～4.12.3 类似的得到：

推论 1　若$[x]_{(\alpha,\cup\bar{f})_i}$是$[x]_{(\alpha,\cup\bar{f})_j}$的$\bar{f}$-遗传，则$((R,\bar{F})_{\circ}(X^{\circ}),(R,\bar{F})^{\circ}(X^{\circ}))_i$是$((R,\bar{F})_{\circ}(X^{\circ}),(R,\bar{F})^{\circ}(X^{\circ}))_j$的$\bar{F}$-遗传.

推论 2　若$[x]_{(\alpha,\bar{f})_i}$是$[x]_{(\alpha,\bar{f})_j}$的$\bar{f}$-遗传，则$(R,\bar{F})_{\circ}(X^{\circ})_i$是$(R,\bar{F})_{\circ}(X^{\circ})_j$的$\bar{F}$-遗传.

推论 3　若$[x]_{(\alpha,\bar{f})_i}$是$[x]_{(\alpha,\bar{f})_j}$的$\bar{f}$-遗传，则$(R,\bar{F})^{\circ}(X^{\circ})_i$是$(R,\bar{F})^{\circ}(X^{\circ})_j$的$\bar{F}$-遗传.

定理 4.12.4(双向 S-粗集的$(F,\bar{F})$-遗传定理)　设$((R,\mathscr{F})_{\circ}(X^{*}),(R,\mathscr{F})^{\circ}(X^{*}))_i$，$((R,\mathscr{F})_{\circ}(X^{*}),(R,\mathscr{F})^{\circ}(X^{*}))_j$分别是被$[x]_{(\alpha,f,\bar{f})_i}$，$[x]_{(\alpha,f,\bar{f})_j}$生成的双向 S-粗集，如果$[x]_{(\alpha,f,\bar{f})_j}$是$[x]_{(\alpha,f,\bar{f})_i}$的$(f,\cup\bar{f})$-遗传，则$((R,\mathscr{F})_{\circ}(X^{*}),(R,\mathscr{F})^{\circ}(X^{*}))_j$是$((R,\mathscr{F})_{\circ}(X^{*}),(R,\mathscr{F})^{\circ}(X^{*}))_i$的$(F,\bar{F})$-遗传.

证明与定理 4.12.2 类似，证明略.

容易得到：

定理 4.12.5(双向 S-集合 X^{*} 的下近似$(F,\bar{F})$-遗传定理)　设$(R,\mathscr{F})_{\circ}(X^{*})_i$，$(R,\mathscr{F})_{\circ}(X^{*})_j$分别是$X^{*}\subset U$的下近似，则$(R,\mathscr{F})_{\circ}(X^{*})_j$是$(R,\mathscr{F})_{\circ}(X^{*})_i$的$(F,\bar{F})$-遗传，如果$[x]_{(\alpha,\cup f,\cup\bar{f})_j}$是$[x]_{(\alpha,\cup f,\cup\bar{f})_i}$的$(f,\cup\bar{f})$-遗传.

定理 4.12.6(双向 S-集合 X^{*} 的上近似$(F,\bar{F})$-遗传定理)　设$(R,\mathscr{F})^{\circ}(X^{*})_i$，$(R,\mathscr{F})^{\circ}(X^{*})_j$分别是$X^{*}\subset U$的上近似，则$(R,\mathscr{F})^{\circ}(X^{*})_j$是$(R,\mathscr{F})^{\circ}(X^{*})_i$的$(F,\bar{F})$-遗传，如果$[x]_{(\alpha,f,\bar{f})_j}$是$[x]_{(\alpha,f,\bar{f})_i}$的$(f,\cup\bar{f})$-遗传.

定理 4.12.7($(F,\bar{F})$-遗传的$\bar{F}$-遗传退化定理)　若$\bar{F}=\varnothing$，则双向 S-粗集的$(F,\bar{F})$-遗传退化成单向 S-粗集的F-遗传.

定理 4.12.8（$(F,\overline{F})$-遗传的 F-遗传退化定理）　若 $F=\varnothing$，则双向 S-粗集的 $(F,\overline{F})$-遗传退化成单向 S-粗集的 $\overline{F}$-遗传.

显然有：

推论 4　若 $\overline{F}=\varnothing$，则 $(f,\cup\bar{f})$-属性萎缩基因 $(\alpha,\cup f,\cup\bar{f})_{min}$ 退化成 f-属性基因 $(\alpha,\cup f)_{max}$.

推论 5　若 $F=\varnothing$，则 $(f,\cup\bar{f})$-属性扩张基因 $(\alpha,\cup f,\cup\bar{f})_{max}$ 退化成 $\bar{f}$-属性基因 $(\alpha,\cup f)_{min}$.

定理 4.12.7～4.12.8，推论 1～5 的证明是直接的，证明略去.

由定理 4.12.1～4.12.8，推论 1～5 容易得到：

命题 1　由 f-遗传知识 $[x]_{(\alpha,\bar{f})}$ 构成的单向 S-粗集具有 f-属性基因.

命题 2　由 $\bar{f}$-遗传知识 $[x]_{(\alpha,\bar{f})}$ 构成的单向 S-粗集具有 $\bar{f}$-属性基因.

命题 3　由 $(f,\cup\bar{f})$-遗传知识 $[x]_{(\alpha,f,\bar{f})}$ 构成的双向 S-粗集具有 $(f,\cup\bar{f})$-属性萎缩基因.

命题 4　由 $(f,\cup\bar{f})$-遗传知识 $[x]_{(\alpha,f,\bar{f})}$ 构成的双向 S-粗集具有 $(f,\cup\bar{f})$-属性膨胀基因.

命题 1～4 是直接的事实，证明略.

对于上面的结果，下面给出再讨论. 为了简单又不引起误解和混乱，$\cup f$-遗传知识 $[x]_{(\alpha,f)}$，$\cup\bar{f}$-遗传知识 $[x]_{(\alpha,\cup\bar{f})}$ 称作遗传知识，用符号 $[x]^{*}_{(\alpha)}$ 表示它们；$[x]^{*}_{(\alpha)}$ 是 $[x]_{(\alpha)}$ 的遗传知识.

属性与遗传知识的属性值特性

定义 4.12.9　给定知识 $[x]_{(\alpha)}$，α 是 $[x]_{(\alpha)}$ 的属性，如果 $[a,b]$ 是 $[x]_{(\alpha)}$ 关于 α 的数值度量区间，$a\leqslant b$；称 $[a,b]$ 是 $[x]_{(\alpha)}$ 关于 α 的属性值，$a,b\in R^{+}$，a,b 分别称作 $[x]_{(\alpha)}$ 关于 α 的下界属性值，上界属性值.

定义 4.12.10　如果 $[x]^{*}_{(\alpha)}$ 关于属性 α 的下界属性值 c 满足 $a\leqslant c\leqslant b$，关于属性 α 的上界属性值 d 满足 $b\leqslant d$，称 $[x]^{*}_{(\alpha)}$ 是 $[x]_{(\alpha)}$ 的属性值遗传的遗传知识，简称属性值遗传.

其中 $[a,b]$ 是 $[x]_{(\alpha)}$ 关于 α 的属性值，$a\leqslant b$.

定义 4.12.11　设 $[x]^{*}_{(\alpha)}$ 是 $[x]_{(\alpha)}$ 的属性值遗传，若 $[a,b]\cap[c,d]\neq\varnothing$，而且

$$\mathrm{GID}([x]^{*}_{(\alpha)}\rightarrow[x]_{(\alpha)})=[a,b]\cap[c,d] \tag{4.12.5}$$

$\mathrm{GID}([x]^{*}_{(\alpha)}\rightarrow[x]_{(\alpha)})$ 称作 $[x]^{*}_{(\alpha)}$ 关于 $[x]_{(\alpha)}$ 的遗传继承度（genetic inherit degree）.

其中 $\mathrm{GID}([x]^{*}_{(\alpha)}\rightarrow[x]_{(\alpha)})=[c,b]$，它是一个区间数（或称作粗数），$c\leqslant b$；它表示 $[x]^{*}_{(\alpha)}$ 的属性值 $[c,d]$ 的一部分遗留在 $[x]_{(\alpha)}$ 的属性值 $[a,b]$ 中.

由定义 4.12.9 ~ 4.12.11 容易得到：

定理 4.12.9（遗传继承度非负定理） $[x]^{*}_{(\alpha)}$ 关于 $[x]_{(\alpha)}$ 的遗传继承度满足

$$|\mathrm{GID}([x]^{*}_{(\alpha)} \to [x]_{(\alpha)})| \geq 0 \tag{4.12.6}$$

定理 4.12.10（属性值遗传链定理） 设 $[x]^{*}_{(\alpha)} = \{[x]^{*,t}_{(\alpha)} | t=1,2,\cdots,n\}$ 是属性值遗传构成的族，若 $\forall [x]^{*,i}_{(\alpha)}, [x]^{*,j}_{(\alpha)}, [x]^{*,k}_{(\alpha)} \in [x]^{*}_{(\alpha)}$，$\mathrm{GID}([x]^{*,j}_{(\alpha)} \to [x]^{*,i}_{(\alpha)}) \cap \mathrm{GID}([x]^{*,k}_{(\alpha)} \to [x]^{*,j}_{(\alpha)}) \neq \varnothing$，$i \leq j \leq k$，则它们的遗传继承度构成一个有序链，而且

$$\begin{aligned} &|\mathrm{GID}([x]^{*,2}_{(\alpha)} \to [x]^{*,1}_{(\alpha)})| \leq |\mathrm{GID}([x]^{*,3}_{(\alpha)} \to [x]^{*,2}_{(\alpha)})| \\ &\leq \cdots \leq |\mathrm{GID}([x]^{*,n}_{(\alpha)} \to [x]^{*,n-1}_{(\alpha)})| \end{aligned} \tag{4.12.7}$$

定理 4.12.11（属性值遗传链上属性不变性定理） 设 ψ 是属性值遗传构成的属性值遗传链，则 ψ 上的所有属性值遗传具有同一属性.

定理 4.12.9、4.12.10 的证明是直接的，证明略.

知识链上的属性遗传原理

在一个知识链 ψ 中，如果 ψ 上的任意两个知识是属性值遗传的，则 ψ 上的所有知识保持着相同的属性，这些属性不因为 ψ 的长度增加而增加，也不因为 ψ 的长度的减少而减少.

属性值遗传，知识链 ψ 存在的背景和它们的意义.

表 4.1 给出优质碳素结构钢族 $\mathscr{T}$ = {15Mn，20Mn，25Mn，30Mn，35Mn，40Mn，45Mn，50Mn} 和 15Mn，20Mn，25Mn，30Mn，35Mn，40Mn，45Mn，50Mn 的微量化学元素 C(carbon)，Si(silicon)，Mn(manganese)，P(phosphine)，S(sulphur)，Ni(nickel)，Cr(chromium)，Cu(copper) 的含量.

从表 4.1 中我们得到下面的事实：

（1）取 15Mn $\in \mathscr{T}$，对于属性 C(carbon)，$a=0.12$ 是 15Mn 的下界属性值，$b=0.19$ 是 15Mn 的上界属性值.

（2）取 15Mn，20Mn $\in \mathscr{T}$，15Mn 的属性值记作 $[a,b]_{15\mathrm{Mn}}$，20Mn 的属性值记作 $[c,d]_{20\mathrm{Mn}}$，（其中 $a=0.12$，$b=0.19$，$c=0.17$，$d=0.24$），则对于属性 C，20Mn 是 15Mn 的属性值遗传，20Mn 关于 15Mn 的遗传继承度 GID(20Mn→15Mn) = [0.17，0.19].

（3）$\mathscr{T}$ 上的所有元素 15Mn ~ 50Mn，它们的遗传继承度构成一个有序链 ψ.

（4）依据知识链上的属性遗传原理，属性 C，Si，Mn，P，S，Ni，Cr，Cu 从 15Mn 开始被遗传到 50Mn；$\mathscr{T}$ 上的任意一个元素都具有 C，Si，Mn，P，S，Ni，Cr，Cu.

我们应该给出特别说明：15Mn，20Mn，⋯，50Mn，它们各自独立构成知识，它们分别是：$[x]_{15\mathrm{Mn}}$，$[x]_{20\mathrm{Mn}}$，$[x]_{25\mathrm{Mn}}$，⋯，$[x]_{50\mathrm{Mn}}$；这些知识在数学上通常称作单元素知识 $[x]_{(\alpha)} = \{x_0\}$，这里 x_0 是 15Mn，20Mn，25Mn，30Mn，35Mn，40Mn，45Mn，50Mn；

α 是单元素知识$[x]_{(\alpha)}$的属性集, $\alpha=\{C,Si,Mn,P,S,Ni,Cr,Cu\}$.

属性值与属性值生成的模型

这里引入文献[22,23]的研究并应用到 S-粗集中.

定义 4.12.12　设 $x^{(0)}, y^{(0)}$ 分别是属性 $\alpha_j \in \alpha$ 的下界属性值, 上界属性值构成的属性值数据列, $j=1,2,\cdots,m$; 而且

$$x^{(0)}=(x^{(0)}(1), x^{(0)}(2), \cdots, x^{(0)}(n))$$

$$y^{(0)}=(y^{(0)}(1), y^{(0)}(2), \cdots, y^{(0)}(n)) \tag{4.12.8}$$

$x^{(1)}, y^{(1)}$ 分别称作 $x^{(0)}, y^{(0)}$ 的一次累加生成数据列, 而且

$$x^{(1)}=(x^{(1)}(1), x^{(1)}(2), \cdots, x^{(1)}(n))$$

$$y^{(1)}=(y^{(1)}(1), y^{(1)}(2), \cdots, y^{(1)}(n)) \tag{4.12.9}$$

$$\forall k, x^{(1)}(k)=\sum_{i=1}^{k} x^{(0)}(i), y^{(1)}(k)=\sum_{j=1}^{k} y^{(0)}(j) \tag{4.12.10}$$

其中 $x^{(1)}(k), y^{(1)}(k) \in R^{+}$.

定义 4.12.13　称

$$\frac{\mathrm{d}x^{(1)}}{\mathrm{d}t}+ax^{(1)}=u \tag{4.12.11}$$

$$x^{(1)}(1)=x^{(0)}(1)$$

是折线 $x^{(1)}$ 生成的微分方程, 方程的解 $\hat{x}^{(1)}(k+1)$ 称作属性值数据序列 $\boldsymbol{x}^{(0)}$ 生成的模型, 而且

$$\hat{x}^{(1)}(k+1)=\left(x^{(0)}(1)-\frac{u}{a}\right)\mathrm{e}^{-ak}+\frac{u}{a} \tag{4.12.12}$$

其中 a, u 是待确定的参数.

这里指出: 若 $x^{(1)}$ 具有近似的指数规律, 用方程(4.12.11)的解 $\hat{x}^{(1)}(k+1)$ 逼近折线 $x^{(1)}$ 是能够实现的.

为了选择参数 a, u, 用差商方程代替方程(4.12.11), 则有

$$\frac{\Delta x^{(1)}(k)}{\Delta k}+ax^{(1)}(k)=u \tag{4.12.13}$$

利用 $x^{(1)}(k), x^{(1)}(k-1)$ 的均值 $Z^{(1)}(k)$ 代替(4.12.13)中的 $x^{(1)}(k)$, 而且

$$Z^{(1)}(k)=\frac{1}{2}(x^{(1)}(k)+x^{(1)}(k-1)) \tag{4.12.14}$$

则方程(4.12.13)变成

$$\frac{\Delta x^{(1)}(k)}{\Delta k}+aZ^{(1)}(k)=u \tag{4.12.15}$$

设 $\Delta k=\text{const}=1$,$\Delta x^{(1)}(k)=x^{(1)}(k)-x^{(1)}(k-1)=x^{(0)}(k)$,则方程(4.12.15)变成

$$x^{(0)}(k)+aZ^{(1)}(k)=u \tag{4.12.16}$$

利用式(4.12.16),式(4.12.8)和最小二乘估计得到参数 a,u

$$\begin{pmatrix} a \\ u \end{pmatrix}=(B^{\mathrm{T}}B)^{-1}B^{\mathrm{T}}Y_N \tag{4.12.17}$$

其中

$$B=\begin{bmatrix} -Z^{(1)}(2) & 1 \\ -Z^{(1)}(3) & 1 \\ \vdots & \vdots \\ -Z^{(1)}(n) & 1 \end{bmatrix} \tag{4.12.18}$$

$$Y_N=\begin{bmatrix} x^{(0)}(2) \\ x^{(0)}(3) \\ \vdots \\ x^{(0)}(n) \end{bmatrix} \tag{4.12.19}$$

定义 4.12.14 称 $\hat{x}^{(0)}(k+1)$是模型(3.12.12)在 $k+1$ 点的还原,而且

$$\hat{x}^{(0)}(k+1)=\hat{x}^{(1)}(k+1)-\hat{x}^{(1)}(k) \tag{4.12.20}$$

由上面的讨论,容易得到:

定理 4.12.12(数据生成与数据模型存在定理) 给定正实数数据列 $x^{(0)}=(x^{(0)}(1),x^{(0)}(2),\cdots,x^{(0)}(n))$,若 $n\geqslant 4$,则 $x^{(0)}$生成唯一的数据模型 $\hat{x}^{(1)}(k+1)$,而且

$$\hat{x}^{(1)}(k+1)=\left(x^{(0)}(1)-\frac{u}{a}\right)\mathrm{e}^{-ak}+\frac{u}{a} \tag{4.12.21}$$

其中 a,u 是待确定的参数.

定理 4.12.13(数据还原-逼近定理) 设 $\hat{x}^{(1)}(k+1)$,$\hat{x}^{(1)}(k)$是模型(4.12.12)在 $k+1$,k 点的模型值,$\hat{x}^{(0)}(k+1)$是模型在 $k+1$ 的还原值,而且

$$\hat{x}^{(0)}(k+1)=\hat{x}^{(1)}(k+1)-\hat{x}^{(1)}(k) \tag{4.12.22}$$

则存在一个小的正实数 ε,使得在 $k+1$ 点下式成立

$$|\hat{x}^{(0)}(k+1)-\hat{x}^{(1)}(k+1)|\leqslant\varepsilon \tag{4.12.23}$$

定理 4.12.12、4.12.13 的证明是容易的，证明略.

利用式(4.12.11)～(4.12.13)的相似讨论，容易得到 $\boldsymbol{y}^{(0)}=(y^{(0)}(1),y^{(0)}(2),\cdots,y^{(0)}(n))$ 生成的模型，模型 $\hat{y}^{(1)}(k+1)$，略.

对模型(4.12.12)的精确度的讨论，这里引入文献[24]对模型精度的估计：

在式(4.12.14)中，$Z^{(1)}(k)=\alpha(x^{(1)}(k)+x^{(1)}(k-1))=\frac{1}{2}(x^{(1)}(k)+x^{(1)}(k-1))$ 是 $x^{(1)}(k)$ 与 $x^{(1)}(k-1)$ 的均值，取初值 $\alpha=0.5$；由式(4.12.17)～(4.12.19)得到 $\alpha_i,i=1,2,\cdots,t$；而且

$$\alpha_{i+1}=\frac{1}{\alpha_i}-\frac{1}{e^{\alpha_i}-1} \tag{4.12.24}$$

利用迭代过程和 α_{i+1} 使得式(4.12.22)得到满足.

属性数据生成与金属材料识别

我们再回到本节开头的表 4.1，为了讨论的方便，把表 4.1 再写到这里，表 4.1 在这里分别用表 4.1a 和表 4.1b 分开表示.

表 4.1a　优质碳素结构钢 $\mathscr{T}$={15Mn,20Mn,25Mn,30Mn,35Mn,40Mn,45Mn,50Mn}的化学成分

	C	Si	Mn	P	S	Ni	Cr	Cu　/%
15Mn	[0.12, 0.19]	[0.17, 0.37]	[0.70, 1.00]	≤0.035	≤0.035	≤0.25	≤0.25	≤0.25
20Mn	[0.17, 0.24]	[0.17, 0.37]	[0.70, 1.00]	≤0.035	≤0.035	≤0.25	≤0.25	≤0.25
25Mn	[0.22, 0.30]	[0.17, 0.37]	[0.70, 1.00]	≤0.035	≤0.035	≤0.25	≤0.25	≤0.25
30Mn	[0.27, 0.35]	[0.17, 0.37]	[0.70, 1.00]	≤0.035	≤0.035	≤0.25	≤0.25	≤0.25
35Mn	[0.32, 0.40]	[0.17, 0.37]	[0.70, 1.00]	≤0.035	≤0.035	≤0.25	≤0.25	≤0.25
40Mn	[0.37, 0.45]	[0.17, 0.37]	[0.70, 1.00]	≤0.035	≤0.035	≤0.25	≤0.25	≤0.25
45Mn	[0.42, 0.50]	[0.17, 0.37]	[0.70, 1.00]	≤0.035	≤0.035	≤0.25	≤0.25	≤0.25
50Mn	[0.48, 0.56]	[0.17, 0.37]	[0.70, 1.00]	≤0.035	≤0.035	≤0.25	≤0.25	≤0.25

表 4.1b　优质碳素结构钢 $\mathscr{T}$={15Mn,20Mn,25Mn,30Mn,35Mn,40Mn,45Mn,50Mn}的机械特性

σ_b	σ_5	δ_5	φ	HB
≥410	≥245	≥26	≥55	≤163
≥450	≥275	≥24	≥50	≤197
≥490	≥495	≥22	≥50	≤207
≥540	≥315	≥20	≥45	≤217
≥560	≥335	≥19	≥45	≤229
≥590	≥355	≥17	≥45	≤229
≥620	≥375	≥15	≥40	≤241
≥645	≥390	≥13	≥40	≤255

表 4.1a 中的一些说明：表中的 C(carbon)，S(silicon)，Mn(manganese)，P(phosphine)，S(sulphur)，Ni(nickel)，Cr(chromium)，Cu(copper)；C，Mn，P，S，Ni，Cr，Cu 称作 $\mathscr{T}$ 上元素的结构属性. 表 4.1b 中的一些说明：σ_b = 抗拉强(N/mm^2)，σ_5 = 屈服点(N/mm^2)，δ_5 = 伸长率(%)，φ = 断面收缩率(%)，HB = 布氏硬度；σ_b，σ_5，δ_5，φ，HB 称作 $\mathscr{T}$ 上元素的应用属性.

对表 4.1a，表 4.1b 给出下面的约定：

1° 表 4.1a 中的 3 列区间值用 $[a,b]$ 表示它们；例如，在第一列，第一行中的 $[0.12,0.19]$ 写成 $[a_{(C)},b_{(C)}]_{15Mn}$，$a_{(C)}=0.12$ 是 15Mn 关于属性 C 的下界属性值，$b_{(C)}=0.19$ 是 15Mn 关于属性 C 的上界属性值. 在第二列第一行中的 $[0.17,0.37]$ 写成 $[a_{(Si)},b_{(Si)}]_{15Mn}$，$a_{(Si)}=0.17$ 是 15Mn 关于属性 Si 的下界属性值，$b_{(Si)}=0.37$ 是 15Mn 关于属性 Si 的上界属性值，等等. 下界属性值构成属性值数据列 $x^{(0)}$，上界属性值构成属性值数据列 $y^{(0)}$.

2° 为了数值分析的方便，15Mn，20Mn，25Mn，30Mn，35Mn 假定是已知的，用 x_1,x_2,x_3,x_4,x_5 表示它们.

3° 40Mn，45Mn，50Mn 在数值分析中留作验证新发现的未知元素 x' 的证据，用 x_6,x_7,x_8 表示它们.

新金属材料的结构属性与结构属性值的发现

为了模型生成过程的简单，简化计算过程，利用下面的参数式公式完成数据模型的生成，这些公式是

$$C=\sum_{k=2}^{n}Z^{(1)}(k) \tag{4.12.25}$$

$$D=\sum_{k=2}^{n}x^{(0)}(k) \tag{4.12.26}$$

$$E=\sum_{k=2}^{n}Z^{(1)}(k)x^{(0)}(k) \tag{4.12.27}$$

$$F=\sum_{k=2}^{n}(Z^{(1)}(k))^2 \tag{4.12.28}$$

$$a=(CD-(n-1)E)/((n-1)F-C^2) \tag{4.12.29}$$

$$b=(DF-CE)/((n-1)F-C^2) \tag{4.12.30}$$

$$\begin{aligned}Z^{(1)}(k)&=\alpha(x^{(1)}(k)+x^{(1)}(k-1))\\&=\frac{1}{2}(x^{(1)}(k)+x^{(1)}(k-1))\end{aligned} \tag{4.12.31}$$

取表 4.1a 中的 15Mn, 20Mn, 25Mn, 30Mn, 35Mn, 用 x_1, x_2, x_3, x_4, x_5 表示，而且 $\mathscr{T}^* = \{15Mn, 20Mn, 25Mn, 30Mn, 35Mn\}$；对于 C(属性 C)得到下界属性值数据列 $x_C^{(0)}$，上界属性值数据列 $y_C^{(0)}$，而且

$$x_C^{(0)} = (x_C^{(0)}(1), x_C^{(0)}(2), x_C^{(0)}(3), x_C^{(0)}(4), x_C^{(0)}(5)) = (0.12, 0.17, 0.22, 0.27, 0.32) \tag{4.12.32}$$

$$y_C^{(0)} = (y_C^{(0)}(1), y_C^{(0)}(2), y_C^{(0)}(3), y_C^{(0)}(4), y_C^{(0)}(5)) = (0.19, 0.24, 0.30, 0.35, 0.40) \tag{4.12.33}$$

其中 $x_C^{(0)}(1) = 0.12$ 是 x_1 关于 C 的下界属性值，$y_C^{(0)}(1) = 0.19$ 是 x_1 关于属性 C 的上界属性值；$x_C^{(0)}(2) = 0.17$ 是 x_2 关于属性 C 的下界属性值，$y_C^{(0)}(2) = 0.24$ 是 x_2 关于属性 C 的上界属性值，等等.

取式(4.12.31)中的 $x^{(0)}$，式(4.12.32)中的 $y^{(0)}$；误差限取作 $e = 3\%$，利用式(4.12.24) ~ (4.12.29)，(4.12.23)；迭代次数 $n = 3$，则得到表 4.2，表 4.3. 取表 4.2 中的 $\hat{x}^{(0)}(k+1) = \hat{x}^{(0)}(6) = a_{(C)} = 0.3750$，表 4.3 中的 $\hat{y}^{(0)}(k+1) = \hat{y}^{(0)}(6) = b_{(C)} = 0.4647$，得到：$[a_{(C)}, b_{(C)}] = [0.3750, 0.4647]$，$[a_{(C)}, b_{(C)}]$ 是通过属性值模型得到的属性 C(carbon) 的一个新的属性值. 这个新的属性值是未知元素 $x' \in \mathscr{T}^*$ 的属性值；利用相似的计算过程得到 x'关于属性 Si, Mn, P, S, Ni, Cr, Cu 的属性值(计算过程略)，它们分别是：Si：$[a_{(Si)}, b_{(Si)}] = [0.17, 0.37]$，Mn：$[a_{(Mn)}, b_{(Mn)}] = [0.70, 1.00]$；P：$[a_{(P)}, b_{(P)}] = [0, 0.035]$；S：$[a_{(S)}, b_{(S)}] = [0, 0.035]$；Ni：$[a_{(Ni)}, b_{(Ni)}] = [0, 0.25]$；Cr：$[a_{(Cr)}, b_{(Cr)}] = [0, 0.25]$；Cu：$[a_{(Cu)}, b_{(Cu)}] = [0, 0.25]$.

表 4.2　未知 x' 的属性 C(carbon) 的属性下界值 $a_{(C)} = \hat{x}^{(0)}(k+1), k=5$

$\alpha_i, i=1,2,3$	C	D	E	F	a	u	$\hat{x}^{(1)}(k+1)$	$\hat{x}^{(1)}(k)$	$\hat{x}^{(0)}(k+1)$
0.5000	2.1900	0.9800	0.5978	1.5017	−0.2024	0.1342	1.4911	1.0964	0.3947
0.5169	2.2640	0.9800	0.6180	1.6049	−0.1958	0.1342	1.4584	1.0772	0.3812
0.5163	2.2613	0.9800	0.6173	1.6010	−0.1961	0.1314	1.4361	1.0611	0.3750

表 4.3　未知 x' 的属性 C(carbon) 的属性下界值 $b_{(C)} = y^{(0)}(k+1), k=5$

$\alpha_i, i=1,2,3$	C	D	E	F	a	u	$\hat{y}^{(1)}(k+1)$	$\hat{y}^{(1)}(k)$	$\hat{y}^{(0)}(k+1)$
0.5000	3.0750	1.2900	1.0772	2.8899	−0.1626	0.1975	1.9523	1.4770	0.4753
0.513	3.1581	1.2900	1.1063	3.0482	−0.1583	0.1975	1.9248	1.4603	0.4645
0.51	3.1562	1.2900	1.1056	3.0446	−0.1583	0.1976	1.9256	1.4609	0.4647

新金属材料的应用属性与应用属性值的发现

取表 4.1b 中的 15Mn, 20Mn, 25Mn, 30Mn, 35Mn, 用 x_1, x_2, x_3, x_4, x_5 表示，对于属性 $\sigma_b, \sigma_5, \delta_5, \varphi$, HB 得到

$$\sigma_b^{(0)}=(\sigma_b^{(0)}(1),\sigma_b^{(0)}(2),\sigma_b^{(0)}(3),\sigma_b^{(0)}(4),\sigma_b^{(0)}(5))=(410,450,490,540,560)$$

$$\sigma_5^{(0)}=(\sigma_5^{(0)}(1),\sigma_5^{(0)}(2),\sigma_5^{(0)}(3),\sigma_5^{(0)}(4),\sigma_5^{(0)}(5))=(245,275,295,315,335)$$

$$\delta_5^{(0)}=(\delta_5^{(0)}(1),\delta_5^{(0)}(2),\delta_5^{(0)}(3),\delta_5^{(0)}(4),\delta_5^{(0)}(5))=(26,24,22,20,19)$$

$$\varphi^{(0)}=(\varphi^{(0)}(1),\varphi^{(0)}(2),\varphi^{(0)}(3),\varphi^{(0)}(4),\varphi^{(0)}(5))=(55,50,50,45,45)$$

$$\mathrm{HB}^{(0)}=(\mathrm{HB}^{(0)}(1),\mathrm{HB}^{(0)}(2),\mathrm{HB}^{(0)}(3),\mathrm{HB}^{(0)}(4),\mathrm{HB}^{(0)}(5))=(163,197,207,217,229)$$

利用式(4.12.23)~(4.12.29),类似的算法过程得到表4.4,表4.4是这个算法过程得到的最终结果(迭代次数 $n=3$,α 取 α_3;α_3 是 α 的第三次迭代值;对应于 α_1,α_2 的中间计算结果全部略去);$\sigma_b,\sigma_5,\delta_5,\varphi$,HB 对应的 α_3 值分别是:$\alpha_3(\delta_b)=0.506078$,$\alpha_3(\sigma_5)=0.5054$,$\alpha_3(\delta_5)=0.493189$,$\alpha_3(\varphi)=0.496469$,$\alpha_3(\mathrm{HB})=0.504128$.

表4.4 未知元素 x' 的属性($\sigma_b,\sigma_5,\delta_5,\varphi$,HB)的属性值 $\hat{x}^{(0)}(k+1)$,$k=5$

	C	D	E	F	a	u	$\hat{x}^{(1)}(k+1)$	$\hat{x}^{(1)}(k)$	$\hat{x}^{(0)}(k+1)$
σ_b	5597.2217	2040	2952660.75	9176645	−0.0729	407.9185	3051.7107	2443.6155	608.0952
σ_5	3355.8589	1220	1054336.375	3291082.25	−0.0648	250.6205	1818.7727	1461.9531	356.8196
δ_5	278.6516	85	5743.1812	21590.7539	0.08176	26.9457	127.8637	110.6793	17.1844
φ	605.6516	190	28290.7051	102844.1875	0.0424	53.9175	287.4361	244.8035	42.6326
HB	2317.9810	850	503926.4688	1572464.125	−0.0495	183.7901	1251.5979	1011.7894	239.8085

由表4.2~4.4得到未知元素 $x'\in\mathscr{T}^*$ 的结构属性,应用属性值;$x'\in\mathscr{T}^*$ 的全部数据是:x':C:[0.3750,0.4647];Si:[0.17,0.37],Mn:[0.70,1.00],P:0.035,S:0.035,Ni:0.25,Cr:0.25,Cu:0.25;σ_b:608;σ_5:356;δ_5:17;φ:42;HB:239.

新金属元素 x' 的发现与验证

取表4.1a,表4.1b中的40Mn;40Mn用 x_6 表示,新金属元素用 x' 表示;把它们列入表4.5.

表4.5 新金属 x' 与金属 x_6 的结构属性值与应用属性值比较

	C	Si	Mn	P	S	Ni	Cr	Cu
x_6	[0.37,0.45]	[0.17,0.37]	[0.70,1.00]	≤0.035	≤0.035	≤0.25	≤0.25	≤0.25
x'	[0.3750,0.4647]	[0.17,0.37]	[0.70,1.00]	≤0.035	≤0.035	≤0.25	≤0.25	≤0.25

	σ_b	σ_5	δ_5	φ	HB
x_6	≥590	≥355	≥17	≥45	≥229
x'	≥608	≥356	≥17	≥42	≥239

通过上面的属性(结构属性,应用属性)模型生成,属性值计算和表 4.5 得到下面的两个结论:

(1) 新金属材料 x' 存在,新金属材料 $x' \approx x_6 = 40\text{Mn}$;或者,新发现的 x' 是 40Mn.

(2) 金属的属性值模型可以发现与识别金属族 $\mathscr{T}$ 中的未知新金属.

我们把上面得到的数值结果进行理论提升,给出理论认识.

属性遗传与金属材料的遗传-进化定理

约定 为了讨论的规范和用词统一,表 4.1a 中的 $\mathscr{T}=\{15\text{Mn},20\text{Mn},25\text{Mn},30\text{Mn},35\text{Mn},40\text{Mn},45\text{Mn},50\text{Mn}\}$ 用知识集合 $[X]_{(\alpha\cup\beta)}$ 表示,$[X]_{(\alpha\cup\beta)}=\{[x]^i_{(\alpha\cup\beta)} \mid i=1,2,\cdots,8\}$,$[X]_{(\alpha\cup\beta)}$ 中的每一个 $[x]^i_{(\alpha\cup\beta)}$ 都是一个单元素知识,例如,$[x]^3_{(\alpha\cup\beta)}=\{25\text{Mn}\}$. α 是 $[x]^i_{(\alpha\cup\beta)}$ 的结构属性集,$\alpha=\{\alpha_1,\alpha_2,\alpha_3,\alpha_4,\alpha_5,\alpha_6,\alpha_7,\alpha_8\}=\{\text{C},\text{Si},\text{Mn},\text{P},\text{S},\text{Ni},\text{Cr},\text{Cu}\}$;$\beta$ 是 $[x]^i_{(\alpha\cup\beta)}$ 的应用属性集 $\beta=\{\beta_1,\beta_2,\beta_3,\beta_4,\beta_5\}=\{\sigma_b,\sigma_5,\delta_5,\varphi,\text{HB}\}$. 在下面的讨论中,$\alpha$ 中的 $\alpha_4,\alpha_5,\alpha_6,\alpha_7,\alpha_8$ 的下界属性值取作单位 0,这样的设定不影响金属的结构特性,不影响下面的理论讨论与分析.

定义 4.12.15 称 $\alpha_i\in\alpha$ 是知识 $[x]^k_{(\alpha\cup\beta)}\in[X]_{(\alpha\cup\beta)}$ 的结构属性,如果 α_i 表示知识 $[x]^k_{(\alpha\cup\beta)}$ 的成分特征.

称 $\beta_i\in\beta$ 是知识 $[x]^k_{(\alpha\cup\beta)}\in[X]_{(\alpha\cup\beta)}$ 的应用属性,如果 β_i 表示知识 $[x]^k_{(\alpha\cup\beta)}$ 的应用特征.

例如,表 4.1a 中,Si, Mn, P, S, Ni, Cr, Cu 是知识 $[x]^k_{(\alpha\cup\beta)}$ 的结构属性,$k=1,2,\cdots,8$;事实上,Si,Mn,P,S,Ni,Cr,Cu 是知识 $[x]^1_{(\alpha\cup\beta)}\sim[x]^8_{(\alpha\cup\beta)}$ 含有的微量化学元素成分. 在表 4.1b 中,$\sigma_b,\sigma_5,\delta_5,\varphi$,HB 是知识 $[x]^k_{(\alpha\cup\beta)}$ 的应用属性,$k=1,2,\cdots,8$;事实上,$\sigma_b,\sigma_5,\delta_5,\varphi$,HB 表明 $[x]^1_{(\alpha\cup\beta)}\sim[x]^8_{(\alpha\cup\beta)}$ 在工程中的机械特性.

定义 4.12.16 设 $[a_{(\alpha_k)},b_{(\alpha_k)}]^i_{\alpha_k\in\alpha}$,$[c_{(\alpha_k)},d_{(\alpha_k)}]^j_{\alpha_k\in\alpha}$ 分别是知识 $[x]^i_{(\alpha\cup\beta)}$,$[x]^j_{(\alpha\cup\beta)}$ 的属性值,若结构属性 $\alpha_i\in\alpha$ 的属性值满足

$$[a_{(\alpha_k)},b_{(\alpha_k)}]^i\cap[c_{(\alpha_k)},d_{(\alpha_k)}]^j\neq\varnothing \tag{4.12.34}$$

称知识 $[x]^j_{(\alpha\cup\beta)}$ 是知识 $[x]^i_{(\alpha\cup\beta)}$ 的进化,$i<j$.

其中 $a_{(\alpha_k)}\leqslant b_{(\alpha_k)}$,$a_{(\alpha_k)}\leqslant c_{(\alpha_k)}\leqslant b_{(\alpha_k)}$,$b_{(\alpha_k)}\leqslant d_{(\alpha_k)}$;$a_{(\alpha_k)},b_{(\alpha_k)},c_{(\alpha_k)},d_{(\alpha_k)}\in R^+$,$a_{(\alpha_k)},b_{(\alpha_k)}$ 是知识 $[x]^i_{(\alpha\cup\beta)}$ 关于 $\alpha_k\in\alpha$ 的下界属性值,上界属性值.

定义 4.12.17 称 $\text{INVD}([x]^j_{(\alpha\cup\beta)},[x]^i_{(\alpha\cup\beta)})$ 是知识 $[x]^j_{(\alpha\cup\beta)}$ 关于 $[x]^i_{(\alpha\cup\beta)}$ 的进化度(involution degree);如果 $[x]^j_{(\alpha\cup\beta)}$,$[x]^i_{(\alpha\cup\beta)}$ 的 $\alpha_k\in\alpha$ 的属性值满足

$$\text{INVD}([x]^j_{(\alpha\cup\beta)},[x]^i_{(\alpha\cup\beta)})=\frac{1}{m}\Big(\sum_{k=1}^{m}(c^k_{(\alpha_i)}-a^k_{(\alpha_i)})+\sum_{k=1}^{m}(d^k_{(\alpha_i)}-b^k_{(\alpha_i)})\Big) \tag{4.12.35}$$

显然,$0 \leqslant \mathrm{INVD}([x]^j_{(\alpha\cup\beta)},[x]^i_{(\alpha\cup\beta)}) \leqslant 1$;例如,表4.1a中,知识$[x]^2_{(\alpha\cup\beta)}=\{20\mathrm{Mn}\}$,知识$[x]^1_{(\alpha\cup\beta)}=\{15\mathrm{Mn}\}$,$[x]^2_{(\alpha\cup\beta)}$关于$[x]^1_{(\alpha\cup\beta)}$的$\mathrm{INVD}([x]^2_{(\alpha\cup\beta)},[x]^1_{(\alpha\cup\beta)})=\frac{1}{8}\times((0.17-0.12)+(0.24-0.19))=0.0125$.

定义 4.12.18　称$\mathrm{VARD}([x]^j_{(\alpha\cup\beta)},[x]^i_{(\alpha\cup\beta)})$是知识$[x]^j_{(\alpha\cup\beta)}$关于$[x]^i_{(\alpha\cup\beta)}$的变异度(variation degree);如果$[x]^j_{(\alpha\cup\beta)},[x]^i_{(\alpha\cup\beta)}$的$\beta_k\in\beta$属性值满足

$$\mathrm{VARD}([x]^j_{(\alpha\cup\beta)},[x]^i_{(\alpha\cup\beta)})=\frac{1}{n}\sum_{k=1}^{n}\frac{\eta^j_{(\beta_k)}}{\eta^i_{(\beta_k)}} \tag{4.12.36}$$

其中$\eta^i_{(\beta_k)},\eta^j_{(\beta_k)}$分别是$[x]^i_{(\alpha\cup\beta)},[x]^j_{(\alpha\cup\beta)}$关于属性$\beta_k\in\beta$的属性值,$i<j$;$\eta^i_{(\beta_k)},\eta^j_{(\beta_k)}\in R^+$.

例如,表4.1b中,知识$[x]^2_{(\alpha\cup\beta)}=\{20\mathrm{Mn}\}$,知识$[x]^1_{(\alpha\cup\beta)}=\{15\mathrm{Mn}\}$,$[x]^2_{(\alpha\cup\beta)}$关于$[x]^1_{(\alpha\cup\beta)}$的$\mathrm{VARD}([x]^j_{(\alpha\cup\beta)},[x]^i_{(\alpha\cup\beta)})=\frac{1}{5}\times\left(\frac{450}{410}+\frac{275}{245}+\frac{24}{26}+\frac{50}{55}+\frac{197}{163}\right)=\frac{1}{5}\times(1.098+1.122+0.923+0.909+1.208)=1.052$.

容易得到:

定理 4.12.14($\mathscr{T}$上属性遗传基因不变性定理)　设$[X]_{(\alpha\cup\beta)}$是金属族$\mathscr{T}$上的金属构成的知识集合,则$[X]_{(\alpha\cup\beta)}$上任意两个$[x]^i_{(\alpha\cup\beta)},[x]^j_{(\alpha\cup\beta)}$,它们具有相同的属性遗传基因.

定理 4.12.15($\mathscr{T}$上的属性遗传定理)　设$[X]_{(\alpha\cup\beta)}$是金属族$\mathscr{T}$上的金属构成的知识集合,若$[x]^i_{(\alpha\cup\beta)},[x]^j_{(\alpha\cup\beta)}\in[X]_{(\alpha\cup\beta)}$,则它们的属性集满足

$$\mathrm{card}((\alpha\cup\beta)_i)=\mathrm{card}((\alpha\cup\beta)_j) \tag{4.12.37}$$

其中$(\alpha\cup\beta)_i$是$[x]^i_{(\alpha\cup\beta)}$的属性集,$(\alpha\cup\beta)_j$是$[x]^j_{(\alpha\cup\beta)}$的属性集.

定理 4.12.16(金属族$\mathscr{T}$上第一遗传-进化定理)　设$[X]_{(\alpha\cup\beta)}$是金属族$\mathscr{T}$上的金属构成的知识集合,$[x]^i_{(\alpha\cup\beta)},[x]^j_{(\alpha\cup\beta)},[x]^k_{(\alpha\cup\beta)}\in[X]_{(\alpha\cup\beta)}$;若$[x]^j_{(\alpha\cup\beta)}$是$[x]^i_{(\alpha\cup\beta)}$的遗传,$[x]^k_{(\alpha\cup\beta)}$是$[x]^j_{(\alpha\cup\beta)}$的遗传,则它们的进化度满足

$$\mathrm{INVD}([x]^j_{(\alpha\cup\beta)},[x]^i_{(\alpha\cup\beta)})\leqslant\mathrm{INVD}([x]^k_{(\alpha\cup\beta)},[x]^j_{(\alpha\cup\beta)}) \tag{4.12.38}$$

其中$i,j,k\in(1,2,\cdots,n)$,$i<j<k$.

定理 4.12.17(金属族$\mathscr{T}$上第二遗传-进化定理)　设$[X]_{(\alpha\cup\beta)}$是金属族$\mathscr{T}$上的金属构成的知识集合,则$[X]_{(\alpha\cup\beta)}$上的$[x]^i_{(\alpha\cup\beta)}$,$i=1,2,\cdots,n$,它们的结构属性值构成下面的序关系.

$$\begin{aligned}&a^1_{(\alpha)}\leqslant a^2_{(\alpha)}\leqslant\cdots\leqslant a^n_{(\alpha)}\\&b^1_{(\alpha)}\leqslant b^2_{(\alpha)}\leqslant\cdots\leqslant b^n_{(\alpha)}\end{aligned} \tag{4.12.39}$$

其中$\alpha^i_{(\alpha)},b^i_{(\alpha)}$是$[x]^i_{(\alpha\cup\beta)}$关于结构属性$\alpha$的下界属性值,上界属性值.

定理 4.12.18(金属族 $\mathscr{T}$ 上第三遗传-进化定理)　设 $[X]_{(\alpha\cup\beta)}$ 是金属族 $\mathscr{T}$ 上的金属构成的知识集合，$[X]_{(\alpha\cup\beta)}=\{[x]^i_{(\alpha\cup\beta)}\mid i=1,2,\cdots,n\}$，则 $[x]^i_{(\alpha\cup\beta)}$ 的变异度 $\mathrm{VARD}([x]^j_{(\alpha\cup\beta)},[x]^i_{(\alpha\cup\beta)})$ 构成一个变异度链，而且

$$\begin{aligned}\mathrm{VARD}([x]^2_{(\alpha\cup\beta)},[x]^1_{(\alpha\cup\beta)})&\leqslant\mathrm{VARD}([x]^3_{(\alpha\cup\beta)},[x]^1_{(\alpha\cup\beta)})\\&\leqslant\cdots\leqslant\mathrm{VARD}([x]^n_{(\alpha\cup\beta)},[x]^1_{(\alpha\cup\beta)})\end{aligned}\tag{4.12.40}$$

定理 4.12.14 ~ 4.12.18 在表 4.1a、表 4.1b 得到验证，容易得到：

金属族 $\mathscr{T}$ 上的遗传进化-遗传变异原理

金属族 $\mathscr{T}$ 上的所有金属，它们具有相同的属性遗传基因，属性遗传基因不因为 $\mathscr{T}$ 的变化而改变；金属族 $\mathscr{T}$ 上的遗传进化度 $\mathrm{INVD}([x]^j_{(\alpha\cup\beta)},[x]^i_{(\alpha\cup\beta)})$ 的存在伴随着遗传变异度 $\mathrm{VARD}([x]^j_{(\alpha\cup\beta)},[x]^i_{(\alpha\cup\beta)})$ 的生成．

把 4.12 中的研究，进一步理论提升，则有下面的讨论.

§4.13　S-粗集在知识过滤-知识发现中的应用

把物理学中物质具有颗粒的概念引入到粗集理论与应用研究中，用“颗粒”这个词来表示知识是一个非常有意义的概念．知识的颗粒特征表示知识具有“空间尺寸”，人们自然想到下面的问题：

1°　知识 R 具有颗粒特性，知识 R 可以被过滤吗？

2°　如果知识 R 可以被过滤，知识过滤是一个什么样的概念？

3°　知识过滤在依赖推理中具有什么样数值特性和数值关系？

“过滤”一词来自“物理-化学”，我们借用“过滤”这个词讨论知识 R 在依赖推理中的特性，这是本节研究的主题．

通俗地说，“过滤”是把颗粒大小不相同的物质，依照某个尺寸的要求把这些颗粒分离开来，这个事实在“物理-化学”实验中人们常常遇到．因为知识具有颗粒，颗粒具有大小，因此有知识过滤的概念．知识过滤的一个重要的特性是：在某个准则的限定下，把不可分辨的知识变成可分辨的知识，使得新知识被发现；知识过滤在依赖推理中具有有趣的特性．在这一节中，给出两类知识过滤的概念：

第一类，设 R_1,R_2 是 U 上的两个知识，如果 $R_1\Rightarrow R_2$，则 R_1,R_2 的粒度 $\mathrm{GRD}(R_1)$，$\mathrm{GRD}(R_2)$ 满足：$\mathrm{GRD}(R_1)\leqslant\mathrm{GRD}(R_2)$，$R_1$ 比 R_2 先被过滤．第二类，设 R_1,R_2 是 U 上的两个知识，而且 $R_1\Leftrightarrow R_2$；r 是 U 上的一个属性，把 r 填补在 R_2 中，或者 r 被元素迁移 $f\in F$ 迁移到 R_2 的属性集中；则 R_1,R_2 的粒度 $\mathrm{GRD}(R_1)$，$\mathrm{GRD}(R_2)$ 满足 $\mathrm{GRD}(R_2)\leqslant\mathrm{GRD}(R_1)$，$R_2$ 比 R_1 先被过滤．下面的简单例子说明第二类：设 $U=\{x_1,x_2,x_3,x_4,x_5,x_6\}$ 是 6 只苹果组成的论域．在 U 上定义一个属性 R = 直径 =

5cm,根据这个属性得到元素等价类$[x]_R=\{x_1,x_4,x_6\}=X\subset U$;在 X 上生成不可分辨关系 $\mathrm{IND}(X)=\bigcap_{R\in X}R$,$[x]_R$ 称作知识 R,R 具有粒度．如果 R'是 U 上的一个属性,R' = 颜色 = 红色;同时满足属性 R,R'的元素等价类记作$[x]_{R\wedge R'}$,$[x]_{R\wedge R'}=\{x_1,x_6\}$,显然:$[x]_{R\wedge R'}\neq[x]_R$. $[x]_{R\wedge R'}$称作知识 R',R'具有粒度．知识 R, R'的粒度满足 $\mathrm{GRD}(R')\leqslant\mathrm{GRD}(R)$. 因为属性的补充或者元素迁移 $f\in F$ 的作用,知识 R'在 R 中被发现;换个说法知识 R'从 R 中被过滤出来,使不可分辨的 x_1,x_4,x_6 被分辨出 x_1,x_6;从这个简单例子可以看到,知识过滤的直接原因是知识具有粒度,粒度大小的不相等;和 $\exists r\in R$,r 在元素迁移 $f\in F$ 的作用下 r 变成 $f(r)=r'\in R$.

根据知识的颗粒特征,本节给出知识过滤的概念,知识过滤特性,知识过滤在依赖推理中的数值度量关系,给出知识过滤-发现的应用．

知识颗粒与知识过滤

约定 $K=(U,R)$是知识库,U 是元素论域,R 是 U 上的元素等价关系族,$R=\{R_1,R_2,\cdots,R_n\}$,R 称作知识．X 是 U 上的属性集,$X\subset U$;X 上产生不可分辨关系 $\mathrm{IND}(X)=\bigcap_{R\in X}R$,$\mathrm{IND}(X)$ 也是等价关系;直接使用属性集、属性、特性、等价关系、划分等概念,而不加区分和特别的说明．

定义 4.13.1 称 $\mathrm{GRD}(R)$是知识 $R\in\mathscr{R}$ 的粒度,如果

$$\mathrm{GRD}(R)=\mathrm{card}(R)/\mathrm{card}(U\times U) \tag{4.13.1}$$

其中 $\mathrm{card}(R)$,$\mathrm{card}(U\times U)$分别是 R,$U\times U$ 的基数．

由(4.13.1)容易得到:

若 $R^{\circ}\cup$是 U 上的"恒等知识",式(4.13.1)成为

$$\begin{aligned}\mathrm{GRD}(R^{\circ}\cup)&=\mathrm{card}(R^{\circ}\cup)/\mathrm{card}(U\times U)\\&=1/\mathrm{card}(U)\end{aligned}$$

若 R^*是 U 上的"论域知识",式(4.13.1)成为

$$\mathrm{GRD}(R^*)=\mathrm{card}(R^*)/\mathrm{card}(U\times U)=1$$

若 R 是 U 上的一般知识,而且 $R\neq\varnothing$,则有知识粒度不等式

$$1/\mathrm{card}(U)\leqslant\mathrm{GRD}(R)\leqslant1$$

式(4.13.1)的合理性,下面的例子给出证实:

给定 $U=\{a,b,c\}$,R°,R^* 分别是上 U 的"恒等知识"、"论域知识";$R^{\circ}=\{(a,a),(b,b),(c,c)\}$,$R^*=\{(a,a),(a,b),(a,c),(b,b),(b,a),(b,c),(c,c),(c,a),(c,b)\}$,则有

$$\mathrm{GRD}(R^{\circ}\cup)=\mathrm{card}(R^{\circ}\cup)/\mathrm{card}(U\times U)=1/3$$

$$GRD(R^{*}) = card(R^{*})/card(U \times U) = 1$$

定义 4.13.2　设 $\mathscr{R}$ 是 U 上的知识族，$\mathscr{R}=\{R_1,R_2,\cdots,R_n\}$，称 GRD($\mathscr{R}$)是知识族 $\mathscr{R}$ 的粒度，如果

$$GRD(\mathscr{R}) = \sum_{i=1}^{n} card(R_i)/card(U \times U) \tag{4.13.2}$$

显然，式(4.13.2)是式(4.13.1)的推广形式．

定义 4.13.3　设 GRD(R)是知识 $R \in \mathscr{R}$ 的粒度，FID(R)称作知识 $R \in \mathscr{R}$ 关于 $U \times U$的过滤度，如果

$$\begin{aligned} FID(R) &= SUR(R)/card(U \times U) \\ &= 1 - GRD(R) \end{aligned} \tag{4.13.3}$$

称 SUR(R)是知识 $R \in \mathscr{R}$ 的过滤剩余(surplus)，如果

$$SUR(R) = card(U \times U) - card(R) \tag{4.13.4}$$

由式(4.13.3)容易得到：

若 $R^{\circ}\cup$ 是 U 上的“恒等知识”，则有

$$\begin{aligned} FID(R^{\circ}) &= 1 - GRD(R^{\circ}) \\ &= 1 - 1/card(U) \end{aligned}$$

若 R^{*} 是 U 上的“论域知识”，则有

$$FID(R^{*}) = 1 - GRD(R^{*}) = 0$$

若 R 是 U 上的一般知识而且 $R \neq \varnothing$，则有知识过滤不等式

$$0 \leqslant FID(R) \leqslant 1 - 1/card(U) \tag{4.13.5}$$

定义 4.13.4　设 $\mathscr{R}$ 是 U 上的知识族，$\mathscr{R}=\{R_1,R_2,\cdots,R_n\}$，FID($\mathscr{R}$)称作知识族 $\mathscr{R}$ 的过滤度，如果

$$FID(\mathscr{R}) = 1 - GRD(\mathscr{R}) = 1 - \sum_{i=1}^{n} card(R_i)/card(U \times U) \tag{4.13.6}$$

由上面的讨论，容易得到下面的命题：

命题 1　U 上的恒等知识 $R^{\circ}\cup$ 具有最大的过滤剩余，反之亦真．

命题 2　U 上的论域知识 R^{*} 具有最小的过滤剩余，反之亦真．

命题 3　具有过滤度 FID(R) = 0 的知识必是 U 上的论域知识．

命题 4　具有最大过滤度 FID(R)的知识必是 U 上的恒等知识．

上面的命题共同给出一个原理：

过滤筛子原理　在一个 $K=(U,\mathscr{R})$ 的知识系统中，粒度最小的知识被最先过

滤，过滤剩余最多；粒度最大的知识被最后过滤，过滤剩余最小．

由式(4.13.3)～(4.13.6)，我们给出在知识中填补属性的概念：

设 X 是 U 上的属性集，$X\subset U$，X 是 U 上的一个知识；显然，在 X 上存在不可分辨关系：$\mathrm{IND}(X)=\bigcap_{R\in X}R$，或者说 X 上的元素不可分辨．$x\in U$，x 也是 U 上的一个属性，这是因为对于 U 上的任一元素，它必然地具有一定的属性，如前面列举的苹果属性的不可分辨关系中，若 x_5 在甜味方面特别突出，此时我们可以将其看作一个属性，对不可分辨关系 $\mathrm{IND}(X)=\bigcap_{R\in X}R$ 进行添加；所以特别的对于单元素 x，我们可以作为属性 x 填补到 X 中，记作 $X\leftarrow x$，这样的规定和记法是合理的．并且有

$$\mathrm{card}(X\leftarrow x)\leqslant \mathrm{card}(X) \tag{4.13.7}$$

容易得到：因为 $X\leftarrow x$，则 X 上原来不可分辨的元素变成可分辨的元素；简言之，X 上的知识具有 FID(R)；因此有：

定义 4.13.5　设 X 是 U 上的一个属性集，$X\subset U$；x 是 U 上的一个属性，$x\in U$；若 $X\leftarrow x$，称 FID(R)是知识 R 关于 $x\in U$ 的过滤度，如果

$$\begin{aligned}\mathrm{FID}(R)&=1-\mathrm{card}(\mathrm{IND}(X\leftarrow x))/\mathrm{card}(\mathrm{IND}(X))\\&=1-\mathrm{card}(X\leftarrow x)/\mathrm{card}(X)\end{aligned} \tag{4.13.8}$$

定义 4.13.6　设 X_i 是 U 上的属性集，$X_i\subset U$；x 是 U 上的一个属性，$x\in U$；若 $X_i\leftarrow x$，称 FID$(\mathscr{R})$是知识族 $\mathscr{R}$ 关于 $x\in U$ 的过滤度，如果

$$\mathrm{FID}(\mathscr{R})=1-\sum_{i=1}^{n}\mathrm{card}(\mathrm{IND}(X_i\leftarrow x))/\sum_{i=1}^{n}\mathrm{card}(\mathrm{IND}(X_i)) \tag{4.13.9}$$

其中 $X_i\subset U$，$i=1,2,\cdots,n$；$\mathscr{R}=\{R_1,R_2,\cdots,R_n\}$，$\forall R_i\in\mathscr{R}$，

下面的例子给出式(4.13.7)的解释：

设 $Y=\{y_1,y_2,y_3,y_4,y_5,y_6,y_7\}$是7个人组成的集合，$Y\subset U$；在 U 上定义一个属性 R＝身高＝1.80m；根据这个属性得到元素等价类$[y]_R=\{y_1,y_4,y_5,y_7\}=Y'\subset U$，$Y'$是 U 上的属性集；在 Y'上存在不可分辨关系 $\mathrm{IND}(Y')=\bigcap_{R\in Y}R$，IND$(Y')$也是等价关系，称$[y]_R$ 是知识 R. 如果 R'是 U 上的一个属性，R'＝头发＝黄色，若同时满足属性 R,R'，则元素等价类$[y]_R$ 变成$[y]_{R\wedge R'}$，$[y]_{R\wedge R'}=\{y_1,y_5\}$，称$[y]_{R\wedge R'}$是知识 R''，因此得到式(4.13.7)

$$\mathrm{card}(X\leftarrow x)=\mathrm{card}(R'')=2\leqslant 4=\mathrm{card}(R)=\mathrm{card}(X)$$

容易得到知识过滤剩余与知识过滤度之间的关系．

定理 4.13.1　设 R_1,R_2,R_3 是 U 上的知识，而且 $\mathrm{GRD}(R_1)\leqslant\mathrm{GRD}(R_2)\leqslant\mathrm{GRD}(R_3)$，则 R_1,R_2,R_3 的过滤度满足

$$\mathrm{FID}(R_3) \leqslant \mathrm{FID}(R_2) \leqslant \mathrm{FID}(R_1) \tag{4.13.10}$$

定理 4.13.2　设 R 是 U 上的知识，GRD(R)，FID(R)分别是 R 的颗粒度，过滤度，若

$$\mathrm{GRD}(R) = \mathrm{FID}(R) \tag{4.13.11}$$

成立，当且仅当

$$\mathrm{card}(\mathrm{IND}(X)) = 2\mathrm{card}(\mathrm{IND}(X \leftarrow x)) \tag{4.13.12}$$

定理 4.13.3　设 SUR(R)是知识 R 的过滤剩余，而且 $R \neq \varnothing$，下面的结论成立

1°　若 $\mathrm{SUR}(R) = 0.5$，则 $\mathrm{FID}(R) = \mathrm{GRD}(R)$　　(4.13.13)

2°　若 $\mathrm{SUR}(R) < 0.5$，则 $\mathrm{FID}(R) > \mathrm{GRD}(R)$　　(4.13.14)

3°　若 $\mathrm{SUR}(R) > 0.5$，则 $\mathrm{FID}(R) < \mathrm{GRD}(R)$　　(4.13.15)

知识过滤与依赖推理中的数值特性

定理 4.13.4　设 A，B 是 U 上的属性集；$A, B \subset U$.

1°　若 B 单向依赖于 A，则

$$\mathrm{FID}(\mathrm{IND}(A)) \leqslant \mathrm{FID}(\mathrm{IND}(B)) \tag{4.13.16}$$

2°　若 B 双向依赖于 A，则

$$\mathrm{FID}(\mathrm{IND}(A)) = \mathrm{FID}(\mathrm{IND}(B)) \tag{4.13.17}$$

证明　1°　因为 B 单向依赖于 A，或者 $A \Rightarrow B$，则有

$$\mathrm{IND}(A) \subseteq \mathrm{IND}(B)$$

$$\mathrm{card}(\mathrm{IND}(B)) \leqslant \mathrm{card}(\mathrm{IND}(A))$$

$$\mathrm{GRD}(\mathrm{IND}(A)) = \mathrm{card}(\mathrm{IND}(A))/\mathrm{card}(U \times U)$$

$$\mathrm{GRD}(\mathrm{IND}(B)) = \mathrm{card}(\mathrm{IND}(B))/\mathrm{card}(U \times U)$$

$$\mathrm{GRD}(\mathrm{IND}(B)) \leqslant \mathrm{GRD}(\mathrm{IND}(A))$$

因此

$$\mathrm{FID}(\mathrm{IND}(A)) = 1 - \mathrm{GRD}(\mathrm{IND}(A)) \leqslant 1 - \mathrm{GRD}(\mathrm{IND}(B)) = \mathrm{FID}(\mathrm{IND}(B))$$

或者

$$\mathrm{FID}(\mathrm{IND}(A)) \leqslant \mathrm{FID}(\mathrm{IND}(B))$$

2°　因为 B 双向依赖于 A，或者 $A \Rightarrow B$，$B \Rightarrow A$，则有

$$\mathrm{GRD}(\mathrm{IND}(B)) \leqslant \mathrm{GRD}(\mathrm{IND}(A))$$

$$\mathrm{GRD}(\mathrm{IND}(A)) \leqslant \mathrm{GRD}(\mathrm{IND}(B))$$

利用1°的结果容易得到

$$\mathrm{FID}(\mathrm{IND}(A)) = \mathrm{FID}(\mathrm{IND}(B))$$

定理 4.13.5 设 A, B 是 U 上的属性集,$A,B\subset U$;B 单向依赖于 A,则

$$\mathrm{FID}(\mathrm{IND}(A \cup B)) \leqslant \mathrm{FID}(\mathrm{IND}(B)) \tag{4.13.18}$$

证明 因为 B 单向依赖于 A,或者 $A\Rightarrow B$,则有

$$\mathrm{IND}(A) \subseteq \mathrm{IND}(B)$$

$$\mathrm{IND}(A \cup B) \subseteq \mathrm{IND}(B \cup B) = \mathrm{IND}(B)$$

$$\mathrm{card}(\mathrm{IND}(B)) \leqslant \mathrm{card}(\mathrm{IND}(A \cup B))$$

$$\mathrm{GRD}(\mathrm{IND}(B)) \leqslant \mathrm{GRD}(\mathrm{IND}(A \cup B))$$

因此

$$\begin{aligned}\mathrm{FID}(\mathrm{IND}(A\cup B)) &= 1 - \mathrm{GRD}(\mathrm{IND}(A\cup B))\\ &\leqslant 1 - \mathrm{GRD}(\mathrm{IND}(B)) = \mathrm{FID}(\mathrm{IND}(B))\end{aligned}$$

或者

$$\mathrm{FID}(\mathrm{IND}(A\cup B))\leqslant \mathrm{FID}(\mathrm{IND}(B))$$

定理 4.13.6 设 A, B, C 是 U 上的属性集,A, B, $C\subset U$;B 单向依赖于 A,C 单向依赖于 B,则

$$\mathrm{FID}(\mathrm{IND}(A)) \leqslant \mathrm{FID}(\mathrm{IND}(C)) \tag{4.13.19}$$

证明 因为 B 单向依赖于 A,或者 $A\Rightarrow B$,则有

$$\mathrm{IND}(A)\subseteq \mathrm{IND}(B)$$

$$\mathrm{card}(\mathrm{IND}(B))\leqslant \mathrm{card}(\mathrm{IND}(A))$$

$$\mathrm{GRD}(\mathrm{IND}(B))\leqslant \mathrm{GRD}(\mathrm{IND}(A))$$

所以

$$\mathrm{FID}(\mathrm{IND}(A)) \leqslant \mathrm{FID}(\mathrm{IND}(B)) \tag{4.13.20}$$

因为 C 单向依赖于 B,或者 $B\Rightarrow C$,则有

$$\mathrm{IND}(B)\subseteq \mathrm{IND}(C)$$

$$\mathrm{card}(\mathrm{IND}(C))\leqslant \mathrm{card}(\mathrm{IND}(B))$$

$$\mathrm{GRD}(\mathrm{IND}(C))\leqslant \mathrm{GRD}(\mathrm{IND}(B))$$

所以

$$\mathrm{FID}(\mathrm{IND}(B)) \leqslant \mathrm{FID}(\mathrm{IND}(C)) \tag{4.13.21}$$

由式(4.13.20)，(4.13.21)得到

$$\mathrm{FID}(\mathrm{IND}(A)) \leqslant \mathrm{FID}(\mathrm{IND}(B)) \leqslant \mathrm{FID}(\mathrm{IND}(C))$$

$$\mathrm{FID}(\mathrm{IND}(A)) \leqslant \mathrm{FID}(\mathrm{IND}(C))$$

定理 4.13.7　设 A, B, C 是 U 上的属性集，A, B, $C \subset U$；B 单向依赖于 A，C 单向依赖于 B，则

$$\mathrm{FID}(\mathrm{IND}(A \cup B)) \leqslant \mathrm{FID}(\mathrm{IND}(C)) \tag{4.13.22}$$

证明　因为 B 单向依赖于 A，或者 $A \Rightarrow B$；C 单向依赖于 B，或者 $B \Rightarrow C$，则有

$$\mathrm{IND}(A) \subseteq \mathrm{IND}(B) \subseteq \mathrm{IND}(C)$$

或者

$$\mathrm{IND}(A \cup B) \subseteq \mathrm{IND}(B \cup B) \subseteq \mathrm{IND}(C)$$

$$\mathrm{IND}(A \cup B) \subseteq \mathrm{IND}(C)$$

$$\mathrm{card}(\mathrm{IND}(C)) \leqslant \mathrm{card}(\mathrm{IND}(A \cup B))$$

$$\mathrm{GRD}(\mathrm{IND}(C)) \leqslant \mathrm{GRD}(\mathrm{IND}(A \cup B))$$

$$\begin{aligned}\mathrm{FID}(\mathrm{IND}(A \cup B)) &= 1 - \mathrm{GRD}(\mathrm{IND}(A \cup B)) \\ &\leqslant 1 - \mathrm{GRD}(\mathrm{IND}(C)) = \mathrm{FID}(\mathrm{IND}(C))\end{aligned}$$

或者

$$\mathrm{FID}(\mathrm{IND}(A \cup B)) \leqslant \mathrm{FID}(\mathrm{IND}(C))$$

定理 4.13.8　设 A, B, C, D 是 U 上的属性集，A, B, C, $D \subset U$；B 单向依赖于 A，D 单向依赖于 $B \cup C$，则

$$\mathrm{FID}(\mathrm{IND}(A \cup C)) \leqslant \mathrm{FID}(\mathrm{IND}(D)) \tag{4.13.23}$$

证明　因为 B 单向依赖于 A，或者 $A \Rightarrow B$，则有

$$\mathrm{IND}(A) \subseteq \mathrm{IND}(B)$$

$\forall C \subset U$，$\mathrm{IND}(A \cup C) \subseteq \mathrm{IND}(B \cup C)$，则有

$$\mathrm{card}(\mathrm{IND}(B \cup C)) \leqslant \mathrm{card}(\mathrm{IND}(A \cup C))$$

$$\mathrm{FID}(\mathrm{IND}(A \cup C)) \leqslant \mathrm{FID}(\mathrm{IND}(B \cup C))$$

因为 D 单向依赖于 $B \cup C$，或者 $B \cup C \Rightarrow D$

$$\mathrm{IND}(B\cup C)\subseteq\mathrm{IND}(D)$$

$$\mathrm{card}(\mathrm{IND}(D))\leqslant\mathrm{card}(\mathrm{IND}(B\cup C))$$

$$\mathrm{FID}(\mathrm{IND}(B\cup C))\leqslant\mathrm{FID}(\mathrm{IND}(D))$$

因此

$$\mathrm{FID}(\mathrm{IND}(A\cup C))\leqslant\mathrm{FID}(\mathrm{IND}(B\cup C))\leqslant\mathrm{FID}(\mathrm{IND}(D))$$

或者

$$\mathrm{FID}(\mathrm{IND}(A\cup C))\leqslant\mathrm{FID}(\mathrm{IND}(D))$$

定理 4.13.9 过滤剩余 SUR(R)上的任意一个知识 R',它的 FID(R')满足

$$\mathrm{FID}(R')\geqslant 0 \tag{4.13.24}$$

定理 4.13.10 设 A, B 是 U 上的属性集,$A,B\subset U$;GRD(A),GRD(B)分别是 A, B 的粒度;FID(A),FID(B)分别是 A, B 的过滤度,则

$$\begin{aligned}&\mathrm{GRD}(\mathrm{IND}(A))/\mathrm{GRD}(\mathrm{IND}(B))\\&=(1-\mathrm{FID}(\mathrm{IND}(A)))/(1-\mathrm{FID}(\mathrm{IND}(B)))\end{aligned}\tag{4.13.25}$$

证明 因为 $\mathrm{FID}(\mathrm{IND}(A))=1-\mathrm{GRD}(\mathrm{IND}(A))$,则有

$$\mathrm{GRD}(\mathrm{IND}(A))=1-\mathrm{FID}(\mathrm{IND}(A))$$

同理

$$\mathrm{GRD}(\mathrm{IND}(B))=1-\mathrm{FID}(\mathrm{IND}(B))$$

由上面的二式得到式(4.13.25).

定理 4.13.11 设 A_i,B_j 是 U 上的属性集,$A_i,B_j\in U$;GRD(A_i),GRD(B_j)分别是 A_i,B_j 的粒度;FID(A_i),FID(B_j)分别是 A_i,B_j 的过滤度,则

$$\begin{aligned}&\sum_{i=1}^{n}\mathrm{GRD}(\mathrm{IND}(A_i))\Big/\sum_{j=1}^{m}\mathrm{GRD}(\mathrm{IND}(B_j))\\&=(1-\sum_{i=1}^{n}\mathrm{FID}(\mathrm{IND}(A_i)))/(1-\sum_{j=1}^{m}\mathrm{FID}(\mathrm{IND}(B_j)))\end{aligned}\tag{4.13.26}$$

其中 $i=1,2,\cdots,n;\cup j=1,2,\cdots,m.$

式(4.13.26)的证明与(4.13.25)相似,证明略.

接下来的讨论:设 x 是 U 上的一个属性,$x\in U$,若在属性集 A 中填补属性 x,记作 $A\leftarrow x$,我们得到:

定理 4.13.12 设 A, B 是 U 上的属性集,$A,B\subset U$;$B\Leftrightarrow A$,x 是 U 上的一个属性而且 $A\leftarrow x$,则

$$\mathrm{FID}(\mathrm{IND}(B))\leqslant\mathrm{FID}(\mathrm{IND}(A\leftarrow x))\tag{4.13.27}$$

证明　因为 B 双向依赖于 A;则 $A \Rightarrow B, B \Rightarrow A$ 或者 $A \Leftrightarrow B$,则有

$$\mathrm{IND}(A)=\mathrm{IND}(B)$$

$$\mathrm{card}(\mathrm{IND}(A))=\mathrm{card}(\mathrm{IND}(B))$$

$$\mathrm{GRD}(\mathrm{IND}(A))=\mathrm{GRD}(\mathrm{IND}(B))$$

$$\mathrm{FID}(\mathrm{IND}(A))=\mathrm{FID}(\mathrm{IND}(B))$$

由于属性 $x \in U$ 的作用,而且 $A \leftarrow x$;则有

$$\mathrm{IND}(B) \subseteq \mathrm{IND}(A \leftarrow x)$$

$$\mathrm{card}(\mathrm{IND}(A \leftarrow x)) \leqslant \mathrm{card}(\mathrm{IND}(B))$$

$$\mathrm{GRD}(\mathrm{IND}(A \leftarrow x)) \leqslant \mathrm{GRD}(\mathrm{IND}(B))$$

$$\begin{aligned}\mathrm{FID}(\mathrm{IND}(B)) &= 1-\mathrm{GRD}(\mathrm{IND}(B)) \\ &\leqslant 1-\mathrm{GRD}(\mathrm{IND}(A \leftarrow x))=\mathrm{FID}(\mathrm{IND}(A \leftarrow x))\end{aligned}$$

或者

$$\mathrm{FID}(\mathrm{IND}(B)) \leqslant \mathrm{FID}(\mathrm{IND}(A \leftarrow x))$$

定理 4.13.13　设 A, $A \leftarrow x$, y 是 U 上的属性集,A, $A \leftarrow x, y \subset U$;$A \leftarrow x$ 依赖于 A,$A \leftarrow x, y$ 依赖于 $A \leftarrow x$ 则

$$\mathrm{FID}(\mathrm{IND}(A)) \leqslant \mathrm{FID}(\mathrm{IND}(A \leftarrow x, y)) \tag{4.13.28}$$

其中 x, y 是 U 上的属性,$x, y \subset U$.

证明　因为 $A \leftarrow x$ 依赖于 A,或者 $A \Rightarrow A \leftarrow x$,则有 $\mathrm{IND}(A) \subseteq \mathrm{IND}(A \leftarrow x)$, $\mathrm{card}(\mathrm{IND}(A \leftarrow x)) \leqslant \mathrm{card}(\mathrm{IND}(A))$, $\mathrm{FID}(\mathrm{IND}(A)) \leqslant \mathrm{FID}(\mathrm{IND}(A \leftarrow x))$.

因为 $A \leftarrow x, y$ 依赖于 $A \leftarrow x$,或者 $A \leftarrow x, y \Rightarrow A \leftarrow x$;与上面相似的得到

$$\mathrm{FID}(\mathrm{IND}(A \leftarrow x)) \leqslant \mathrm{FID}(\mathrm{IND}(A \leftarrow x, y))$$

所以有

$$\mathrm{FID}(\mathrm{IND}(A)) \leqslant \mathrm{FID}(\mathrm{IND}(A \leftarrow x, y))$$

知识过滤在依赖推理-知识发现中的应用

下面是一个海难事件中对遇难者进行紧急抢救、治疗的例子. 这是知识过滤、知识过滤数值特征、依赖推理与知识发现的一个应用.

1999 年 11 月 24 日在中国烟台—大连的海域航线上,因为天气的恶劣变化,风浪巨大造成悲惨的沉船海难事件;在这次事件中有多位乘客丧生,有多位乘客生命受到严重的威胁,需要对他们实行紧急抢救、治疗.

设 $X=\{x_1,x_2,x_3,x_4,x_5,x_6,x_7,x_8,x_9,x_{10},x_{11},x_{12}\}$ 是生命垂危的乘客，这些乘客中有老人、妇女和儿童．对于“紧急抢救”这个属性，$x_1,x_2,x_3,x_4,x_5,x_6,x_7,x_8,x_9,x_{10},x_{11},x_{12}$ 是不可分辨的，或者说 X 上生成不可分辨关系 $\mathrm{IND}(X)=\bigcap\limits_{R\in X}R$，$\mathrm{IND}(X)$ 也是等价关系．因为这些乘客的年龄，身体状况，生还的希望各不相同．在“紧急抢救”的要求下，对那些“停止呼吸”，“心脏停止跳动”的乘客需要进行“一级抢救”，对那些“呼吸微弱”，“心脏微微跳动”的乘客需要进行“二级抢救”，对那些“昏迷，呼吸微弱”，“心脏跳动”的乘客需要进行“三级抢救”．

属性“停止呼吸”，“心脏停止跳动”分别用 α,β 表示；属性“呼吸微弱”，“心脏微微跳动”分别用 γ,ε 表示；属性“昏迷，呼吸微弱”，“心脏在跳动”分别用 ζ,η 表示．根据属性 $\alpha,\beta,\gamma,\varepsilon,\zeta,\eta$ 得到 X 上元素的状态表，如表 4.6．表 4.6 中符号 * 表示元素 $x_i\in X$ 同时具有属性 A,B；$A,B\in\{\alpha,\beta,\gamma,\varepsilon,\zeta,\eta\}$，例如，$x_5$ 具有属性 ζ,η．

表 4.6　X 上元素的状态表

X中元素 / 属性	x_1	x_2	x_3	x_4	x_5	x_6	x_7	x_8	x_9	x_{10}	x_{11}	x_{12}
α	*			*		*		*	*			
β	*			*		*		*	*			
γ		*					*					*
ε		*					*					*
ζ			*		*					*	*	
η			*		*					*	*	

利用前面给出的讨论，属性集 X_1,X_2,X_3 从属性集 X 中被过滤出来，或者说被依赖推理发现，而且

$$X_1=\{x_1,x_4,x_6,x_8,x_9\}$$

$$X_2=\{x_2,x_7,x_{12}\}$$

$$X_3=\{x_3,x_5,x_{10},x_{11}\}\tag{4.13.29}$$

事实上 X_1,X_2,X_3 是知识 R_1,R_2,R_3；在 X 中填补属性 $\alpha,\beta,\gamma,\varepsilon,\zeta,\eta$ 后，知识 R_1,R_2,R_3 被发现，R_1,R_2,R_3 被过滤和得到分辨．利用前面给出的结果，我们给出式(4.13.29)的依赖推理分析：

因为在 X 中填补属性 α,β；从表 4.6 中得到 $X_1=X,\alpha,\beta\subseteq X$，或者

$$\mathrm{IND}(X)\subseteq\mathrm{IND}(X\leftarrow\alpha,\beta)=\mathrm{IND}(X_1)\tag{4.13.30}$$

由式(4.13.7)得到

$$\mathrm{card}(\mathrm{IND}(X_1))\leqslant\mathrm{card}(\mathrm{IND}(X))\tag{4.13.31}$$

因为 X_1 的粒度 GRD(X_1)小于 X 的粒度 GRD(X),由过滤筛子原理得到:X_1 从 X 中被过滤出来,或者说 X_1 从 X 中被分辨和发现. 因为 X 依赖于 X_1,或者 $X \Rightarrow X_1$;由定理 4.13.13 得到

$$\mathrm{FID}(\mathrm{IND}(X)) \leqslant \mathrm{FID}(\mathrm{IND}(X \leftarrow \alpha, \beta)) = \mathrm{FID}(\mathrm{IND}(X_1)) \quad (4.13.32)$$

式(4.13.32)表明:X_1 的过滤度大于 X 的过滤度,X_1 从 X 中被过滤出来;利用依赖推理,X_1 从 X 中被过滤-发现.

同样能得到关于 X_2,X_3 的讨论,这些讨论略.

第 5 章　S-粗集与它的记忆

给定知识$[x]_\alpha \subset U$，$[x]_\alpha = \{x_1, x_2, x_3, x_4, x_5, x_6\}$，$\alpha \subset V$ 是$[x]_\alpha$ 的属性集，$\alpha = \{\alpha_1, \alpha_2, \alpha_3\}$；存在元素迁移$f_i \in F$，使得$\beta \in V$，$\beta \overline{\in} \alpha$ 成为$f_i(\beta) = \alpha'_i \in \alpha$，$\alpha$ 变成 $\alpha^f = \{\alpha_1, \alpha_2, \alpha_3, \alpha'_i\}$，知识$[x]_\alpha$ 变成知识$[x]_{\alpha^f} = \{x_1, x_2, x_3, x_4\}$，则有 $\mathrm{card}([x]_{\alpha^f}) \leqslant \mathrm{card}([x]_\alpha)$．显然，知识$[x]_{\alpha^f}$记忆了知识$[x]_\alpha$ 的属性 $\alpha_1, \alpha_2, \alpha_3$；同时记忆了知识$[x]_\alpha$ 中的元素 x_1, x_2, x_3, x_4．记忆与忘却是两个意义相反、互补共存的姊妹概念，有记忆必有忘却，记忆中伴随着忘却．换一个相反的说法，如果知识$[x]_\alpha$ 忘却了它的元素 x_5, x_6，由知识$[x]_\alpha$得到了知识$[x_{\alpha^f}]$．在系统分析中，具有上述背景的问题随时可见，例如，时域上的系统决策（风险投资决策，金融安全决策等），这类决策是分时段进行的，随着风险因素的随机生成和它们对系统决策的入侵与攻击，t_p 时段上的决策结论（决策结论用知识$[x]_{t_p}$表示）已不是 t_{p+k}时段上的决策结论（决策结论用知识$[x]_{t_{p+k}}$表示）．因为风险因素 x'入侵到决策因素集 X 中，生成决策结论的根基 X 变成 $X \cup \{x'\}$，往往出现 t_p 时段上的"盈利决策"变成 t_{p+k}时段上的"亏损决策"．在惨重的损失的局势面前，人们反思，人们记忆了 t_p 时段决策的"盈利因素"，忘却了（删除了）"亏损因素"．如果人们恢复对"亏损因素"的记忆，把它转化成"盈利因素"，纳入到 t_{p+k}时段的决策中，使得在 t_{p+k}时段上的"亏损决策"转化为"盈利决策"；显然，这个过程可以抽象成知识的记忆过程，抽象成 S-粗集的记忆过程．简言之，t_{p+k}时段的知识$[x]_{t_{p+k}}$记忆了 t_p 时段的知识$[x]_{t_p}$．这个背景和事实与 S-粗集的本质相吻合．从这个背景和事实中自然想到：知识具有记忆特性，或 f-记忆特性；S-粗集具有记忆特性，或 F-记忆特性吗？如果 S-粗集具有 F-记忆特性，S-粗集具有什么样的 F-记忆结构？S-粗集的记忆特性对系统分析又给我们送来什么样的启迪？答案我们不知道．本章给出 S-粗集和它的 F-记忆和 F-记忆特性的讨论．

下面的讨论是在单向 S-粗集上进行的．

§5.1　元素迁移 f 与 f-记忆知识

为了讨论的方便，把元素迁移 f 的概念重新引入到这里．

定义 5.1.1　设 $X_\alpha = \{x_1, x_2, \cdots, x_m\} \subset U$ 是元素集合，$\alpha = \{\alpha_1, \alpha_2, \cdots, \alpha_k\} \subset V$ 是 X_α 的属性集合，$y = \{y_1, y_2, \cdots, y_m\}$ 是 X_α 中元素 x_i 的特征值集合，$[a, b]$是 y 生成的特征值离散区间，而且

$$a = \min_{i=1}^{m}(y_i)$$

$$b = \max_{j=1}^{m}(y_j), y_i, y_j \in R^+ \tag{5.1.1}$$

对于元素 $x_p, x_q \in U, x_p, x_q \bar{\in} X_\alpha$；$x_p, x_q$ 的特征值 $y_p, y_q \bar{\in} [a,b]$，如果存在变换 $f \in F$，$f(y_p)$，$f(y_q) \in [a,b]$，变换 $f \in F$ 称作元素迁移，或者

$$x_p, x_q \in U, x_p, x_q \bar{\in} X_\alpha \Rightarrow f(x_p), f(x_q) \in X_\alpha \tag{5.1.2}$$

显然，因为 $f(y_p)$，$f(y_q) \in [a,b]$，就有 $f(x_p)$，$f(x_q) \in X_\alpha$；或者

$$X_\alpha = \{x_1, x_2, \cdots, x_m\} \subset \{x_1, x_2, \cdots, x_m, f(x_p), f(x_q)\} = X_a \cup \{x', x''\}$$

定义 5.1.2　元素迁移 f_i 构成的集合 F，称作元素迁移族，而且

$$F = \{f_1, f_2, \cdots, f_m\} \tag{5.1.3}$$

若把元素迁移应用到属性集 $\alpha = \{\alpha_1, \alpha_2, \cdots, \alpha_k\} \subset V$ 中，则有

$$\exists \beta \in V, \cup\beta \bar{\in} \alpha \Rightarrow f(\beta) = \alpha' \in \alpha \tag{5.1.4}$$

显然有

$$\alpha = \{\alpha_1, \alpha_2, \cdots, \alpha_k\} \subset \{\alpha_1, \alpha_2, \cdots, \alpha_k, f(\beta)\} = \alpha \cup \{\alpha'\}$$

容易得到：若存在 $f_i \in F$，使得知识 $[x]_\alpha$ 与知识 $[x]_{\alpha \cup \{f(\beta)\}}$ 满足

$$\text{card}([x]_{\alpha \cup \{f(\beta)\}}) \leqslant \text{card}([x]_\alpha) \tag{5.1.5}$$

在 $f_i \in F$ 的作用下，使得知识 $[x]_\alpha$ 萎缩，$[x]_\alpha$ 生成 $[x]_{\alpha \cup \{f(\beta)\}}$.

定义 5.1.3　设 $[x]_\alpha$ 是 U 上的知识，$\alpha = \{\alpha_1, \alpha_2, \cdots, \alpha_\lambda\}$ 是 $[x]_\alpha$ 的属性集，如果 $\exists \beta \in V, \cup\beta \bar{\in} \alpha$，$f(\beta) = \alpha' \in \alpha$；具有属性 α^f

$$\alpha^f = \alpha \cup \{f(\beta)\} \tag{5.1.6}$$

的知识 $[x]_{\alpha^f}$ 称作 $[x]_\alpha$ 的 f-记忆知识.

定义 5.1.4　称 φ_f 是 $[x]_{\alpha^f}$ 关于 $[x]_\alpha$ 的 f-记忆度，如果

$$\varphi_f = \text{card}([x]_{\alpha^f}) / \text{card}([x]_\alpha) \tag{5.1.7}$$

称 k_f 是 $[x]_{\alpha^f}$ 关于 $[x]_\alpha$ 的 f-记忆阶，如果

$$k_f = \text{card}([x]_\alpha) \backslash \text{card}([x]_{\alpha^f}) \tag{5.1.8}$$

其中 $0 \leqslant \varphi_f \leqslant 1, k_f \in N^+$.

定义 5.1.5　称 ψ_f 是知识 $[x]_{\alpha^f}$ 关于知识 $[x]_\alpha$ 的 f-记忆损失，如果

$$\psi_f = \text{card}(\alpha) / \text{card}(\alpha^f) \tag{5.1.9}$$

其中$0\leqslant\psi_f\leqslant1$.

定义 5.1.6 称σ_f是f-记忆知识$[x]_{\alpha^f}$的知识-属性比,而且

$$\sigma_f=\mathrm{card}([x]_{\alpha^f})/\mathrm{card}(\alpha^f) \tag{5.1.10}$$

应当特别指出:知识$[x]_{\alpha^f}$的知识-属性比σ_f有两类形式,一类形式是$0\leqslant\sigma_f\leqslant1$,另一类形式是$1\leqslant\sigma_f$;这两类不同形式的知识-属性比存在于不同的系统中;在下面的讨论中,$0\leqslant\sigma_f\leqslant1$.

显然,若$[x]_\alpha$是U的知识,它的知识-属性比是$\sigma=\mathrm{card}([x]_\alpha)/\mathrm{card}(\alpha)$.

由定义5.1.1~5.1.6直接得到:

定理 5.1.1(f-记忆度φ_f与f-记忆损失ψ_f关系定理) 若$[x]_{\alpha^f}$是$[x]_\alpha$的f-记忆知识;φ_f,ψ_f分别是$[x]_{\alpha^f}$关于$[x]_\alpha$的f-记忆度,f-记忆损失,σ_f是$[x]_{\alpha^f}$的知识-属性比,则

$$\psi_f=\sigma^{-1}\sigma_f\varphi_f^{-1} \tag{5.1.11}$$

其中σ是知识$[x]_\alpha$的知识-属性比,$\sigma=\mathrm{card}([x]_\alpha)/\mathrm{card}(\alpha)$.

证明 由式(5.1.7)得到$\varphi_f^{-1}=\mathrm{card}([x]_\alpha)/\mathrm{card}([x]_{\alpha^f})$,利用(5.1.10)和$\sigma^{-1}=\mathrm{card}(\alpha)/\mathrm{card}([x]_\alpha)$,则$\mathrm{card}([x]_\alpha)/\mathrm{card}([x]_{\alpha^f})\cdot\mathrm{card}([x]_{\alpha^f})/\mathrm{card}(\alpha^f)\cdot\mathrm{card}(\alpha)/\mathrm{card}([x]_\alpha)=\mathrm{card}(\alpha)/\mathrm{card}(\alpha^f)=\psi_f$,或者

$$\psi_f=\sigma^{-1}\sigma_f\varphi_f^{-1} \tag{5.1.12}$$

定理5.1.1的直观意义:$[x]_{\alpha^f}$的f-记忆损失ψ_f与它的知识-属性比σ_f成正比;ψ_f与它的f-记忆度φ_f成反比. 随着知识$[x]_{\alpha^f}$的f-记忆度φ_f的逐步减小,知识$[x]_{\alpha^f}$的f-记忆损失逐步增大;定理5.1.1揭露了风险因素对投资系统的入侵攻击与投资回报率的关系.

推论1 f-记忆知识$[x]_{\alpha^f}$的知识-属性比σ_f与知识$[x]_\alpha$的知识-属性比σ满足

$$\sigma_f-\sigma<0 \tag{5.1.13}$$

定理 5.1.2(f-记忆度φ_f与f-记忆阶k_f乘积定理) 若$[x]_{\alpha^f}$是$[x]_\alpha$的f-记忆知识,则$[x]_{\alpha^f}$的f-记忆度φ_f与f-记忆阶k_f满足

$$k_f\varphi_f=m(1-\varphi_f) \tag{5.1.14}$$

其中$m=\mathrm{card}([x]_{\alpha^f})$.

定理5.1.2的证明是明显的,证明略.

定理 5.1.3(f-记忆损失ψ_f与f-记忆阶k_f乘积定理) 若$[x]_{\alpha^f}$是$[x]_\alpha$的f-记忆知识,则$[x]_{\alpha^f}$的f-记忆损失ψ_f与f-记忆阶k_f满足

$$k_f\psi_f=n(\sigma\psi_f-\sigma_f) \tag{5.1.15}$$

其中 $n=\mathrm{card}(\alpha)$，σ 是知识$[x]_\alpha$ 的知识-属性比.

证明　由式(5.1.8)、式(5.1.9)得到

$$\begin{aligned} k_f\psi_f &= (\mathrm{card}([x]_\alpha)-\mathrm{card}([x]_{\alpha^f}))\cdot \mathrm{card}(\alpha)/\mathrm{card}(\alpha^f)\\ &= \mathrm{card}([x]_\alpha)\mathrm{card}(\alpha)/\mathrm{card}(\alpha^f)-\mathrm{card}([x]_{\alpha^f})\mathrm{card}(\alpha)/\mathrm{card}(\alpha^f)\\ &= \mathrm{card}(\alpha)(\mathrm{card}([x]_\alpha)/\mathrm{card}(\alpha^f)-\mathrm{card}([x]_{\alpha^f})/\mathrm{card}(\alpha^f))\\ &= \mathrm{card}(\alpha)(\mathrm{card}([x]_\alpha)/\mathrm{card}(\alpha^f)-\sigma_f)\\ &= \mathrm{card}(\alpha)(\sigma\psi_f-\sigma_f) \end{aligned}$$

令 $n=\mathrm{card}(\alpha)$，则有

$$k_f\,\psi_f = n(\sigma\psi_f-\sigma_f) \tag{5.1.16}$$

定理 5.1.3 的直接意义：知识$[x]_\alpha$ 中的知识元($[x]_\alpha$ 中的元素)丢失导致记忆损失的存在；简言之，新知识的填补存储伴随着旧知识的删除；它表现在系统智能识别中的新识别的对象对已被识别的对象的覆盖.

定理 5.1.4(f-记忆度 φ_f 与 f-记忆损失 ψ_f 中和定理)　若 φ_f，ψ_f 分别是 f-记忆知识$[x]_{\alpha^f}$关于$[x]_\alpha$ 的 f-记忆度，f-记忆损失，则

$$\varphi_f-\psi_f=0 \tag{5.1.17}$$

的充分必要条件是$[x]_{\alpha^f}$中的知识-属性比 σ_f 与$[x]_\alpha$ 的知识-属性比 σ 满足

$$\sigma\sigma_f^{-1}=1 \tag{5.1.18}$$

证明是直接的，证明略. 定理中“中和”是取自化学中“中和反应”中的一词.

定理 5.1.5(f-记忆度 φ_f 与 f-记忆损失 ψ_f 乘积定理)　若 φ_f，ψ_f 分别是 f-记忆知识$[x]_{\alpha^f}$关于$[x]_\alpha$ 的 f-记忆度，f-记忆损失，则

$$\varphi_f\psi_f=\sigma_f\sigma^{-1} \tag{5.1.19}$$

证明　由定理 5.1.4 直接得到，证明略.

§5.2　F-记忆 S-粗集与它的 F-记忆特性

定义 5.2.1　称$\cup[x]_{\alpha^f}$是$\cup[x]_\alpha$ 的 F-记忆知识，如果$[x]_{\alpha^f}\in\cup[x]_{\alpha^f}$是$[x]_\alpha\in\cup[x]_\alpha$ 的 f-记忆知识，而且

$$\cup[x]_{\alpha^f}\subseteq\cup[x]_\alpha \tag{5.2.1}$$

其中 α 是$[x]_\alpha$ 的属性集，α^f 是$[x]_{\alpha^f}$的属性集；$\mathrm{card}(\alpha)\leqslant\mathrm{card}(\alpha^f)$.

定义 5.2.2　称$(R,F)_\circ(X^\circ)_{\alpha^f}$是$((R,F)_\circ(X^\circ)_\alpha,(R,F)^\circ(X^\circ)_\alpha)$的内 F-记忆，如果$\cup[x]_{\alpha^f}$是$\cup[x]_\alpha$ 的 F-记忆，而且

$$
\begin{aligned}
(R,F)_{\circ}(X^{\circ})_{\alpha f} &= \cup[x]_{\alpha f} \\
&= \{x \mid x\in U, [x]_{\alpha f}\subseteq(X^{\circ})_{\alpha f}\}
\end{aligned}
\tag{5.2.2}
$$

其中 $X^{\circ}\subset U$ 是单向 S-集合，$X^{\circ}=X\cup\{u\mid u\in U, u\bar{\in}X, f(u)=x\in X\}$；$X\subset U$. 显然

$$(R,F)_{\circ}(X^{\circ})_{\alpha f}\subseteq(R,F)_{\circ}(X^{\circ})_{\alpha}$$

定义 5.2.3 称$(R,F)^{\circ}(X^{\circ})_{\alpha f}$是$((R,F)_{\circ}(X^{\circ})_{\alpha},(R,F)^{\circ}(X^{\circ})_{\alpha})$的外 F-记忆，如果$\cup[x]_{\alpha f}$是$\cup[x]_{\alpha}$ 的 F-记忆，而且

$$
\begin{aligned}
(R,F)^{\circ}(X^{\circ})_{\alpha f} &= \cup[x]_{\alpha f} \\
&= \{x \mid x\in U, [x]_{\alpha f}\cap(X^{\circ})_{\alpha f}\neq\varnothing\}
\end{aligned}
\tag{5.2.3}
$$

显然

$$(R,F)^{\circ}(X^{\circ})_{\alpha f}\subseteq(R,F)^{\circ}(X^{\circ})_{\alpha}$$

定义 5.2.4 集合对

$$((R,F)_{\circ}(X^{\circ})_{\alpha f},\ (R,F)^{\circ}(X^{\circ})_{\alpha f}) \tag{5.2.4}$$

称作$((R,F)_{\circ}(X^{\circ})_{\alpha},(R,F)^{\circ}(X^{\circ})_{\alpha})$的单向 F-记忆 S-粗集，简称 F-记忆 S-粗集，如果$(R,F)_{\circ}(X^{\circ})_{\alpha f},(R,F)^{\circ}(X^{\circ})_{\alpha f}$分别是$(R,F)_{\circ}(X^{\circ})_{\alpha},(R,F)^{\circ}(X^{\circ})_{\alpha}$ 的内 F-记忆，外 F-记忆.

称 $B_{nR}((X^{\circ})_{\alpha f})$是$((R,F)_{\circ}(X^{\circ})_{\alpha f},(R,F)^{\circ}(X^{\circ})_{\alpha f})$的 F-记忆边界，而且

$$B_{nR}((X^{\circ})_{\alpha f})=((R,F)^{\circ}(X^{\circ})_{\alpha f})-((R,F)_{\circ}(X^{\circ})_{\alpha f})$$

为了讨论方便，符号的简化，又不引起误解，$(R,F)_{\circ}(X^{\circ})_{\alpha f}$记作$(R,F)_{\circ}(X^{\circ})_{f}$，$(R,F)^{\circ}(X^{\circ}\cup)_{\alpha f}$记作$(R,F)^{\circ}(X^{\circ}\cup)_{f}$；$((R,F)_{\circ}(X^{\circ}\cup)_{\alpha f},(R,F)^{\circ}(X^{\circ}\cup)_{\alpha f})$记作$((R,F)_{\circ}(X^{\circ}\cup)_{f},(R,F)^{\circ}(X^{\circ}\cup)_{f})$；$((R,F)_{\circ}(X^{\circ}\cup)_{\alpha},(R,F)^{\circ}(X^{\circ}\cup)_{\alpha})$仍然用符号$((R,F)_{\circ}(X^{\circ}\cup),(R,F)^{\circ}(X^{\circ}\cup))$表示；$((R,F)_{\circ}(X^{\circ}\cup),(R,F)^{\circ}\cup(X^{\circ}\cup))$是单向 S-粗集；下面的讨论使用这些简化的符号.

定义 5.2.5 称 φ_F 是$(R,F)_{\circ}(X^{\circ})_{f}$ 关于$((R,F)_{\circ}(X^{\circ}),(R,F)^{\circ}(X^{\circ}))$的内 F-记忆度，如果

$$\varphi_F=\text{card}((R,F)_{\circ}(X^{\circ})_{f})/\text{card}((R,F)_{\circ}(X^{\circ})) \tag{5.2.5}$$

称 φ^F 是$(R,F)^{\circ}(X^{\circ})_{f}$ 关于$((R,F)_{\circ}(X^{\circ}),(R,F)^{\circ}(X^{\circ}))$的外 F-记忆度，如果

$$\varphi^F=\text{card}((R,F)^{\circ}(X^{\circ})_{f})/\text{card}((R,F)^{\circ}(X^{\circ})) \tag{5.2.6}$$

定义 5.2.6 称 $\varphi(F)$是$((R,F)_{\circ}(X^{\circ})_{f},(R,F)^{\circ}(X^{\circ})_{f})$关于$((R,F)_{\circ}(X^{\circ}),(R,F)^{\circ}(X^{\circ}))$的 F-记忆度，如果

$$\varphi(F)=\frac{1}{2}(\varphi_F+\varphi^F) \tag{5.2.7}$$

定义 5.2.7　称 p_F 是 $(R,F)_\circ(X^\circ)_f$ 关于 $((R,F)_\circ(X^\circ),(R,F)^\circ(X^\circ))$ 的内 F-记忆阶,而且

$$p_F=\sum_{i=1}^{\lambda}\mathrm{card}([x]_\alpha^i\backslash[x]_{\alpha f}^i)\tag{5.2.8}$$

称 q_F 是 $(R,F)^\circ(X^\circ)_f$ 关于 $((R,F)_\circ(X^\circ),(R,F)^\circ(X^\circ))$ 的外 F-记忆阶,而且

$$q_F=\sum_{j=1}^{t}\mathrm{card}([x]_\alpha^j\backslash[x]_{\alpha f}^j)\tag{5.2.9}$$

其中 $[x]_\alpha^i\in(R,F)_\circ(X^\circ)$, $[x]_\alpha^j\in(R,F)^\circ(X^\circ)$; $[x]_{\alpha f}^i\in(R,F)_\circ(X^\circ)_f$, $[x]_{\alpha f}^j\in(R,F)^\circ(X^\circ)_f$; $i=1,2,\cdots,\lambda$; $j=1,2,\cdots,t$.

定义 5.2.8　称 τ_F 是 $((R,F)_\circ(X^\circ)_f,(R,F)^\circ(X^\circ)_f)$ 关于 $((R,F)_\circ(X^\circ),(R,F)^\circ(X^\circ))$ 的 F-记忆阶,而且

$$\tau_F=p_F+q_F\tag{5.2.10}$$

由定义 5.2.1 ~5.2.8 得到:

定理 5.2.1(F-记忆 S-粗集的 F-记忆恢复定理)　若 $((R,F)_\circ(X^\circ\cup)_f^i,(R,F)^\circ(X^\circ\cup)_f^i)$, $((R,F)_\circ(X^\circ\cup)_f^j,(R,F)^\circ(X^\circ\cup)_f^j)$ 分别是 $((R,F)_\circ(X^\circ\cup),(R,F)^\circ(X^\circ\cup))$ 的 F-记忆 S-粗集,则 $\varphi(F)^i=\varphi(F)^j$ 的充分必要条件是

$$\mathrm{card}(\alpha\cup\{f(\beta)\})-\mathrm{card}(\alpha\backslash\{\bar{f}(\alpha')\})=0\tag{5.2.11}$$

其中 $\beta\in V,\beta\,\bar{\in}\,\alpha$; $\bar{f}\in\bar{F}$ 是元素迁移, $\varphi(F)^i$ 是 $((R,F)_\circ(X^\circ)_f^i,(R,F)^\circ(X^\circ)_f^i)$ 关于 $((R,F)_\circ(X^\circ),(R,F)^\circ(X^\circ))$ 的 F-记忆度; $f(\beta)=\alpha'$.

证明　1°　若 $\mathrm{card}(\alpha\cup\{f(\beta)\})-\mathrm{card}(\alpha\backslash\{\bar{f}(\alpha')\})=0\Rightarrow(\alpha\cup\{f(\beta)\})=(\alpha\backslash\{\bar{f}(\alpha')\})$,由定义 5.2.5, 5.2.6 得到 $\varphi_F^i={\varphi_F}^j,\varphi^{F,i}=\varphi^{F,i}\Rightarrow\varphi(F)^i=\varphi(F)^j$.

2°　$\varphi(F)^i=\varphi(F)^j\Rightarrow\varphi_F^i=\varphi_F^j,\varphi^{F,i}=\varphi^{F,j}\Rightarrow$ 由定义 5.2.4: $\forall[x]_f^i\in(R,F)_\circ(X^\circ)_f^i$, $[x]_f^j\in(R,F)_\circ(X^\circ)_f^j\Rightarrow\varphi_F^i=\varphi{}_F^j$.

F-记忆恢复的意义: F-记忆删除了 $\bar{F}$-记忆中被补充的知识, F-记忆恢复为对象的智能识别提供了识别简化的理论依据.

推论 1　$((R,F)_\circ(X^\circ\cup),(R,F)^\circ(X^\circ\cup))$ 的任意两个 F-记忆 S-粗集 $((R,F)_\circ(X^\circ)_f^i,(R,F)^\circ(X^\circ\cup)_f^i)$, $((R,F)_\circ(X^\circ\cup)_f^j,(R,F)^\circ(X^\circ\cup)_f^j)$,如果它们是 F-记忆恢复的,必有

1°　$$(\alpha\cup\{f(\beta_k)\mid k=1,2,\cdots,\lambda\})\cap(\alpha\backslash\{\bar{f}(\alpha'_k)\mid k=1,2,\cdots,\lambda\})=\alpha\tag{5.2.12}$$

2°　$$\tau_F^i=\tau_F^j\tag{5.2.13}$$

其中τ_F^i是$((R,F)_\circ(X^\circ)_f^i,(R,F)^\circ(X^\circ)_f^i)$关于$((R,F)_\circ(X^\circ),(R,F)^\circ(X^\circ))$的 F-记忆阶.

定理 5.2.2（F-记忆 S-粗集的 F-记忆链定理） 给定属性集 $\alpha_1^f,\alpha_2^f,\cdots,\alpha_\lambda^f$，而且

$$\alpha_1^f\subseteq\alpha_2^f\subseteq\cdots\subseteq\alpha_\lambda^f \tag{5.2.14}$$

则 F-记忆 S-粗集构成 F-记忆链，而且

$$\begin{aligned}((R,F)_\circ(X^\circ)_f^\lambda,(R,F)^\circ(X^\circ)_f^\lambda)&\subseteq((R,F)_\circ(X^\circ)_f^{\lambda-1},(R,F)^\circ(X^\circ)_f^{\lambda-1})\\&\subseteq\cdots\subseteq((R,F)_\circ(X^\circ)_f^1,(R,F)^\circ(X^\circ)_f^1)\end{aligned} \tag{5.2.15}$$

其中 α_k^f 是$((R,F)_\circ(X^\circ)_f^k,(R,F)^\circ(X^\circ)_f^k)$的属性集，$k\in(1,2,\cdots,\lambda)$；正整数 λ 称作 F-记忆链的长度.

定理 5.2.3（F-记忆 S-粗集的 F-记忆链子链定理） 给定属性集 $\alpha_1^f,\alpha_2^f,\cdots,\alpha_\lambda^f$，而且

$$\alpha_1^f\subseteq\alpha_2^f\subseteq\cdots\subseteq\alpha_\lambda^f \tag{5.2.16}$$

则 F-记忆链上存在内 F-记忆链，外 F-记忆链，而且

1° $(R,F)_\circ(X^\circ)_f^\lambda\subseteq(R,F)_\circ(X^\circ)_f^{\lambda-1}\subseteq\cdots\subseteq(R,F)_\circ(X^\circ)_f^1$ (5.2.17)

2° $(R,F)^\circ(X^\circ)_f^\lambda\subseteq(R,F)^\circ(X^\circ)_f^{\lambda-1}\subseteq\cdots\subseteq(R,F)^\circ(X^\circ)_f^1$ (5.2.18)

定理 5.2.2，5.2.3 的证明是直接的，证明略.

定理 5.2.4（F-记忆 S-粗集的 F-记忆环定理） 给定 F-记忆 S-粗集的 F-记忆链，而且

$$\begin{aligned}((R,F)_\circ(X^\circ)_f^\lambda,(R,F)^\circ(X^\circ)_f^\lambda)&\subseteq((R,F)_\circ(X^\circ)_f^{\lambda-1},(R,F)^\circ(X^\circ)_f^{\lambda-1})\\&\subseteq\cdots\subseteq((R,F)_\circ(X^\circ)_f^1,(R,F)^\circ(X^\circ)_f^1)\end{aligned} \tag{5.2.19}$$

则 F-记忆链构成 F-记忆环的充分必要条件是

$$\mathrm{card}(\alpha_\lambda^f)=\mathrm{card}(\alpha_\lambda^f\setminus\{\bar{f}(\alpha'_i)\mid i=1,2,\cdots,\lambda\}) \tag{5.2.20}$$

其中 $\alpha_\lambda^f=\alpha\cup\{f(\beta_i)\mid i=1,2,\cdots,\lambda\}=\alpha\cup\{\alpha'_i\mid i=1,2,\cdots,\lambda\}$；$\bar{f}\in\bar{F}$ 是元素迁移，α_λ^f是$((R,F)_\circ(X^\circ)_f^\lambda,(R,F)^\circ(X^\circ)_f^\lambda)$的属性集，$\beta_i\,\bar{\in}\,\alpha$.

定理 5.2.4 是一个直接的事实；事实上，若 F-记忆链(5.2.19)首尾相接，式(5.2.19)构成为一个环；显然，F-记忆链首尾相接，或者$((R,F)_\circ(X^\circ\cup)_f^\lambda,(R,F)^\circ(X^\circ\cup)_f^\lambda)=((R,F)_\circ(X^\circ\cup)_f^1,(R,F)^\circ(X^\circ\cup)_f^1)$，必有 $\mathrm{card}(\alpha_\lambda^f)=\mathrm{card}(\alpha_\lambda^f\setminus\{\bar{f}(\alpha'_i)\mid i=1,2,\cdots,\lambda\})$. 这里 $\bar{f}(\alpha'_i)=\beta_i$，$\beta_i\in V$，$\beta_i\,\bar{\in}\,\alpha$；定理 5.2.4 的证明略.

推论 2 F-记忆环上存在内 F-记忆环，外 F-记忆环各一个.

推论 3　F-记忆环生成 F-记忆度环.

推论 4　内 F-记忆环生成内 F-记忆度环.

推论 5　外 F-记忆环生成外 F-记忆度环.

定理 5.2.5（F-记忆 S-粗集的 F-记忆子环定理）　给定 F-记忆 S-粗集的 F-记忆子链,而且

$$((R,F)_\circ(X^\circ)_f^i,(R,F)^\circ(X^\circ)_f^i)\subseteq((R,F)_\circ(X^\circ)_f^j,(R,F)^\circ(X^\circ)_f^j)$$

$$\subseteq\cdots\subseteq((R,F)_\circ(X^\circ)_f^k,(R,F)^\circ(X^\circ)_f^k) \tag{5.2.21}$$

则 F-记忆子链构成 F-记忆子环的充分必要条件是

$$\mathrm{card}(\alpha_i^f)=\mathrm{card}(\alpha_i^f\setminus\{\bar{f}(\alpha_p')\mid p=1,2,\cdots,k-i\}) \tag{5.2.22}$$

其中 $i\leqslant j\leqslant k<\lambda$；$\alpha_i^f$ 是$((R,F)_\circ(X^\circ)_f^i,(R,F)^\circ(X^\circ)_f^i)$的属性集.

定理 5.2.6（F-记忆 S-粗集的 F-记忆环分布定理）　给定长度是 λ 的 F-记忆链,$\lambda\geqslant 3$,而且

$$((R,F)_\circ(X^\circ)_f^\lambda,(R,F)^\circ(X^\circ)_f^\lambda)\subseteq((R,F)_\circ(X^\circ)_f^{\lambda-1},(R,F)^\circ(X^\circ)_f^{\lambda-1})$$

$$\subseteq\cdots\subseteq((R,F)_\circ(X^\circ)_f^1,(R,F)^\circ(X^\circ)_f^1) \tag{5.2.23}$$

则

1°　F-记忆链上存在 λ-3 类 F-记忆环.

2°　任意一类中的所有 F-记忆环具有相同数量的重合点.

3°　λ-3 类的 F-记忆环上重合点的数量满足等差级数分布.

证明　不失一般性,设 λ 是一个奇数,由定理 5.2.3 ~5.2.5 易得 1°成立.

2°为了符号的简化,(5.2.23)记作

$$\theta_f^\lambda\subseteq\theta_f^{\lambda-1}\subseteq\cdots\subseteq\theta_f^1 \tag{5.2.24}$$

在式(5.2.24)上取子链 $\theta_f^\lambda\subseteq\theta_f^{\lambda-1}\subseteq\theta_f^{\lambda-2}$, $\theta_f^{\lambda-1}\subseteq\theta_f^{\lambda-2}\subseteq\theta_f^{\lambda-3}$, $\cdots$, $\theta_f^{\lambda-p}\subseteq\theta_f^{\lambda-p+1}\subseteq\theta_f^1$, 令 $T_f^\lambda=\{\theta_f^\lambda\subseteq\theta_f^{\lambda-1}\subseteq\theta_f^{\lambda-2}\}$, $T_f^{\lambda-1}=\{\theta_f^{\lambda-1}\subseteq\theta_f^{\lambda-2}\subseteq\theta_f^{\lambda-3}\}$, $\cdots$, $T_f^{\lambda-p}=\{\theta_f^{\lambda-p}\subseteq\theta_f^{\lambda-p+1}\subseteq\theta_f^1\}$, 则有 $T_f^\lambda\cap T_f^{\lambda-1}=\{\theta_f^{\lambda-1},\theta_f^{\lambda-2}\}$, $\mathrm{card}(T_f^\lambda\cap T_f^{\lambda-1})=2$.

在式(5.2.24)上取子链 $\theta_f^\lambda\subseteq\theta_f^{\lambda-1}\subseteq\theta_f^{\lambda-2}\subseteq\theta_f^{\lambda-3}$, $\theta_f^{\lambda-1}\subseteq\theta_f^{\lambda-2}\subseteq\theta_f^{\lambda-3}\subseteq\theta_f^{\lambda-4}$, $\theta_f^{\lambda-2}\subseteq\theta_f^{\lambda-3}\subseteq\theta_f^{\lambda-4}\subseteq\theta_f^{\lambda-5}$,则有 $T_f^\lambda\cap T_f^{\lambda-1}=\{\theta_f^{\lambda-1},\theta_f^{\lambda-2},\theta_f^{\lambda-3}\}$, $\mathrm{card}(T_f^\lambda\cap T_f^{\lambda-1})=3$；依此类推,依次得到 $\mathrm{card}(T_f^\lambda\cap T_f^{\lambda-1})=\lambda-1$. 3°由 2°直接得到.

设 λ 是一个偶数,则得到与上面类似的证明,证明略.

由定理 5.2.6 直接得到：

定理 5.2.7（F-记忆 S-粗集的 F-记忆度环分布定理）　给定$(R,F)_\circ(X^\circ)_f^i$,$(R,

$F)^{\circ}(X^{\circ})_{f}^{i})$关于$((R,F)_{\circ}(X^{\circ}),(R,F)^{\circ}(X^{\circ}))$的$F$-记忆度链,$i=1,2,\cdots,\lambda$,而且

$$\varphi(F)^{\lambda}\leqslant\varphi(F)^{\lambda-1}\leqslant\cdots\leqslant\varphi(F)^{1} \tag{5.2.25}$$

则

1° F-记忆度链上存在λ-3类F-记忆度环.

2° 任意一类中的所有F-记忆度环具有相同数量的重合点.

3° λ-3类的F-记忆度环上重合点的数量满足等差级数分布.

推论6 内F-记忆度子环上的重合点的数量满足等差级数分布.

推论7 外F-记忆度子环上的重合点的数量满足等差级数分布.

由定理5.2.1~5.2.6,推论1~7得到:

F-记忆链上知识丢失原理

F-记忆链上的F-记忆S-粗集$((R,F)_{\circ}(X^{\circ})_{f}^{j},(R,F)^{\circ}(X^{\circ})_{f}^{j})$记忆了$((R,F)_{\circ}(X^{\circ}\cup)_{f}^{j-1},(R,F)^{\circ}(X^{\circ}\cup)_{f}^{j-1})$的所有属性;丢失了$((R,F)_{\circ}(X^{\circ}\cup)_{f}^{j-1},(R,F)^{\circ}(X^{\circ}\cup)_{f}^{j-1})$的部分$f$-记忆知识;$F$-记忆链的长度与被丢失的$f$-记忆知识的多寡无关.

5.2节给出S-粗集的F-记忆概念,给出S-粗集的F-记忆特性;对这些结果,给出再讨论.给定知识$[x]_{\alpha}\in U$,$[x]_{\alpha}=\{x_1,x_2,x_3,x_4\}$,$\alpha\subset V$是$[x]_{\alpha}$的属性集,$\alpha=\{\alpha_1,\alpha_2,\alpha_3\}$;存在元素迁移$\bar{f}\in\bar{F}$,使得$\alpha_3\in\alpha$变成$\bar{f}(\alpha_3)=\beta\bar{\in}\alpha$,$\alpha=\{\alpha_1,\alpha_2,\alpha_3\}$变成$\alpha^{\bar{f}}=\alpha\setminus\{\bar{f}(\alpha_3)\}=\{\alpha_1,\alpha_2\}$;知识$[x]_{\alpha}$变成知识$[x]_{\alpha^{\bar{f}}}=\{x_1,x_2,x_3,x_4,x_5,x_6,x_7\}$;则有$\mathrm{card}([x]_{\alpha})\leqslant\mathrm{card}([x]_{\alpha^{\bar{f}}})$;显然,知识$[x]_{\alpha^{\bar{f}}}$是记忆了知识$[x]_{\alpha}$的属性$\alpha_1,\alpha_2$,忘却了属性$\alpha_3$而得到的;换言之,知识$[x]_{\alpha^{\bar{f}}}$完整的记忆了$[x]_{\alpha}$内的元素$x_1,x_2,x_3,x_4$,同时又补充记忆了$[x]_{\alpha}$外的元素$x_5,x_6,x_7$($x_5,x_6,x_7\bar{\in}[x]_{\alpha}$;$x_5,x_6,x_7\in U$).由5.2节的讨论能够得到反面的认识:若知识$[x]_{\alpha^{\bar{f}}}$记忆了属性$\alpha_3$,则知识$[x]_{\alpha^{\bar{f}}}=\{x_1,x_2,x_3,x_4,x_5,x_6,x_7\}$还原成知识$[x]_{\alpha}=\{x_1,x_2,x_3,x_4\}$.显然,因为$\bar{f}\in\bar{F}$的存在使得知识$[x]_{\alpha}$具有记忆特性或$\bar{f}$-记忆特性;S-粗集具有$\bar{F}$-记忆特性吗?这里给出S-粗集和它的$\bar{F}$-记忆特性的讨论;下面的讨论是在单向S-粗集对偶上进行的.

§5.3　元素迁移$\bar{f}$与$\bar{f}$-记忆知识

为了讨论的方便,把元素迁移$\bar{f}$的概念重新引入到这里.

定义5.3.1 设$X_{\alpha}=\{x_1,x_2,\cdots,x_m\}\subset U$是元素集合,$\alpha=\{\alpha_1,\alpha_2,\cdots,\alpha_k\}\subset V$是$X_{\alpha}$的属性集合,$y=\{y_1,y_2,\cdots,y_m\}$是$X_{\alpha}$的特征值集合,$[a,b]$是$y$生成的特征值离散区间,而且

$$a=\min_{i=1}^{m}(y_i),\ b=\max_{j=1}^{m}(y_j) \tag{5.3.1}$$

其中 $y_i, y_j \in R^+$；y_i, y_j 分别是 $x_i, x_j \in X_\alpha$ 的特征值.

对于元素 $x_p, x_q \in X_\alpha$；x_p, x_q 的特征值 $y_p, y_q \in [a, b]$，如果存在变换 $\bar{f} \in \bar{F}$，使得 $\bar{f}(y_p), \bar{f}(y_q) \bar{\in} [a, b]$，变换 $\bar{f} \in \bar{F}$ 称作元素迁移；或者

$$x_p, x_q \in X_\alpha \Rightarrow \bar{f}(x_p), \bar{f}(x_q) \bar{\in} X_\alpha \tag{5.3.2}$$

显然有

$$X \backslash \{\bar{f}(x_1), \bar{f}(x_2), \cdots, \bar{f}(x_1)\} \subset \{x_1, x_2, \cdots, x_m\} = X_\alpha$$

定义 5.3.2　元素迁移 $\bar{f}_i$ 构成的集合 $\bar{F}$，称作元素迁移族，而且

$$\bar{F} = \{\bar{f}_1, \bar{f}_2, \cdots, \bar{f}_m\} \tag{5.3.3}$$

若把元素迁移应用到属性集 $\alpha = \{\alpha_1, \alpha_2, \cdots, \alpha_k\}$ 中，则有

$$\exists \alpha_i \in \alpha \Rightarrow \bar{f}(\alpha_i) = \beta_i \bar{\in} \alpha \tag{5.3.4}$$

显然有

$$\alpha \backslash \{\bar{f}(\alpha_i) \mid i = 1, 2, \cdots, \lambda, \lambda < k\} \subset \{\alpha_1, \alpha_2, \cdots, \alpha_k\} = \alpha$$

容易得到：若存在 $\bar{f}_i \in \bar{F}$，使得知识 $[x]_\alpha$ 与知识 $[x]_{\alpha \backslash \{\bar{f}(\alpha_p)\}}$ 满足

$$\text{card}([x]_\alpha) \leqslant \text{card}([x]_{\alpha \backslash \{\bar{f}(\alpha_p)\}}) \tag{5.3.5}$$

在 $\bar{f}_i \in \bar{F}$ 的作用下，知识 $[x]_\alpha$ 生成 $[x]_{\alpha \backslash \{\bar{f}(\alpha_p)\}}$.

定义 5.3.3　设 $[x]_\alpha$ 是 U 上的知识，$\alpha = \{\alpha_1, \alpha_2, \cdots, \alpha_\lambda\}$ 是 $[x]_\alpha$ 的属性集；如果 $\exists \alpha_i \in \alpha, \bar{f}(\alpha_i) = \beta_i \bar{\in} \alpha$；具有属性

$$\alpha^{\bar{f}} = \alpha \backslash \{\bar{f}(\alpha_i)\} \tag{5.3.6}$$

的知识 $[x]_{\alpha^{\bar{f}}}$ 称作 $[x]_\alpha$ 的 $\bar{f}$-记忆知识.

定义 5.3.4　称 $\varphi_{\bar{f}}$ 是 $[x]_{\alpha^{\bar{f}}}$ 关于 $[x]_\alpha$ 的 $\bar{f}$-记忆度，如果

$$\varphi_{\bar{f}} = \text{card}([x]_\alpha) / \text{card}([x]_{\alpha^{\bar{f}}}) \tag{5.3.7}$$

称 $k_{\bar{f}}$ 是 $[x]_{\alpha^{\bar{f}}}$ 关于 $[x]_\alpha$ 的 $\bar{f}$-记忆阶，如果

$$k_{\bar{f}} = \text{card}([x]_{\alpha^{\bar{f}}}) \backslash \text{card}([x]_\alpha) \tag{5.3.8}$$

其中 $0 \leqslant \varphi_{\bar{f}} \leqslant 1, k_{\bar{f}} \in N^+$.

定义 5.3.5　称 $\psi_{\bar{f}}$ 是知识 $[x]_{\alpha^{\bar{f}}}$ 关于知识 $[x]_\alpha$ 的 $\bar{f}$-记忆盈余，如果

$$\psi_{\bar{f}} = \text{card}(\alpha^{\bar{f}}) / \text{card}(\alpha) \tag{5.3.9}$$

其中 $0 \leqslant \psi_{\bar{f}} \leqslant 1$.

定义 5.3.6　称 $\sigma_{\bar{f}}$ 是知识 $[x]_{\alpha^{\bar{f}}}$ 的知识-属性比，而且

$$\sigma_{\bar{f}} = \mathrm{card}([x]_{\alpha^{\bar{f}}})/\mathrm{card}(\alpha^{\bar{f}}) \tag{5.3.10}$$

这里指出,知识$[x]_{\alpha^{\bar{f}}}$的知识-属性比 $\sigma_{\bar{f}}$ 有两类形式:一类形式是 $0 \leqslant \sigma_{\bar{f}} \leqslant 1$,另一类形式是 $1 \leqslant \sigma_{\bar{f}}$;这两类形式的知识-属性比存在于不同的系统中;在下面的讨论中,$0 \leqslant \sigma_{\bar{f}} \leqslant 1$. 对于知识$[x]_\alpha$,它的知识-属性比是 $\sigma = \mathrm{card}([x]_\alpha)/\mathrm{card}(\alpha)$.

由定义 5.3.1 ~5.3.6 直接得到:

定理 5.3.1($\bar{f}$-记忆度 $\varphi_{\bar{f}}$ 与 $\bar{f}$-记忆盈余 $\psi_{\bar{f}}$ 关系定理) 若$[x]_{\alpha^{\bar{f}}}$是$[x]_\alpha$ 的 $k_{\bar{f}}$ 阶 $\bar{f}$-记忆知识;$\varphi_{\bar{f}}$,$\psi_{\bar{f}}$ 分别是$[x]_{\alpha^{\bar{f}}}$关于$[x]_\alpha$ 的 $\bar{f}$-记忆度,$\bar{f}$-记忆盈余,$\sigma_{\bar{f}}$ 是$[x]_{\alpha^{\bar{f}}}$的知识-属性比,则

$$\psi_{\bar{f}} = \sigma\sigma_{\bar{f}}^{-1}\varphi_{\bar{f}}^{-1} \tag{5.3.11}$$

其中 σ 是知识$[x]_\alpha$ 的知识-属性比,$\sigma = \mathrm{card}([x]_\alpha)/\mathrm{card}(\alpha)$.

证明 由式(5.3.7)、式(5.3.10)和 $\sigma = \mathrm{card}([x]_\alpha)/\mathrm{card}(\alpha)$得到 $\mathrm{card}(\alpha)/\mathrm{card}([x]_\alpha) \cdot \mathrm{card}([x]_{\alpha^{\bar{f}}})/\mathrm{card}(\alpha^{\bar{f}}) \cdot \mathrm{card}([x]_\alpha)/\mathrm{card}([x]_{\alpha^{\bar{f}}}) = \mathrm{card}(\alpha)/\mathrm{card}(\alpha^{\bar{f}}) = \psi_{\bar{f}}^{-1}$,或者 $\sigma^{-1}\sigma_{\bar{f}}\varphi_{\bar{f}} = \psi_{\bar{f}}^{-1}$,则有

$$\psi_{\bar{f}} = \sigma\sigma_{\bar{f}}^{-1}\varphi_{\bar{f}}^{-1} \tag{5.3.12}$$

推论 1 $\bar{f}$-记忆知识$[x]_{\alpha^{\bar{f}}}$的知识-属性比 $\sigma_{\bar{f}}$ 与知识$[x]_\alpha$ 的知识-属性比 σ 满足

$$\sigma_{\bar{f}} - \sigma > 0 \tag{5.3.13}$$

定理 5.3.2($\bar{f}$-记忆度 $\varphi_{\bar{f}}$ 与 $\bar{f}$-记忆阶 $k_{\bar{f}}$ 乘积定理) 若$[x]_{\alpha^{\bar{f}}}$是$[x]_\alpha$ 的 $\bar{f}$-记忆知识,则$[x]_{\alpha^{\bar{f}}}$的 $\bar{f}$-记忆度 $\varphi_{\bar{f}}$ 与 $\bar{f}$-记忆阶 $k_{\bar{f}}$ 满足

$$k_{\bar{f}}\varphi_{\bar{f}} = t(1 - \varphi_{\bar{f}}) \tag{5.3.14}$$

其中 $t = \mathrm{card}([x]_\alpha)$.

定理 5.3.3($\bar{f}$-记忆盈余 $\psi_{\bar{f}}$ 与 $\bar{f}$-记忆阶 $k_{\bar{f}}$ 乘积定理) 若$[x]_{\alpha^{\bar{f}}}$是$[x]_\alpha$ 的 $\bar{f}$-记忆知识,则$[x]_{\alpha^{\bar{f}}}$的 $\bar{f}$-记忆盈余 $\psi_{\bar{f}}$ 与 $\bar{f}$-记忆阶 $k_{\bar{f}}$ 满足

$$k_{\bar{f}}\psi_{\bar{f}} = \lambda(\sigma_{\bar{f}}\psi_{\bar{f}} - \sigma) \tag{5.3.15}$$

其中 $\lambda = \mathrm{card}(\alpha^{\bar{f}})$,$\sigma$ 是知识$[x]_\alpha$ 的知识-属性比.

证明 由式(5.3.7)、式 (5.3.8)得到

$$\begin{aligned}
k_{\bar{f}}\psi_{\bar{f}} &= (\mathrm{card}([x]_{\alpha^{\bar{f}}}) - \mathrm{card}([x]_\alpha)) \cdot \mathrm{card}(\alpha^{\bar{f}})/\mathrm{card}(\alpha) \\
&= \mathrm{card}([x]_{\alpha^{\bar{f}}})\mathrm{card}(\alpha^{\bar{f}})/\mathrm{card}(\alpha) - \mathrm{card}([x]_\alpha)\mathrm{card}(\alpha^{\bar{f}})/\mathrm{card}(\alpha) \\
&= \mathrm{card}(\alpha^{\bar{f}})(\mathrm{card}([x]_{\alpha^{\bar{f}}})/\mathrm{card}(\alpha) - \mathrm{card}([x]_\alpha)/\mathrm{card}(\alpha)) \\
&= \mathrm{card}(\alpha^{\bar{f}})(\mathrm{card}([x]_{\alpha^{\bar{f}}})/\mathrm{card}(\alpha^{\bar{f}}) \cdot \mathrm{card}(\alpha^{\bar{f}})/\mathrm{card}(\alpha) - \sigma) \\
&= \mathrm{card}(\alpha^{\bar{f}})(\sigma_{\bar{f}}\psi_{\bar{f}} - \sigma)
\end{aligned}$$

令 $\lambda = \text{card}(\alpha^{\bar{f}})$，则有

$$k_{\bar{f}}\psi_{\bar{f}} = \lambda(\sigma_{\bar{f}}\psi_{\bar{f}} - \sigma) \tag{5.3.16}$$

定理 5.3.4（$\bar{f}$-记忆度 $\varphi_{\bar{f}}$ 与 $\bar{f}$-记忆盈余 $\psi_{\bar{f}}$ 中和定理）　若 $\varphi_{\bar{f}},\psi_{\bar{f}}$ 分别是 $\bar{f}$-记忆知识 $[x]_{\alpha^{\bar{f}}}$ 关于 $[x]_\alpha$ 的 $\bar{f}$-记忆度，$\bar{f}$-记忆盈余，则

$$\varphi_{\bar{f}} - \psi_{\bar{f}} = 0 \tag{5.3.17}$$

的充分必要条件是 $[x]_{\alpha^{\bar{f}}}$ 中的知识-属性比 $\sigma_{\bar{f}}$ 与 $[x]_\alpha$ 的知识-属性比 σ 满足

$$\sigma\sigma_{\bar{f}}^{-1} = 1 \tag{5.3.18}$$

证明是直接的，证明略．定理中“中和”是取自化学中“中和反应”一词．

定理 5.3.5（$\bar{f}$-记忆度 $\varphi_{\bar{f}}$ 与 $\bar{f}$-记忆盈余 $\psi_{\bar{f}}$ 乘积定理）　若 $\varphi_{\bar{f}},\psi_{\bar{f}}$ 分别是 $\bar{f}$-记忆知识 $[x]_{\alpha^{\bar{f}}}$ 关于 $[x]_\alpha$ 的 $\bar{f}$-记忆度，$\bar{f}$-记忆盈余，则

$$\varphi_{\bar{f}}\psi_{\bar{f}} = \sigma\sigma_{\bar{f}}^{-1} \tag{5.3.19}$$

证明　由定理 5.3.4 直接得到，证明略．

§5.4　$\overline{F}$-记忆 S-粗集与它的 $\overline{F}$-记忆特性

下面的讨论是在双向 S-粗集 $((R,\mathscr{F})_\circ(X^*),(R,\mathscr{F})^\circ(X^*))$ 的退化形式（单向 S-粗集对偶）$((R,\overline{F})_\circ(X'),(R,\overline{F})^\circ(X'))$ 上进行的；$\mathscr{F} = F\cup\overline{F}$，$F=\varnothing$，$\overline{F}$ 是元素迁移族；$X' = X\setminus\{x \mid x\in X, \bar{f}(x) = u \,\bar{\in}\, X\}$；退化形式 $((R,\overline{F})_\circ(X'),(R,\overline{F})^\circ(X'))$ 不被误解．

定义 5.4.1　称 $\cup[x]_{\alpha^{\bar{f}}}$ 是 $\cup[x]_\alpha$ 的 $\overline{F}$-记忆知识，如果 $[x]_{\alpha^{\bar{f}}}\in\cup[x]_{\alpha^{\bar{f}}}$ 是 $[x]_\alpha\in\cup[x]_\alpha$ 的 $\bar{f}$-记忆知识，而且

$$\cup[x]_\alpha \subseteq \cup[x]_{\alpha^{\bar{f}}} \tag{5.4.1}$$

其中 α 是 $[x]_\alpha$ 的属性集，$\alpha^{\bar{f}}$ 是 $[x]_{\alpha^{\bar{f}}}$ 的属性集；$\text{card}(\alpha^{\bar{f}}) \leqslant \text{card}(\alpha)$．

定义 5.4.2　称 $(R,\overline{F})_\circ(X')_{\alpha^{\bar{f}}}$ 是 $(R,\overline{F})_\circ(X')_\alpha$ 的内 $\overline{F}$-记忆，如果 $\cup[x]_{\alpha^{\bar{f}}}$ 是 $\cup[x]_\alpha$ 的 $\overline{F}$-记忆，而且

$$\begin{aligned}(R,\overline{F})_\circ(X')_{\alpha^{\bar{f}}} &= \cup[x]_{\alpha^{\bar{f}}} \\ &= \{x \mid x\in U, [x]_{\alpha^{\bar{f}}}\subseteq(X')_{\alpha^{\bar{f}}}\}\end{aligned} \tag{5.4.2}$$

显然

$$(R,\overline{F})_\circ(X')_\alpha \subseteq (R,\overline{F})_\circ(X')_{\alpha^{\bar{f}}}$$

定义 5.4.3　称 $(R,\overline{F})^\circ(X')_{\alpha^{\bar{f}}}$ 是 $(R,\overline{F})^\circ(X')_\alpha$ 的外 $\overline{F}$-记忆，如果 $\cup[x]_{\alpha^{\bar{f}}}$ 是 $\cup[x]_\alpha$ 的 $\overline{F}$-记忆，而且

$$(R,\overline{F})^{\circ}(X')_{\alpha\bar{f}} = \cup [x]_{\alpha\bar{f}} = \{x \mid x \in U, [x]_{\alpha\bar{f}} \cap (X')_{\alpha\bar{f}} \neq \varnothing\} \tag{5.4.3}$$

显然

$$(R,\overline{F})^{\circ}(X')_{\alpha} \subseteq (R,\overline{F})^{\circ}(X')_{\alpha\bar{f}}$$

定义 5.4.4 集合对

$$((R,\overline{F})_{\circ}(X')_{\alpha\bar{f}}, (R,\overline{F})^{\circ}(X')_{\alpha\bar{f}}) \tag{5.4.4}$$

称作$((R,\overline{F})_{\circ}(X')_{\alpha}, (R,\overline{F})^{\circ}(X')_{\alpha})$的单向 $\overline{F}$-记忆 S-粗集，简称 $\overline{F}$-记忆 S-粗集，如果$(R,\overline{F})_{\circ}(X')_{\alpha\bar{f}}$，$(R,\overline{F})^{\circ}(X')_{\alpha\bar{f}}$分别是$(R,\overline{F})_{\circ}(X')_{\alpha}$，$(R,\overline{F})^{\circ}(X')_{\alpha}$ 的内 $\overline{F}$-记忆，外 $\overline{F}$-记忆.

称 $B_{nR}((X')_{\alpha\bar{f}})$是$((R,\overline{F})_{\circ}(X')_{\bar{f}}, (R,\overline{F})^{\circ}(X')_{\bar{f}})$的 $\overline{F}$-记忆边界，而且

$$B_{nR}((X')_{\alpha\bar{f}}) = (R,\overline{F})^{\circ}((X')_{\alpha\bar{f}}) - (R,\overline{F})_{\circ}((X')_{\alpha\bar{f}})$$

为了方便，符号的简化，又不引起误解，$(R,\overline{F})_{\circ}(X')_{\alpha\bar{f}}$记作$(R,\overline{F})_{\circ}(X')_{\bar{f}}$，$(R,\overline{F})^{\circ}(X')_{\alpha\bar{f}}$记作$(R,\overline{F})^{\circ}(X')_{\bar{f}}$；$(R,\overline{F})_{\circ}(X')_{\alpha}$，$(R,\overline{F})^{\circ}(X')_{\alpha}$ 分别记作$(R,\overline{F})_{\circ}(X')$，$(R,\overline{F})^{\circ}(X')$；式 (5.4.4)中的形式记作$((R,\overline{F})_{\circ}(X')_{\bar{f}}, (R,\overline{F})^{\circ}(X')_{\bar{f}})$；下面的讨论使用这些简化的符号.

定义 5.4.5 称 $\varphi_{\overline{F}}$ 是$(R,\overline{F})_{\circ}(X')_{\bar{f}}$ 关于$((R,\overline{F})_{\circ}(X'), (R,\overline{F})^{\circ}(X'))$的内 $\overline{F}$-记忆度，如果

$$\varphi_{\overline{F}} = \text{card}((R,\overline{F})_{\circ}(X')_{\bar{f}})/\text{card}((R,\overline{F})_{\circ}(X')) \tag{5.4.5}$$

称 $\varphi^{\overline{F}}$ 是$(R,\overline{F})^{\circ}(X')_{\bar{f}}$ 关于$((R,\overline{F})_{\circ}(X'), (R,\overline{F})^{\circ}(X'))$的外 $\overline{F}$-记忆度，如果

$$\varphi^{\overline{F}} = \text{card}((R,\overline{F})^{\circ}(X')_{\bar{f}})/\text{card}((R,\overline{F})^{\circ}(X')) \tag{5.4.6}$$

定义 5.4.6 称 $\varphi(\overline{F})$ 是$((R,\overline{F})_{\circ}(X')_{\bar{f}}, (R,\overline{F})^{\circ}(X')_{\bar{f}})$ 关于$((R,\overline{F})_{\circ}(X'), (R,\overline{F})^{\circ}(X'))$的 $\overline{F}$-记忆度，如果

$$\varphi(\overline{F}) = \frac{1}{2}(\varphi_{\overline{F}} + \varphi^{\overline{F}}) \tag{5.4.7}$$

定义 5.4.7 称 $p_{\overline{F}}$ 是$(R,\overline{F})_{\circ}(X')_{\bar{f}}$ 关于$((R,\overline{F})_{\circ}(X'), (R,\overline{F})^{\circ}(X'))$的内 $\overline{F}$-记忆阶，如果

$$p_{\overline{F}} = \sum_{i=1}^{\lambda} \text{card}([x]_{\alpha\bar{f}}^{i} \backslash [x]_{\alpha}^{i}) \tag{5.4.8}$$

称 $q_{\overline{F}}$ 是$(R,\overline{F})^{\circ}(X')_{\bar{f}}$关于$((R,\overline{F})_{\circ}(X'), (R,\overline{F})^{\circ}(X'))$的外 $\overline{F}$-记忆阶，如果

$$q_{\bar{F}} = \sum_{j=1}^{t} \mathrm{card}([x]_{\alpha^{\bar{f}}}^{j} \backslash [x]_{\alpha}^{j}) \tag{5.4.9}$$

其中$[x]_{\alpha}^{i} \in (R,\bar{F})_{\circ}(X')$，$[x]_{\alpha}^{j} \in (R,\bar{F})^{\circ}(X')$；$[x]_{\alpha^{\bar{f}}}^{i} \in (R,\bar{F})_{\circ}(X')_{\bar{f}}$，$[x]_{\alpha^{\bar{f}}}^{j} \in (R,\bar{F})^{\circ}(X')_{\bar{f}}$；$i=1,2,\cdots,\lambda$；$j=1,2,\cdots,t$.

定义 5.4.8　称$\tau_{\bar{F}}$是$((R,\bar{F})_{\circ}(X')_{\bar{f}},(R,\bar{F})^{\circ}(X')_{\bar{f}})$关于$((R,\bar{F})_{\circ}(X'),(R,\bar{F})^{\circ}(X'))$的$\bar{F}$-记忆阶，而且

$$\tau_{\bar{F}} = p_{\bar{F}} + q_{\bar{F}} \tag{5.4.10}$$

由定义 5.4.1～5.4.8 得到：

定理 5.4.1（$\bar{F}$-记忆 S-粗集的 $\bar{F}$-记忆恢复定理）　若$((R,\bar{F})_{\circ}(X')_{\bar{f}}^{i},(R,\bar{F})^{\circ}(X')_{\bar{f}}^{i})$，$((R,\bar{F})_{\circ}(X')_{\bar{f}}^{i},(R,\bar{F})^{\circ}(X')_{\bar{f}}^{j})$是$((R,\bar{F})_{\circ}(X'),(R,\bar{F})^{\circ}(X'))$的 $\bar{F}$-记忆 S-粗集，则$\varphi(\bar{F})^{i}=\varphi(\bar{F})^{j}$的充分必要条件是

$$\mathrm{card}(\alpha \backslash \{\bar{f}(\alpha_i)\}) - \mathrm{card}(\alpha \cup \{f(\beta_i)\}) = 0 \tag{5.4.11}$$

其中$\alpha_i \in \alpha$，$\cup \bar{f}(\alpha_i)=\beta_i \bar{\in} \alpha$；$\cup f(\beta_i)=\alpha_i \in \alpha$；$\cup f \in F$是元素迁移，$\varphi(\bar{F})^{i}$是$((R,\bar{F})_{\circ}(X')_{\bar{f}}^{i},(R,\bar{F})^{\circ}(X')_{\bar{f}}^{i})$关于$((R,\bar{F})_{\circ}(X'),(R,\bar{F})^{\circ}(X'))$的 $\bar{F}$-记忆度.

证明是直接的，证明略.

$\bar{F}$-记忆恢复的意义：F -记忆中被丢失的知识，被 $\bar{F}$-记忆找回，$\bar{F}$-记忆恢复为系统复原研究提供了理论依据.

推论 1　$((R,\bar{F})_{\circ}(X'),(R,\bar{F})^{\circ}(X'))$的任意两个 $\bar{F}$-记忆 S-粗集$((R,\bar{F})_{\circ}(X')_{\bar{f}}^{i},(R,\bar{F})^{\circ}(X')_{\bar{f}}^{i})$，$((R,\bar{F})_{\circ}(X')_{\bar{f}}^{j},(R,\bar{F})^{\circ}(X')_{\bar{f}}^{j})$，如果它们是 $\bar{F}$-记忆恢复的，必有

1°　$(\alpha \backslash \{\bar{f}(\alpha_i) \mid i=1,2\cdots,k\}) \cap (\alpha \cup \{f(\beta_i) \mid i=1,2,\cdots,k\}) = \alpha$　(5.4.12)

2°　$\tau_{\bar{F}}^{i} = \tau_{\bar{F}}^{j}$　(5.4.13)

定理 5.4.2　（$\bar{F}$-记忆 S-粗集的 $\bar{F}$-记忆链定理）　给定属性集$\alpha_1^{\bar{f}},\alpha^{\bar{f}_2},\cdots,\alpha_{\lambda}^{\bar{f}}$，而且

$$\alpha_1^{\bar{f}} \subseteq \alpha_2^{\bar{f}} \subseteq \cdots \subseteq \alpha_{\lambda}^{\bar{f}} \tag{5.4.14}$$

则 $\bar{F}$-记忆 S-粗集构成 $\bar{F}$-记忆链，而且

$$\begin{aligned}&((R,\bar{F})_{\circ}(X')_{\bar{f}}^{\lambda},(R,\bar{F})^{\circ}(X')_{\bar{f}}^{\lambda})\\ &\subseteq((R,\bar{F})_{\circ}(X')_{\bar{f}}^{\lambda-1},(R,\bar{F})^{\circ}(X')_{\bar{f}}^{\lambda-1})\\ &\subseteq\cdots\subseteq((R,\bar{F})_{\circ}(X^{\circ})_{\bar{f}}^{1},(R,\bar{F})^{\circ}(X^{\circ})_{\bar{f}}^{1})\end{aligned} \tag{5.4.15}$$

其中$\alpha_k^{\bar{f}}$是$((R,\bar{F})_{\circ}(X')_{\bar{f}}^{k},(R,\bar{F})^{\circ}(X)_{\bar{f}}^{k})$的属性集，$k \in (1,2,\cdots,\lambda)$；正整数 λ 称作

$\overline{F}$-记忆链的长度.

定理 5.4.3($\overline{F}$-记忆 S-粗集的 $\overline{F}$-记忆链子链定理) 给定属性集 $\alpha_1^{\overline{f}}, \alpha_2^{\overline{f}}, \cdots, \alpha_\lambda^{\overline{f}}$,而且

$$\alpha_1^{\overline{f}} \subseteq \alpha_2^{\overline{f}} \subseteq \cdots \subseteq \alpha_\lambda^{\overline{f}} \tag{5.4.16}$$

则 $\overline{F}$-记忆链上存在内 $\overline{F}$-记忆链,外 $\overline{F}$-记忆链,而且

$$1° \quad (R,\overline{F})_\circ(X')_{\overline{f}}^\lambda \subseteq (R,\overline{F})_\circ(X')_{\overline{f}}^{\lambda-1} \subseteq \cdots \subseteq (R,\overline{F})_\circ(X')_{\overline{f}}^1 \tag{5.4.17}$$

$$2° \quad (R,\overline{F})^\circ(X')_{\overline{f}}^\lambda \subseteq (R,\overline{F})^\circ(X')_{\overline{f}}^{\lambda-1} \subseteq \cdots \subseteq (R,\overline{F})^\circ(X')_{\overline{f}}^1 \tag{5.4.18}$$

定理 5.4.2、5.4.3 的证明是直接的,证明略.

定理 5.4.4($\overline{F}$-记忆 S-粗集的 $\overline{F}$-记忆环定理) 给定 $\overline{F}$-记忆 S-粗集的 $\overline{F}$-记忆链,而且

$$((R,\overline{F})_\circ(X')_{\overline{f}}^\lambda, (R,\overline{F})^\circ(X')_{\overline{f}}^\lambda) \subseteq ((R,\overline{F})_\circ(X')_{\overline{f}}^{\lambda-1}, (R,\overline{F})^\circ(X')_{\overline{f}}^{\lambda-1})$$

$$\subseteq \cdots \subseteq ((R,\overline{F})_\circ(X^\circ)_{\overline{f}}^1, (R,\overline{F})^\circ(X^\circ)_{\overline{f}}^1) \tag{5.4.19}$$

则 $\overline{F}$-记忆链构成 $\overline{F}$-记忆环的充分必要条件是

$$\text{card}(\alpha_\lambda^{\overline{f}}) = \text{card}(\alpha \cup \{f(\beta_i) \mid i = 1, 2, \cdots, \lambda\}) \tag{5.4.20}$$

推论 2 $\overline{F}$-记忆环上存在内 $\overline{F}$-记忆环,外 $\overline{F}$-记忆环各一个.

推论 3 $\overline{F}$-记忆环生成 $\overline{F}$-记忆度环.

推论 4 内 $\overline{F}$-记忆环生成内 $\overline{F}$-记忆度环.

推论 5 外 $\overline{F}$-记忆环生成外 $\overline{F}$-记忆度环.

定理 5.4.5($\overline{F}$-记忆 S-粗集的 $\overline{F}$-记忆子环定理) 给定 $\overline{F}$-记忆 S-粗集的 $\overline{F}$-记忆子链,而且

$$((R,\overline{F})_\circ(X')_{\overline{f}}^i, (R,\overline{F})^\circ(X')_{\overline{f}}^i)$$

$$\subseteq ((R,\overline{F})_\circ(X')_{\overline{f}}^j, (R,\overline{F})^\circ(X')_{\overline{f}}^j)$$

$$\subseteq \cdots \subseteq ((R,\overline{F})_\circ(X^\circ)_{\overline{f}}^k, (R,\overline{F})^\circ(X^\circ)_{\overline{f}}^k) \tag{5.4.21}$$

则 $\overline{F}$-记忆子链构成 $\overline{F}$-记忆子环的充分必要条件是

$$\text{card}(\alpha_i^{\overline{f}}) = \text{card}(\alpha_i^{\overline{f}} \cup \{f(\beta_p) \mid p = 1, 2, \cdots, k-i\}) \tag{5.4.22}$$

其中 $\alpha_i^{\overline{f}}$ 是 $((R,\overline{F})_\circ(X')_{\overline{f}}^i, (R,\overline{F})^\circ(X')_{\overline{f}}^i)$ 的属性集, $k \leq j \leq i$.

定理 5.4.6($\overline{F}$-记忆 S-粗集的 $\overline{F}$-记忆环分布定理) 给定长度是 η 的 $\overline{F}$-记忆链, $\eta \geq 3$,若

$$((R,\overline{F})_{\circ}(X')^{\eta}_{\bar{f}},(R,\overline{F})^{\circ}(X')^{\eta}_{\bar{f}})\subseteq((R,\overline{F})_{\circ}(X')^{\eta-1}_{\bar{f}},(R,\overline{F})^{\circ}(X')^{\eta-1}_{\bar{f}})$$

$$\subseteq\cdots\subseteq((R,\overline{F})_{\circ}(X')^{1}_{\bar{f}},(R,\overline{F})^{\circ}(X')^{1}_{\bar{f}}) \tag{5.4.23}$$

则

1° $\overline{F}$-记忆链上存在 $\eta-3$ 类 $\overline{F}$-记忆环.

2° 任意一类中的所有 $\overline{F}$-记忆环具有相同数量的重合点.

3° $\eta-3$ 类的 $\overline{F}$-记忆环上重合点的数量满足等差级数分布.

证明与定理 5.2.6 类似,证明略.

定理 5.4.7($\overline{F}$-记忆 S-粗集的 $\overline{F}$-记忆度环分布定理)　给定$((R,\overline{F})_{\circ}(X')^{i}_{\bar{f}},(R,\overline{F})^{\circ}(X')^{i}_{\bar{f}})$关于$((R,\overline{F})_{\circ}(X'),(R,\overline{F})^{\circ}(X'))$ 的 $\overline{F}$-记忆度链,$i=1,2,\cdots,\eta$,若

$$\varphi(\overline{F})^{1}\leqslant\varphi(\overline{F})^{2}\leqslant\cdots\leqslant\varphi(\overline{F})^{\eta} \tag{5.4.24}$$

则

1° $\overline{F}$-记忆度链上存在 $\eta-3$ 类 $\overline{F}$-记忆度环.

2° 任意一类中的所有 $\overline{F}$-记忆度环具有相同数量的重合点.

3° $\eta-3$ 类的 $\overline{F}$-记忆度环上重合点的数量满足等差级数分布.

推论 6　内 $\overline{F}$-记忆度子环上的重合点的数量满足等差级数分布.

推论 7　外 $\overline{F}$-记忆度子环上的重合点的数量满足等差级数分布.

由定理 5.4.1 ~5.4.7,推论 1 ~7 得到:

$\overline{F}$-记忆链上知识填补原理

$\overline{F}$-记忆链上的 $\overline{F}$-记忆 S-粗集$((R,\overline{F})_{\circ}(X')^{i}_{\bar{f}},(R,\overline{F})^{\circ}(X')^{i}_{\bar{f}})$记忆了$((R,\overline{F})_{\circ}(X')^{i-1}_{\bar{f}},(R,\overline{F})^{\circ}(X')^{i-1}_{\bar{f}})$的部分属性;填补了$((R,\overline{F})_{\circ}(X')^{i-1}_{\bar{f}},(R,\overline{F})^{\circ}(X')^{i-1}_{\bar{f}})$的部分 $\bar{f}$-记忆知识;$\overline{F}$-记忆链的长度与被填补的 $\bar{f}$-记忆知识的多寡无关.

图 5.1 给出 $\eta-3$ 类中长度 $\lambda=4$ 的 $\overline{F}$-记忆子链

$$\theta^{\eta}_{\bar{f}}\subseteq\theta^{\eta-1}_{\bar{f}}\subseteq\theta^{\eta-2}_{\bar{f}}\subseteq\theta^{\eta-3}_{\bar{f}};\theta^{\eta-1}_{\bar{f}}\subseteq\theta^{\eta-2}_{\bar{f}}\subseteq\theta^{\eta-3}_{\bar{f}}\subseteq\theta^{\eta-4}_{\bar{f}}$$

其中

$$\theta^{\eta}_{\bar{f}}=((R,\overline{F})_{\circ}(X')^{\eta}_{\bar{f}},(R,\overline{F})^{\circ}(X')^{\eta}_{\bar{f}})$$

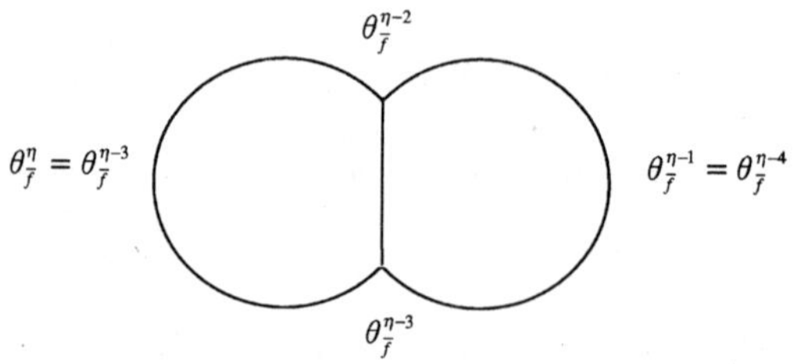

图 5.1

$\bar{F}$-记忆子链 $\theta_f^{\eta}\subseteq\theta_{\bar{f}}^{\eta-1}\subseteq\theta_{\bar{f}}^{\eta-2}\subseteq\theta_{\bar{f}}^{\eta-3}$ 与 $\theta_{\bar{f}}^{\eta-1}\subseteq\theta_{\bar{f}}^{\eta-2}\subseteq\theta_{\bar{f}}^{\eta-3}\subseteq\theta_{\bar{f}}^{\eta-4}$ 具有两个重合点. 两个 $\bar{F}$-记忆子链构成两个 $\bar{F}$-记忆子环.

由 f-记忆知识,F-记忆 S-粗集的概念,得到 S-粗集的 F-记忆特性,由 $\bar{f}$-记忆知识,$\bar{F}$-记忆 S-粗集的概念,得到 S-粗集的 $\bar{F}$-记忆特性. 这些讨论是在单向 S-粗集上进行的; $\bar{F}$-记忆 S-粗集与它的 F-记忆特性,$\bar{F}$-记忆 S-粗集与它的 $\bar{F}$-记忆特性是由 S-粗集和它的遗传特性衍生得到的;F -记忆,$\bar{F}$-记忆是 S-粗集的两类特殊形式的记忆特征. 事实上,在由 S-粗集构成的粗系统中,F-记忆与 $\bar{F}$-记忆混合并同时存在于同一个粗系统中,F-记忆的存在伴随着 $\bar{F}$-记忆的生成,$\bar{F}$-记忆的存在伴随着 F-记忆的生成. F-记忆,$\bar{F}$-记忆是 S-粗集构成的粗系统中的两个既相互交融又相互关联的智能化特性. 智能化特性使得粗系统具有如下的特征:任意一个子粗系统,如果发生有用信息被丢失(F-记忆),子粗系统意识到存在外来属性的入侵($f(\beta)\in\alpha$),这些外来属性的入侵排挤有用信息的存在; 如果发生外来信息的入侵($\bar{F}$-记忆),子粗系统意识到已发生有用属性的丢失($\bar{f}(\alpha_j)\bar{\in}\alpha$),面对这些事实,人们自然提出这样的问题:如果由 S-粗集构成的粗系统既存在 F-记忆,又存在 $\bar{F}$-记忆,粗系统的记忆特征是什么? 换句话说,由 F-记忆 S-粗集, $\bar{F}$-记忆 S-粗集的混合能否得到 $\mathscr{F}$-记忆 S-粗集? $\mathscr{F}=F\cup\bar{F}$;$F\neq\varnothing$,$\bar{F}\neq\varnothing$.

利用前面的结果,给出 $\mathscr{F}$-记忆 S-粗集和它的 $\mathscr{F}$-记忆特性的讨论,给出 $\mathscr{F}$-记忆的一些结论,把这些结论引申到控制理论中的系统状态稳定性识别系统中,得到系统状态稳定记忆识别准则,本节的讨论是在双向 S-粗集上进行的.

§5.5 $(f,\cup\bar{f})$-记忆知识

定义 5.5.1 称 $[x]_{\alpha^{(f,\bar{f})}}$ 是 $[x]_\alpha$ 的 $(f,\bar{f})$-记忆知识,如果 $[x]_{\alpha^{(f,\bar{f})}}$ 具有属性 $\alpha^{(f,\bar{f})}$,而且

$$\alpha^{(f,\bar{f})}=(\alpha\cup\alpha^f)\backslash\alpha^{\bar{f}} \tag{5.5.1}$$

其中 $\alpha^f=\{f(\beta_i)\mid i=1,2,\cdots,\lambda\}$,$\alpha^{\bar{f}}=\{\bar{f}(\alpha_j)\mid j=1,2,\cdots,k\}$;$\cup f\in F$, $\cup\bar{f}\in\bar{F}$ 是元素迁移,$\cup\beta_i\in V$,$\cup\beta_i\bar{\in}\alpha$, $\cup f(\beta_i)=\alpha_i'\in\alpha$;$\alpha_j\in\alpha$,$\cup\bar{f}(\alpha_j)=\beta_i\bar{\in}\alpha$;$\alpha=\{\alpha_1,\alpha_2,\cdots,\alpha_m\}$ 是 $[x]_\alpha$ 的属性集.

定义 5.5.2 称 $\varphi_{(f,\cup\bar{f})}$ 是 $[x]_{\alpha^{(f,\cup\bar{f})}}$ 关于 $[x]_\alpha$ 的 $(f,\cup\bar{f})$-记忆度,如果

$$\varphi_{(f,\bar{f})}=\mathrm{card}([x]_{\alpha^f})/\mathrm{card}([x]_\alpha)\cdot\mathrm{card}([x]_\alpha)/\mathrm{card}([x]_{\alpha^{\bar{f}}}) \tag{5.5.2}$$

称 $k_{(f,\cup\bar{f})}$ 是 $[x]_{\alpha^{(f,\cup\bar{f})}}$ 关于 $[x]_\alpha$ 的 $(f,\cup\bar{f})$-记忆阶,如果

$$k_{(f,\cup\bar{f})}=\mathrm{card}([x]_{\alpha^{(f,\cup\bar{f})}})\backslash\mathrm{card}([x]_\alpha), \tag{5.5.3}$$

其中 $0\leqslant\varphi_{(f,\cup\bar{f})}\leqslant 1$，$0\leqslant k_{(f,\cup\bar{f})}$ 或 $k_{(f,\cup\bar{f})}\leqslant 0$；$\mathrm{card}([x]_{\alpha^f})/\mathrm{card}([x]_\alpha)$ 是 $[x]_{\alpha^f}$ 关于 $[x]_\alpha$ 的 f-记忆度，$\mathrm{card}([x]_\alpha)/\mathrm{card}([x]_{\alpha^{\bar{f}}})$ 是 $[x]_{\alpha^{\bar{f}}}$ 关于 $[x]_\alpha$ 的 $\bar{f}$-记忆度.

定义 5.5.3　称 $\psi_{(f,\cup\bar{f})}$ 是 $[x]_{\alpha(f,\cup\bar{f})}$ 关于 $[x]_\alpha$ 的记忆损失-记忆盈余，如果

$$\psi_{(f,\bar{f})}=\mathrm{card}(\alpha)/\mathrm{card}(\alpha^f)\cdot\mathrm{card}(\alpha^{\bar{f}})/\mathrm{card}(\alpha)\tag{5.5.4}$$

其中 $0\leqslant\psi_{(f,\cup\bar{f})}\leqslant 1$.

定义 5.5.4　称 $\sigma_{(f,\cup\bar{f})}$ 是 $[x]_{\alpha(f,\cup\bar{f})}$ 的知识-属性比，如果

$$\sigma_{(f,\cup\bar{f})}=\mathrm{card}([x]_{\alpha^f})/\mathrm{card}(\alpha^f)\cdot\mathrm{card}([x]_{\alpha^{\bar{f}}})/\mathrm{card}(\alpha^{\bar{f}})\tag{5.5.5}$$

这里指出：$\sigma_{(f,\cup\bar{f})}$ 具有两种形式：$0\leqslant\sigma_{(f,\cup\bar{f})}\leqslant 1$，$1<\sigma_{(f,\cup\bar{f})}$；它们适用于不同类型的粗系统分析中.

定义 5.5.5　称 $\eta_{(f,\bar{f})}$ 是 $[x]_{\alpha(f,\bar{f})}$ 关于 $[x]_\alpha$ 的 $(f,\bar{f})$-记忆的 f-依赖度，如果

$$\eta_{(f,\cup\bar{f})}=\sigma_f/\mathrm{card}([x]_{\alpha(f,\cup\bar{f})})\tag{5.5.6}$$

称 $\lambda_{(f,\cup\bar{f})}$ 是 $[x]_{\alpha(f,\cup\bar{f})}$ 关于 $[x]_\alpha$ 的 $(f,\cup\bar{f})$-记忆的 $\bar{f}$-依赖度，如果

$$\lambda_{(f,\cup\bar{f})}=\sigma_{\bar{f}}/\mathrm{card}([x]_{\alpha(f,\cup\bar{f})})\tag{5.5.7}$$

其中 σ_f 是 $[x]_{\alpha^f}$ 关于 $[x]_\alpha$ 的知识-属性比，$\sigma_{\bar{f}}$ 是 $[x]_{\alpha^{\bar{f}}}$ 关于 $[x]_\alpha$ 的知识-属性比.

由定义 5.5.1～5.5.5 得到：

定理 5.5.1（$(f,\bar{f})$-记忆度 $\varphi_{(f,\cup\bar{f})}$ 与记忆损失-记忆盈余 $\psi_{(f,\cup\bar{f})}$ 关系定理）　若 $\psi_{(f,\cup\bar{f})}$ 是 $[x]_{\alpha(f,\cup\bar{f})}$ 关于 $[x]_\alpha$ 的记忆损失-记忆盈余，$\sigma_{(f,\bar{f})}$ 是 $[x]_{\alpha(f,\bar{f})}$ 的知识-属性比，σ_f 是 $[x]_{\alpha^f}$ 的知识-属性比，$\varphi_{(f,\cup\bar{f})}$ 是 $[x]_{\alpha(f,\cup\bar{f})}$ 关于 $[x]_\alpha$ 的 $(f,\cup\bar{f})$-记忆度，则

$$n\psi_{(f,\cup\bar{f})}=\sigma_f^2\sigma_{(f,\cup\bar{f})}^{-1}\varphi_{(f,\cup\bar{f})}^{-1}\tag{5.5.8}$$

证明　由定义 5.5.2、5.5.4；定义 5.5.3：$\sigma_f=\mathrm{card}([x]_{\alpha^f})/\mathrm{card}(\alpha^f)$，$n=\mathrm{card}([x]_{\alpha^{\bar{f}}})$ 直接得到，证明略.

定理 5.5.1 的直接意义：$[x]_{\alpha(f,\cup\bar{f})}$ 的记忆损失-记忆盈余 $\psi_{(f,\cup\bar{f})}$ 与 $[x]_{\alpha^f}$ 的知识-属性比的平方成正比；$\psi_{(f,\cup\bar{f})}$ 与 $[x]_{\alpha(f,\cup\bar{f})}$ 的知识-属性比 $\sigma_{(f,\cup\bar{f})}$，$[x]_{\alpha(f,\cup\bar{f})}$ 的记忆度 $\varphi_{(f,\cup\bar{f})}$ 之积成反比.

定理 5.5.2（知识-属性比 $\sigma_{(f,\cup\bar{f})}$ 与 f-依赖度 $\eta_{(f,\cup\bar{f})}$ 关系定理）　若 $\sigma_{(f,\cup\bar{f})}$ 是 $[x]_{\alpha(f,\cup\bar{f})}$ 的知识-属性比，$\eta_{(f,\cup\bar{f})}$ 是 $[x]_{\alpha(f,\cup\bar{f})}$ 的 f-依赖度，则

$$\sigma_{(f,\cup\bar{f})}=\rho\sigma_{\bar{f}}\eta_{(f,\cup\bar{f})}\tag{5.5.9}$$

其中 $\rho=\mathrm{card}([x]_{\alpha(f,\cup\bar{f})})$，$\sigma_{\bar{f}}$ 是 $[x]_{\alpha^{\bar{f}}}$ 的知识-属性比.

证明

$$\begin{aligned}\sigma_{(f,\cup\bar{f})}\eta_{(f,\cup\bar{f})}^{-1}&=\mathrm{card}([x]_{\alpha^f})\mathrm{card}([x]_{\alpha^{\bar{f}}})/\mathrm{card}(\alpha^f)\cdot\mathrm{card}(\alpha^{\bar{f}})\\&\quad\cdot\mathrm{card}([x]_{\alpha(f,\cup\bar{f})})/\sigma_f\\&=\mathrm{card}([x]_{\alpha^f})\mathrm{card}([x]_{\alpha^{\bar{f}}})/\mathrm{card}(\alpha^f)\mathrm{card}(\alpha^{\bar{f}})\end{aligned}$$

$$\cdot \text{card}([x]_{\alpha^{(f,\cup\bar{f})}})\text{card}(\alpha^{f})/\text{card}([x]_{\alpha^{f}})$$
$$=\text{card}([x]_{\alpha^{(f,\cup\bar{f})}})\text{card}([x]_{\alpha^{\bar{f}}})/\text{card}(\alpha^{\bar{f}})$$
$$=\text{card}([x]_{\alpha^{(f,\cup\bar{f})}})\sigma_{\bar{f}}$$

令 $\rho=\text{card}([x]_{\alpha^{(f,\cup\bar{f})}})$，则有

$$\sigma_{(f,\cup\bar{f})}=\rho\sigma_{\bar{f}}\eta_{(f,\cup\bar{f})}$$

定理 5.5.3（知识-属性比 $\sigma_{(f,\bar{f})}$ 与 $\bar{f}$-依赖度 $\lambda_{(f,\cup\bar{f})}$ 关系定理） 若 $\sigma_{(f,\bar{f})}$ 是 $[x]_{\alpha^{(f,\bar{f})}}$ 的知识-属性比，$\lambda_{(f,\cup\bar{f})}$ 是 $[x]_{\alpha^{(f,\cup\bar{f})}}$ 的 $\bar{f}$-依赖度，则

$$\sigma_{(f,\cup\bar{f})}=\rho\sigma_{f}\lambda_{(f,\cup\bar{f})} \tag{5.5.10}$$

其中 $\rho=\text{card}([x]_{\alpha^{(f,\cup\bar{f})}})$ ，σ_f 是 $[x]_{\alpha^f}$ 的知识-属性比.

证明 与定理 5.5.1 类似，证明略.

定理 5.5.4（记忆阶 $k_{(f,\cup\bar{f})}$ 与 f-依赖度 $\eta_{(f,\cup\bar{f})}$ 关系定理） 若 $k_{(f,\bar{f})}$ 是 $[x]_{\alpha^{(f,\cup\bar{f})}}$ 的 $(f,\cup\bar{f})$-记忆阶，$\eta_{(f,\cup\bar{f})}$ 是 $[x]_{\alpha^{(f,\cup\bar{f})}}$ 的 f-依赖度，则

$$k_{(f,\cup\bar{f})}\eta_{(f,\cup\bar{f})}=(1-t)\sigma_{f} \tag{5.5.11}$$

其中 $t=\text{card}([x]_{\alpha})/\text{card}([x]_{\alpha^{(f,\cup\bar{f})}})$，$\sigma_f$ 是 $[x]_{\alpha^f}$ 的知识-属性比.

定理 5.5.5（记忆阶 $k_{(f,\bar{f})}$ 与 $\bar{f}$-依赖度 $\lambda_{(f,\bar{f})}$ 关系定理） 若 $k_{(f,\cup\bar{f})}$ 是 $[x]_{\alpha^{(f,\bar{f})}}$ 的 $(f,\cup\bar{f})$-记忆阶，$\lambda_{(f,\cup\bar{f})}$ 是 $[x]_{\alpha^{(f,\cup\bar{f})}}$ 的 $\bar{f}$-依赖度，则

$$k_{(f,\cup\bar{f})}\lambda_{(f,\cup\bar{f})}=(1-t)\sigma_{\bar{f}} \tag{5.5.12}$$

其中 $t=\text{card}([x]_{\alpha})/\text{card}([x]_{\alpha^{(f,\cup\bar{f})}})$，$\sigma_{\bar{f}}$ 是 $[x]_{\alpha^{\bar{f}}}$ 的知识-属性比.

利用定义 5.5.2、5.5.5 直接得到定理 5.5.4、5.5.5，证明略.

利用定义 5.5.1～5.5.5，定理 5.5.1～5.5.5 容易得到下面的命题：

命题 1 $(f,\cup\bar{f})$-知识退化成 f-知识，必有 $\bar{F}=\varnothing$.

命题 2 $(f,\cup\bar{f})$-知识退化成 $\bar{f}$-知识，必有 $F=\varnothing$.

命题 3 $(f,\cup\bar{f})$-记忆度 $\varphi_{(f,\cup\bar{f})}$ 退化成 f-记忆度 φ_f，必有 $\bar{F}=\varnothing$.

命题 4 $(f,\cup\bar{f})$-记忆度 $\varphi_{(f,\cup\bar{f})}$ 退化成 $\bar{f}$-记忆度 $\varphi_{\bar{f}}$，必有 $F=\varnothing$.

命题 5 知识-属性比 $\sigma_{(f,\cup\bar{f})}$ 退化成知识-属性比 σ_f，必有 $\bar{F}=\varnothing$.

命题 6 知识-属性比 $\sigma_{(f,\cup\bar{f})}$ 退化成知识-属性比 $\sigma_{\bar{f}}$，必有 $F=\varnothing$.

§5.6 $\mathscr{F}$-记忆 S-粗集与它的 $\mathscr{F}$-记忆特性

定义 5.6.1 称 $\cup[x]_{\alpha^{(f,\cup\bar{f})}}$ 是 $\cup[x]_{\alpha}$ 的 $(f,\bar{f})$-记忆知识，如果 $[x]_{\alpha^{(f,\bar{f})}}\in\cup[x]_{\alpha^{(f,\cup\bar{f})}}$ 是 $[x]_{\alpha}\in\cup[x]_{\alpha}$ 的 $(f,\cup\bar{f})$-记忆知识.

其中 α 是 $[x]_{\alpha}$ 的属性集，$\alpha^{(f,\cup\bar{f})}$ 是 $[x]_{\alpha^{(f,\cup\bar{f})}}$ 的属性集.

定义 5.6.2　称$(R,\mathscr{F})_{\circ}(X^{*})_{(f,\cup\bar{f})}$是$((R,\mathscr{F})_{\circ}(X^{*}),(R,\mathscr{F})^{\circ}(X^{*}))$的内 $\mathscr{F}$-记忆，如果$\cup[x]_{\alpha(f,\cup\bar{f})}$是$\cup[x]_{\alpha}$ 的$(f,\cup\bar{f})$-记忆，而且

$$(R,\mathscr{F})_{\circ}(X^{*})_{(f,\cup\bar{f})}=\cup[x]_{\alpha(f,\cup\bar{f})}$$
$$=\{x\mid x\in U,[x]_{\alpha(f,\cup\bar{f})}\subseteq(X^{*})_{(f,\cup\bar{f})}\}\tag{5.6.1}$$

称$(R,\mathscr{F})^{\circ}(X^{*})_{(f,\bar{f})}$是$((R,\mathscr{F})_{\circ}(X^{*}),(R,\mathscr{F})^{\circ}(X^{*}))$的外 $\mathscr{F}$-记忆，如果$\cup[x]_{\alpha(f,\cup\bar{f})}$是$\cup[x]_{\alpha}$ 的$(f,\cup\bar{f})$-记忆，而且

$$(R,\mathscr{F})^{\circ}(X^{*})_{(f,\cup\bar{f})}=\cup[x]_{\alpha(f,\cup\bar{f})}$$
$$=\{x\mid x\in U,[x]_{\alpha(f,\cup\bar{f})}\cap(X^{*})_{(f,\cup\bar{f})}\neq\varnothing\}\tag{5.6.2}$$

定义 5.6.3　集合对

$$((R,\mathscr{F})_{\circ}(X^{*})_{(f,\cup\bar{f})},(R,\mathscr{F})^{\circ}(X^{*})_{(f,\cup\bar{f})})\tag{5.6.3}$$

称作$((R,\mathscr{F})_{\circ}(X^{*}),(R,\mathscr{F})^{\circ}(X^{*}))$的双向 $\mathscr{F}$-记忆 S-粗集，简称 $\mathscr{F}$-记忆 S-粗集，如果$(R,\mathscr{F})_{\circ}(X^{*})_{(f,\cup\bar{f})}$，$(R,\mathscr{F})^{\circ}(X^{*})_{(f,\cup\bar{f})}$分别是$(R,\mathscr{F})_{\circ}(X^{*})$，$(R,\mathscr{F})^{\circ}(X^{*})$的内 $\mathscr{F}$-记忆，外 $\mathscr{F}$-记忆.

其中 $\mathscr{F}=F\cup\bar{F}$，$F\neq\varnothing$，$\bar{F}\neq\varnothing$.

称 $B_{nR}(X^{*})_{(f,\cup\bar{f})}$是$((R,\mathscr{F})_{\circ}(X^{*})_{(f,\cup\bar{f})},(R,\mathscr{F})^{\circ}(X^{*})_{(f,\cup\bar{f})})$的 $\mathscr{F}$-记忆边界，而且

$$B_{nR}(X^{*})_{(f,\bar{f})}=(R,\mathscr{F})^{\circ}(X^{*})_{(f,\cup\bar{f})}-(R,\mathscr{F})_{\circ}(X^{*})_{(f,\cup\bar{f})}\tag{5.6.4}$$

定理 5.6.1（$\mathscr{F}$-记忆 S-粗集的 F-记忆显性定理）　$\mathscr{F}$-记忆 S-粗集呈现成 F-记忆 S-粗集的充分必要条件是 $\mathscr{F}=F$，而且

$$((R,\mathscr{F})_{\circ}(X^{*})_{(f,\cup\bar{f})},(R,\mathscr{F})^{\circ}(X^{*})_{(f,\cup\bar{f})})_{\mathscr{F}=F}$$
$$=((R,F)_{\circ}(X^{\circ})_{f},(R,F)^{\circ}(X^{\circ})_{f})\tag{5.6.5}$$

其中 $\mathscr{F}=F\cup\bar{F}$，F，$\bar{F}$ 是元素迁移.

证明　1°　$\mathscr{F}=F\Rightarrow\bar{F}=\varnothing$，$[x]_{\alpha(f,\cup\bar{f})}=[x]_{\alpha f}$，$\cup[x]_{\alpha(f,\cup\bar{f})}=\cup[x]_{\alpha f}$，$(X^{*})_{(f,\cup\bar{f})}=(X^{\circ})_{f}\Rightarrow(R,\mathscr{F})_{\circ}(X^{*})_{(f,\cup\bar{f})}=\cup[x]_{\alpha(f,\cup\bar{f})}=\{x\mid x\in U,[x]_{\alpha(f,\cup\bar{f})}\subseteq(X^{*})_{(f,\cup\bar{f})}\}=\{x\mid x\in U,[x]_{\alpha f}\subseteq(X^{\circ})_{f}\}=\cup[x]_{\alpha f}=(R,F)_{\circ}(X^{\circ})_{f}$；$(R,\mathscr{F})^{\circ}(X^{*})_{(f,\cup\bar{f})}=\cup[x]_{\alpha(f,\cup\bar{f})}=\{x\mid x\in U,[x]_{\alpha(f,\cup\bar{f})}\cap(X^{\circ})_{(f,\cup\bar{f})}\neq\varnothing\}=\{x\mid x\in U,[x]_{\alpha f}\cap(X^{\circ})_{f}\neq\varnothing\}=\cup[x]_{\alpha f}=(R,F)^{\circ}(X^{\circ})_{f}\Rightarrow((R,\mathscr{F})_{\circ}(X^{*})_{(f,\cup\bar{f})},(R,\mathscr{F})^{\circ}(X^{*})_{(f,\bar{f})})_{\mathscr{F}=\mathrm{F}}=((R,F)_{\circ}(X^{\circ})_{f},(R,F)^{\circ}(X^{\circ})_{f})$.

2°　$((R,\mathscr{F})_{\circ}(X^{*})_{(f,\cup\bar{f})},(R,\mathscr{F})^{\circ}(X^{*})_{(f,\cup\bar{f})})=((R,F)_{\circ}(X^{\circ})_{f},(R,F)^{\circ}(X^{\circ})_{f})\Rightarrow(R,\mathscr{F})_{\circ}(X^{*})_{(f,\cup\bar{f})}=(R,F)_{\circ}(X^{\circ})_{f}$，$(R,\mathscr{F})^{\circ}(X^{*})_{(f,\cup\bar{f})}=(R,F)^{\circ}(X^{\circ})_{f}\Rightarrow\cup[x]_{\alpha(f,\cup\bar{f})}=$

$\cup[x]_{\alpha^f}\Rightarrow[x]_{\alpha^{(f,\cup\bar f)}}=[x]_{\alpha^f}$，显然 $\overline{F}=\varnothing\Rightarrow\mathscr{F}=F\cup\overline{F}\Rightarrow\mathscr{F}=F$.

定理 5.6.2（$\mathscr{F}$-记忆 S-粗集的 $\overline{F}$-记忆显性定理） $\mathscr{F}$-记忆 S-粗集呈现成 $\overline{F}$-记忆 S-粗集的充分必要条件是 $\mathscr{F}=\overline{F}$，而且

$$((R,\mathscr{F})_\circ(X^*)_{(f,\cup\bar f)},(R,\mathscr{F})^\circ(X^*)_{(f,\cup\bar f)})_{\mathscr{F}=\overline{F}}$$
$$=((R,\overline{F})_\circ(X')_{\bar f},(R,\overline{F})^\circ(X')_{\bar f})\tag{5.6.6}$$

利用定理 5.6.1 容易得到，证明略.

容易得到：

推论 1 若 $\mathscr{F}=F$，则 $\mathscr{F}$-记忆 S-粗集的内 $\mathscr{F}$-记忆退化成 F-记忆 S-粗集的内 F-记忆，而且

$$(R,\mathscr{F})_\circ(X^*)_{(f,\cup\bar f),\mathscr{F}=F}=(R,F)_\circ(X^\circ)_f\tag{5.6.7}$$

推论 2 若 $\mathscr{F}=F$，则 $\mathscr{F}$-记忆 S-粗集的外 $\mathscr{F}$-记忆退化成 F-记忆 S-粗集的外 F-记忆，而且

$$(R,\mathscr{F})^\circ(X^*)_{(f,\cup\bar f),\mathscr{F}=F}=(R,F)^\circ(X^\circ)_f\tag{5.6.8}$$

推论 3 若 $\mathscr{F}=\overline{F}$，则 $\mathscr{F}$-记忆 S-粗集的内 $\mathscr{F}$-记忆退化成 $\overline{F}$-记忆 S-粗集的内 F-记忆，而且

$$(R,\mathscr{F})_\circ(X^*)_{(f,\cup\bar f),\mathscr{F}=\overline{F}}=(R,\overline{F})_\circ(X')_{\bar f}\tag{5.6.9}$$

推论 4 若 $\mathscr{F}=\overline{F}$，则 $\mathscr{F}$-记忆 S-粗集的外 $\mathscr{F}$-记忆退化成 $\overline{F}$-记忆 S-粗集的外 $\overline{F}$-记忆，而且

$$(R,\mathscr{F})^\circ(X^*)_{(f,\cup\bar f),\mathscr{F}=\overline{F}}=(R,\overline{F})^\circ(X')_{\bar f}\tag{5.6.10}$$

双向记忆的单向记忆分离性原理

S-粗集的 $\mathscr{F}$-记忆分离成 F-记忆与 $\overline{F}$-记忆，F-记忆使得知识粒度减小，属性增加；$\overline{F}$-记忆使得知识粒度增加，属性减少.

F-记忆与 $\overline{F}$-记忆混合-抑制原理

F-记忆与 $\overline{F}$-记忆相互混合共存在于同一个双向 S-粗系统中，F-记忆抑制 $\overline{F}$-记忆，$\overline{F}$-记忆抑制 F-记忆，F-记忆不因为 $\overline{F}$-记忆的存在而消失，$\overline{F}$-记忆也不因为 F-记忆的存在而消失.

定理 5.6.3（$\mathscr{F}$-记忆 S-粗集的 $\mathscr{F}$-记忆不变性定理） $\mathscr{F}$-记忆 S-粗集的 $\mathscr{F}$-记忆度 $\varphi_{\mathscr{F}}=C$ 的充分必要条件是

$$\text{card}(\alpha^f)=\text{card}(\alpha^{\bar f})\tag{5.6.11}$$

其中 C 是一个常数，$C\in R^+$，而且

$$\varphi_F = \sum(\mathrm{card}([x]_{\alpha^f})/\mathrm{card}([x]_\alpha))\sum(\mathrm{card}([x]_\alpha)/\mathrm{card}([x]_{\alpha^{\bar{f}}}))$$
$$\alpha^f = \{\alpha_i' \mid \alpha_i' = f(\beta_i), \beta_i \in V, \beta_i \bar{\in} \alpha, \cup f(\beta_i) \in \alpha\}$$
$$\alpha^{\bar{f}} = \{\beta_i \mid \beta_i = \bar{f}(\alpha_i'), \alpha_i' \in \alpha, \cup \bar{f}(\alpha_i') \bar{\in} \alpha\}$$

证明 设 α 是$((R,\mathscr{F})_\circ(X^*),(R,\mathscr{F})^\circ(X^*))$的属性集，$\alpha^{(f,\cup\bar{f})}=(\alpha\cup\alpha^f)\setminus\alpha^{\bar{f}}$，得到$((R,\mathscr{F})_\circ(X^*)_{(f,\cup\bar{f})},(R,\mathscr{F})^\circ(X^*)_{(f,\cup\bar{f})})$；因为 $\mathrm{card}(\alpha^f)=\mathrm{card}(\alpha^{\bar{f}})$或$\mathrm{card}(\alpha^f)-\mathrm{card}(\alpha^{\bar{f}})=0$ 则$((R,\mathscr{F})_\circ(X^*)_{(f,\cup\bar{f})},(R,\mathscr{F})^\circ(X^*)_{(f,\cup\bar{f})})$的属性不发生变化，由定义 5.6.2，$\varphi_{\mathscr{F}}=C$.

定理 5.6.3 在系统状态识别中的意义：

设系统 $\mathscr{D}$ 在 $j=1,2,\cdots,k$ 时刻的行为状态是 $X=\{x_1,x_2,\cdots,x_m\}_j$，状态 $x_i\in X$ 的特征值是 $Y=\{y_1,y_2,\cdots,y_m\}_i$，$y_p\in R^+$，$p=1,2,\cdots,m$，若状态 $x_i\in X$ 的特征差值是$\{y_1,y_2,\cdots,y_m\}_\alpha-\{y_1,y_2,\cdots,y_m\}_\beta=0$，$\alpha\neq\beta$，$\alpha,\beta\in(1,2,\cdots,k)$，则系统状态不可分辨，系统稳定；$\alpha^f$，$\alpha^{\bar{f}}$ 对系统的运动状态干扰被抑制.

定理 5.6.4（$\mathscr{F}$-记忆 S-粗集的 $\mathscr{F}$-记忆遗传性定理） 给定 $\mathscr{F}$-记忆 S-粗集，若

$$((R,\mathscr{F})_\circ(X^*)_{(f,\cup\bar{f})},(R,\mathscr{F})^\circ(X^*)_{(f,\cup\bar{f})})^i\subseteq((R,\mathscr{F})_\circ(X^*)_{(f,\cup\bar{f})},$$
$$(R,\mathscr{F})^\circ(X^*)_{(f,\cup\bar{f})})^j\subseteq((R,\mathscr{F})_\circ(X^*)_{(f,\cup\bar{f})},(R,\mathscr{F})^\circ(X^*)_{(f,\cup\bar{f})})^k \tag{5.6.12}$$

则它们的记忆度满足

$$\varphi_{\mathscr{F}}^k\leqslant\varphi_{\mathscr{F}}^j\leqslant\varphi_{\mathscr{F}}^i \tag{5.6.13}$$

证明 由式(5.6.12)容易得到

$$((\alpha\cup\alpha^f)\setminus\alpha^{\bar{f}})^k\subseteq((\alpha\cup\alpha^f)\setminus\alpha^{\bar{f}})^j\subseteq((\alpha\cup\alpha^f)\setminus\alpha^{\bar{f}})^i$$

则有 $\varphi_{\mathscr{F}}^k\leqslant\varphi_{\mathscr{F}}^j\leqslant\varphi_{\mathscr{F}}^i$；或者 $\varphi_{\mathscr{F}}^k\leqslant\varphi_{\mathscr{F}}^j,\varphi_{\mathscr{F}}^j\leqslant\varphi_{\mathscr{F}}^i\Rightarrow\varphi_{\mathscr{F}}^k\leqslant\varphi_{\mathscr{F}}^i$.

由定理 5.6.4 直接得到：

推论 5 给定 F-记忆 S-粗集，如果$((R,F)_\circ(X^\circ)_f,(R,F)^\circ(X^\circ)_f)^i\subseteq((R,F)_\circ(X^\circ)_f,(R,F)^\circ(X^\circ)_f)^j\subseteq((R,F)_\circ(X^\circ)_f,(R,F)^\circ(X^\circ)_f)^k$，则它们的记忆度满足

$$\varphi_F^k\leqslant\varphi_F^j\leqslant\varphi_F^i \tag{5.6.14}$$

推论 6 给定 $\bar{F}$-记忆 S-粗集，如果$((R,\bar{F})_\circ(X')_{\bar{f}},(R,\bar{F})^\circ(X')_{\bar{f}})^i\subseteq((R,\bar{F})_\circ(X')_{\bar{f}},(R,\bar{F})^\circ(X')_{\bar{f}})^j\subseteq((R,\bar{F})_\circ(X')_{\bar{f}},(R,\bar{F})^\circ(X')_{\bar{f}})^k$，则它们的记忆度满足

$$\varphi_{\bar{F}}^i\leqslant\varphi_{\bar{F}}^j\leqslant\varphi_{\bar{F}}^k \tag{5.6.15}$$

定理 5.6.5（系统 $\mathscr{D}$ 的 $\mathscr{F}$-记忆可分辨定理） 若 $\Omega(F,\bar{F})=\{((R,\mathscr{F})_\circ(X^*)_{(f,\bar{f})},(R,\mathscr{F})^\circ(X^*)_{(f,\bar{f})})_k \mid k=1,2,\cdots,\lambda\}$ 是系统 $\mathscr{D}_{\mathscr{F}=F\cup\bar{F}}$的行为状态集，则系

统 $\mathscr{D}_{\mathscr{F}=F\cup\overline{F}}$ 的状态满足

$$\mathrm{DIS}(((R,\mathscr{F})_{\circ}(X^{*})_{(f,\cup\bar{f})},(R,\mathscr{F})^{\circ}(X^{*})_{(f,\cup\bar{f})})_{p},p=1,2,\cdots,\lambda) \tag{5.6.16}$$

的充分必要条件是 $\forall i,j\in(1,2,\cdots,\lambda),i\neq j$

$$((\alpha\cup\alpha^{f})\backslash\alpha^{\bar{f}})_{i}\backslash((\alpha\cup\alpha^{f})\backslash\alpha^{\bar{f}})_{j}\neq\varnothing \tag{5.6.17}$$

其中 $((\alpha\cup\alpha^{f})\backslash\alpha^{\bar{f}})_{i}$ 是 $((R,\mathscr{F})_{\circ}(X^{*})_{(f,\cup\bar{f})},(R,\mathscr{F})^{\circ}(X^{*})_{(f,\cup\bar{f})})_{i}$ 的属性集，DIS = discernible.

定理 5.6.5 是一个明显的事实,证明略. 由定理 5.6.5 直接得到:

定理 5.6.6（系统 $\mathscr{D}$ 的 $\mathscr{F}$-记忆不可分辨定理） 若 $\Omega(F,\overline{F})=\{((R,\mathscr{F})_{\circ}(X^{*})_{(f,\cup\bar{f})},(R,\mathscr{F})^{\circ}(X^{*})_{(f,\cup\bar{f})})_{k}\mid k=1,2,\cdots,\lambda\}$ 是系统 $\mathscr{D}_{\mathscr{F}-F\cup\overline{F}}$ 的行为状态集,则系统 $\mathscr{D}_{\mathscr{F}=F\cup\overline{F}}$ 的状态满足

$$\mathrm{IND}(((R,\mathscr{F})_{\circ}(X^{*})_{(f,\cup\bar{f})},(R,\mathscr{F})^{\circ}(X^{*})_{(f,\cup\bar{f})})_{p},p=1,2,\cdots,\lambda) \tag{5.6.18}$$

的充分必要条件是 $\forall i,j\in(1,2,\cdots,\lambda),i\neq j.$

$$((\alpha\cup\alpha^{f})\backslash\alpha^{\bar{f}})_{i}\backslash((\alpha\cup\alpha^{f})\backslash\alpha^{\bar{f}})_{j}=\varnothing \tag{5.6.19}$$

由定理 5.6.5、5.6.6 得到:

推论 7 若 $\Omega(F)=\{((R,F)_{\circ}(X^{\circ})_{f},(R,F)^{\circ}(X^{\circ})_{f})_{k}\mid k=1,2,\cdots,\lambda\}$ 是系统 $\mathscr{D}_{\mathscr{F}=F}$ 的行为状态集,则系统 $\mathscr{D}_{\mathscr{F}=F}$ 的状态满足

$$\mathrm{DIS}(((R,F)_{\circ}(X^{\circ})_{f},(R,F)^{\circ}(X^{\circ})_{f})_{p}\mid p=1,2,\cdots,\lambda) \tag{5.6.20}$$

的充分必要条件是 $\forall i,j\in(1,2,\cdots,\lambda),i\neq j$

$$(\alpha\cup\alpha^{f})_{i}\neq(\alpha\cup\alpha^{f})_{j} \tag{5.6.21}$$

其中 $(\alpha\cup\alpha^{f})_{i}$ 是 $((R,F)_{\circ}(X^{\circ})_{f},(R,F)^{\circ}(X^{\circ})_{f})_{i}$ 的属性集.

推论 8 若 $\Omega(F)=\{((R,F)_{\circ}(X^{\circ})_{f},(R,F)^{\circ}(X^{\circ})_{f})_{k}\mid k=1,2,\cdots,\lambda\}$ 是系统 $\mathscr{D}_{\mathscr{F}=F}$ 的行为状态集,则系统 $\mathscr{D}_{\mathscr{F}=F}$ 的状态满足

$$\mathrm{IND}(((R,F)_{\circ}(X^{\circ})_{f},(R,F)^{\circ}(X^{\circ})_{f})_{p}\mid p=1,2,\cdots,\lambda) \tag{5.6.22}$$

的充分必要条件是 $\forall i,j\in(1,2,\cdots,\lambda),i\neq j$

$$(\alpha\cup\alpha^{f})_{i}=(\alpha\cup\alpha^{f})_{j} \tag{5.6.23}$$

推论 9 若 $\Omega(\overline{F})=\{((R,\overline{F})_{\circ}(X')_{\bar{f}},(R,\overline{F})^{\circ}(X')_{\bar{f}})_{k}\mid k=1,2,\cdots,\lambda\}$ 是系统 $\mathscr{D}_{\mathscr{F}=\overline{F}}$ 的行为状态集,则系统 $\mathscr{D}_{\mathscr{F}=\overline{F}}$ 的状态满足

$$\mathrm{DIS}(((R,\overline{F})_{\circ}(X')_{\bar{f}},(R,\overline{F})^{\circ}(X')_{\bar{f}})_{k},k=1,2,\cdots,\lambda), \tag{5.6.24}$$

的充分必要条件是 $\forall i,j \in (1,2,\cdots,\lambda), i \neq j$

$$(\alpha \backslash \alpha^{\bar{f}})_i \neq (\alpha \backslash \alpha^{\bar{f}})_j \tag{5.6.25}$$

其中 $(\alpha \backslash \alpha^{\bar{f}})_i \neq \varnothing, (\alpha \backslash \alpha^{\bar{f}})_j \neq \varnothing$.

推论 10 若 $\Omega(\overline{F}) = \{((R,\overline{F})_\circ(X')_{\bar{f}},(R,\overline{F})^\circ(X')_{\bar{f}})_k \mid k=1,2,\cdots,\lambda\}$ 是系统 $\mathscr{D}_{\mathscr{F}=\overline{F}}$ 的行为状态集，则系统 $\mathscr{D}_{\mathscr{F}-\overline{F}}$ 的状态满足

$$\mathrm{IND}\ (((R,\overline{F})_\circ(X')_{\bar{f}},(R,\overline{F})^\circ(X')_{\bar{f}})_p, p=1,2,\cdots,\lambda) \tag{5.6.26}$$

的充分必要条件是 $\forall i,j \in (1,2,\cdots,\lambda), i \neq j$

$$(\alpha \backslash \alpha^{\bar{f}})_i = (\alpha \backslash \alpha^{\bar{f}})_j \tag{5.6.27}$$

其中 $(\alpha \backslash \alpha^{\bar{f}})_i \neq \varnothing, (\alpha \backslash \alpha^{\bar{f}})_j \neq \varnothing$.

由定理 5.6.1 ~5.6.6，推论 5-10 得到：

系统状态稳定的 S-粗集记忆识别准则

如果系统 $\mathscr{D}$ 的输出状态是稳定的，则这些状态中的任意两个，它们对应的状态属性集是 $((\alpha \cup \alpha^f)\backslash \alpha^{\bar{f}})_i - ((\alpha \cup \alpha^f)\backslash \alpha^{\bar{f}})_j = \varnothing$，它们对应的状态特征值距离是

$$\left(\sum_{k=1}^{m} (y_{i,k} - y_{j,k})^p\right)^{1/p} = \varepsilon \tag{5.6.28}$$

其中 ε 是一个小正数，$y_{i,k}$ 是系统 $\mathscr{D}$ 在状态 $X_i = \{x_{i,1}, x_{i,2}, \cdots, x_{i,m}\}$ 中 $x_{i,k}$ 的特征值，$y_{i,k} \in R^+$；p 是距离参数，$p=1$，或 $p=2$.

系统稳定的状态不可分辨性原理

如果系统 $\mathscr{D}$ 的 m 个状态，它们的状态特征值距离满足

$$\left(\sum_{k=1}^{m} (y_{i,k} - y_{j,k})^p\right)^{1/p} = \varepsilon \tag{5.6.29}$$

则 m 个状态不可分辨，而且

$$\mathrm{IND}\ (\{x_1, x_2, \cdots, x_p\}_i \mid i=1,2,\cdots,m) \tag{5.6.30}$$

例 给定三端输入，六端输出的单元模糊控制系统，如图 5.2 所示.

设 $[x]_{t_k} = (V_{1,k}, V_{2,k}, V_{3,k}, V_{4,k}, V_{5,k}, V_{6,k}) = (0.3, 0.4, 0.6, 0.8, 0, 0.5)$ 是系统 $\mathscr{D}$ 在 $t_1 \sim t_4$ 时刻的模糊输出状态，$k=1,2,3,4$；任取 $i,j \in (1,2,3,4), i \neq j$，则有

$$\left(\sum_{p=1}^{6} (V_{i,p} - V_{j,p})^2\right)^{1/2} = 0 \tag{5.6.31}$$

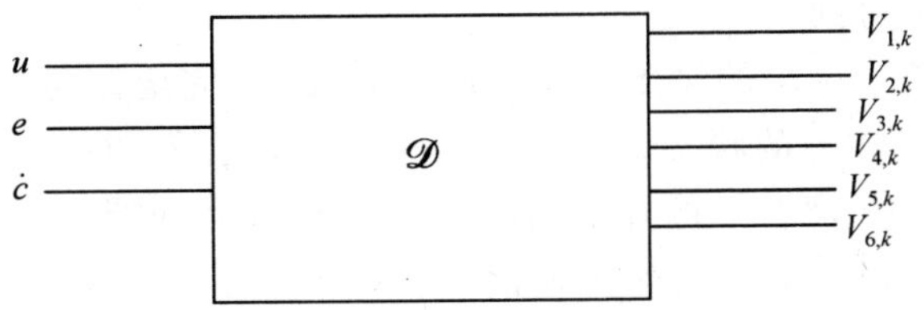

图 5.2

$\mathscr{D}$ 是过程模糊控制系统中的单元控制系统，u 是控制量，e 是误差，$\dot{c}$ 是误差变化率；$V_1 \sim V_6$ 是输出状态中的分量

显然，系统 $\mathscr{D}$ 在 $t_1 \sim t_4$ 时刻的模糊输出具有相同的特征距离；系统 $\mathscr{D}$ 在 $t_1 \sim t_4$ 的输出是稳定的；系统 $\mathscr{D}$ 在 $t_1 \sim t_4$ 的 4 个输出状态是不可分辨的，而且

$$\underset{k=1}{\overset{4}{\mathrm{IND}}}((V_{1,k},V_{2,k},V_{3,k},V_{4,k},V_{5,k},V_{6,k})) \tag{5.6.32}$$

§5.7　S-粗集的记忆特性在系统跟踪识别中的应用

为了讨论的方便，又便于理解，我们先看一个实际系统：

图 5.3 是一个二端输入六端输出的信号系统 $\mathscr{P}$.

图 5.3

u_1,u_2 是系统 $\mathscr{P}$ 的信号输入，$V_1 \sim V_6$ 是系统 $\mathscr{P}$ 的信号输出，系统 $\mathscr{P}$ 的内部结构略.

如果给定时间序列集 $\{t_1,t_2,t_3,t_4\}$，系统 $\mathscr{P}$ 是无故障状态，则系统 $\mathscr{P}$ 的状态可用表 5.1 表示（表中的具体数值省略，表中的数值用 * 表示）. 其中 * 表示 v_1，$i=1\sim6$，在 t_j，$j=1\sim4$ 的输出值.

表 5.1　系统 $\mathscr{P}$ 在 $[t_1,t_4]$ 的无故障输出

	t_1	t_2	t_3	t_4
v_1	*	*	*	*
v_2	*	*	*	*
v_3	*	*	*	*
v_4	*	*	*	*
v_5	*	*	*	*
v_6	*	*	*	*

从表 5.1 能够得到：

1°　系统 $\mathscr{P}$ 在 $t_1 \sim t_4$ 的输出 $\{v_1, v_2, v_3, v_4, v_5, v_6\}_{t_j}$ 完全相同.

2°　对系统 $\mathscr{P}$ 在 t_j 的状态识别可以用对系统 $\mathscr{P}$ 在 t_{j-1} 的状态识别代替.

3°　如果把系统 $\mathscr{P}$ 在 t_j 的 6 个输出 $v_1 \sim v_6$ 都赋值，或者 $v_1 = y_{1,j}, v_2 = y_{2,j}, v_3 = y_{3,j}, v_4 = y_{4,j}, v_5 = y_{5,j}, v_6 = y_{6,j}$，则系统 $\mathscr{P}$ 的 6 个在 t_{j+1} 的输出值 $v_1 = y_{1,j+1}, v_2 = y_{2,j+1}, v_3 = y_{3,j+1}, v_4 = y_{4,j+1}, v_5 = y_{5,j+1}, v_6 = y_{6,j+1}$ 满足

$$d_{j-j+1} = ((y_{1,j} - y_{1,j+1})^2 + (y_{2,j} - y_{2,j+1})^2 + (y_{3,j} - y_{3,j+1})^2 + (y_{4,j} - y_{4,j+1})^2 + (y_{5,j} - y_{5,j+1})^2 + (y_{6,j} - y_{6,j+1})^2)^{1/2} = 0$$

若系统 $\mathscr{P}$ 是一个有差系统，则

$$d_{j-j+1} = \varepsilon$$

其中 $\varepsilon > 0$，ε 是事先给定的误差限；$y_{k,j}, y_{k,j+1} \in R^+$，$k = 1, 2, \cdots, 6$.

4°　若系统 $\mathscr{P}$ 在 t_j 的 6 个输出看成是关于 t 的知识 $[x] = \{v_1, v_2, v_3, v_4, v_5, v_6\}_t$，而且知识 $[x]$ 具有属性集 $\alpha = \{\alpha_1, \alpha_2, \alpha_3\}$，则有

$$w([x]) = \mathrm{card}([x])\mathrm{card}(\alpha) = \eta$$

因为系统 $\mathscr{P}$ 在 $t_1 \sim t_4$ 是无故障输出，则 η 在 $t_1 \sim t_4$ 中是一个不变的常数.

5°　因为系统 $\mathscr{P}$ 在 $t_1 \sim t_4$ 是无故障输出，利用 5.1 ~ 5.6 节的讨论能够知道：系统 $\mathscr{P}$ 在 t_j 的输出状态是系统 $\mathscr{P}$ 记忆了 t_{j-1} 的输出状态.

从 1° ~ 5°得到：表 5.1 给出的系统 $\mathscr{P}$，在 $t_1 \sim t_4$ 是不可分辨的或不可识别的.

利用 1° ~ 5°的简单分析，能够得到如下的概念：

定义 5.7.1　给定知识 $[x]_i, [x]_j \in U$，称 d_{i-j} 是 $[x]_i, [x]_j$ 的知识距离，而且

$$d_{i-j} = ((y_{i,1} - y_{j,1})^2 + (y_{i,2} - y_{j,2})^2 + \cdots + (y_{i,n} - y_{j,n})^2)^{1/2} \tag{5.7.1}$$

其中 $[x]_i = \{x_{i,1}, x_{i,2}, \cdots, x_{i,n}\}$，$y_i = \{y_{i,1}, y_{i,2}, \cdots, y_{i,n}\}$ 是 $[x]_i$ 的值，$\forall y_{i,k} \in R^+$，$k = 1, 2, \cdots, n$.

定义 5.7.2　给定知识 $[x]_i \in U$，$\alpha_i \subset V$ 是知识 $[x]_i$ 的属性集，称 $w([x]_i)$ 是 $[x]_i$ 的知识能量，而且

$$w([x]_i) = \mathrm{card}([x]_i)\mathrm{card}(\alpha_i) \tag{5.7.2}$$

由 1° ~ 5°，定义 5.7.1、5.7.2 得到：

命题 1　无故障系统的知识距离 $d_{i-j} = \varepsilon$，反之亦真.

命题 2　无故障系统的知识能量 $w([x])$ 是一个常数 c，反之亦真.

由命题 1,2 得到：

系统可跟踪识别的知识距离记忆准则

若系统 $\mathscr{P}$ 在 t_j, t_{j+1} 是跟踪可识别的，必有

$$d_{j-j+1} \neq \varepsilon \tag{5.7.3}$$

系统可跟踪识别的知识能量记忆准则

若系统 $\mathscr{P}$ 在 t_j, t_{j+1} 是跟踪可识别的，它的知识能量增量 $\Delta w([x])$ 满足

$$\Delta w([x]) \neq 0 \tag{5.7.4}$$

其中 $\Delta w([x]) = w([x]_{j+1}) - w([x]_j)$，$w([x]_j)$ 是 t_j 时刻的知识能量.

我们把图 5.2、表 5.1 还给它的真实面貌，利用式(5.7.3)、式(5.7.4)给出跟踪识别.

表 5.2　系统 $\mathscr{P}$ 在 $[t_1, t_4]$ 的状态输出

	t_1	t_2	t_3	t_4
v_1	1.6	1.6	1.6	1.6
v_2	2.1	2.1	2.1	2.1
v_3	1.0	1.0	0	1.0
v_4	0.9	0.9	0.9	0.9
v_5	0.8	0.8	0.8	0
v_6	1.3	1.3	0	1.3

表 5.2 中所示的数值是 v_1，$i = 1 \sim 4$ 的输出电平，0 表示短路.

从表 5.2 中得到：系统 $\mathscr{P}$ 在 t_2 的状态是记忆了 t_1 的状态；t_1 与 t_2 状态不可分辨，显然

$$d_{t_1 - t_2} = \varepsilon$$

其中 $\varepsilon = 0$.

系统 $\mathscr{P}$ 在 t_3 的状态与 t_2 的状态，它的知识距离

$$d_{t_2 - t_3} \neq \varepsilon$$

系统 $\mathscr{P}$ 在 t_3 的状态与 t_2 的状态，它的知识能量增量

$$\Delta w([x]) \neq 0$$

利用 d_{j-j+1} 或 $\Delta w([x])$，系统 $\mathscr{P}$ 在 t_3 已产生失忆，系统出现故障，这个过程可用下列简图表示，如图 5.4 所示.

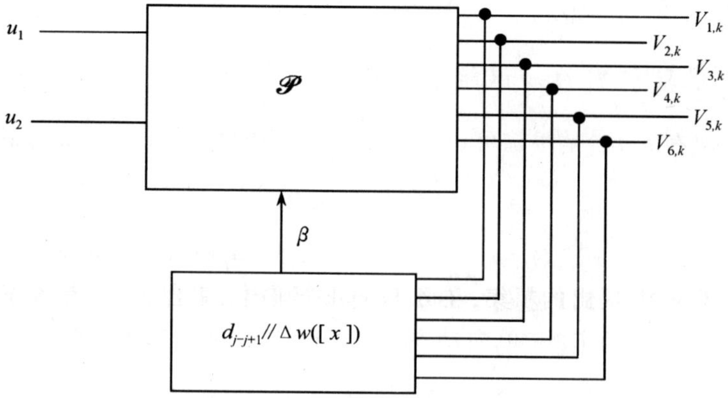

图 5.4

$d_{j-j+1}/\!/\Delta w([x])$ 是一个系统 $\mathscr{P}$ 的跟踪识别装置，$d_{j-j+1}/\!/\Delta w([x])$ 的输出返回到系统 $\mathscr{P}$ 中，如果 $d_{j,j+1}\neq\varepsilon$，$\Delta w([x])\neq 0$，系统 $\mathscr{P}$ 失去某些记忆，输出 β 调整系统 $\mathscr{P}$，使系统 $\mathscr{P}$ 恢复记忆

第 6 章　函数 S-粗集

S-粗集(singular rough sets),具有两类结构:单向 S-粗集(one direction singular rough sets),双向 S-粗集(two direction singular rough sets). S-粗集推广了 1982 年波兰数学家 Z. Pawlak 提出的粗集,在 Z. Pawlak 粗集中,集合 $X\subset U$ 是静态的,在 S-粗集中,集合 $X\subset U$ 是动态的(单向动态 $X=X^{\circ}\cup$ 或双向动态 $X=X^{*}$). 在集合的静态-动态框架下, Z. Pawlak 粗集是 S-粗集的特例,S-粗集是 Z. Pawlak 粗集的一般形式. 观察 S-粗集,Z. Pawlak 粗集,它们的共同特征是以元素的 R-元素等价类$[x]=\{x_1,x_2,\cdots,x_t\}$来定义的; 人们希望 S-粗集,Z. Pawlak 粗集具有更广泛的应用. 自然人们提出:S-粗集, Z. Pawlak 粗集能应用到系统中的规律挖掘,规律发现研究吗?要挖掘的规律,要发现的规律是人们事先不知道的. **什么是规律,一个函数就是一个规律**. 显然,以 R-元素等价类$[x]$定义的 S-粗集,Z. Pawlak 粗集不能完成系统中的规律挖掘研究;换一个说法,应用 S-粗集,Z. Pawlak 粗集进行系统中规律挖掘,规律发现研究遇到困难. 因此,必须把 S-粗集再给出进一步讨论. 我们看一个实际系统:一个系统的输出特征可以用系统的输出状态函数集(连续函数集、离散函数集) $u(x)=\{u(x)_1,u(x)_2,\cdots,u(x)_m\}$表示, $u(x)$具有属性集 α,显然 $u(x)$构成$[u(x)]$,$[u(x)]$是一个 α-函数等价类. $\forall u(x)_j\in[u(x)]$,$j=1,2,\cdots,m$,它的离散形式是$u(x)_j=(u(x)_{j,1},u(x)_{j,2},\cdots,u(x)_{j,t})$,$u(x)_{j,k}\in R^{+}$,$u(x)_j$ 是一条折线,$u(x)_j$ 是系统的某个规律的离散近似表示. 若定义 $1\sim t$ 是时间间隔,而且$[1,t]$,取 $k\in[1,t]$,则 $u(x)_j$ 变成在 k 点的状态,用 $x_{j,k}$表示. 对于$[u(x)]$上的所有 $u(x)_i$,$i=1,2,\cdots,m$,对于给定的 $k\in[1,t]$,由$[u(x)]$得到$[x]_k=\{x_{1,k},x_{2,k},\cdots,x_{m,k}\}$,$[x]_k$ 是 α-函数等价类$[u(x)]$生成的关于 k 的 α-元素等价类. 我们继续看这个实际系统:存在这样的函数 $v(x)\overline{\in}[u(x)]$,$v(x)$在变换 $f\in F$ 的作用下,$v(x)$变成$f(v(x))=u'(x)\in[u(x)]$,这类现象多发生在无线电通信系统的电磁干扰中;还存在这样的函数 $u(x)_k\in[u(x)]$,$u(x)_k$ 在变换$\bar{f}\in\bar{F}$的作用下,$u(x)_k$ 变成$\bar{f}(u(x)_k)=v(x)_k\overline{\in}[u(x)]$,这类现象多发生在系统滤波中. 前者使 card$[u(x)]$增大,后者使 card$[u(x)]$减小. 我们能否以 α-函数等价类$[u(x)]$来定义粗集,利用这个新定义的粗集完成系统中规律挖掘与规律发现的研究? 2005 年史开泉教授提出函数 S-粗集[25,26],使得 S-粗集具有更广泛的应用. 如果以 α-函数等价类$[u(x)]$构成的函数 S-粗集存在,我们能够获得这样的认识:在集合的静态-动态,点-点构成线的双重条件下,Z. Pawlak 粗集是 S-粗集的特例,S-粗集是函数 S-粗集的特例. 利用这些简短的讨论,本章给出函数 S-粗集:函数单向 S-粗集,函数双向 S-粗集的概念,给出它们的结构.

为了使符号简化,又不引起误解,这里约定:函数等价类 $[u(x)]$ 记作 $[u]$,函数 $u(x)$,$v(x)$ 记作 u,v;函数论域 $\mathscr{D}(x)$ 记作 $\mathscr{D}$,函数集 $Q(x)=\{u(x)_1,u(x)_2,\cdots,u(x)_m\}\subset\mathscr{D}(x)$ 记作 $Q=\{u_1,u_2,\cdots,u_m\}\subset\mathscr{D}$.

§6.1　函数单向 S-粗集

定义 6.1.1　设 $\mathscr{D}$ 是函数论域,$Q=\{u_1,u_2,\cdots,u_m\}\subset\mathscr{D}$ 是有限函数集,如果存在变换 $f\in F$,使得 $v\in\mathscr{D}$,$v\,\overline{\in}\,Q$,v 在 $f\in F$ 的作用下变成 $f(v)=u\in Q$,称 $f\in F$ 是 $\mathscr{D}$ 上的函数迁移,$F=\{f_1,\cup f_2,\cdots,\cup f_m\}$ 称作 $\mathscr{D}$ 上的函数迁移族;或者

$$\exists v\in\mathscr{D},v\,\overline{\in}\,Q\Rightarrow f(v)=u\in Q \tag{6.1.1}$$

定义 6.1.2　给定 $Q\subset\mathscr{D}$,称 Q° 是 Q 的单向 S-函数集合(one direction singular function sets),如果

$$Q^{\circ}=Q\cup\{v\mid v\in\mathscr{D},v\,\overline{\in}\,Q,\cup f(v)=u\in Q\} \tag{6.1.2}$$

Q^{f} 称作 Q 的 f-扩张,而且

$$Q^{f}=\{u\mid v\in\mathscr{D},v\,\overline{\in}\,Q,\cup f(v)=u\in Q\} \tag{6.1.3}$$

定义 6.1.3　称 $(R,F)_{\circ}(Q^{\circ})$ 是 $Q^{\circ}\subset\mathscr{D}$ 的下近似,如果

$$\begin{aligned}(R,F)_{\circ}(Q^{\circ})&=\cup[u]\\&=\{u\mid u\in\mathscr{D},[u]\subseteq Q^{\circ}\}\end{aligned} \tag{6.1.4}$$

称 $(R,F)^{\circ}(Q^{\circ})$ 是 $Q^{\circ}\subset\mathscr{D}$ 的上近似,如果

$$\begin{aligned}(R,F)^{\circ}(Q^{\circ})&=\cup[u]\\&=\{u\mid u\in\mathscr{D},[u]\cap Q^{\circ}\neq\varnothing\}\end{aligned} \tag{6.1.5}$$

定义 6.1.4　由 $(R,F)_{\circ}(Q^{\circ})$,$(R,F)^{\circ}(Q^{\circ})$ 构成的集合对,称作 $Q^{\circ}\subset\mathscr{D}$ 的函数单向 S-粗集(function one direction singular rough sets),而且

$$((R,F)_{\circ}(Q^{\circ}),(R,F)^{\circ}(Q^{\circ})) \tag{6.1.6}$$

称 $B_{nR}(Q^{\circ})$ 是 $Q^{\circ}\subset\mathscr{D}$ 的边界,而且

$$B_{nR}(Q^{\circ})=(R,F)^{\circ}(Q^{\circ})-(R,F)_{\circ}(Q^{\circ}) \tag{6.1.7}$$

定义 6.1.5　称 $As(Q^{\circ})$ 是函数单向 S-粗集 $((R,F)_{\circ}(Q^{\circ}),(R,F)^{\circ}(Q^{\circ}))$ 生成的副集合,如果

$$As(Q^{\circ})=\{v\mid v\in\mathscr{D},v\,\overline{\in}\,Q,\cup f(v)=u\,\overline{\overline{\in}}\,Q\} \tag{6.1.8}$$

式(6.1.8)的直观意义:不在 Q 内的函数 v,v 在 $f\in F$ 的作用下,v 变成 $f(v)=$

u, $f(v)=u$ 不被完全迁入到 Q 内,用符号"$\bar{\in}$"表示, $f(v)$ 与 Q 的关系满足特征函数值: $0<\chi_Q^{(f(v))}<1$;在(6.1.2)中 $f(v)$ 与 Q 的关系满足特征函数值: $\chi_Q^{(f(v))}=1$.

§6.2　函数双向 S-粗集

定义 6.2.1　设 $\mathscr{D}$ 是函数论域, $Q=\{u_1,u_2,\cdots,u_m\}\subset\mathscr{D}$ 是有限函数集,如果存在变换 $f\in F$,使得 $v\in\mathscr{D}$, $v\bar{\in}Q$, v 在 $f\in F$ 的作用下变成 $f(v)=u\in Q$;如果存在变换 $\bar{f}\in\bar{F}$,使得 $u_j\in Q$, u_j 在 $\bar{f}\in\bar{F}$ 的作用下变成 $\bar{f}(u_j)=v_j\bar{\in}Q$; $\cup f$, $\cup\bar{f}$ 称作 $\mathscr{D}$ 上的函数迁移, $F=\{f_1,\cup f_2,\cdots,\cup f_m\}$, $\bar{F}=\{\bar{f}_1,\cup\bar{f}_2,\cdots,\cup\bar{f}_n\}$ 称作 $\mathscr{D}$ 上的函数迁移族,或者

$$\exists v\in\mathscr{D}, v\bar{\in}Q\Rightarrow f(v)=u\in Q \tag{6.2.1}$$

$$\exists u_j\in Q\Rightarrow\bar{f}(u_j)=v_j\bar{\in}Q \tag{6.2.2}$$

定义 6.2.2　给定 $Q\subset\mathscr{D}$,称 Q^* 是 Q 的双向 S-函数集合(two direction singular function sets),如果

$$Q^*=Q'\cup\{v\,|\,v\in\mathscr{D}, v\bar{\in}Q, \cup f(v)=u\in Q\} \tag{6.2.3}$$

$$Q'=Q-\{u\,|\,u\in Q, \cup\bar{f}(u)=v\bar{\in}Q\} \tag{6.2.4}$$

$Q^{\bar{f}}$ 称作 $Q\subset\mathscr{D}$ 的 $\bar{f}$-萎缩,而且

$$Q^{\bar{f}}=\{u\,|\,u\in Q, \cup\bar{f}(u)=v\bar{\in}Q\} \tag{6.2.5}$$

定义 6.2.3　称 $(R,\mathscr{F})_\circ(Q^*)$ 是 $Q^*\subset\mathscr{D}$ 的下近似,而且

$$\begin{aligned}(R,\mathscr{F})_\circ(Q^*)&=\cup[u]\\&=\{u\,|\,u\in\mathscr{D}, [u]\subseteq Q^*\}\end{aligned} \tag{6.2.6}$$

称 $(R,\mathscr{F})^\circ(Q^*)$ 是 $Q^*\subset\mathscr{D}$ 的上近似,而且

$$\begin{aligned}(R,\mathscr{F})^\circ(Q^*)&=\cup[u]\\&=\{u\,|\,u\in\mathscr{D}, [u]\cap Q^*\neq\varnothing\}\end{aligned} \tag{6.2.7}$$

其中 $\mathscr{F}=F\cup\bar{F}$, $F\neq\varnothing$, $\bar{F}\neq\varnothing$.

定义 6.2.4　由 $(R,\mathscr{F})_\circ(Q^*)$, $(R,\mathscr{F})^\circ(Q^*)$ 构成的集合对,称作 $Q^*\subset\mathscr{D}$ 的函数双向 S-粗集(function two direction singular rough sets),而且

$$((R,\mathscr{F})_\circ(Q^*), (R,\mathscr{F})^\circ(Q^*)) \tag{6.2.8}$$

称 $B_{nR}(Q^*)$ 是 $Q^*\subset\mathscr{D}$ 的边界,且

$$B_{nR}(Q^*)=(R,\mathscr{F})^\circ(Q^*)-(R,\mathscr{F})_\circ(Q^*) \tag{6.2.9}$$

定义 6.2.5　称 $As(Q^*)$ 是函数双向 S-粗集 $((R,\mathscr{F})_{\circ}(Q^*),(R,\mathscr{F})^{\circ}(Q^*))$ 生成的副集,如果

$$As(Q^*)=\{u|v\in\mathscr{D},v\bar{\in}Q,\cup f(v)=u\,\tilde{\bar{\in}}\,Q \text{ and } u\in Q,\bar{f}(u)=v\underset{\sim}{\in}Q\} \tag{6.2.10}$$

式(6.2.10)的直观意义:不在 Q 内的函数 v,v 在 $f\in F$ 的作用下,v 变成 $f(v)=u$,$f(v)=u$ 不被完全迁入到 Q 内,用符号"$\tilde{\bar{\in}}$"表示;$f(v)$ 与 Q 的关系满足特征函数值:$0<\chi_Q^{(f(v))}<1$;在 Q 内的函数 u,u 在 $\bar{f}\in\overline{F}$ 的作用下,u 变成 $\bar{f}(u)=v$,$\bar{f}(u)=v$ 不被完全迁出到 Q 外,用符号"$\underset{\sim}{\in}$"表示,$\bar{f}(u)$ 与 Q 的关系满足特征函数值:$-1<\chi_Q^{(\bar{f}(u))}<0$. 式(6.2.5)表示在 Q 内的函数 u,u 在 $\bar{f}\in\overline{F}$ 的作用下,$\bar{f}(u)=v$ 完全被迁出到 Q 外,$\bar{f}(u)$ 与 Q 的关系满足特征函数值:$\chi_Q^{(\bar{f}(u))}=-1$.

由 6.1、6.2 节的概念,容易得到:

命题 1　函数双向 S-粗集是函数单向 S-粗集的一般形式,函数单向 S-粗集是函数双向 S-粗集的特例.

命题 1 是明显的事实,证明略.

§6.3　函数单向 S-粗集的对偶形式

在 6.2 节的函数双向 S-粗集 $((R,\mathscr{F})_{\circ}(Q^*),(R,\mathscr{F})^{\circ}(Q^*))$ 中,若 $\mathscr{F}=F\cup\overline{F}$ 中的 $F=\varnothing$,则 $\mathscr{F}=\overline{F}$,6.2 节中的(6.2.3)变成

$$Q^*=Q'\cup\{v|v\in\mathscr{D},v\bar{\in}Q,\cup f(v)=u\in Q\}=Q' \tag{6.3.1}$$

这里 $\{v|v\in\mathscr{D},v\bar{\in}Q,\cup f(v)=u\in Q\}=\varnothing$.

则有 $Q'\subset\mathscr{D}$ 的下近似 $(R,\overline{F})_{\circ}(Q')$,上近似 $(R,\overline{F})^{\circ}(Q')$,而且

$$\begin{aligned}(R,\overline{F})_{\circ}(Q')&=\cup[u]\\&=\{u|u\in\mathscr{D},[u]\subseteq Q'\}\end{aligned} \tag{6.3.2}$$

$$\begin{aligned}(R,\overline{F})^{\circ}(Q')&=\cup[u]\\&=\{u|u\in\mathscr{D},[u]\cap Q'\neq\varnothing\}\end{aligned} \tag{6.3.3}$$

由 $(R,\overline{F})_{\circ}(Q')$,$(R,\overline{F})^{\circ}(Q')$ 构成的集合对,称作 $Q'\subset\mathscr{D}$ 的函数单向 S-粗集,而且

$$((R,\overline{F})_{\circ}(Q'),(R,\overline{F})^{\circ}(Q')) \tag{6.3.4}$$

$((R,\overline{F})_{\circ}(Q'),(R,\overline{F})^{\circ}(Q'))$ 称作 $Q^{\circ}\subset\mathscr{D}$ 的函数单向 S-粗集 $((R,F)_{\circ}(Q^{\circ}),(R,F)^{\circ}(Q^{\circ}))$ 的对偶形式;简称 $((R,\overline{F})_{\circ}(Q'),(R,\overline{F})^{\circ}(Q'))$ 是 $((R,F)_{\circ}(Q^{\circ}),(R,F)^{\circ}(Q^{\circ}))$ 的对偶.

显然$((R,F)_\circ(Q^\circ),(R,F)^\circ(Q^\circ))$与$((R,\overline{F})_\circ(Q'),(R,\overline{F})^\circ(Q'))$具有对偶特性：$((R,F)_\circ(Q^\circ),(R,F)^\circ(Q^\circ))$具有扩张特征，$((R,\overline{F})_\circ(Q'),(R,\overline{F})^\circ(Q'))$具有萎缩特征．

容易得到$((R,\overline{F})_\circ(Q'),(R,\overline{F})^\circ(Q'))$生成的副集$As(Q')$，而且

$$As(Q')=\{u \mid u\in Q,\cup\bar{f}(u)=v\subsetneqq Q\} \tag{6.3.5}$$

命题1　函数单向S-粗集对偶是函数双向S-粗集的退化，如果函数迁移族$F=\varnothing$．

§6.4　函数S-粗集与S-粗集的关系

引理1（α-元素等价类被α-函数等价类离散生成定理）　若$[u]$是$\mathscr{D}$上的α-函数等价类，而且

$$[u]=\{u_i \mid i=1,2,\cdots,n;u_i\text{ 具有属性集 }\alpha\} \tag{6.4.1}$$

$[x]_\alpha^{(k)}$是U上具有指标$k\in(1,2,\cdots,m)$的α-元素等价类，则$[x]_\alpha^{(k)}$是$[u]$在指标k的离散生成．

证明　不失一般性，任取$u_j\in[u]$，$j\in(1,2,\cdots,n)$，u_j的离散形式是

$$u_j=(u_{j,1},u_{j,2},\cdots,u_{j,m}) \tag{6.4.2}$$

对于给定的$k\in(1,2,\cdots,m)$，由(6.4.2)得到

$$u_j=u_{j,k} \tag{6.4.3}$$

$u_{j,k}$记作$x_{j,k}$；显然，u_j具有属性α，$x_{j,k}$也具有属性α．对$[u]$上的所有u_i，$i\in(1,2,\cdots,n)$，对于给定的$k\in(1,2,\cdots,m)$，容易得到

$$x_{1,k},x_{2,k},\cdots,x_{n,k} \tag{6.4.4}$$

把$x_{1,k},x_{2,k},\cdots,x_{n,k}$记作$[x]$，而且

$$[x]=\{x_{1,k},x_{2,k},\cdots,x_{n,k}\} \tag{6.4.5}$$

$[u]$是具有属性α的α-函数等价类，所以$[x]$是具有属性α，具有指标$k\in(1,2,\cdots,m)$的α-元素等价类．对于所有$k=1,2,\cdots,m$，由$[u]$得到m个α-元素等价类，这些等价类构成α-元素等价类族$[X]$，而且

$$[X]=\{[x]_k \mid k=1,2,\cdots,m\} \tag{6.4.6}$$

式(6.4.6)满足$i,j\in(1,2,\cdots,m)$，$i\neq j$

$$[x]_i\cap[x]_j=\varnothing \tag{6.4.7}$$

$$\mathrm{card}([x]_i)=\mathrm{card}([x]_j) \tag{6.4.8}$$

对于任意的 $k\in(1,2,\cdots,m)$，$[x]_k$ 中的元素关于属性 α 满足 $\mathrm{IND}([x]_k)$；显然，$[x]$ 是 $[u]$ 的离散生成.

引理 2（有限 α-元素等价类生成定理）　α-函数等价类 $[u]$ 生成有限个 α-元素等价类 $[x]$.

引理 3（有限 α-元素集生成定理）　有限 α-函数集 $Q\subset\mathscr{D}$ 生成有限个 α-元素集 $X\subset U$.

引理 2、3 的证明由引理 1 直接得到，引理 2、3 的证明略.

由引理 1～3 得到：

定理 6.4.1（函数单向 S-粗集与单向 S-粗集关系定理）　若 $Q^{\circ}\subset\mathscr{D}$ 是单向 S-函数集合，$X^{\circ}\subset U$ 是单向 S-元素集合，$\mathscr{K}$ 是一个有序正数集，$\forall k\in\mathscr{K}$，则

$$((R,F)_{\circ}(Q^{\circ}),(R,F)^{\circ}(Q^{\circ}))_{k\in\mathscr{K}}=((R,F)_{\circ}(X^{\circ}),(R,F)^{\circ}(X^{\circ}))\tag{6.4.9}$$

如果 U 上的 α-元素等价类 $[x]$ 是 $\mathscr{D}$ 上的 α-函数等价类 $[u]$ 的 $k\in\mathscr{K}$ 生成，而且

$$[u]_{k\in\mathscr{K}}=[x]$$

其中 $[u]_{k\in\mathscr{K}}$ 是 α-函数等价类 $[u]$ 在 $k\in\mathscr{K}$ 上的生成，它是由元素构成的等价类.

定理 6.4.2（函数单向 S-粗集与单向 S-粗集族定理）　若 $\mathscr{K}$ 是一个有序正数集，则函数单向 S-粗集生成单向 S-粗集族，而且

$$\{((R,F)_{\circ}(X^{\circ}),(R,F)^{\circ}(X^{\circ}))_k\mid k\in\mathscr{K}\}\tag{6.4.10}$$

命题 1　函数单向 S-粗集是单向 S-粗集的一般形式，单向 S-粗集是函数单向 S-粗集的特例.

定理 6.4.3（函数双向 S-粗集与双向 S-粗集关系定理）　若 $Q^{*}\subset\mathscr{D}$ 是双向 S-函数集合，$X^{*}\subset U$ 是双向 S-元素集合，$\mathscr{K}$ 是一个有序正数集，$\forall k\in\mathscr{K}$，则

$$((R,\mathscr{F})_{\circ}(Q^{*}),(R,\mathscr{F})^{\circ}(Q^{*}))_{k\in\mathscr{K}}=((R,\mathscr{F})_{\circ}(X^{*}),(R,\mathscr{F})^{\circ}(X^{*}))\tag{6.4.11}$$

定理 6.4.4（函数双向 S-粗集与双向 S-粗集族定理）　若 $\mathscr{K}$ 是一个有序正数集，则函数双向 S-粗集生成双向 S-粗集族，而且

$$\{((R,\mathscr{F})_{\circ}(X^{*}),(R,\mathscr{F})^{\circ}(X^{*}))_k\mid k\in\mathscr{K}\}\tag{6.4.12}$$

命题 2　函数双向 S-粗集是双向 S-粗集的一般形式，双向 S-粗集是函数双向 S-粗集的特例.

定理 6.4.5（函数单向 S-粗集对偶与单向 S-粗集对偶关系定理）　若 $((R,\overline{F})_{\circ}(Q'),(R,\overline{F})^{\circ}(Q'))$ 是函数单向 S-粗集对偶，$((R,\overline{F})_{\circ}(X'),(R,\overline{F})^{\circ}(X'))$ 是单向 S-粗集对偶，$\mathscr{K}$ 是一个有序正数集，则

$$((R,\overline{F})_{\circ}(Q'),(R,\overline{F})^{\circ}(Q'))_{k\in\mathscr{K}}=((R,\overline{F})_{\circ}(X'),(R,\overline{F})^{\circ}(X'))\tag{6.4.13}$$

定理 6.4.6(函数单向 S-粗集对偶与单向 S-粗集对偶族定理)　若 $\mathscr{K}$ 是一个有序正数集，则函数单向 S-粗集对偶生成单向 S-粗集对偶族，而且

$$\{((R,\overline{F})_{\circ}(X'),(R,\overline{F})^{\circ}(X'))_k \mid k\in\mathscr{K}\} \tag{6.4.14}$$

命题 3　函数单向 S-粗集对偶是单向 S-粗集对偶的一般形式，单向 S-粗集对偶是函数单向 S-粗集对偶的特例.

§6.5　函数迁移与它的特征

设 $[u(x)]$ 是 $\mathscr{D}$ 上的 α-函数等价类，$[u(x)]=\{u(x)_1,u(x)_2,\cdots,u(x)_m\}$，$\forall k,u(x)_k\in[u(x)]$ 的离散形式是

$$u(x)_k=\{u(x)_{k,1},u(x)_{k,2},\cdots,u(x)_{k,n}\} \tag{6.5.1}$$

$\forall i,i=1,2,\cdots,m,[a_i,b_i]$ 是 $u(x)_i$ 的定义域，$a_i\leqslant b_i,a_i,b_i\in R$；$[c_i,d_i]$ 是 $u(x)_i$ 的值域，$c_i\leqslant d_i,c_i,d_i\in R$. α-函数等价类 $[u(x)]$ 的定义域，值域分别是 $[a,b]$，$[c,d]$；$a\leqslant b,c\leqslant d,a,b,c,d\in R$

$$a=\min_{i=1}^{m}(a_i),b=\max_{i=1}^{m}(b_i) \tag{6.5.2}$$

$$c=\min_{i=1}^{m}(c_i),d=\max_{i=1}^{m}(d_i) \tag{6.5.3}$$

显然，若 $u(x)_j\in[u(x)]$，则 $x\in[a,b],u(x)_j\in[c,d]$；若 $u(x)_p\bar{\in}[u(x)]$，则 $x\bar{\in}[a,b],u(x)_p\bar{\in}[c,d]$. 如果存在变换 $f\in F$，对于 $v(x)\bar{\in}[u(x)]$ 使得 $f(v(x))$ 的 $x\in[a,b]$，$f(v(x))\in[c,d]$，则有 $f(v(x))=u(x)\in[u(x)]$. 变换 $f\in F$ 是函数迁移，而且

$$\exists v(x)\in\mathscr{D},v(x)\bar{\in}[u(x)]\Rightarrow f(v(x))=u(x)\in[u(x)] \tag{6.5.4}$$

与此类似，如果存在 $\bar{f}\in\overline{F}$，存在 $u(x)_j\in[u(x)]$，使得 $\bar{f}(u(x)_j)$ 的 $x\bar{\in}[a,b]$，$\bar{f}(u(x)_j)\bar{\in}[c,d]$，则有 $\bar{f}(u(x)_j)=v(x)_j\bar{\in}[u(x)]$. 变换 $\bar{f}\in\overline{F}$ 是函数迁移，而且

$$\exists u(x)_j\in[u(x)]\Rightarrow\bar{f}(u(x)_j)=v(x)_j\bar{\in}[u(x)] \tag{6.5.5}$$

显然，$f\in F$ 或 $\overline{F}\in\overline{F}$ 的构造是简单的，事实上 $f\in F$，$\bar{f}\in\overline{F}$ 是一类简单的函数. 不同的应用问题，$f\in F$，$\bar{f}\in\overline{F}$ 的结构是不同的.

§6.6　函数 S-粗集的数据模型与系统规律分离应用

在这一节中，我们给出单向函数 S-粗集 $((R,F)_{\circ}(Q^{\circ}),(R,F)^{\circ}(Q^{\circ}))$ 在挖掘系统

粗规律中的应用.

设系统 $\mathscr{T}$(风险投资系统,投资盈亏-分析系统),系统 $\mathscr{T}$的粗规律用多项式 $P(x)$表示为

$$P(x)=a_nx^n+a_{n-1}x^{n-1}+\cdots+a_1x+a_0 \tag{6.6.1}$$

在某一个时刻 t,系统 $\mathscr{T}$的粗规律由多项式 $P(x)$变成 $Q(y)$

$$Q(y)=b_ny^n+b_{n-1}y^{n-1}+\cdots+b_1y+b_0 \tag{6.6.2}$$

而且

$$P(x)\leqslant Q(y) \tag{6.6.3}$$

式(6.6.3)告诉我们:有一个未知的规律(干扰函数)入侵到系统 $\mathscr{T}$中,换一个说法,存在一个未知的粗规律叠加到系统 $\mathscr{T}$中. 如果能够找到这个粗规律 $P(x)'$或者在 $Q(y)$中挖掘到粗规律 $P(x)'$,用滤波的方法把规律 $P(x)'$从 $Q(y)$中过滤,系统 $\mathscr{T}$能够返回到原始状态,$Q(y)$被还原成 $P(x)$. 因此,对式(6.6.2)、式(6.6.1)分别离散化,写成数据点的形式

$$(1,y_1),(2,y_2),\cdots,(n+1,y_{n+1}) \tag{6.6.4}$$

$$(1,x_1),(2,x_2),\cdots,(n+1,x_{n+1}) \tag{6.6.5}$$

利用式(6.6.4)、式(6.6.5),而且 $y_i-x_i=\bar{x}_i$, $i=1,2,\cdots,n+1$,则有数据点

$$(1,\bar{x}_1),(2,\bar{x}_2),\cdots,(n+1,\bar{x}_{n+1}) \tag{6.6.6}$$

利用式(6.6.6)和 Lagrange 插值函数 $p(x)$

$$p(x)=\sum_{j=1}^{n+1}y_j\prod_{\substack{i,j=1\\i\neq j}}^{n+1}\frac{x-x_i}{x_j-x_i} \tag{6.6.7}$$

得到多项式 $P(x)'$,而且

$$P(x)'=c_n\bar{x}^n+c_{n-1}\bar{x}^{n-1}+\cdots+c_1\bar{x}+c_0 \tag{6.6.8}$$

显然,潜藏系统 $\mathscr{T}$中,未被人们认识的粗规律 $P(x)'$从 $Q(y)$中挖掘得到,$P(x)$,$Q(y)$,$P(x)'$满足

$$P(x)=Q(y)-P(x)' \tag{6.6.9}$$

这里指出:系统粗规律的挖掘是依赖于函数单向 S-粗集($(R,F)_\circ(Q^\circ)$,$(R,F)^\circ(Q^\circ)$)的扩张特性得到的;或者 $\exists v(x)_j\in\mathscr{D}$,$v(x)_j\,\bar{\in}\,[u(x)]$,函数迁移 $f\in F$ 使得$v(x)_j$变成$f(v(x)_j)=u(x)_j\in[u(x)]$. 未知规律 $P(x)'=v(x)_j$ 从$[u(x)]$中被识别出来.

利用上面的简单讨论,下面给出系统规律生成,规律挖掘-分离与应用.

系统规律生成与规律挖掘-分离

给定系统$\mathscr{T}$,系统$\mathscr{T}$的函数集表示形式是:$u(x)=\{u_1(x),u_2(x),\cdots,u_m(x)\}$,$\forall i\in(1,2,\cdots,m)$,$u_i(x)\in u(x)$具有属性集$\alpha=\{\alpha_1,\alpha_2,\cdots,\alpha_\lambda\}$. 显然,$u(x)$是$\alpha$-函数等价类,记作$[u(x)]$. $\forall u_i(x)\in[u(x)]$的离散化形式是

$$\begin{aligned}u_1(x)&=\{u_{11}(x),u_{12}(x),\cdots,u_{1n}(x)\}\\&\vdots\\u_m(x)&=\{u_{m1}(x),u_{m2}(x),\cdots,u_{mn}(x)\}\end{aligned}\tag{6.6.10}$$

对$u_1(x),u_2(x),\cdots,u_m(x)$在离散点$k=1,2\cdots,n$上对应叠加,得到叠加序列

$$\sum_{i=1}^{m}u_{i1}(x),\ \sum_{i=1}^{m}u_{i2}(x),\cdots,\sum_{i=1}^{m}u_{in}(x)\tag{6.6.11}$$

将式(6.6.11)简单记作

$$x_1,x_2,\cdots,x_n\tag{6.6.12}$$

利用式(6.6.7)得到

$$P(x)=a_{n-1}x^{n-1}+a_{n-2}x^{n-2}+\cdots+a_1x+a_0\tag{6.6.13}$$

多项式$P(x)$是系统$\mathscr{T}$具有的粗规律.

如果存在某未知规律$v(x)=\{v_{1,1}(x),v_{1,2}(x),\cdots,v_{1,n}(x)\}$进入系统$\mathscr{T}$,或者$v(x)\in\mathscr{D}$,$v(x)\,\overline{\in}\,Q$,$v(x)$在函数迁移$f\in F$的作用下变成$f(v(x))=u'(x)\in Q$,或者

$$\exists v(x)\in\mathscr{D},v(x)\,\overline{\in}\,Q\Rightarrow f(v(x))=u'(x)\in Q\tag{6.6.14}$$

式(6.6.13)中的规律$P(x)$变成

$$Q(y)=b_{n-1}y^{n-1}+b_{n-2}y^{n-2}+\cdots+b_1y+b_0\tag{6.6.15}$$

显然,$Q(y)$是在系统$\mathscr{T}$具有的原规律$P(x)$的基础上附加了规律$P(x)'$得到的,或者

$$P(x)+P(x)'=Q(y)\tag{6.6.16}$$

如果将$P(x)'$从$Q(y)$中挖掘并分离出来,则系统$\mathscr{T}$从$Q(y)$状态返回到$P(x)$状态,这对于系统$\mathscr{T}$从混乱状态返回到稳定状态是非常重要的.

将$Q(y)$离散化得到数据点

$$(1,y_1),(2,y_2),\cdots,(n,y_n)\tag{6.6.17}$$

利用式(6.6.16)、式(6.6.12):$y_i-x_i=\bar{x}_i$, $i=1,2,\cdots,n$,则有数据点

$$(1,\bar{x}_1),(2,\bar{x}_2),\cdots,(n,\bar{x}_n)\tag{6.6.18}$$

式(6.6.18)生成的规律是

$$P(x)' = c_{n-1}\bar{x}^{n-1} + \cdots + c_1\bar{x} + c_0 \tag{6.6.19}$$

规律 $P(x)'$从规律 $Q(y)$中被挖掘-分离出来.

同此类似,若系统 $\mathscr{T}$同时有 $u_j(x) \in Q$,$u_j(x)$在 $\bar{f} \in \bar{F}$ 的作用下变成 $\bar{f}(u_j(x)) = v_j(x) \bar{\in} Q$ 和 $v(x) \in \mathscr{D}$,$v(x) \bar{\in} Q$,$v(x)$在 $f \in F$ 的作用下变成 $f(v(x)) = u'(x) \in Q$,利用函数双向 S-粗集能够完成规律的挖掘-分离.

规律挖掘-分离的应用

表 6.1 是时报咨询杂志提供的富达国际投资公司管理的富达印尼国际基金 1993 年 11 ~ 12 月份的净值表.

表 6.1　富达印尼国际基金净值

日期	净值	涨跌	涨跌幅	日期	净值	涨跌	涨跌幅
93/11/1	8.4	+0.16	+1.94%	93/12/1	8.23	-0.01	-0.36%
93/11/2	8.44	+0.04	+0.48%	93/12/2	8.24	+0.01	+0.12%
93/11/3	8.42	-0.02	-0.24%	93/12/3	8.22	-0.03	-0.36%
93/11/4	8.21	-0.21	-2.49%	93/12/4	8.25	+0.01	+0.12%
93/11/5	8.22	+0.01	+0.12%	93/12/5	8.24	+0.02	+0.24%
93/11/6	8.28	+0.06	+0.73%	93/12/6	8.4	+0.16	+1.94%
93/11/7	8.05	-0.08	-0.97%	93/12/7	8.42	+0.02	+0.24%
93/11/8	8.08	-0.12	-1.46%	93/12/8	8.4	-0.02	-0.24%
93/11/9	8.09	+0.01	+0.12%	93/12/9	8.31	-0.09	-0.17%
93/11/10	8.13	+0.04	+0.49%	93/12/10	8.35	+0.04	+0.48%
93/11/11	8.13	0	0	93/12/11	8.36	+0.01	+0.12%
93/11/12	8.18	+0.05	+0.62%	93/12/12	8.32	-0.04	-0.48%
93/11/13	8.20	+0.01	+0.12%	93/12/13	8.37	+0.05	+0.60%
93/11/14	8.24	+0.05	+0.61%	93/12/14	8.32	-0.05	-0.60%
93/11/15	8.26	+0.02	+0.24%	93/12/15	8.33	+0.01	+0.12%

对于表 6.1,设 93/11/1 ~ 93/11/15,93/12/1 ~ 93/12/15 为两个时间段,等距的取 93/11/1 ~ 93/11/15 的 5 个净值数据点(t_{a1}, x_1),(t_{a2}, x_2),$\cdots$,(t_{a5}, x_5),而且

$$(1, 8.4), (2, 8.21), (3, 8.05), (4, 8.13), (5, 8.20) \tag{6.6.20}$$

利用式(6.6.6) ~ (6.6.7)得到

$$P(x) = -0.0192x^4 + 0.2267x^3 - 0.8658x^2 + 1.1083x + 7.9500 \tag{6.6.21}$$

等距的取 93/12/1 ~ 93/12/15 的 5 个净值数据点(t_{b1}, y_1),(t_{b2}, y_2),$\cdots$,(t_{b5}, y_5),

而且

$$(1,8.23),(2,8.25),(3,8.42),(4,8.35),(5,8.37) \tag{6.6.22}$$

利用式(6.6.6) ~ (6.6.7) 得到

$$Q(x)=0.0300x^4-0.3650x^3+1.5150x^2-2.4200x+9.4700 \tag{6.6.23}$$

由 $y_i - x_i = \overline{x}_i, i=1,2,\cdots,5$,则有数据点

$$(1,-0.17),(2,0.04),(3,0.37),(4,0.22),(5,0.17) \tag{6.6.24}$$

由式(6.6.24)得到

$$P(y)'=0.0492x^4-0.5917x^3+2.3808x^2-3.5283x+1.5200 \tag{6.6.25}$$

式(6.6.25)表明富达印尼国际基金净值在 93/12/1 ~ 93/12/15 的波动是由 $P(y)'$引起的,如果人们注意到式(6.6.25)的变化态势,加以预防,则避免投资失败的悲剧产生.

上面的讨论和例子说明:函数 S-粗集(函数单向 S-粗集,函数双向 S-粗集)能够帮助人们寻找系统中还未被人们认识的规律. 可以推想:如果人们在投资之前,能够知道投资系统在属性变化的条件下具有的各种状态规律,人们可以预防使人们沮丧的规律出现,对于一个投资者是非常重要的. 把事情反过来,若阻止使人们沮丧的规律出现,投资者现在如何做? 答案在不言中.

在 6.1 ~ 6.6 节中,讨论了函数 S-粗集:函数单向 S-粗集;函数单向 S-粗集对偶;函数单向 S-粗集具有扩张特性,函数单向 S-粗集对偶具有萎缩特性;简言之,函数单向 S-粗集,函数单向 S-粗集对偶具有单向动态特性,函数双向 S-粗集具有双向动态特性(既扩张又萎缩). 如果函数迁移族 $F=\varnothing,\overline{F}=\varnothing,\Rightarrow\mathscr{F}=F\cup\overline{F}=\varnothing$;则函数 S-粗集退化成函数粗集,函数粗集是系统规律研究的一个重要工具. 在下面一节中给出函数粗集的结构,函数粗集与 Z. Pawlak 粗集关系,函数粗集与风险投资系统预警分析,从本节中不难看出:函数粗集是函数 S-粗集在 $\mathscr{F}=\varnothing$的条件下的简化.

§6.7 函数粗集与 Z. Pawlak 粗集的关系

函数粗集与它的结构

定义 6.7.1 设 $\mathscr{D}$ 是有限函数论域,$Q\subset\mathscr{D}$ 是有限函数集,α 是 $\mathscr{D}$ 上的属性集,$[u]$是 α-函数等价类,称 $R_-(Q)$,$R^-(Q)$分别是 $Q\subset\mathscr{D}$ 的下近似、上近似,而且

$$\begin{aligned} R_-(Q) &= \cup[u] \\ &= \{u \mid u\in\mathscr{D},[u]\subseteq Q\} \end{aligned} \tag{6.7.1}$$

$$R^-(Q) = \cup[u]$$

$$= \{u \mid u \in \mathscr{D}, [u] \cap Q \neq \varnothing\} \tag{6.7.2}$$

定义 6.7.2　由 $R_-(Q)$，$R^-(Q)$构成的集合对，称作 $Q \subset \mathscr{D}$ 的 R-函数粗集，简称函数粗集，而且

$$(R_-(Q), R^-(Q)) \tag{6.7.3}$$

定义 6.7.3　称 $B_{nR}(Q)$是 $Q \subset \mathscr{D}$ 的 R-边界，而且

$$B_{nR}(Q) = R^-(Q) - R_-(Q) \tag{6.7.4}$$

图 6.1 给出 $Q \subset \mathscr{D}$ 的函数粗集的直观结构.

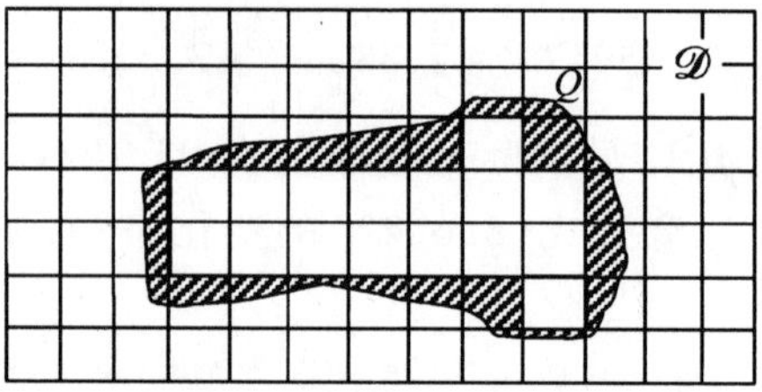

图 6.1

$\mathscr{D}$ 是有限函数论域，Q 是 $\mathscr{D}$ 上的有限函数集，α 是 $\mathscr{D}$ 上的属性集；$R_-(Q)$，$R^-(Q)$分别是 $Q \subset \mathscr{D}$ 的下近似，上近似；$B_{nR}(Q)$是 $Q \subset \mathscr{D}$ 的 R-边界，图中的每一个小方块是 α- 函数等价类$[u]$

函数粗集与 Z. Pawlak 粗集的关系

为了便于本节的讨论，先证明下面的引理.

引理 1(元素集 X 的函数集 Q 生成定理)　若 $Q \subset \mathscr{D}$ 是具有属性 α 的离散函数集，$\mathscr{K}$ 是非负有序集，$\mathscr{K} = \{k_i \mid i = 1, 2, \cdots, n; p < q, k_p < k_q\}$，则对于给定的 $k_\lambda \in \mathscr{K}$，$Q \subset \mathscr{D}$ 生成具有属性 α 的元素集 $X \subset U$.

证明　因为 $Q \subset \mathscr{D}$ 是具有属性 α 的离散函数集，$Q = \{u_1, u_2, \cdots, u_t\}$，$Q$ 具有 α-函数等价类$[u]$的表示形式，而且

$$Q = \{[u]_i \mid i = 1, 2, \cdots, \tau\} \tag{6.7.5}$$

对于给定的 $k \in \mathscr{K}$，对所有的$[u]_i$，$i = 1, 2, \cdots, \tau$，存在 α-元素等价类序列

$$[x]_{k,1}, [x]_{k,2}, \cdots, [x]_{k,\tau} \tag{6.7.6}$$

其中$[x]_{k,j}$是 α-函数等价类$[u]$在 $k \in \mathscr{K}$ 生成的 α-元素等价类. 由式(6.7.6)得到元素集 $X \subset U$，而且

$$X = \bigcup_{j=1}^{\tau} [x]_{k,j} = \{x_1, x_2, \cdots, x_m\} \tag{6.7.7}$$

显然，对于所有的 $k_1, k_2, \cdots, k_n$，Q 生成 n 个元素集 $X \subset U$.

引理 2(α- 元素等价类$[x]$的 α-函数等价类$[u]$生成定理)　若$[u]$是 $\mathscr{D}$ 上的

α-函数等价类，$\mathscr{K}$ 是非负有序集，$\mathscr{K}=\{k_i \mid i=1,2,\cdots,n; p<q, k_p<k_q\}$，则对于给定的 $k_\lambda \in \mathscr{K}$，$[u]$ 生成具有属性 α 的 α-元素等价类 $[x]$.

证明 因为 $[u]$ 是具有属性 α 的 α-函数等价类，$[u]=\{u_1,u_2,\cdots,u_t\}$；对于给定的 $k_\lambda \in \mathscr{K}$，由 $[u]$ 得到元素序列

$$x_{k,1}, x_{k,2}, \cdots, x_{k,t} \tag{6.7.8}$$

其中 $x_{k,j}$ 是函数 $u_j \in [u]$ 在 $k \in \mathscr{K}$ 的对应点. 因为 u_j 具有属性 α，则 $x_{k,j}$ 也具有属性 α；显然，元素列式(6.7.8)具有属性 α，元素 $x_{k,1}, x_{k,2}, \cdots, x_{k,t}$ 构成具有属性 α 的 α-元素等价类 $[x]$，而且

$$[x]=\{x_1,x_2,\cdots,x_t\} \tag{6.7.9}$$

显然，对于所有的 $k_1,k_2,\cdots,k_n$，$[u]$ 生成 n 个 α-元素等价类 $[x]$.

命题 1 $\mathscr{D}$ 上具有属性 α 的离散函数集 Q 生成 U 上具有属性 α 的元素集序列，而且

$$X_1, X_2, \cdots, X_m \tag{6.7.10}$$

命题 2 $\mathscr{D}$ 上具有属性 α 的 α-函数等价类 $[u]$ 生成 U 上具有属性 α 的 α-元素等价类 $[x]$ 序列，而且

$$[x]_1, [x]_2, \cdots, [x]_n \tag{6.7.11}$$

命题 1、2 由引理 1、2 直接得到，证明略.

由引题 1、2；命题 1、2 得到：

定理 6.7.1(函数粗集-Z. Pawlak 粗集第一关系定理) 若 $Q \subset \mathscr{D}$ 是具有属性 α 的离散函数集，$X \subset U$ 是 Q 生成的具有属性 α 的元素集，则函数粗集 $(R_-(Q), R^-(Q))$ 与 Z. Pawlak 粗集 $(R_-(X), R^-(X))$ 满足

$$(R_-(Q), R^-(Q))_{k \in \mathscr{K}} = (R_-(X), R^-(X)) \tag{6.7.12}$$

其中 $\mathscr{K}$ 是非负有序集，$\mathscr{K}=\{k_i \mid i=1,2\cdots,n;\ p<q, k_p<k_q\}$.

定理 6.7.2(函数粗集-Z. Pawlak 粗集第二关系定理) 若 $Q \subset \mathscr{D}$ 是具有属性 α 的离散函数集，$X \subset U$ 是 Q 生成的具有属性 α 的元素集，则 $Q \subset \mathscr{D}$ 的下近似 $R_-(Q)$ 与 $X \subset U$ 的下近似 $R_-(X)$ 满足

$$R_-(Q)_{k \in \mathscr{K}} = R_-(X) \tag{6.7.13}$$

定理 6.7.3(函数粗集-Z. Pawlak 粗集第三关系定理) 若 $Q \subset \mathscr{D}$ 是具有属性 α 的离散函数集，$X \subset U$ 是 Q 生成的具有属性 α 的元素集，则 $Q \subset \mathscr{D}$ 的上近似 $R^-(Q)$ 与 $X \subset U$ 的上近似 $R^-(X)$ 满足

$$R^-(Q)_{k \in \mathscr{K}} = R^-(X) \tag{6.7.14}$$

定理 6.7.4(函数粗集-Z. Pawlak 粗集第四关系定理)　若 $B_{nR}(Q)$是 $Q\subset\mathscr{D}$ 的 R-边界,$B_{nR}(X)$是 $X\subset U$ 的 R-边界,则

$$B_{nR}(Q)_{k\in\mathscr{K}} = B_{nR}(\mathrm{X}) \tag{6.7.15}$$

利用定理 6.7.1 ~6.7.4 直接得到.

命题 3　函数粗集是 Z. Pawlak 粗集的一般形式,Z. Pawlak 粗集是函数粗集的特例.

命题 4　$Q\subset\mathscr{D}$ 的 R-边界 $B_{nR}(Q)$是 $X\subset U$ 的 R-边界 $B_{nR}(X)$的一般形式,$X\subset U$ 的 R-边界 $B_{nR}(X)$是 $Q\subset\mathscr{D}$ 的 R-边界 $B_{nR}(Q)$的特例.

函数粗集与风险投资系统预警分析

设$[u]$是 α-函数等价类,$[u]=\{u_1,u_2,\cdots,u_m\}$;$\alpha$ 是$[u]$的属性集,$\alpha=\{\alpha_1,\alpha_2,\cdots,\alpha_k\}$,若 α 变成 $\alpha^*=\{\alpha_1,\alpha_2,\cdots,\alpha_k,\alpha_{k+1},\cdots,\alpha_{k+\lambda}\}$,则$[u]$变成$[u]^*$,而且$[u]^*=\{u_1,u_2,\cdots,u_n\}\subset\{u_1,u_2,\cdots,u_m\}=[u]$;或者,若 $\mathrm{card}(\alpha)\leqslant\mathrm{card}(\alpha^*)$,则 $\mathrm{card}([u]^*)\leqslant\mathrm{card}([u])$,属性 $\alpha_{k+1},\alpha_{k+2},\cdots,\alpha_{k+\lambda}$称作风险属性,风险属性在金融系统、预警分析系统、风险投资分析系统遇到的最多.

设 $\mathscr{T}$是一个风险投资系统,$\mathscr{T}$具有属性集 $\alpha=\{\alpha_1,\alpha_2,\cdots,\alpha_k\}$;$\mathscr{T}$的行为状态可用离散函数 $u_1,u_2,\cdots,u_m$ 表示;$u_1,u_2,\cdots,u_m$ 构成 α-函数等价类$[u]$, 而且

$$[u] = \{u_1,u_2,\cdots,u_m\} \tag{6.7.16}$$

其中 $u_j\in[u]$是 $\mathscr{T}$的第 j 个子系统的行为状态,u_j 在时段$[t_1,t_n]$上的数据形式是

$$u_j = \{u_{j,1},u_{j,2},\cdots,u_{j,n}\} \tag{6.7.17}$$

$u_{j,\lambda}\in u_j$ 是 u_j 在 $t_\lambda\in[t_1,t_n]$的特征值.
由式(6.7.16)、式(6.7.17)容易得到数据点列

$$(1,y_1),(2,y_2),\cdots,(n,y_n) \tag{6.7.18}$$

这里 $y_p = \sum\limits_{k=1}^{m} u_{k,j}, j \in (1,2,\cdots,n), p = 1,2,\cdots,n$.

利用拉格朗日插值函数 $p(x)$

$$p(x) = \sum_{j=1}^{n} y_j \prod_{\substack{i,j=1\\ i\neq j}}^{n} \frac{x-x_i}{x_j-x_i} \tag{6.7.19}$$

得到

$$p(x) = a_{n-1}x^{n-1} + a_{n-2}x^{n-2} + \cdots + a_1x + a_0 \tag{6.7.20}$$

多项式(6.7.20)是风险投资系统 $\mathscr{T}$在时段$[t_1,t_n]$具有的粗规律,式(6.7.20)表明系统 $\mathscr{T}$的规律特征.

因为投资环境的恶化,系统 $\mathscr{T}$ 的属性集 α 发生变化,α 变成 $\alpha^* = \{\alpha_1, \alpha_2, \cdots, \alpha_k, \alpha_{k+1}, \cdots, \alpha_{k+\tau}\}$,系统 $\mathscr{T}$ 的 α-函数等价类$[u]$变成$[u]^*$,而且

$$[u]^* = \{u_1, u_2, \cdots, u_\sigma\} \tag{6.7.21}$$

显然,由式(6.7.16)与式(6.7.21)得到

$$\mathrm{card}([u]^*) < \mathrm{card}([u])$$

利用式(6.7.16)~(6.7.19)相似得到

$$q(x) = b_{\sigma-1}x^{\sigma-1} + b_{\sigma-2}x^{\sigma-2} + \cdots + b_1 x + b_0 \tag{6.7.22}$$

而且

$$p(x) \neq q(x) \tag{6.7.23}$$

式(6.7.22)是风险属性 $\alpha_{k+1}, \alpha_{k+2}, \cdots, \alpha_{k+\tau}$ 入侵到系统 $\mathscr{T}$ 的属性集 α 中时,系统 $\mathscr{T}$ 具有的粗规律. 简言之,当存在风险因素 $\alpha_{k+1}, \alpha_{k+2}, \cdots, \alpha_{k+\tau}$ 对 α 入侵时,系统 $\mathscr{T}$ 具有的粗规律式(6.7.22);显然,系统 $\mathscr{T}$ 的粗规律式(6.7.22)是在风险属性对属性集 α 入侵时被发现的. 它警告人们:一项投资活动在启动时,必须考虑风险属性的存在和风险属性对系统属性集 α 入侵的可能性,预见系统 $\mathscr{T}$ 的粗规律的变化. 这一节中的具体数值分析例子,略.

第7章　S-粗决策与S-粗决策模型

一个商人要在城市 A 中的四地 a_1,a_2,a_3,a_4 中选择一地建造一个商场，希望这个商场能给他提供最好的经营利润．四地 a_1,a_2,a_3,a_4 分别具有获得经营利润的因素集 $B_i, i=1,2,3,4$，而且 $B_i=\{x_{i,1},x_{i,2},\cdots,x_{i,m}\}$．因为 a_1,a_2,a_3,a_4 是分布在市区的不同位置，所以集合 B_i 中的因素 $x_{i,k}$不完全相同．商人要在 B_i 上建立决策，从这些决策中选择一个，这个决策能够实现他的目的．这是我们常见的商人的思维活动．显然，决策与因素集相互依赖，从这个简单的事实中，我们能够得到：

（1）决策建立在因素集上，因素集生成决策．

（2）因素集的不同，生成的决策和得到的决策结论不同．

（3）空因素集上不生成决策．

例如，若 $X=\{$建筑材料因素，资金因素，劳力因素$\}=\varnothing$，则建成大楼的决策不存在．我们把上面的讨论再引申一步：把具有某些特征的元素放到一起，便具有集合的概念；例如，集合 $X=\{x|x$ 是小于 N 的正整数$\}$，如果把粗集的属性概念渗透到这里，而且把某些特征看成是一组属性$(\alpha_1,\alpha_2,\cdots,\alpha_n)$，则具有某些特征的元素构成的集合与具有属性$(\alpha_1,\alpha_2,\cdots,\alpha_n)$构成的元素等价类 $[x]_{(\alpha_1,\alpha_2,\cdots,\alpha_m)}$ 是两个等价概念，或者

$$X=\{x|x\text{ 具有某些特征}\}\Leftrightarrow[x]_{(\alpha_1,\alpha_2,\cdots,\alpha_m)}$$

因此，建立在因素集 X 上的决策等价于建立在元素等价类$[x]$上的决策．粗集是以元素等价类$[x]$定义的；显然，普通集上的决策与粗集上的决策之间存在着沟通桥梁，利用普通决策能够定义粗决策．一个事实是：若元素等价类$[x]_i\neq[x]_j$；则$[x]_i$ 上的决策不等于$[x]_j$ 上的决策．

在决策中，因素集 X 中的元素 x_i 并不是一成不变的（风险投资中遇到的最多），常常出现 card(X)变大或者 card(X)变小，因素集 X 的变化引起决策的变化．如果把 S-粗集的概念渗透到这里，则得到：属性集 α 的 card(α)变小引起 card(X)变大，card(α)的变大引起 card(X)变小．S-粗集与粗决策之间也存在着沟通的桥梁．

本章给出如下的讨论：

（1）把普通集上的决策引申到元素等价类上的决策，再引申到 $R_-(X)=\cup[x]$，$R^-(X)=\cup[x]$上的决策，决策对$(u_j^{(x)},u_j^{(y)})$构成粗决策．

（2）因为$(R,F)_\circ(X^\circ)=\cup[x]$，$(R,F)^\circ(X^\circ)=\cup[x]$；它们具有单向动态特性，由此给出单向 S-粗决策$(u_i^{(x)},u_j^{(y)})_F$．

（3）因为$(R,\mathscr{F})_\circ(X^*)=\cup[x]$，$(R,\mathscr{F})^\circ(X^*)=\cup[x]$；它们具有双向动态

特性,由此给出双向 S-粗决策$(u_i^{(x)},u_j^{(y)})_{\mathscr{F}}$.

(4) 给出普通决策与 S-粗决策的关系.

§7.1　普通集上的决策与决策模型

这里引入[27,28]的研究思路,作为本章讨论的依赖.

设 $X=\{x_1,x_2,\cdots,x_m\}$ 是决策因素(目标)集,D 是可供选择的决策 d_j 构成的决策集,而且

$$D=\{d_1,d_2,\cdots,d_n\} \tag{7.1.1}$$

X 上的 m 个因素对决策的评价有评价目标集

$$P=\{P_1,P_2,\cdots,P_m\} \tag{7.1.2}$$

m 个目标对 n 个决策的评价,得到目标特征值矩阵,特征值矩阵仍用 X 表示,而且

$$X=\begin{bmatrix} x_{11} & x_{12}\cdots & x_{1n} \\ x_{21} & x_{22}\cdots & x_{2n} \\ \vdots & \vdots & \vdots \\ x_{m1} & x_{m2}\cdots & x_{mn} \end{bmatrix}=(x_{ij}) \tag{7.1.3}$$

利用式(7.1.4)~(7.1.6)三式之一

$$r_{ij}=(x_{ij}-\bigwedge_j x_{ij})/(\bigvee_j x_{ij}-\bigvee_j x_{ij})$$

或者

$$r_{ij}=(\bigvee_j x_{ij}-x_{ij})/(\bigvee_j x_{ij}-\bigwedge_j x_{ij}) \tag{7.1.4}$$

$$r_{ij}=x_{ij}/(\bigvee_j x_{ij}+\bigwedge_j x_{ij})$$

或者

$$r_{ij}=1-x_{ij}/(\bigvee_j x_{ij}+\bigwedge_j x_{ij}) \tag{7.1.5}$$

$$r_{ij}=x_{ij}/\bigvee_j x_{ij}$$

或者

$$r_{ij}=\begin{cases} 1-x_{ij}/\bigvee_j x_{ij} \\ \bigwedge_j x_{ij}/x_{ij},\ \bigwedge_j x_{ij}\neq 0 \end{cases} \tag{7.1.6}$$

其中"∨"是取大运算,"∧"是取小运算.

将目标特征值矩阵式(7.1.3)转换成目标优度矩阵式(7.1.7),而且

$$R=\begin{bmatrix} r_{11} & r_{12}\cdots & r_{1n} \\ r_{21} & r_{22}\cdots & r_{2n} \\ \vdots & \vdots & \vdots \\ r_{m1} & r_{m2}\cdots & r_{mn} \end{bmatrix}=(r_{ij}) \tag{7.1.7}$$

其中 r_{ij}称作目标优度.

令 g 是最大优度(优等决策的目标优度),而且

$$g=(g_1,g_2,\cdots,g_m)^{\mathrm{T}}=(1,1,\cdots,1)^{\mathrm{T}} \tag{7.1.8}$$

b 是最小优度(劣等决策的目标优度),而且

$$b=(b_1,b_2,\cdots,b_m)^{\mathrm{T}}=(0,0,\cdots,0)^{\mathrm{T}} \tag{7.1.9}$$

或者

$$\begin{aligned} g &= (g_1,g_2,\cdots,g_m)^{\mathrm{T}} \\ &= (r_{11}\vee r_{12}\vee\cdots\vee r_{1n},r_{21}\vee r_{22}\vee\cdots\vee r_{2n},\cdots,r_{m1}\vee r_{m2}\vee\cdots\vee r_{mn})^{\mathrm{T}} \end{aligned} \tag{7.1.10}$$

$$\begin{aligned} b &= (b_1,b_2,\cdots,b_m)^{\mathrm{T}} \\ &= (r_{11}\wedge r_{12}\wedge\cdots\wedge r_{1n},r_{21}\wedge r_{22}\wedge\cdots\wedge r_{2n},\cdots,r_{m1}\wedge r_{m2}\wedge\cdots\wedge r_{mn})^{\mathrm{T}} \end{aligned} \tag{7.1.11}$$

设 u_j 是决策 j 对优等决策的决策度,$\bar{u}_j$ 是决策 j 对劣等决策的决策度,而且

$$\bar{u}_j=1-u_j \tag{7.1.12}$$

设 m 个目标具有权重 w,而且

$$w=(w_1,w_2,\cdots,w_m)^{\mathrm{T}} \tag{7.1.13}$$

$$\sum_{i=1}^{m} w_i = 1 \tag{7.1.14}$$

则有决策 j 向量,而且

$$r_j=(r_{1j},r_{2j},\cdots,r_{mj})^{\mathrm{T}} \tag{7.1.15}$$

设 d_{jg}是决策 j 与优等决策的距离,而且

$$d_{jg} = \Big(\sum_{i-1}^{m}(w_i(g_i-r_{ij}))^p\Big)^{1/p} \tag{7.1.16}$$

设 d_{jb}是决策 j 与劣等决策的距离,而且

$$d_{jb} = \Big(\sum_{i=1}^{m}(w_i(r_{ij}-b_i))^p\Big)^{1/p} \tag{7.1.17}$$

d_{jg},d_{jb}分别称作决策 j 的距优距离,距劣距离;p 是距离参数, $p=1$ 或 $p=2$.

显然,u_j,$\bar{u}_j$ 也是一种权重;利用 d_{jg},d_{jb}得到决策 j 的加权距优距离,加权距劣距离,而且

$$D_{jg} = u_j d_{jg} = u_j\Big(\sum_{i-1}^{m}(w_i(g_i-r_{ij}))^p\Big)^{1/p} \tag{7.1.18}$$

$$D_{jb} = \bar{u}_j d_{jb} = (1-u_j)d_{jb} = (1-u_j)\Big(\sum_{i-1}^{m}(w_i(r_{ij}-b_i))^p\Big)^{1/p} \tag{7.1.19}$$

利用式(7.1.16)～(7.1.19)建立如下的决策准则：

决策 j 的加权距优距离平方与决策 j 的加权距劣距离平方之和达到最小值.
满足决策准则，目标函数是

$$\min\{F(u_j) = (D_{jg}^2 + D_{jb}^2) = u_j^2\left(\sum_{i-1}^{m}(w_i(g_i - r_{ij}))^p\right)^{2/p} + (1-u_j)^2 \cdot \left(\sum_{i-1}^{m}(w_i(r_{ij} - b_i))^p\right)^{2/p}\} \tag{7.1.20}$$

对式(7.1.20)求微分，而且

$$\frac{\mathrm{d}F(u_j)}{\mathrm{d}u_j} = 0$$

则决策 j 的决策度 u_j 是

$$u_j = \frac{1}{1 + \left\{\dfrac{\sum\limits_{i=1}^{m}(w_i(g_i - r_{ij}))^p}{\sum\limits_{i=1}^{m}(w_i(r_{ij} - b_i))^p}\right\}^{2/P}} \tag{7.1.21}$$

若令 $g_i = 1, b_i = 0$，则式(7.1.21)成为

$$u_j = \frac{1}{1 + \left\{\dfrac{\sum\limits_{i=1}^{m}(w_i(1 - r_{ij}))^p}{\sum\limits_{i=1}^{m}(w_i r_{ij})^p}\right\}^{2/p}} \tag{7.1.22}$$

其中 $j = 1, 2, \cdots, n$.

对式(7.1.21)改写成

$$u_j = \frac{1}{1 + \left[\dfrac{d_{jg}}{d_{jb}}\right]^2} \tag{7.1.23}$$

容易得到：

(1) 若 $d_{jg} < d_{jb}$，则 $u_j > 0.5$，$\bar{u}_j < 0.5$；

(2) 若 $d_{jg} > d_{jb}$，则 $u_j < 0.5$，$\bar{u}_j > 0.5$；

(3) 若 $d_{jg} = d_{jb}$，则 $u_j = \bar{u}_j = 0.5$；

(4) 若 $d_{jg} = 0$，则 $u_j = 1, \bar{u}_j = 0$；

(5) 若 $d_{jb} = 0$，则 $u_j = 0$，$\bar{u}_j = 1$.

因此，决策因素集 X 上给出决策序

$$u_1 \leqslant u_2 \leqslant \cdots \leqslant u_n \tag{7.1.24}$$

人们从式(7.1.24)的决策序中选择所需要的决策.

从上面的讨论中容易看到:若因素集 $X\subset U$ 是一个 R-元素等价类$[x]$,而且 $X=[x]$;则 X 上的决策成为元素等价类$[x]$上的决策. 如果我们能够把因素集 $X\subset U$ 与 R-元素等价类$[x]\subset U$ 划等号,则 R-元素等价类$[x]$上的决策与集合 X 上的决策是一个等价概念.

我们再看:式(7.1.21)或式(7.1.22)中给出的决策度 $u_j\in[0,1]$,也就是说决策度 u_j 是$[0,1]$上的一个点. 在许多应用系统中,人们对此并不满意;人们希望知道:决策度 u_j 最小取多少值,最大取多少值,这个决策才是可靠的? 或者说,决策度 u_j 最小取多少值,最大取多少值,才能使得投资行为不产生悲剧? 这在风险投资估计系统中是一个现实问题;换一个说法,决策度 u_j 取怎样的区间值,才能使投资系统获得成功? 显然,问题的答案利用本节的讨论是得不到的. 要获得问题的答案,必须把本节的研究思想再给出扩展与推进.

§7.2　Z. Pawlak 粗集生成的粗决策与粗决策模型

约定　Z. Pawlak 粗集$(R_-(X),R^-(X))$中 $R_-(X)\subseteq R^-(X)$,$R_-(X)=\cup[x]$ 记作 X, $R^-(X)=\cup[x]$记作 Y,或者 $R_-(X)=X$,$R^-(X)=Y$,而且 $X\subseteq Y$;X, Y 是决策因素集,$X=\{x_1,x_2,\cdots,x_m\}$,$Y=\{x_1,x_2,\cdots,x_n\}$,$m\leqslant n$.

集合 $X=R_-(X)=\{x_1,x_2,\cdots,x_m\}$ 上的决策与决策模型

利用 7.1 节的讨论,容易得到:

m 个目标对 n 个决策的评价得到目标特征值矩阵 $X^{(x)}$,而且

$$X^{(x)}=\begin{bmatrix} x_{11}^{(x)} & x_{12}^{(x)}\cdots & x_{1n}^{(x)} \\ x_{21}^{(x)} & x_{22}^{(x)}\cdots & x_{2n}^{(x)} \\ \vdots & \vdots & \vdots \\ x_{m1}^{(x)} & x_{m2}^{(x)}\cdots & x_{mn}^{(x)} \end{bmatrix}=(x_{ij}^{(x)}) \qquad (7.2.1)$$

目标优度矩阵$R^{(x)}$,而且

$$R^{(x)}=\begin{bmatrix} r_{11}^{(x)} & r_{12}^{(x)}\cdots & r_{1n}^{(x)} \\ r_{21}^{(x)} & r_{22}^{(x)}\cdots & r_{2n}^{(x)} \\ \vdots & \vdots & \vdots \\ r_{m1}^{(x)} & r_{m2}^{(x)}\cdots & r_{mn}^{(x)} \end{bmatrix}=(r_{ij}^{(x)}) \qquad (7.2.2)$$

$r_{ij}^{(x)}$ 称作目标优度.

$g^{(x)}$ 是最大优度(优等决策的目标优度),而且

$$g^{(x)} = (g_1^{(x)}, g_2^{(x)}, \cdots, g_m^{(x)})^{\mathrm{T}} = (1, 1, \cdots, 1)^{\mathrm{T}} \tag{7.2.3}$$

$b^{(x)}$是最小优度(劣等决策的目标优度),而且

$$b^{(x)} = (b_1^{(x)}, b_2^{(x)}, \cdots, b_m^{(x)})^{\mathrm{T}} = (0, 0, \cdots, 0)^{\mathrm{T}} \tag{7.2.4}$$

或者

$$\begin{aligned} g^{(x)} &= (g_1^{(x)}, g_2^{(x)}, \cdots, g_m^{(x)})^{\mathrm{T}} \\ &= (r_{11}^{(x)} \vee r_{12}^{(x)} \vee \cdots \vee r_{1n}^{(x)}, r_{21}^{(x)} \vee r_{22}^{(x)} \vee \cdots \vee r_{2n}^{(x)}, \cdots, r_{m1}^{(x)} \vee r_{m2}^{(x)} \vee \cdots \vee r_{mn}^{(x)})^{\mathrm{T}} \end{aligned} \tag{7.2.5}$$

$$\begin{aligned} b^{(x)} &= (b_1^{(x)}, b_2^{(x)}, \cdots, b_m^{(x)})^{\mathrm{T}} \\ &= (r_{11}^{(x)} \wedge r_{12}^{(x)} \wedge \cdots \wedge r_{1n}^{(x)}, r_{21}^{(x)} \wedge r_{22}^{(x)} \wedge \cdots \wedge r_{2n}^{(x)}, \cdots, r_{m1}^{(x)} \wedge r_{m2}^{(x)} \wedge \cdots \wedge r_{mn}^{(x)})^{\mathrm{T}} \end{aligned} \tag{7.2.6}$$

设 $u_j^{(x)}$ 是决策 j 对优等决策的决策度,$\bar{u}_j^{(x)}$ 是决策 j 对劣等决策的决策度,而且

$$\bar{u}_j^{(x)} = 1 - u_j^{(x)} \tag{7.2.7}$$

m 个目标具有权重 $w^{(x)}$,而且

$$w^{(x)} = (w_1^{(x)}, w_2^{(x)}, \cdots, w_m^{(x)})^{\mathrm{T}} \tag{7.2.8}$$

$$\sum_{i=1}^{m} w_i^{(x)} = 1 \tag{7.2.9}$$

设 $d_{jg}^{(x)}$ 是决策 j 与优等决策的距离,而且

$$d_{jg}^{(x)} = \Big(\sum_{i=1}^{m} (w_i^{(x)}(g_i^{(x)} - r_{ij}^{(x)}))^p \Big)^{1/p} \tag{7.2.10}$$

设 $d_{jb}^{(x)}$ 是决策 j 与劣等决策的距离,而且

$$d_{jb}^{(x)} = \Big(\sum_{i=1}^{m} (w_i^{(x)}(r_{ij}^{(x)} - b_i^{(x)}))^p \Big)^{1/p} \tag{7.2.11}$$

则有决策 j 的加权距优距离 $D_{jg}^{(x)}$,加权距劣距离 $D_{jb}^{(x)}$,而且

$$D_{jg}^{(x)} = u_j^{(x)} d_{jg}^{(x)} = u_j^{(x)} \Big(\sum_{i=1}^{m} (w_i^{(x)}(g_i^{(x)} - r_{ij}^{(x)}))^p \Big)^{1/p} \tag{7.2.12}$$

$$D_{jb}^{(x)} = \bar{u}_j^{(x)} d_{jb}^{(x)} = (1 - u_j^{(x)}) \Big(\sum_{i=1}^{m} (w_i^{(x)}(r_{ij}^{(x)} - b_i^{(x)}))^p \Big)^{1/p} \tag{7.2.13}$$

目标函数满足

$$\begin{aligned} \min\{ F(u_j^{(x)}) &= ((D_{jg}^{(x)})^2 + (D_{jb}^{(x)})^2) \\ &= (u_j^{(x)})^2 \Big(\sum_{i=1}^{m} (w_i^{(x)}(g_i^{(x)} - r_{ij}^{(x)}))^p \Big)^{2/p} \end{aligned}$$

$$+\left(1-u_j^{(x)}\right)^2\left(\sum_{i=1}^{m}\left(w_i^{(x)}\left(r_{ij}^{(x)}-b_i^{(x)}\right)\right)^p\right)^{2/p}\Big\} \tag{7.2.14}$$

在式(7.2.14)的限定下,决策度 $u_j^{(x)}$ 是

$$u_j^{(x)}=\frac{1}{1+\left[\dfrac{\sum\limits_{i=1}^{m}\left(w_i^{(x)}\left(g_i^{(x)}-r_{ij}^{(x)}\right)\right)^p}{\sum\limits_{i=1}^{m}\left(w_i^{(x)}\left(r_{ij}^{(x)}-b_i^{(x)}\right)\right)^p}\right]^{2/p}} \tag{7.2.15}$$

或者

$$u_j^{(x)}=\frac{1}{1+\left[\dfrac{\sum\limits_{i=1}^{m}\left(w_i^{(x)}\left(1-r_{ij}^{(x)}\right)\right)^p}{\sum\limits_{i=1}^{m}\left(w_i^{(x)}r_{ij}^{(x)}\right)^p}\right]^{2/p}} \tag{7.2.16}$$

其中 $j=1,2,\cdots,n$.

集合 $Y=R^{-}(X)=\{x_1,x_2,\cdots,x_n\}$ 上的决策与决策模型

利用与式(7.2.1)~(7.2.13)类似的讨论,容易得到:

在式(7.2.14)的限定下,决策度 $u_j^{(y)}$ 是

$$u_j^{(y)}=\frac{1}{1+\left[\dfrac{\sum\limits_{i=1}^{n}\left(w_i^{(y)}\left(g_i^{(y)}-r_{ij}^{(y)}\right)\right)^p}{\sum\limits_{i=1}^{n}\left(w_i^{(y)}\left(r_{ij}^{(y)}-b_i^{(y)}\right)\right)^p}\right]^{2/p}} \tag{7.2.17}$$

或者

$$u_j^{(y)}=\frac{1}{1+\left[\dfrac{\sum\limits_{i=1}^{n}\left(w_i^{(y)}\left(1-r_{ij}^{(y)}\right)\right)^p}{\sum\limits_{i=1}^{n}\left(w_i^{(y)}r_{ij}^{(y)}\right)^p}\right]^{2/p}} \tag{7.2.18}$$

其中 $j=1,2,\cdots,n$.

对式(7.2.17)、式(7.2.18)的一些说明:$w^{(y)}$ 是 n 个目标 $Y=\{x_1,x_2,\cdots,x_n\}$ 的权重,$w^{(y)}=(w_1^{(y)},w_2^{(y)},\cdots,w_n^{(y)})^{\mathrm{T}}$,$\sum\limits_{i=1}^{n}w_i^{(y)}=1$;$g^{(y)}=(g_1^{(y)},g_2^{(y)},\cdots,g_m^{(y)})^{\mathrm{T}}=(1,1,\cdots,1)^{\mathrm{T}}$ 或者 $g^{(y)}=(r_{11}^{(y)}\vee r_{12}^{(y)}\vee\cdots\vee r_{1n}^{(y)},r_{21}^{(y)}\vee r_{22}^{(y)}\vee\cdots\vee r_{2n}^{(y)},\cdots,r_{n1}^{(y)}\vee r_{n2}^{(y)}\vee\cdots\vee r_{nn}^{(y)})^{\mathrm{T}}$;$b^{(y)}=(b_1^{(y)},b_2^{(y)},\cdots,b_m^{(y)})^{\mathrm{T}}=(0,0,\cdots,0)^{\mathrm{T}}$ 或者 $b^{(y)}=(r_{11}^{(y)}\wedge r_{12}^{(y)}\wedge\cdots$

$\wedge r_{1n}^{(y)}, r_{21}^{(y)} \wedge r_{22}^{(y)} \wedge \cdots \wedge r_{2n}^{(y)}, \cdots, r_{n1}^{(y)} \wedge r_{n2}^{(y)} \wedge \cdots \wedge r_{nn}^{(y)})^{\mathrm{T}}$.

利用式(7.2.15)或式(7.2.16)得到集合 $X = R_{-}(X)$ 上的决策序，而且

$$u_1^{(x)} \leqslant u_2^{(x)} \leqslant \cdots \leqslant u_n^{(x)} \tag{7.2.19}$$

利用式(7.2.17)或式(7.2.18)得到集合 $Y = R^{-}(X)$ 上的决策序，而且

$$u_1^{(y)} \leqslant u_2^{(y)} \leqslant \cdots \leqslant u_n^{(y)} \tag{7.2.20}$$

利用式(7.2.19)、式(7.2.20)得到 Z. Pawlak 粗集上的粗决策集，而且

$$\{(u_1^{(x)}, u_1^{(y)}), (u_2^{(x)}, u_2^{(y)}), \cdots, (u_n^{(x)}, u_n^{(y)})\} \tag{7.2.21}$$

人们在式(7.2.21)上选择适合问题的粗决策$(u_j^{(x)}, u_j^{(y)})$，$\cup j \in (1,2,\cdots,n)$；$u_j^{(x)}$ 称作 Z. Pawlak 粗集生成的粗决策$(u_j^{(x)}, u_j^{(y)})$的下决策，$u_j^{(y)}$ 称作 Z. Pawlak 粗集生成的粗决策$(u_j^{(x)}, u_j^{(y)})$的上决策.

由上面的讨论，容易证明：

命题 1　Z. Pawlak 粗集生成的粗决策是普通决策，必有

$$R_{-}(X) = R^{-}(X) \tag{7.2.22}$$

其中 $R_{-}(X) \neq \varnothing, R^{-}(X) \neq \varnothing$.

事实上，若 $R_{-}(X) = R^{-}(X) \Leftrightarrow X = Y$，$\{(u_1^{(x)}, u_1^{(y)}), (u_2^{(x)}, u_2^{(y)}), \cdots, (u_n^{(x)}, u_n^{(y)})\}$变成

$$\{u_1^{(x)}, u_2^{(x)}, \cdots, u_n^{(x)}\} \tag{7.2.23}$$

或者写成排序形式

$$u_1^{(x)} \leqslant u_2^{(x)} \leqslant \cdots \leqslant u_n^{(x)} \tag{7.2.24}$$

式(7.2.24)就是式(7.1.24)：$u_1 \leqslant u_2 \leqslant \cdots \leqslant u_n$.

命题 2　Z. Pawlak 粗集生成的粗决策的下决策是普通决策，必有

$$B_{nR}(X) = \varnothing \tag{7.2.25}$$

命题 3　Z. Pawlak 粗集生成的粗决策的上决策是普通决策，必有

$$u_i^{(y)} = u_i^{(x)},\ i = 1,2,\cdots,n \tag{7.2.26}$$

命题 4　普通决策是 Z. Pawlak 粗集生成的粗决策的特例，Z. Pawlak 粗集生成的粗决策是普通决策的一般形式.

决策因素权重的确定

设 $X = \{x_1, x_2, \cdots, x_m\}$ 是决策因素集，$Y = \{x_1, x_2, \cdots, x_p\}$ 是关于因素 $x_i \in X$ 的评价集，选初值 $q, 1 \leqslant q \ll m$，取 $y_j \in Y, 1 \leqslant j < p$.

(1) 在 X 中选取最重要的 q 个因素，得子集 $X_1^{(j)}$，而且

$$X_1^{(j)} = \{x_1^{(j)}, x_2^{(j)}, \cdots, x_q^{(j)}\} \subset X \tag{7.2.27}$$

(2) 在 X 中选取最重要的 $2q$ 个因素,得子集 $X_2^{(j)}$,而且

$$X_2^{(j)} = \{x_1^{(j)}, x_2^{(j)}, \cdots, x_q^{(j)}, x_{q+1}^{(j)}, \cdots, x_{2q}^{(j)}\} \subset X \tag{7.2.28}$$

……

(S). 在 X 中选取最重要的 sq 个因素,得子集 $X_s^{(j)}$,而且

$$X_s^{(j)} = \{x_1^{(j)}, x_2^{(j)}, \cdots, x_{sq}^{(j)}\} \subset X \tag{7.2.29}$$

$$X_{s-1}^{(j)} \subset X_s^{(j)} \tag{7.2.30}$$

存在自然数 k,满足 $m = kq + r, 1 \leqslant r \leqslant q$,迭代过程终止于 $k+1$ 步,而且

($k+1$).
$$X_{k+1}^{(j)} = X \tag{7.2.31}$$

计算

$$m(u_i) = \frac{1}{k+1}\sum_{s=1}^{k+1}\left(\frac{1}{p}\sum_{j=1}^{p}\chi^{F_s(j)}(u_i)\right) \tag{7.2.32}$$

由归一化得到

$$w_i = m(u_i) / \sum_{i=1}^{m} m(u_i) \tag{7.2.33}$$

w_i 是因素 $x_i \in X$ 的权重,$w_i \in (0,1)$.

其中 $\chi^{F_s(j)}(u_i)$ 是特征函数.

7.1 节给出普通决策, 7.2 节给出 Z. Pawlak 粗集生成的粗决策,它们具有一个共同特征:决策因素集 X(或 $X = R_-(X), Y = R^-(X)$)一旦确定,决策在集合 X 上得到. 决策结论依赖于集合 X 而生成. 显然,它们分别是具有静态特性的普通决策,具有静态特性的粗决策. 静态特性限制了粗决策的广泛使用,因为在实际系统中,遇到的静态集 X 并不多,遇到的动态集 X 却比比皆是. 一个实际例子:在风险投资系统,人们给定了投资因素集 $X = R_-(X), Y = R^-(X)$;因为风险属性对投资系统的攻击,删除了属性集中的某些属性(如供货合同的中断,资本运行受阻,等),使得 card(X),card(Y)增加,在这种情况下,得到的决策结论与决策值,已不是人们对决策的期望值, 决策的静态特性威胁着决策者;为此,必须把 7.2 节中的 Z. Pawlak 粗集生成的粗决策给出再讨论; 提出 S-粗决策.

§7.3　单向 S-粗决策与粗决策模型

约定　$X^{\circ} \subset U$ 是单向 S-集合,$X^{\circ} = X \cup \{u \mid u \in U, u \overline{\in} X, \cup f(u) = x \in X\}$,$X$ 是静态

集合. 为了符号简化,又不引起误解,$(R,F)_{\circ}(X^{\circ})$ 记作 X°,或者 $X^{\circ}=(R,F)_{\circ}(X^{\circ})$;$(R,F)^{\circ}(X^{\circ})$ 记作 Y°,或者 $Y^{\circ}=(R,F)^{\circ}(X^{\circ})$;$(R,F)_{\circ}(X^{\circ})\subseteq(R,F)^{\circ}(X^{\circ})$,$X^{\circ}=\{x_1,x_2,\cdots,x_{\alpha}\}$,$Y^{\circ}=\{x_1,x_2,\cdots,x_{\beta}\}$,$\alpha<\beta$;$F\neq\varnothing$.

集合 $X^{\circ}=(R,F)_{\circ}(X^{\circ})=\{x_1,x_2,\cdots,x_{\alpha}\}$ 上的决策与决策模型

利用 7.2 节中式(7.2.1)~(7.2.14)的讨论,类似地得到决策度 $u_j^{(x)^{\circ}}$ 是

$$u_j^{(x)^{\circ}}=\frac{1}{1+\left\{\dfrac{\sum\limits_{i=1}^{\alpha}(w_i^{(x)^{\circ}}(g_i^{(x)^{\circ}}-r_{ij}^{(x)^{\circ}}))^p}{\sum\limits_{i=1}^{\alpha}(w_i^{(x)^{\circ}}(r_{ij}^{(x)^{\circ}}-b_i^{(x)^{\circ}}))^p}\right\}^{2/p}} \tag{7.3.1}$$

或者

$$u_j^{(x)^{\circ}}=\frac{1}{1+\left\{\dfrac{\sum\limits_{i=1}^{\alpha}(w_i^{(x)^{\circ}}(1-r_{ij}^{(x)^{\circ}}))^p}{\sum\limits_{i=1}^{\alpha}(w_i^{(x)^{\circ}}r_{ij}^{(x)^{\circ}})^p}\right\}^{2/p}} \tag{7.3.2}$$

其中 $j=1,2,\cdots,n$.

利用式(7.3.1)或式(7.3.2)得到决策集

$$\{u_1^{(x)^{\circ}},u_2^{(x)^{\circ}},\cdots,u_n^{(x)^{\circ}}\} \tag{7.3.3}$$

因为决策因素集 $X^{\circ}\subset U$ 的存在等价于 X 中的属性集 α 中的属性删除,或者

$$(\alpha\to\{\alpha_1,\alpha_2,\cdots,\alpha_t\})\subset V\Leftrightarrow X^{\circ}\subset U \tag{7.3.4}$$

其中 $\alpha\to\{\alpha_1,\alpha_2,\cdots,\alpha_t\}$ 表示从 α 中删除 t 个属性.

当属性集中的属性被删除满足

$$\begin{aligned}&(\alpha\to\{\alpha_1,\alpha_2,\cdots,\alpha_t\})_t\subseteq(\alpha\to\{\alpha_1,\alpha_2,\cdots,\alpha_{t-1}\})_{t-1}\\&\subseteq\cdots\subseteq(\alpha\to\{\alpha_1,\alpha_2\})_2\subseteq(\alpha\to\{\alpha_1\})_1\end{aligned} \tag{7.3.5}$$

能够得到式(7.3.5)生成的决策因素集 X_i°,而且

$$X_1^{\circ}\subseteq X_2^{\circ}\subseteq\cdots\subseteq X_{t-1}^{\circ}\subseteq X_t^{\circ} \tag{7.3.6}$$

其中 $X_i^{\circ}\subset U$ 是属性集 $(\alpha\to\{\alpha_1,\alpha_2,\cdots,\alpha_t\})_i\subset V$ 生成的决策因素集,显然,集合 X_i° 具有单向向外扩张特性.

利用式(7.3.1)~(7.3.5)得到决策集族,而且

$$\{\{u_1^{(x)^{\circ}},u_2^{(x)^{\circ}},\cdots,u_n^{(x)^{\circ}}\}_1,\{u_1^{(x)^{\circ}},u_2^{(x)^{\circ}},\cdots,u_n^{(x)^{\circ}}\}_2,\cdots,\{u_1^{(x)^{\circ}},u_2^{(x)^{\circ}},\cdots,u_n^{(x)^{\circ}}\}_t\} \tag{7.3.7}$$

集合 $Y^{\circ}=(R,F)^{\circ}(X^{\circ})=\{x_1,x_2,\cdots,x_\beta\}$ 上的决策与决策模型

利用 7.2 节中的 $Y=R^{-}(X)=\{x_1,x_2,\cdots,x_n\}$ 上的决策与决策模型，类似地得到 Y°上的决策度

$$u_j^{(y)^{\circ}}=\frac{1}{1+\left\{\frac{\sum_{i=1}^{\beta}(w_i^{(y)^{\circ}}(g_i^{(y)^{\circ}}-r_{ij}^{(y)^{\circ}}))^p}{\sum_{i=1}^{\beta}(w_i^{(y)^{\circ}}(r_{ij}^{(y)^{\circ}}-b_i^{(y)^{\circ}}))^p}\right\}^{2/p}} \tag{7.3.8}$$

或者

$$u_j^{(y)^{\circ}}=\frac{1}{1+\left\{\frac{\sum_{i=1}^{\beta}(w_i^{(y)^{\circ}}(1-r_{ij}^{(y)^{\circ}}))^p}{\sum_{i=1}^{\beta}(w_i^{(y)^{\circ}}r_{ij}^{(y)^{\circ}})^p}\right\}^{2/p}} \tag{7.3.9}$$

其中 $j=1,2,\cdots,n$.

利用式(7.3.8)或式(7.3.9)得到决策集

$$\{u_1^{(y)^{\circ}},u_2^{(y)^{\circ}},\cdots,u_n^{(y)^{\circ}}\} \tag{7.3.10}$$

利用式(7.3.5)得到决策因素集 Y_i°，而且

$$Y_1^{\circ}\subseteq Y_2^{\circ}\subseteq\cdots\subseteq Y_{t-1}^{\circ}\subseteq Y_t^{\circ} \tag{7.3.11}$$

与式(7.3.7)类似得到决策集族，而且

$$\{\{u_1^{(y)^{\circ}},u_2^{(y)^{\circ}},\cdots,u_n^{(y)^{\circ}}\}_1,\{u_1^{(y)^{\circ}},u_2^{(y)^{\circ}},\cdots,u_n^{(y)^{\circ}}\}_2,\cdots,\{u_1^{(y)^{\circ}},u_2^{(y)^{\circ}},\cdots,u_n^{(y)^{\circ}}\}_t\} \tag{7.3.12}$$

因此，当存在风险因素对决策因素集入侵(或决策因素集的属性集中发生属性删除)时，利用式(7.3.7)、式(7.3.12)得到单向 S-粗决策

$$\{\{u_1^{(x)^{\circ}},u_2^{(x)^{\circ}},\cdots,u_n^{(x)^{\circ}}\}_1,\{u_1^{(y)^{\circ}},u_2^{(y)^{\circ}},\cdots,u_n^{(y)^{\circ}}\}_1\} \tag{7.3.13}$$

$$\{\{u_1^{(x)^{\circ}},u_2^{(x)^{\circ}},\cdots,u_n^{(x)^{\circ}}\}_2,\{u_1^{(y)^{\circ}},u_2^{(y)^{\circ}},\cdots,u_n^{(y)^{\circ}}\}_2\} \tag{7.3.14}$$

$$\vdots$$

$$\{\{u_1^{(x)^{\circ}},u_2^{(x)^{\circ}},\cdots,u_n^{(x)^{\circ}}\}_t,\{u_1^{(y)^{\circ}},u_2^{(y)^{\circ}},\cdots,u_n^{(y)^{\circ}}\}_t\} \tag{7.3.15}$$

显然，当存在风险因素对决策因素集入侵的条件下，单向 S-粗决策在式(7.3.13)～(7.3.15)中选取. 如果选择的单向 S-粗决策是

$$\{\{u_1^{(x)^{\circ}},u_2^{(x)^{\circ}},\cdots,u_n^{(x)^{\circ}}\}_p,\{u_1^{(y)^{\circ}},u_2^{(y)^{\circ}},\cdots,u_n^{(y)^{\circ}}\}_p\} \tag{7.3.16}$$

取$\{u_1^{(x)^\circ},u_2^{(x)^\circ},\cdots,u_n^{(x)^\circ}\}_p$,对$u_i^{(x)^\circ}$排序,而且

$$u_1^{(x)^\circ}\leqslant u_2^{(x)^\circ}\leqslant\cdots\leqslant u_n^{(x)^\circ} \tag{7.3.17}$$

取$\{u_1^{(y)^\circ},u_2^{(y)^\circ},\cdots,u_n^{(y)^\circ}\}_p$,对$u_i^{(y)^\circ}$排序,而且

$$u_1^{(y)^\circ}\leqslant u_2^{(y)^\circ}\leqslant\cdots\leqslant u_n^{(y)^\circ} \tag{7.3.18}$$

利用式(7.3.17)、式(7.3.18)得到单向S-粗决策集,而且

$$\{(u_1^{(x)^\circ},u_1^{(y)^\circ}),(u_2^{(x)^\circ},u_2^{(y)^\circ}),\cdots,(u_n^{(x)^\circ},u_n^{(y)^\circ})\} \tag{7.3.19}$$

在式(7.3.19)上选择适合问题的单向S-粗决策$(u_t^{(x)^\circ},u_t^{(y)^\circ})$,$t\in(1,2,\cdots,n)$. 其中$u_t^{(x)^\circ}$称作单向S-粗决策$(u_t^{(x)^\circ},u_t^{(y)^\circ})$的下决策,$u_t^{(y)^\circ}$称作单向S-粗决策$(u_t^{(x)^\circ},u_t^{(y)^\circ})$的上决策.

由上面的讨论得到下面的事实:

若决策因素集$X_i^\circ\neq X_j^\circ$,则在X_i°,X_j°上的单向S-粗决策满足

$$(u_i^{(x)^\circ},u_i^{(y)^\circ})\neq(u_j^{(x)^\circ},u_j^{(y)^\circ})$$

$$i,j\in(1,2,\cdots,n);u_i^{(x)^\circ},u_i^{(y)^\circ},u_j^{(x)^\circ},u_j^{(y)^\circ}\in(0,1)$$

利用上面的讨论,容易得到:

定理7.3.1(单向S-粗决策退化定理)　单向S-粗决策退化成Z. Pawlak粗集生成的粗决策的充分必要条件是

$$F=\varnothing \tag{7.3.20}$$

推论1　单向S-粗决策的下决策退化成Z. Pawlak粗集生成的粗决策的下决策,必有

$$F=\varnothing \tag{7.3.21}$$

推论2　单向S-粗决策的上决策退化成Z. Pawlak粗集生成的粗决策的上决策,必有

$$F=\varnothing \tag{7.2.22}$$

定理7.3.2(单向S-粗决策的下决策-上决策关系定理)　单向S-粗决策的下决策$u_j^{(x)^\circ}$,单向S-粗决策的上决策$u_j^{(y)^\circ}$满足

$$u_j^{(x)^\circ}=u_j^{(y)^\circ} \tag{7.3.23}$$

必有

$$(R,F)_\circ(X^\circ)=(R,F)^\circ(X^\circ) \tag{7.3.24}$$

定理7.3.3(单向S-粗决策与Z. Pawlak粗集生成的粗决策关系定理)　Z. Pawlak粗集生成的粗决策是单向S-粗决策的特例,单向S-粗决策是Z. Pawlak粗

集生成的粗决策的一般形式.

定理 7.3.4(单向 S-粗决策与普通决策关系定理) 单向 S-粗决策退化成普通决策的充分必要条件是

$$1° \quad F=\varnothing \tag{7.3.25}$$

$$2° \quad (R,F)_{\circ}(X^{\circ})=(R,F)^{\circ}(X^{\circ}) \tag{7.3.26}$$

单向 S-粗决策指出一个事实:一个决策或决策结论,不应该是一成不变的,它应随着决策环境(决策因素集)变化而得到调整,这才满足实际决策系统的要求.决策环境改变了,决策不改变,这就是人们常说的“决策失误”,“决策失误”给人们带来了灾难与不幸.决策环境的改变或者决策因素集的变化是 S-粗决策的本质和精华.从决策(或决策结论)与实际相符的观点看:单向 S-粗决策比普通决策,Z. Pawlak 粗集生成的粗决策具有更多的优点,它给出一个可供人们选择决策的更大空间,单向 S-粗决策具有潜在的理论与应用研究前景.

§7.4 双向 S-粗决策与粗决策模型

约定 $X^*\subset U$ 是双向 S-集合,$X^*=X'\cup\{u\mid u\in U,u\,\bar{\in}\,X,\cup f(u)=x\in X\}$,$X'=X-\{x\mid x\in X,\cup\bar{f}(x)=u\,\bar{\in}\,X\}$,$X$ 是静态集合.为了符号简化,又不引起误解,$(R,\mathscr{F})_{\circ}(X^*)$ 记作 X^*,或者 $X^*=(R,\mathscr{F})_{\circ}(X^*)$;$(R,\mathscr{F})^{\circ}(X^*)$ 记作 Y^*,或者 $Y^*=(R,\mathscr{F})^{\circ}(X^*)$;$(R,\mathscr{F})_{\circ}(X^*)\subseteq(R,\mathscr{F})^{\circ}(X^*)$,$X^*=\{x_1,x_2,\cdots,x_\sigma\}$,$Y^*=\{x_1,x_2,\cdots,x_\tau\}$,$\sigma<\tau$,$\mathscr{F}=F\cup\bar{F}$,$F\neq\varnothing$,$\bar{F}\neq\varnothing$.

集合 $X^*=(R,\mathscr{F})_{\circ}(X^*)=\{x_1,x_2,\cdots,x_\sigma\}$ 上的决策与决策模型

利用 7.3 节中的讨论,类似得到 X^* 上的决策度 $u_j^{(x)*}$,而且

$$u_j^{(x)*}=\frac{1}{1+\left[\dfrac{\sum\limits_{i=1}^{\sigma}\left(w_i^{(x)*}\left(g_i^{(x)*}-r_{ij}^{(x)*}\right)\right)^p}{\sum\limits_{i=1}^{\sigma}\left(w_i^{(x)*}\left(r_{ij}^{(x)*}-b_i^{(x)*}\right)\right)^p}\right]^{2/p}} \tag{7.4.1}$$

或者

$$u_j^{(x)*}=\frac{1}{1+\left[\dfrac{\sum\limits_{i=1}^{\sigma}\left(w_i^{(x)*}\left(1-r_{ij}^{(x)*}\right)\right)^p}{\sum\limits_{i=1}^{\sigma}\left(w_i^{(x)*}r_{ij}^{(x)*}\right)^p}\right]^{2/p}} \tag{7.4.2}$$

其中 $j=1,2,\cdots,n$；利用式(7.4.1)或式(7.4.2)，则有决策集

$$\{u_1^{(x)*},u_2^{(x)*},\cdots,u_n^{(x)*}\} \tag{7.4.3}$$

因为属性集 $\alpha\subset V$ 中的属性删除与属性补充等价于因素集 $X\subset U$ 中决策因素的增加与决策因素的减少.当属性集中的属性被删除又被补充时,而且满足

$$((\alpha\to\{\alpha_1,\alpha_2,\cdots,\alpha_t\})\leftarrow\{\beta_1,\beta_2,\cdots,\beta_p\})_1\subseteq((\alpha\to\{\alpha_1,\alpha_2,\cdots,\alpha_{t-1}\})\leftarrow\{\beta_1,\beta_2,\cdots,\beta_{p+1}\})_2\subseteq\cdots\subseteq((\alpha\to\{\alpha_1,\alpha_2\})\leftarrow\{\beta_1,\beta_2,\cdots,\beta_{p+k-1}\})_{t-1}\subseteq((\alpha\to\{\alpha_1\})\leftarrow\{\beta_1,\beta_2,\cdots,\beta_{p+k}\})_t \tag{7.4.4}$$

能够得到式(7.4.4)生成的决策因素集 X_i^*,而且

$$X_t^*\subseteq X_{t-1}^*\subseteq\cdots\subseteq X_2^*\subseteq X_1^* \tag{7.4.5}$$

类似 7.3 节的讨论,利用式(7.4.1)或者式(7.4.2)得到决策集族,而且

$$\{\{u_1^{(x)*},u_2^{(x)*},\cdots,u_n^{(x)*}\}_1,\{u_1^{(x)*},u_2^{(x)*},\cdots,u_n^{(x)*}\}_2,\cdots,\{u_1^{(x)*},u_2^{(x)*},\cdots,u_n^{(x)*}\}_t\} \tag{7.4.6}$$

其中 $\{u_1^{(x)*},u_2^{(x)*},\cdots,u_n^{(x)*}\}_j$ 是既收缩变化又膨胀变化的决策因素 X_j^* 生成的决策集.

集合 $Y^*=(R,\mathscr{F})^\circ(X^*)=\{x_1,x_2,\cdots,x_\tau\}$ 上的决策与决策模型

类似前边的讨论,得到 Y^* 上的决策度 $u_j^{(y)*}$,而且

$$u_j^{(y)*}=\frac{1}{1+\left\{\dfrac{\sum_{i=1}^{\tau}(w_i^{(y)*}(g_i^{(y)*}-r_{ij}^{(y)*}))^p}{\sum_{i=1}^{\tau}(w_i^{(y)*}(r_{ij}^{(y)*}-b_i^{(y)*}))^p}\right\}^{2/p}} \tag{7.4.7}$$

或者

$$u_j^{(y)*}=\frac{1}{1+\left\{\dfrac{\sum_{i=1}^{\tau}(w_i^{(y)*}(1-r_{ij}^{(y)*}))^p}{\sum_{i=1}^{\tau}(w_i^{(y)*}r_{ij}^{(y)*})^p}\right\}^{2/p}} \tag{7.4.8}$$

其中 $j=1,2,\cdots,n$.利用式(7.4.7)或式(7.4.8)得到决策集

$$\{u_1^{(y)*},u_2^{(y)*},\cdots,u_n^{(y)*}\} \tag{7.4.9}$$

利用式(7.4.4),能够得到式(7.4.4)生成的决策因素集 Y_i^*,而且

$$Y_t^* \subseteq Y_{t-1}^* \subseteq \cdots \subseteq Y_2^* \subseteq Y_1^* \tag{7.4.10}$$

在式(7.4.10)中的每一个 Y_i^* 上,$i=1,2,\cdots,t$,得到决策集族,而且

$$\{\{u_1^{(y)*},u_2^{(y)*},\cdots,u_n^{(y)*}\}_1,\{u_1^{(y)*},u_2^{(y)*},\cdots,u_n^{(y)*}\}_2,\cdots,\{u_1^{(y)*},u_2^{(y)*},\cdots,u_n^{(y)*}\}_t\} \tag{7.4.11}$$

利用式(7.4.6)、式(7.4.11)得到双向 S-粗决策

$$\{\{u_1^{(x)*},u_2^{(x)*},\cdots,u_n^{(x)*}\}_1,\{u_1^{(y)*},u_2^{(y)*},\cdots,u_n^{(y)*}\}_1\} \tag{7.4.12}$$

$$\{\{u_1^{(x)*},u_2^{(x)*},\cdots,u_n^{(x)*}\}_2,\{u_1^{(y)*},u_2^{(y)*},\cdots,u_n^{(y)*}\}_2\} \tag{7.4.13}$$

$$\vdots$$

$$\{\{u_1^{(x)*},u_2^{(x)*},\cdots,u_n^{(x)*}\}_t,\{u_1^{(y)*},u_2^{(y)*},\cdots,u_n^{(y)*}\}_t\} \tag{7.4.14}$$

显然,当存在风险因素对决策因素集入侵,同时又存在决策因素集中某些决策因素失效的条件下,双向 S-粗决策在式(7.4.12) ~ (7.4.14)中选取. 如果选择的双向 S-粗决策是

$$\{\{u_1^{(x)*},u_2^{(x)*},\cdots,u_n^{(x)*}\}_q,\{u_1^{(y)*},u_2^{(y)*},\cdots,u_n^{(y)*}\}_q\} \tag{7.4.15}$$

取$\{u_1^{(x)*},u_2^{(x)*},\cdots,u_n^{(x)*}\}_q$,对 $u_k^{(x)*}$ 排序,而且

$$u_1^{(x)*} \leqslant u_2^{(x)*} \leqslant \cdots \leqslant u_n^{(x)*} \tag{7.4.16}$$

取$\{u_1^{(y)*},u_2^{(y)*},\cdots,u_n^{(y)*}\}_q$,对 $u_k^{(y)*}$ 排序,而且

$$u_1^{(y)*} \leqslant u_2^{(y)*} \leqslant \cdots \leqslant u_n^{(y)*} \tag{7.4.17}$$

利用式(7.4.16)、式(7.4.17)得到在属性集$\{(\alpha \rightarrow \{\alpha_1,\alpha_2,\cdots,\alpha_k\}) \leftarrow \{\beta_1,\beta_2,\cdots,\beta_\lambda\}\}_i \subset V$ 的限定下的双向 S-粗决策集,而且

$$\{(u_1^{(x)*},u_1^{(y)*}),(u_2^{(x)*},u_2^{(y)*}),\cdots,(u_n^{(x)*},u_n^{(y)*})\} \tag{7.4.18}$$

在式(7.4.18)上选择合适问题的双向 S-粗决策$(u_t^{(x)*},u_t^{(y)*})$,$t \in (1,2,\cdots,t)$. 这里:$u_t^{(x)*}$ 称作双向 S-粗决策$(u_t^{(x)*},u_t^{(y)*})$的下决策, $u_t^{(y)*}$ 称作双向 S-粗决策$(u_t^{(x)*},u_t^{(y)*})$的上决策.

由上面的讨论,得到下面的事实:

若决策因素集 $X_p^* \neq X_q^*$,则它们生成的双向 S-粗决策满足

$$(u_p^{(x)*},u_p^{(y)*}) \neq (u_q^{(x)*},u_q^{(y)*})$$

其中 $i,j \in (1,2,\cdots,n)$;$u_p^{(x)*},u_p^{(y)*},u_q^{(x)*},u_q^{(y)*} \in (0,1)$.

利用上面的讨论,容易得到:

定理 7.4.1(双向 S-粗决策退化定理)　双向 S-粗决策退化成单向 S-粗决策的

充分必要条件是

$$\overline{F}=\varnothing \tag{7.4.19}$$

推论 1　双向 S-粗决策的下决策退化成单向 S-粗决策的下决策,必有

$$\overline{F}=\varnothing \tag{7.4.20}$$

推论 2　双向 S-粗决策的上决策退化成单向 S-粗决策的上决策,必有

$$\overline{F}=\varnothing \tag{7.4.21}$$

定理 7.4.2(双向 S-粗决策的下决策-上决策关系定理)　双向 S-粗决策的下决策 $u_j^{(x)*}$,双向 S-粗决策的上决策 $u_j^{(y)*}$ 满足

$$u_j^{(x)*}=u_j^{(y)*} \tag{7.4.22}$$

必有

$$(R,\mathscr{F})_{\circ}(X^*)=(R,\mathscr{F})^{\circ}(X^*) \tag{7.4.23}$$

定理 7.4.3(双向 S-粗决策与 Z. Pawlak 粗集生成的粗决策关系定理)　Z. Pawlak 粗集生成的粗决策是双向 S-粗决策的特例,双向 S-粗决策是 Z. Pawlak 粗集生成的粗决策的一般形式.

定理 7.4.4(双向 S-粗决策与普通决策关系定理)　双向 S-粗决策退化成普通决策的充分必要条件是

1°　$\mathscr{F}=\varnothing$　(7.4.24)

2°　$(R,\mathscr{F})_{\circ}(X^*)=(R,\mathscr{F})^{\circ}(X^*)$　(7.4.25)

在 7.4 节中的讨论中,$\mathscr{F}=F\cup\overline{F}$,而且 $F\neq\varnothing,\overline{F}\neq\varnothing$;若 $F=\varnothing$,则 $\mathscr{F}=F\cup\overline{F}$ 变成 $\mathscr{F}=\overline{F}$;7.4 节中的双向 S-粗决策退化成单向 S-粗决策对偶;在 7.5 节中讨论这类粗决策.

双向 S-粗决策指出一个事实:一个符合实际系统的决策(或决策结论)应当随着决策环境的变化(变好,变坏),得到调整;或者说决策环境变化的双重性带来决策(或决策结论)调整的双重性.决策环境变化的双重性正是双向 S-粗决策蕴含的本质.从应用的观点看,双向 S-粗决策比单向 S-粗决策具有更多的优点,它给决策者提供了双重决策的思维空间,双向 S-粗决策比普通决策(一成不变的决策)具有了双重可调整思想,双向 S-粗决策是一个崭新的决策,理论与应用研究前景看好.

§7.5　单向 S-粗决策对偶与对偶粗决策模型

约定　$X'\subset U$ 是单向 S-集合 $X^{\circ}\cup$ 的对偶,$X'=X-\{x\mid x\in X,\cup\overline{f}(x)=u\ \overline{\in}\ X\}$,

X 是静态集合. 为了符号的简化,又不引起误解,$(R,\overline{F})_\circ(X')$ 记作 X',或者 $X'=(R,\overline{F})_\circ(X')$;$(R,\overline{F})^\circ(X')$ 记作 Y',或者 $Y'=(R,\overline{F})^\circ(X')$,$\overline{F}\neq\varnothing$.

集合 $X'=(R,F)_\circ(X')=\{x_1,x_2,\cdots,x_\varepsilon\}$ 上的决策与决策模型

容易得到 X'上的决策度 $u_j^{(x)'}$,而且

$$u_j^{(x)'}=\frac{1}{1+\left\{\dfrac{\sum_{i=1}^{\varepsilon}(w_i^{(x)'}(g_i^{(x)'}-r_{ij}^{(x)'}))^p}{\sum_{i=1}^{\varepsilon}(w_i^{(x)'}(r_{ij}^{(x)'}-b_i^{(x)'}))^p}\right\}^{2/p}} \tag{7.5.1}$$

或者

$$u_j^{(x)'}=\frac{1}{1+\left\{\dfrac{\sum_{i=1}^{\varepsilon}(w_i^{(x)'}(1-r_{ij}^{(x)'}))^p}{\sum_{i=1}^{\varepsilon}(w_i^{(x)'}r_{ij}^{(x)'})^p}\right\}^{2/p}} \tag{7.5.2}$$

其中 $j=1,2,\cdots,n$.

利用式(7.5.1)或式(7.5.2)得到决策集,而且

$$\{u_1^{(x)'},u_2^{(x)'},\cdots,u_n^{(x)'}\} \tag{7.5.3}$$

随着失效的决策因素被删除,式(7.5.3)生成决策集族,而且

$$\{\{u_1^{(x)'},u_2^{(x)'},\cdots,u_n^{(x)'}\}_1,\{u_1^{(x)'},u_2^{(x)'},\cdots,u_n^{(x)'}\}_2,\cdots,\{u_1^{(x)'},u_2^{(x)'},\cdots,u_n^{(x)'}\}_n\} \tag{7.5.4}$$

集合 $Y'=(R,F)^\circ(X')=\{x_1,x_2,\cdots,x_\eta\}$ 上的决策与决策模型

Y'上的决策度 $u_j^{(y)'}$,而且

$$u_j^{(y)'}=\frac{1}{1+\left\{\dfrac{\sum_{i=1}^{\eta}(w_i^{(y)'}(g_i^{(y)'}-r_{ij}^{(y)'}))^p}{\sum_{i=1}^{\eta}(w_i^{(y)'}(r_{ij}^{(y)'}-b_i^{(y)'}))^p}\right\}^{2/p}} \tag{7.5.5}$$

或者

$$u_j^{(y)'}=\frac{1}{1+\left\{\dfrac{\sum_{i=1}^{\eta}(w_i^{(y)'}(1-r_{ij}^{(y)'}))^p}{\sum_{i=1}^{\eta}(w_i^{(y)'}r_{ij}^{(y)'})^p}\right\}^{2/p}} \tag{7.5.6}$$

其中 $j=1,2,\cdots,n$.

利用式(7.5.5)或者式(7.5.6)得到决策集,而且

$$\{u_1^{(y)'},u_2^{(y)'},\cdots,u_n^{(y)'}\} \tag{7.5.7}$$

随着失效的决策因素被删除,式(7.5.7)生成决策集族,而且

$$\{\{u_1^{(y)'},u_2^{(y)'},\cdots,u_n^{(y)'}\}_1,\{u_1^{(y)'},u_2^{(y)'},\cdots,u_n^{(y)'}\}_2,\cdots,\{u_1^{(y)'},u_2^{(y)'},\cdots,u_n^{(y)'}\}_n\} \tag{7.5.8}$$

因此,在决策因素集中,如果存在某些因素,这些因素对决策已经失效,这些因素应当从因素集中删除,或者 $X'=X-\{x\mid x\in X,\bar{f}(x)=u\ \bar{\in}\ X\}$. 利用式(7.5.4)、式(7.5.8)得到单向 S-粗决策对偶

$$\{\{u_1^{(x)'},u_2^{(x)'},\cdots,u_n^{(x)'}\}_1,\{u_1^{(y)'},u_2^{(y)'},\cdots,u_n^{(y)'}\}_1\} \tag{7.5.9}$$

$$\{\{u_1^{(x)'},u_2^{(x)'},\cdots,u_n^{(x)'}\}_2,\{u_1^{(y)'},u_2^{(y)'},\cdots,u_n^{(y)'}\}_2\} \tag{7.5.10}$$

$$\vdots$$

$$\{\{u_1^{(x)'},u_2^{(x)'},\cdots,u_n^{(x)'}\}_n,\{u_1^{(y)'},u_2^{(y)'},\cdots,u_n^{(y)'}\}_n\} \tag{7.5.11}$$

显然,若在决策因素集中存在一些决策因素失效时,则单向 S-粗决策对偶在式(7.5.9)~(7.5.11)中选取,如果选择的单向 S-粗决策对偶是

$$\{\{u_1^{(x)'},u_2^{(x)'},\cdots,u_n^{(x)'}\}_p,\{u_1^{(y)'},u_2^{(y)'},\cdots,u_n^{(y)'}\}_p\} \tag{7.5.12}$$

对 $\{u_1^{(x)'},u_2^{(x)'},\cdots,u_n^{(x)'}\}_p$ 中的 $u_i^{(x)'}$ 排序,而且

$$u_1^{(x)'}\leqslant u_2^{(x)'}\leqslant\cdots\leqslant u_n^{(x)'} \tag{7.5.13}$$

对 $\{u_1^{(y)'},u_2^{(y)'},\cdots,u_n^{(y)'}\}_p$ 中的 $u_i^{(y)'}$ 排序,而且

$$u_1^{(y)'}\leqslant u_2^{(y)'}\leqslant\cdots\leqslant u_n^{(y)'} \tag{7.5.14}$$

利用式(7.5.13)、式(7.5.14)得到在失效因素被删除的条件下的单向 S-粗决策对偶,而且

$$\{(u_1^{(x)'},u_1^{(y)'}),(u_2^{(x)'},u_2^{(y)'}),\cdots,(u_n^{(x)'},u_n^{(y)'})\} \tag{7.5.15}$$

在式(7.5.15)上选择适合问题的单向 S-粗决策对偶 $(u_t^{(x)'},u_t^{(y)'})$, $t\in(1,2,\cdots,n)$. 其中 $u_t^{(x)'}$ 称作单向 S-粗决策对偶 $(u_t^{(x)'},u_t^{(y)'})$ 的下决策, $u_t^{(y)'}$ 称作单向 S-粗决策对偶 $(u_t^{(x)'},u_t^{(y)'})$ 的上决策.

显然,决策因素集上失效因素的删除等价于决策因素集属性的补充,或者,若

$$\{\alpha\leftarrow\{\alpha_1,\alpha_2,\cdots,\alpha_k\}\}\neq\{\alpha\leftarrow\{\alpha_1,\alpha_2,\cdots,\alpha_\lambda\}\} \tag{7.5.16}$$

则

$$(u_k^{(x)'},u_k^{(y)'})_{\{\alpha\leftarrow\{\alpha_1,\alpha_2,\cdots,\alpha_k\}\}}\neq(u_\lambda^{(x)'},u_\lambda^{(y)'})_{\{\alpha\leftarrow\{\alpha_1,\alpha_2,\cdots,\alpha_\lambda\}\}} \tag{7.5.17}$$

其中$(u_k^{(x)'},u_k^{(y)'})_{\{\alpha\leftarrow\{\alpha_1,\alpha_2,\cdots,\alpha_k\}\}}$是$\{\alpha\leftarrow\{\alpha_1,\alpha_2,\cdots,\alpha_k\}\}$限定下的单向 *S*-粗决策对偶.

容易得到:

定理 7.5.1(单向 *S*-粗决策对偶的下决策-上决策关系定理)　单向 *S*-粗决策对偶的下决策 $u_j^{(x)'}$,单向 *S*-粗决策对偶的上决策 $u_j^{(y)'}$ 满足

$$u_j^{(x)'}=u_j^{(y)'} \tag{7.5.18}$$

必有

$$(R,\overline{F})_\circ(X')=(R,\overline{F})^\circ(X') \tag{7.5.19}$$

定理 7.5.2(单向 *S*-粗决策对偶与普通决策关系定理)　单向 *S*-粗决策对偶退化成普通决策的充分必要条件是

1°　$\overline{F}=\varnothing$　(7.5.20)

2°　$(R,\overline{F})_\circ(X')=(R,\overline{F})^\circ(X')$　(7.5.21)

定理 7.5.3(单向 *S*-粗决策对偶与双向 *S*-粗决策关系定理)　单向 *S*-粗决策对偶是双向 *S*-粗决策的特例,双向 *S*-粗决策是单向 *S*-粗决策对偶的一般形式.

利用 7.2 ~7.5 节的讨论得到:

系统粗决策链原理

在由 *R*-元素等价类构成的系统中,随着 *R*-元素等价类的属性集的属性补充与属性删除,*R*-元素等价类生成粗决策$(u_i^{(x)},u_i^{(y)})$,粗决策构成系统的粗决策链.

系统粗决策的边界原理

粗决策$(u_i^{(x)},u_i^{(y)})$组成的粗决策链$\{(u_1^{(x)},u_1^{(y)}),(u_2^{(x)},u_2^{(y)}),\cdots,(u_n^{(x)},u_n^{(y)})\}$中,下决策 $u_i^{(x)}$,上决策 $u_i^{(y)}$ 给定了决策的选择边界,决策取在$[u_i^{(x)},u_i^{(y)}]$中.

系统粗决策的遗传-继承原理

粗决策链$\{(u_1^{(x)},u_1^{(y)}),(u_2^{(x)},u_2^{(y)}),\cdots,(u_n^{(x)},u_n^{(y)})\}$上的任意一个粗决策$(u_i^{(x)},u_i^{(y)})$,它的粗特征遗传给粗决策$(u_{i+1}^{(x)},u_{i+1}^{(y)})$,粗决策$(u_{i-1}^{(x)},u_{i-1}^{(y)})$的粗特征被粗决策$(u_i^{(x)},u_i^{(y)})$继承.

系统粗决策属性的惯性原理

粗决策链$\{(u_1^{(x)},u_1^{(y)}),(u_2^{(x)},u_2^{(y)}),\cdots,(u_n^{(x)},u_n^{(y)})\}$上的任意两个相邻的粗决

策$(u_j^{(x)},u_j^{(y)})$，$(u_{j+1}^{(x)},u_{j+1}^{(y)})$，它们的属性集满足

$$\alpha_j \cap \alpha_{j+1} \neq \varnothing \tag{7.5.22}$$

单向S-粗决策对偶指出一个事实：当在决策因素集上出现决策因素不足(决策制定的考虑不周)，应该对决策因素进行补充(等价于决策因素集的属性被删除)，使得决策因素上的决策因素完备，这正是单向S-粗决策对偶所蕴含的本质. 单向S-粗决策对偶给决策者提供了一个新的制定决策的思想方法. 单向S-粗决策对偶具有很好的理论与应用研究前景.

第 8 章　S-粗集与学科交叉,渗透,融合,嫁接讨论

信息之间的差异或系统之间的差异引发了系统识别理论(信息系统识别,系统多目标识别)的快速发展;系统识别理论与应用研究引起了人们广泛兴趣,“差异”是识别的基石.因为识别目标差异的非精确性,识别目标的客观实在性(不允许带上识别人的主观意识),识别目标的不可分辨性(indiscernibility),使得对某些系统的识别产生了困难.1982 年波兰数学家 Z. Pawlak 教授提出粗集(Rough Sets),粗集理论给人们带来了一个新的系统识别工具和识别方法,一个新的近似分析系统的理论与方法.Z. Pawlak 教授这一杰出的学术成就与学术贡献正在被从事系统理论研究与系统应用研究的人们接受与认同.从本书给出的讨论可以看出:Z. Pawlak 粗集是一个静态粗集,因为这个特性,它的应用范围受到了很大的制约与限制.

如何拓宽 Rough Sets 的应用范围,使 Rough Sets 既能适用于静态系统又能适用于动态系统,这是本书的目的之一;因此,本书给出了 S-粗集(单向 S-粗集,双向 S-粗集).如何再拓宽 Rough Sets 的应用范围,这是本书的目的之二,因此,本书给出函数 S-粗集(函数单向 S-粗集,函数双向 S-粗集),使得粗集能解决更多的工程,系统中的问题;粗集也因此而得到进一步完善.

把本书的内容进行概括,作者想到下面的几个问题,这几个问题或许成为 S-粗集,函数 S-粗集与其他学科交叉而生成的几个重要的理论研究与应用研究领域.

§8.1　S-粗集与系统分析-系统识别的渗透

通俗地说,系统 $W(>)$ 在时域 $[t_1 \sim t_n]$ 上输出是稳定的,可以直观地如下表述:

系统 $W(>)$ 在 $[t_1 \sim t_n]$ 上的输出

$$\begin{aligned} v_1 &= (y_1, y_2, \cdots, y_m)_1 \\ v_2 &= (y_1, y_2, \cdots, y_m)_2 \\ &\vdots \\ v_n &= (y_1, y_2, \cdots, y_m)_n \end{aligned} \tag{8.1.1}$$

其中 $y_i \in R^+, i = 1, 2, \cdots, m$.

$\forall i, j \in (1, 2, \cdots, n)$, 则有

$$\| v_i - v_j \| \leqslant \varepsilon \tag{8.1.2}$$

其中 $\|\cdot\|$ 是一种范数,ε 是给定的误差限.

因为 $v_j=(y_1,y_2,\cdots,y_m)_j$ 是关于 $t_j\in[t_1,t_n]$ 的一个元素等价类 $[x]_j$,或者 y_1, $y_2,\cdots,y_m$ 关于 t_j 是 $\underset{t_j}{\mathrm{IND}}(y_1,y_2,\cdots,y_m)$.

式(8.1.1)可以写成

$$\begin{aligned} v_1 &= [x]_1 \\ v_2 &= [x]_2 \\ &\vdots \\ v_n &= [x]_n \end{aligned} \tag{8.1.3}$$

如果把 $\sigma_1,\sigma_2,\cdots,\sigma_n$ 定义成 $[x]_1,[x]_2,\cdots,[x]_n$ 的特征值,或者

$$\begin{aligned} \sigma_1 &= (a_1,a_2,\cdots,a_m)_1 \\ \sigma_2 &= (a_1,a_2,\cdots,a_m)_2 \\ &\vdots \\ \sigma_n &= (a_1,a_2,\cdots,a_m)_n \end{aligned} \tag{8.1.4}$$

其中 $a_j\in R^+,j=1,2,\cdots,m$.

$\forall p,q\in(1,2,\cdots,n)$,则有

$$\|\sigma_p-\sigma_q\|\leqslant\varepsilon$$

显然,系统的状态稳定的讨论转化到知识(等价类)差异的讨论. 因此,粗集能够渗透,交叉到系统稳定与系统分析的讨论中.

系统的不稳定来自系统内部参数的变化,或系统外部的干扰(外部不明信息的攻击),使得

$$\|v_i-v_j\|\neq\varepsilon \tag{8.1.5}$$

从式(8.1.5)立即得到

$$v_i\neq v_j \tag{8.1.6}$$

或者

$$[x]_i\neq[x]_j \tag{8.1.7}$$

式(8.1.7)具有下列情形: ①card$([x]_i)<$card$([x]_j)$, ②card$([x]_i)>$card$([x]_j)$,如果不考虑 $[x]_i$ 中的特征值 $a_k\in R^+$ 的变化. card$([x]_i)<$card$([x]_j)$ 是因为 $[x]_i$ 的属性增加产生的, card$([x]_i)>$card$([x]_j)$ 是因为 $[x]_i$ 的属性减少产生的;系统的状态不稳定与知识的属性变化(增加,或减少)等价. 因此,S-粗集能够渗透、交叉到系统过渡过程,系统失稳,系统故障分析的讨论,显然,若 $F=\varnothing$,或 $\overline{F}=\varnothing$,则 S-粗集能够渗透、交叉到系统状态稳定与系统状态分析的讨论.

系统识别的目的是找出系统的状态差异. 如果系统的状态不存在差异,系统识别就失去理论意义与应用价值. 一个通俗的例子:金融系统中的信贷子系统,如果

信贷利率数年不变（利率稳定），人们无须去查看每次信贷利率（不需要去对信贷利率进行识别）；如果信贷利率变化多端，人们必须对利率进行识别，使得利率最低时进行信贷，这是一个再普通不过的常识.

设系统 $W(>)$ 在 $[t_1, t_n]$ 的行为状态是

$$\begin{aligned} w_1 &= (w_{11}, w_{12}, \cdots, w_{1m}) \\ w_2 &= (w_{21}, w_{22}, \cdots, w_{2m}) \\ &\vdots \\ w_n &= (w_{n1}, w_{n2}, \cdots, w_{nm}) \end{aligned} \tag{8.1.8}$$

其中 $\forall w_{ij} \in R^+, i = 1, 2, \cdots, n; j = 1, 2, \cdots, m$.

若状态 w_i, w_j 之间的状态距离

$$D_{i,j} = ((w_{i1} - w_{j1})^2 + (w_{i2} - w_{j2})^2 + \cdots + (w_{im} - w_{jm})^2)^{1/2} \neq \eta \tag{8.1.9}$$

其中 η 是一个给定的小正数.

则系统 $W(>)$ 的状态发生变化，即通常所说的系统出现故障. 显然，S-粗集能够渗透、交叉到系统状态变化识别中. 这是因为系统状态的变化（差异），能够看成系统状态中知识的属性变化，S-粗集中的知识特性与系统识别构成了渗透，交叉点.

§8.2　S-粗集与生命科学的嫁接

在生物育种，生物繁衍-遗传进化[20]系统中，人们司空见惯地遇到这样的事实：一种新育种的作物，经过几年的栽培，这种作物慢慢地发生品质退化，这一现象生物学家给出了圆满的生物学解释，如果把 S-粗集中的 f-知识，$\cup\bar{f}$-知识，$(f, \cup\bar{f})$-知识的数值模型渗透，交叉到这里，能够得到这一现象的数学描述. 一个新育种的作物，有理由看成是具有多个特征的知识 $[y]_{(\alpha_1, \alpha_2, \cdots, \alpha_n)}$，作物的退化现象与知识 $[y]_{(\alpha_1, \alpha_2, \cdots, \alpha_n)}$ 的特征丢失（或特征的补充）现象等价. 人类对自然界的认识，取得一项又一项的辉煌成果，人类对自己的认识的成果并不多. 最近的数年，人类开始自己认识自己：人类基因的结构，人类基因图谱的识别，人类基因密码的破译，跨越时空的障碍，人类走出可喜的一步. 每一个基因承载着某些特征信息，基因中这些特征信息中的某一些可能被丢失，其他基因中的特征信息有可能向这个基因中转移. 如果把 S-粗集中的知识模型渗透，交叉，嫁接到这里，并依赖于基因的特征数据，有可能得到基因特征变化的 S-粗集（函数 S-粗集）模型，如果能够成为事实，人类对自己的认识便走向数值化.

§8.3　函数 S-粗集与系统管理的融合

对系统(经济系统、金融系统、投资系统、资源系统等)进行管理,系统的管理者无一不在寻找管理规律.任何系统都有自身的规律,管理系统也不例外,它也有自己的规律.如果系统的管理规律找到了,系统管理者才能认识系统的本质,才能在管理边界改变的条件下,对系统中的管理规律做出必要的调整,使其达到最优化,或者管理函数(规律)$\lambda(x)$,在管理边界 $\mu(t)\in\mu$ 满足

$$\lambda(x)=\bigwedge_{\substack{\mu(t)\in\mu\\ i=1}}^{m}\lambda(x)_i \tag{8.3.1}$$

或者

$$\lambda(x)=\bigvee_{\substack{\mu(t)\in\mu\\ j=1}}^{m}\lambda(x)_j \tag{8.3.2}$$

管理规律就潜藏在被管理的系统中.显然,在系统管理中寻找管理规律与利用函数 S-粗集挖掘系统中的规律是同一件事.换言之,管理系统中寻找规律就是利用函数 S-粗集进行规律挖掘.

对系统进行管理(或系统管理)的重要目的之一是,向系统要效益(利润),向系统要安全(系统安全或系统中信息安全).向系统要效益等价于在函数论域 $\mathscr{D}$ 中,利用函数 S-粗集去挖掘最小函数 $\lambda(x)_{\min}$ 或最大函数 $\lambda(x)_{\max}$.例如,$\lambda(x)_{\min}$ 是管理系统中的消耗函数(规律),$\lambda(x)_{\max}$ 是管理系统中的利润函数(规律).向系统要安全等价于利用函数等价类$[u]$的 IND($[u]=\{u_1,u_2,\cdots,u_m\}$)的特性,利用密钥属性 $\alpha_i\in\alpha$, $\bar{f}(\alpha_i)=\beta_i\,\bar{\in}\,\alpha$,在 $\mathscr{D}$ 上寻找 $u(x)$,使 $u(x)\in[u]$.这里,密钥属性 α_i 只有寻找 $u(x)$ 的 A 方知道.如果 $u(x)$ 被找到,则 $u(x)$ 对系统管理起到屏蔽作用,$u(x)$ 阻断所有干扰函数(规律)对管理系统的攻击,或称系统安全管理.

不言而喻,系统管理(管理科学)与函数 S-粗集之间存在着融合点,或许系统管理与函数 S-粗集(S-粗集)融合,能够催生出管理科学研究中的新枝芽.

§8.4　函数 S-粗集与金融-经济系统的交叉

金融系统中的资本运作都是遵守某一个规律进行的,人们根据这个规律能够看到今后资本运作的态势.资本运作离不开资本运作环境,环境可以改善,环境可以恶化;无论环境改善或者环境的恶化,环境的这些变化,都不是依人们的主观想象为准则的.人们非常希望想要知道环境恶化,资本运作的规律;环境改善,资本运作的规律.如果人们这些希望能够实现,人们能够取得投资的成功.图 8.1 给出资本运行的规律曲线.

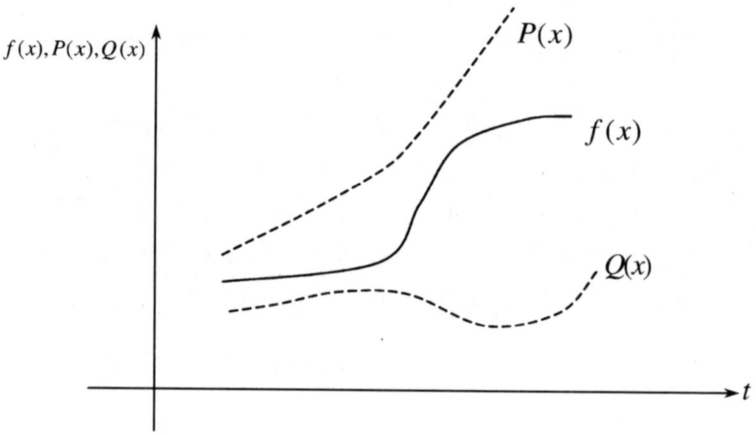

图 8.1

$f(x)$是某资本运作规律,$Q(x)$是资本运作环境恶化的资本运作规律,$P(x)$是资本运作环境改善的资本运作规律

图 8.1 告诉人们:为了阻止资本运作规律下滑(运作环境恶化),人们目前**应该做什么?** 为了防止资本运作规律的恶性攀升(运作环境改善),人们目前**又应该做什么?** 图 8.1 的 $Q(x)$对应着$f(x)$的特征(属性)补充,$P(x)$对应着$f(x)$的特征(属性)丢失,这两个特征是函数 S-粗集中的知识特征. 利用函数 S-粗集和它生成的规律$f(x)$能够找到人们还不知道的规律 $P(x)$和规律 $Q(x)$;显然函数 S-粗集能够渗透、嫁接、交叉到金融系统中,利用函数 S-粗集能够对动荡的金融系统给出具体的,符合实际的规律性揭露,使人们了解目前的金融系统走势的数值特性,预见今后的态势. 函数 S-粗集对这些研究给予了直接的支持和有益的帮助.

建议读者,不妨对此做些尝试,收获肯定不少;作者希望见到这些富有创意,独树一帜的研究. 或许有的读者,把 S-粗集与函数 S-粗集和其他的学科嫁接,渗透;一方新的"学术绿洲"被垦出.

参 考 文 献

1 Pawlak Z. Rough sets. International Journal of Computer and Information Sciences, 1982, (11): 341 ~ 356

2 曾黄麟. 粗集理论及其应用. 重庆:重庆大学出版社,1998

3 张文修等. 粗集理论与方法. 北京:科学出版社,2001

4 苗夺谦,范世栋. 知识的粒度计算及其应用. 系统工程理论与实践,2002,(1):48 ~56

5 刘清. Rough 集及 Rough 推理. 北京:科学出版社,2003

6 王国胤. Rough 集理论与知识获取. 西安:西安交通大学出版社,2001

7 Banerjee M. MitraS, PalsK. Rough fuzzy MLP: Knowledge encoding and classification. IEEE Transaction on Neural Networks, 1998, (9): 1023 ~ 1216

8 Bodjanova S. Approximation of fuzzy concepts in decision making. Fuzzy Sets and Systems, 1997, (85): 23 ~ 29

9 Duntsch I. Rough relation algebras. Fundamenta Informaticae, 1994, (21): 321 ~ 331

10 Mrozek A. Rough sets and dependency analysis among attribute in computer implementations of experts inference models. International Journal of Man-Machine Studies, 1989, (30): 457 ~ 473

11 Nakamura A. A rough logic based on incomplete information and its application. International Journal of Approximate Reasoning, 1996, (15): 267 ~ 378

12 Miyamoto S. Application of rough sets to information retrieval. Journal of the American Society for Information Science, 1998, (49): 195 ~ 203

13 Pawlak Z. Rough classification. Int. J. Man-Machine Studies, 1984, (20): 469 ~ 483

14 史开泉,崔玉泉. 变异 S-粗集与它的变异结构. 山东大学学报(理学版),2004,(5): 52 ~ 57

15 史开泉,崔玉泉. 双枝模糊决策与决策加密-认证. 中国科学(E),2003,(2): 154 ~ 163

16 Kaiquan Shi, Yuquan Cui. Both-branch fuzzy decision and decision encryption-authentication. Science in China (F), 2003, (2): 90 ~ 103

17 史开泉,李岐强. 双枝模糊决策与决策识别问题. 中国工程科学, 2001, (1): 71 ~ 77

18 Kaiquan Shi. S-rough sets and its application in diagnosis-recognition for disease. IEEE Proceedings of the First International Conference on Machine Learning and Cybernetics, 1 of 4, 2002, 50 ~ 54

19 史开泉,崔玉泉. S-粗集和它的生成结构. 山东大学学报(理学版),2002,(6): 471 ~ 474

20 王亚馥,代灼华. 遗传学. 北京:高等教育出版社,2000

21 祝燮权. 实用金属材料手册. 上海:上海科学技术出版社,1992

22 Julong Deng. Control problems of grey system. Systems and Control Letters, 1982, (5):288 ~ 294

23 Julong Deng. Introduction to grey system theory. Journal of Grey System, 1989, (1):1 ~ 24

24 张大海,史开泉. 灰色负荷预测的参数修正法. 电力系统及其自动化学报,2001,(2):20 ~ 22

25 Kaiquan Shi. Function S-rough sets and function transfer. An International Journal Advances in

Systems Sciences and Applications,2005,(1):1～8

26 史开泉. 函数S-粗集. 山东大学学报(理学版),2005,(1):1～10

27 Shouyu Chen. Fuzzy recognition theoretical model. International Journal of Fuzzy Mathematics, 1993, (2):261～269

28 Shouyu Chen. Nonstructured decision making analysis and fuzzy optimum seeling theory for multiobjective systems. International Journal of Fuzzy Mathematics, 1996, (4):835～842

29 Kaiquan Shi, Yuquan Cui. F-decomposition and $\overline{F}$-reduction of S-rough sets. An International Journal Advances in Systems Sciences and Applications, 2004,(4):487～499

30 史开泉. S-粗集与它的两类基本形成. 计算机科学,2004,(10. A):24～27

31 史开泉,尹守峰. S-粗集与它的$(F,\overline{F})$-遗传(I). 山东大学学报(工学版),2004,(5):85～92

32 史开泉,李东亚. S-粗集与它的$(F,\overline{F})$-遗传(II). 山东大学学报(工学版),2004,(6):66～75

33 史开泉,刘月兰. S-粗集与它的$(F,\overline{F})$-遗传(III). 山东大学学报(工学版),2004,(3):109～114

34 史开泉,石玉强. 变异粗集与[α/R]知识. 山东大学学报(理学版),2004,(4):46～50

35 Kaiquan Shi. S-rough sets and knowledge separation. Journal of System Engineering and Electronics, 2005,(2):403～410

36 史开泉,崔玉泉. S-粗集与它的分解-还原. 系统工程与电子技术, 2005, (4):644～651

37 史开泉. S-粗集与新金属材料发现-识别. 系统工程与电子技术,2005, (4):331～336

38 史开泉,张萍. S-粗集与它的F-记忆. 山东大学学报(理学版),2005,(2):16～23

39 颜建军,史开泉. S-粗集与它的$\overline{F}$-记忆. 山东大学学报(工学版),2005,(2):109～114

40 王红雨,史开泉. S-粗集与它的$\mathscr{F}$-记忆. 山东大学学报(理学版), 2005, (5):28～37

41 史开泉. 函数粗集与系统规律挖掘. 计算机科学,2005,(8. A):1～3

42 Kaiquan Shi. Function S-rough sets and its heredity law depending on the extension of attributes. International Journal of Fuzzy Mathematics, 2006, 2, 413～417

43 Kaiquan Shi. Function S-rough sets and system state recognition. International Journal of Fuzzy Mathematics, 2006, 3, 512～518

44 史开泉. 函数S-粗集与它生成的F-遗传规律. 山东大学学报(理学版),2006,(2):1～13

45 赵树理,史开泉. 函数S-粗集与系统状态$\overline{F}$-识别. 山东大学学报(理学版),2006,(2):14～23

46 史开泉,余文琼. 粗系统与它的粗依赖. 山东大学学报(理学版), 2006, (1):45～51

47 Kaiquan Shi. Function S-rough sets and its characteristics. International Journal of Fuzzy Mathematics, 2007, 1, 171～177

48 史开泉. S-粗集与金属材料识别(I). 山东大学学报(工学版),2005, (4):77～85

49 史开泉. S-粗集与金属材料识别(II). 山东大学学报(工学版),2005, (5):93～100

50 Kaiquan Shi, Tingcheng Chang. One direction S-rough sets. International Journal of Fuzzy Mathematics, 2005, (2):319～334

51 Kaiquan Shi. Two direction S-rough sets. International Journal of Fuzzy mathematics, 2005, (2):335～349

52 Shoufeng Yin, Haiqing Hu, Kaiquan Shi. Rough recognition of knowledge and its applications.

An International Journal Advances in System Sciences and Applications, 2004, (1):13 ~ 22

53 Yuquan Cui, Kaiquan Shi. Function S-rough and its applications. Journal of System Engineering and Electronics, 2006, 2, 213 ~ 218

54 Yuquan Cui, Kaiquan Shi. Function S-rough sets and investment warning estimation. International Journal of Fuzzy Mathematics, 2006, 1, 68 ~ 76

55 石玉强,史开泉. [α/R]知识与它的依赖特性. 山东大学学报(工学版),2005, (2):114 ~ 117

56 Changjing Lu, Kaiquan Shi. Knowledge filter and its dependent reasoning discovery. International Journal of Fuzzy Mathematics, 2005, (3):613 ~ 626

57 石玉强,史开泉. [α/R]知识-[R]知识 k 阶生成与它的依赖性定理. 山东大学学报(工学版), 2005, (2):115 ~ 119

58 郑书富,管延勇,史开泉. 分辨矩阵与它在非一致决策中的应用. 山东大学学报(工学版), 2005, (2): 86 ~ 89

59 李东亚,赵树理,史开泉. [α/R]知识-[R]知识生成与它的依赖性定理. 山东大学学报(工学版), 2005, (6):28 ~ 35

60 崔玉泉,史开泉. 粗集的动态特性分析与应用. 中国管理科学,2003,(6):66 ~ 70

61 刘华文,史开泉. 模糊 T-粗集的粗糙度测量. 计算机科学,2003,(12):111 ~ 112

62 卢昌荆,史开泉. 知识过滤与它的依赖推理发现. 厦门大学学报,2005, (3):31 ~ 39

63 张萍,史开泉. 知识依赖与知识依赖特性. 聊城大学学报,2004, (4):19 ~ 21

64 郑书富,卢昌荆,史开泉. 分辨矩阵与知识粒度应用. 聊城大学学报,2004,(4):16 ~ 18

65 Ping Zhang, Kaiquan Shi. Function S-rough sets and rough law heredity-ming. IEEE Proceeding of the Fourth International Conference on Machine Learning and Cybernetics, 3 of 6, 2005, 1182 ~ 1188

66 Haiqing Hu, Shoufeng Yin, Kaiquan Shi. Knowledge rough recognition on assistant set of two direction S-rough sets and recognition model. IEEE Proceedings of the Fourth International Conference on Machine Learning and Cybernetics, 4 of 6, 2005, 1910 ~ 1916.

67 Hongkai Wang, Peijun Xue, Kaiquan Shi. The Problem of rough communication of fuzzy concept. The Joint International Computer Conference, 2 of 4, 2005, 246 ~ 250

68 Shoufeng Yin, Kaiquan Shi, Haiqing Hu. One direction S-rough extension communication and its heredity-variation characteristic. International Journal of Fuzzy Mathematics, 2007, 3, 513 ~ 521

69 Shoufeng Yin, Kaiquan Shi, Haiqing Hu. Two direction S-rough extension communication and its heredity-variation characteristics. International Journal of Fuzzy Mathematics, 2007, 3, 522 ~ 526

70 张萍,史开泉,卢昌荆. 函数 S-粗集与粗规律分离. 系统工程与电子技术,2005, (10): 648 ~ 654

71 Dongya Li, Kaiquan Shi. Function S-rough sets and its heredity low depending on the extension of attributes. International Journal Advances in Systems Sciences and Applications, 2006, 1, 38 ~ 41

72 Yuqiang Shi, Kaiquan Shi. Function S-rough sets and system state recognition. International Journal Advances in Systems Sciences and Applications, 2006, 2, 41 ~ 49

73 史开泉. 函数 S-粗集与它生成的 $\overline{F}$-遗传规律. 山东大学学报(理学版), 2006, 1, 9 ~ 16

74 史开泉. 函数S-粗集与系统特征识别. 山东大学学报(工学版), 2006, 4, 217～225

75 王洪凯. S-粗集的副集 α-生成与 α-生成定理. 山东大学学报(理学版),2004, (1):9～14

76 胡海清,王洪凯. S-粗集的副集 η-嵌入与 η-嵌入定理. 山东大学学报(理学版),2004, (3):49～52

77 王洪凯,胡海清. 变精度双向S-粗集及其应用. 计算机工程与应用,2003, (26):31～33

78 王洪凯,付海艳. 变精度单向S-粗集. 海南师范学院学报,2003, (4):1～5

79 胡咏梅. 一种基于动态粗集的工件滚动调度识别方法. 机械工程学报, 2005, (3):67～71

80 王洪凯,管延勇,史开泉. 粗集间的相似度量及其应用. 计算机工程与应用, 2004, (31):29～30

81 王洪凯,管延勇,史开泉. 粗交流整体最优传递序列的模拟退火算法. 系统工程理论与实践, 2007, 2, 121～128

82 史开泉,姚炳学. 函数S-粗集与规律辨识,中国科学(E), 2008, (4):553～564

83 Shi Kaiguan, Yao Bingxue. Function S-rough Sets and Law Indentification, SCIENCE IN CHINA (F), 2008, (5):499～510

84 史开泉,赵建立. 函数S-粗集与隐藏规律安全-认证,中国科学(E), 2008, (8):987～997

85 Shi Kaiguan, ZhaoJianLi. Fundiou S-rough Sets and Security Authentication of Hiding Law, SCIENCE IN CHINA(F), 2008, (7):924～935

86 史开泉,刘保相. S-粗集与动态信息处理. 北京:冶金工业出版社,2005